THE EQUATION THAT COULDN'T BE SOLVED

How Mathematical Genius Discovered the Language of Symmetry

なぜこの方程式は解けないか？

天才数学者が見出した「シンメトリー」の秘密

マリオ・リヴィオ

斉藤隆央 訳

早川書房

なぜこの方程式は解けないか?

——天才数学者が見出した「シンメトリー」の秘密

THE EQUATION THAT COULDN'T BE SOLVED

How Mathematical Genius Discovered the Language of Symmetry

by

Mario Livio

Translated by

Takao Saito

First published 2007 in Japan by

Hayakawa Publishing, Inc.

This book is published in Japan by

arrangement with

the original publisher, Simon & Schuster, Inc.

through Japan Uni Agency, Inc., Tokyo.

カバーイラスト／佐武絵里子

装幀／折原カズヒロ

ソフィーへ

目次

はじめに

高校生のころから、私はエヴァリスト・ガロアに魅了されていた。弱冠《じゃっかん》二〇歳の若者が数学の刺激的な新分野を生み出したという事実には、本当にぐっとくるものがあった。だが大学の四年間を終えるころには、この若くてロマンチックなフランス人に、すっかり挫折感を味わわされていた。二三歳になっても彼ぐらいのことを何もなし遂げていないとわかったら、ほかにどう感じられるだろう？ガロアが導入した概念──「群《ぐん》論」──は、今日《こんにち》、あらゆる対称性を語る際の「公用」語として認められている。そして対称性は、視覚芸術や音楽から心理学、自然科学に至るまで多彩な分野に浸透しているため、この言語の重要性はいくら強調してもしすぎることはない。

本書の完成に直接的・間接的に貢献してくれた人を列挙すれば、それだけで何ページにもなるだろう。ここでは、その助けがなかったら書きあげるのに大変難儀したと思われる人を紹介するにとどめたい。フリーマン・ダイソン、ローネン・プレッサー、ネイサン・サイバーグ、スティーヴン・ワインバーグ、エド・ウィッテンには、物理学における対称性の役割について話しあえたことに感謝する。サー・マイケル・アティヤ、ピーター・ニューマン、ジョーゼフ・ロットマン、ロン・ソロモン、そしてとりわけヒレル・ゴーチマンは、数学全般、とくにガロア理論について洞察と批判を与えてくれた。ジョン・オコナー、エドマンド・ロバートソンには数学史にかんして助けてもらった。サイモン・コンウェイ・モリスとデイヴィッド・ペレットは、進化と進化心理学に関連する話題で、私に正しい道を示してくれた。エレン・ウィナーとは創造性について実りある議論をおこなった。フィリップ・シャプラン、ジャン＝ポール・オフレー、ノルベール・ヴェルディエは、ガロアについて貴重な資料と情報を提供してくれた。ヴィクトール・リヴィオは、私がガロアの検死報告書を理解できるよう助けてくれた。ステファノ・コラッツァ、カルラ・カッチャーリ、レティツィア・スタンゲリーニは、ボローニャ出身の数学者について有益な情報を教えてくれた。エルマンノ・ビアンコーニも、サン・セポルクロ出身の数学者について知るのに、同じぐらい頼りになった。ラウラ・ガルボリーノ、リヴィア・ジャカルディ、フランコ・パストローネは、数学史について欠かせない資料を提供してくれた。パトリツィア・モスカテッリとビアンカステッラ・アントーニオは、ボローニャ大学の図書館から重要な文書を提供してくれた。アーリルド・ストゥーブハウグ、そしてユングヴァール・ライヘルトは、ニルス・アーベルの一生を知るための手助けをし、重要な文献を提供してくれた。

パトリク・ゴドンとヴィクトール・リヴィオ、ベルナデット・リヴィオにはフランス語の翻訳で、トミー・ウィクリンドとテリーザ・ウィーガートにはノルウェー語の翻訳で、ステファノ・カゼルターノ、ニーノ・パナギア、マッシモ・スティアヴェリにはイタリア語とラテン語の翻訳で、それぞれ助けてくれたことに対し、心から感謝したい。エリザベス・フレーザー、サラ・スティーヴンズ＝レイバーンからは、文献と言語にかんして実に重要な助けを得た。またシャロン・トゥーランの熟練した編集作業とクリスタ・ウィルトの図版がなければ、この原稿は出版に至らなかっただろう。

これだけの広がりをもつ本にかかわる調査と執筆作業は、当然ながら、家庭にも負担をかけた。妻のソフィーと子どもたち――シャロン、オーレン、マヤ――の絶えざる支援と途方もない忍耐がなければ、本書の完成など想像すらできなかっただろう。母のドロシー・リヴィオは、これまでも今もずっと音楽を中心に生活しているが、彼女にも対称性にかんする本書を愉しんでもらいたい。

最後に、エージェントのスーザン・ラビナーには、素晴らしい仕事と私への励ましに対して、サイモン&シュスター社の担当編集者であるボブ・ベンダーには、プロ意識とたゆまぬ支援に対して、ジョハンナ・リー、ロレッタ・デナー、ヴィクトリア・マイヤーおよびサイモン&シュスターの各担当者には、本書の出版と販促への尽力に対して、心よりお礼を申し上げる。

1　対称性

紙についたインクのしみは、とりたてて目を引きつけるものではない。しかしインクが乾く前に紙を折りたためば、図1のように、はるかに興味をそそる模様が現れるだろう。事実、こうしたインクのしみの見え方が、スイスの精神科医ヘルマン・ロールシャッハが一九二〇年代に考案した有名なロールシャッハテストのもとになっている[1]。このテストの趣旨は、どうとでもとれる図形から、見た人の隠れた不安や荒唐無稽《こうとうむけい》な空想、深層心理をともかく引き出すことだとされている。ロールシャッハテストの「心のX線検査」としての真価については、今も心理学界で激しい議論が戦わされている。エモリー大学の心理学者スコット・リリエンフェルドはあるとき、「だれの心を映すというのか？　被験者の心か、それとも実験者の心か？」と言った。それでも、図1のようなイメージが何かしら心に訴えるということは否定の余地がない。

図1

図2

なぜだろう？

　それは、人体をはじめ、大半の動物やあまたの人工物がやはり左右対称性を備えているからだろうか？　そもそもなぜ、動物の顔立ちや人間の創意による作品が、こぞって左右対称性を示すのだろうか？

　ボッティチェリの絵画『ヴィーナスの誕生』（図2）のような調和のとれた構図は、たいていの人が対称だと感じるだろう。美術史家のエルンスト・H・ゴンブリッチは、「ボッティチェリは優美な輪郭にしようとして自然に手を加えたため、構図の美と調和が増している」とまで記《しる》している。(2) しかし数学者なら、この絵における色や形の配置は、数学的な意味ではちっとも対称ではないと言うだろう。反対に、図3のパターンは、正式な数学的定義に従えば実は対称なのだが、数学者以外の人の目にはまず対称とは映らない。ではいったい対称性とは何なのだろう？　それは、知覚になんらかの影響を与えるとすれば、どんな影響を与えているのだろうか？　われわれの美的感性にどう関係しているのか？　また科学の領域で、われわれを取り巻く宇宙にかんする見方や、宇宙を説明しようとする根本理論において、なぜ対称性が中心概念になったのだろう? 対称性は幅広い分野にまたがっているため、どんな「言語」と「文法」で対称性やその特性を言い表せばいいのか、またその共通言語はどのように発明されたのか、という問題もある。もっと軽い言い方をすれば、ロックスターのロッド・スチュワートの曲名が投げかけるとても大事な問い――ボクってセクシー?(Do Ya Think I'm Sexy?)――に、対称性は答えてくれるだろうか?

本書では、これらのほか、もっと多くの疑問に対して、少なくとも部分的な答えを出してみよう。そうするなかで、全体として数学の人間的な側面を伝え、さらに重要なことに数学者の人間味あふれる側面をも描き出せればと願っている。この先明らかになるが、対称性は、科学と芸術、心理学と数学の橋渡しをする最高のツールだ。ペルシャ絨毯《じゅうたん》から生命の分子まで、はたまたシスティーナ礼拝堂から物理学で探求されている「万物の理論」に至るまで、対称性は物体にも概念にも浸透している。

図3

しかし群《ぐん》論――対称性の本質を語り、その特性を探る数学の言語――は、対称性の研究から生まれたのではなかった。むしろ、現代の考えを見事にまとめあげる群論の概念は、思いもよらない源《みなもと》――解けなかった方程式――から出現したのである。この方程式をめぐるドラマチックで紆余曲折《うよきょくせつ》を重ねた歴史は、ここで語る知の大河小説《サーガ》の根幹をなしている。この物語はまた、天才の孤独と、無理難題にもめげない人知《じんち》の粘《ねば》り強さも明らかにする。私は、この話の主人公

──聡明な数学者エヴァリスト・ガロア──の死をめぐる二世紀前からの謎を解決すべく、大いに心血を注いだ。その結果、かつてないほど真相に迫ったものと確信している。

機知《ウィット》に富んだ劇作家のジョージ・バーナード・ショーは、かつてこう言った。「理性的な人間は世界に自分を合わせていくが、理性を欠いた人間はあくまでも自分に世界を合わせようとする。だからすべての進歩は、理性を欠いた人間にかかっている」。これから本書では、理性を欠いた多くの男女に出会うことになる。創造的なプロセスとは本来、知能や情緒《じょうちょ》の未踏《みとう》の領域を探求することである。数学の抽象概念にちょっと接してみれば、まさに創造性の本質が垣間見《かいまみ》えるだろう。ではまず、対称性という不思議の国をざっと見てまわることにしよう。

変化の影響を受けない

「対称性（symmetry）」という言葉の起源は古く、「同じ尺度」を意味するギリシャ語の sym（同じ）と metria（尺度）に由来する。[3] 古代ギリシャ人が芸術作品や建築デザインを対称と呼んだ場合、作品のなかに、ほかのどの部分の大きさもその整数倍となる（どの部分も「通約《つうやく》可能」となる）ような小さなかけらが見つかることを意味していた。このような初期の定義は、現代では対称性というより比例の概念に近い。それでも、偉大な哲人のプラトン（前四二八／四二七～三四八／三四七）やアリストテレス（前三八四～三二二）は、いち早く対称性を美に結びつけた。アリストテレスの言葉によれば、「美の主要な形相は、秩序立った配置［ギリシャ語で taxis］、均斉［symmetria］、（大きさの）限定性［horismenon］であり、これらはとりわけ数学によって示される」という。ギリシャ人の先例に倣《なら》い、対称性を「しかるべき比例」とする見方は、その後ローマの高名な建築家ウィトルウィウス（前七〇ごろ～前二五ごろ）によって広まり、ルネッサンス期もずっと揺るがなかった。[4] ウィトルウィウスの著書『建築十書』〔邦訳は『ウィトルーウィウス建築書』（森田慶一訳、東海大学出版会）がある〕は、ヨーロッパで何世紀にもわたって文字どおり建築のバイブルとして君臨したが、そのなかに次のようなくだりがある。

神殿の設計は対称性によって決まり、この原則に建築家はきちんと従わなければならない。この原則は比例にもとづく。比例とは、建物の各要素の寸法や、基準に選んだある部分に対する全体の寸法のあいだに、一定の関係があることである。ここから対称性の原則が生まれる。

近代的な意味での対称性（初めて導入されたのは一八世紀後半）を厳密に数学的に言えば、実は「起こりうる変化の影響を受けない」ということになる(5)。また、数学者のヘルマン・ワイル（一八八五〜一九五五）は以前、こう表現した。「あるものに対して何かをしても、もとと同じように見えるなら、そのものは対称である」。では次の詩をよく見てほしい。

Is it odd how asymmetrical
Is "symmetry"?
"Symmetry" is asymmetrical.(6)
How odd it is.

〔意味だけとった日本語訳〕
「対称」という言葉が非対称なのは

奇妙な話じゃないか？
「対称」が非対称なのだ。
なんと奇妙なことよ。

この詩は、単語ごとに後ろから前に読んでも変わらない。つまり逆向きに読むことにかんして対称なのだ。詩の一語一語が、ひもに連《つら》なるビーズのようなものだとすれば、逆向きの読み方はいわば詩の鏡映《きょうえい》（文字どおりではないが）と見なせる。この詩は、今述べた意味で鏡に映しても変わらない――そのような鏡映にかんして対称なのだ。あるいは、詩を声に出して読むと考えるほうが好きなら、逆向きに読むことは時間の反転にあたり、ビデオの巻き戻しにどこか似ている（やはり文字どおりの意味ではない。個々の音《おん》の単位で逆向きになってはいないからだ）。このような特性をもつフレーズを「回文《かいぶん》」という。(7)

回文を発明したのは一般に、紀元前三世紀にギリシャ領のエジプトにいた「マロネアの下品なソタデス」という詩人だとされている。回文は、イギリスのJ・A・リンドンのような言葉遊びの達人や、肩の凝《こ》らない数学読み物を書かせたら天下一品のマーティン・ガードナーも夢中にさせた。リンドンが考え出した単語単位の愉快な回文をひとつ挙げておこう。「Girl, bathing on Bikini, eyeing boy, finds boy eyeing bikini on bathing girl.（ビキニを着て泳いでいる女の子が男の子に目をやったら、男の子は泳いでいる女の子のビキニに目をやっていた）」ほかに、一文字ずつ後ろから前に読んでも同じになる回文もある。「Able was I ere I saw Elba（エルバ島を見るまで、余に不可能はなかった）」（ナポレオンにからめた冗談）や、アメリカの科学番組NOVAシリーズのタイトル「A Man, a Plan, a Canal, Panama（人、計画、運河、パナマ）」［訳注：パナマ運河が開通したときの喜びを表した有名な回文」がそうだ。[8]

驚いたことに、回文はとんちの利《き》いた言葉遊びだけでなく、性別を男に決定するY染色体の構造にも顔を出す。Y染色体の全ゲノム配列は、二〇〇三年に解読が完了したばかりだ。[9] このとびきりの偉業は超人的な努力の賜物《たまもの》であり、その結果、Y染色体の自己保存力がずいぶん過小評価されていたことが明らかになった。ヒトがもつほかの染色体はペアで存在し、遺伝子を交換することによって有害な変異と戦う。ところがY染色体にはパートナーがいないため、ゲノム研究者たちは従来、Y染色体に乗っている遺伝子は次第に減り、早ければ五〇〇万年後になくなってしまうのではないかと推定していた。しかし解読チームの研究者たちは、Y染色体が回文によって遺伝子の消滅に対抗していることを発見して驚いた。そこに五〇〇〇万個あるDNAの文字のうち、およそ六〇〇万個が回文配列――二重らせんの二本鎖で前後どちらから読んでも同じになる配列――をなしているのだ。このような形でのコピーは、具合の悪い変異が起きたときのバックアップとして働くほか、Y染色体に、まるで自分自身を相手に生殖行為をさせるようなことも可能にする――染色体の腕同士で位置を入れ替え、遺伝子をシャッフルさせられるのである。チームリーダーであるマサチューセッツ工科大学（MIT）のデイヴィッド・ペイジは、「Y染色体は鏡の間《ま》だ」と言った。

もちろん、鏡映対称性で最もなじみ深い例は、動物界でよく見られる左右対称性だ。[10] チョウからクジラ、鳥からヒトに至るまで、体の左半分を鏡に映せば右半分とほぼ同じ像が見える。なお、外見上興味深いが小さな違いがあるのは確かだし、体内の構造も脳の機能も左右対称でないのも事実だが、さしあたりその点は無視することにする。

多くの人は、「対称性」と言えば左右対称性のことだと思っている。『ウェブスター英語辞典第三版』にも、対称性の意味のひとつとして、「部分の大きさや形、相対的な位置が、中心線または正中《せいちゅう》面《めん》（中心を通る面）の両側で一致すること」と書かれている。鏡映対称性の厳密な数学的定義も、これと同じ概念を用いている。たとえば、左右対称のチョウの絵があるとして、その絵を左右に真っぷたつに割る直線を引こう。中央の線を折って絵をたたむと、ぴったり重なり合うだろう。チョウは中央の線に対する鏡映で変化しない、つまり不変なのである。

左右対称性は動物界に広く行きわたっているため、単なる偶然で現れたということはまずない。じっさい、動物を一兆の一兆倍を超す分子の集まりと考えると、これらの分子から非対称な形状を作る組み合わせのほうが、対称な形状を作る組み合わせよりも圧倒的に多い。割れた花瓶のかけらはいろいろな組み合わせで積み上げることができるが、すべてのかけらがぴったり合って完全な（そしてふつうは左右対称の）花瓶を作る配置はたったひとつしかないのだ。それなのに、オーストラリアのエディアカラ丘陵の化石記録は、原生代ヴェンド紀（六億五〇〇〇万～五億四三〇〇万年前）にいた体の軟らかい生物（スプリギッナ）がすでに左右対称だったことを示している。

地球上の生物は、途方もなく長い年月に及ぶ進化と自然選択によって形作られたことから、このプロセスは、ともあれ左右対称性つまり鏡映対称性を好んだにちがいない。動物がとりえたすべての外観のうち、左右対称のそれが秀《ひい》でていたのだ。したがって、この対称性は生物の発達の結果らしいという結論に至らざるをえない。左右対称がことさら選《え》り好みされたわけが、われわれにわかるだろうか？　少なくとも、工学的な原因の一部を力学の法則に求めることはできる。ここでひとつ重要な点は、地球上では全方向が均等にできているのではないということである。上と下（生物用語では動物の「背側」と「腹側」）の区別は、地球の重力がもたらしたものだ。たいていの場合、上昇したものは下降すると決まっていて、その反対はない。もうひとつの区別——前と後ろ——は、動物の歩行による。

水中でも、陸上でも、空中でも、比較的速く移動する動物なら、体の前が後ろと異なっていれば明らかに有利だ。光や音、匂い、味を感知する感覚器官が体の前に集まっていると、行くべき場所と、そこへたどり着く最善の方法をその動物が決定するのに役立つ。前にある「レーダー」は、危険を察知して早めに警告もする。口が前にあるか否《いな》かで、一番に食事にありつけるかどうかもずいぶん違ってくるだろう。また、実際の移動手段は（とくに陸上と空中では）、地球の重力の影響によって、上下の違いを生んだ。ひとたび生物が海から陸に上がると、体をあちこちに運ぶために、ある種の機械仕掛け——脚《あし》——を発達させなければならなかったのだ。しかしそんな付属品は体の上側には要《い》らなかったので、上下の違いはいっそう大きくなっていった。また飛行の空気力学（やはり地球の重力を受ける）は、着陸装置や地上での移動手段の必要性とあいまって、鳥の体に上下の違いを生んだ。

ところが、ここで重要なことに気づかされる。水中でも、地上でも、空中でも、右と左を区別するものはこれといってないのである。タカは、右側を見ても左側を見ても、似たような環境を目にする。しかし上と下については、そうはならない——上はタカが舞い上がる空、下は舞い降りて巣を作る場所になるのだ。政治的な右・左はともかく、地球上で右と左に大きな差はない。水平方向には強い力が働いていないからだ。もちろん、地球の自転と磁場（地球がまわりに対して棒磁石のように作用すること）は水平方向にも非対称を生み出している。だがマクロのレベルで見ると、こうした影響は重力や動物のすばやい移動による影響に比べて微々《びび》たるものでしかない。

ここまで、生物の左右対称性がなぜ力学的に理に適《かな》っているのかを説明してきた。左右対称性は、実は経済的でもある——ひとつぶんの手間でふたつの器官を手に入れられるのだ。左右対称性やその欠如が、進化生物学的な要因（遺伝子）から、あるいはもっと根本的に物理法則からどのように生じたのかというのは、いっそう難しい問題であり、その一部を7章と8章で改めて論じたい。さしあたり、多くの多細胞動物が初期の胚《はい》の段階では左右対称でないと述べるにとどめておこう。胚の成長とともに「当初のプラン」を変更する原動力が、実は流動性というものなのかもしれない。

すべての生物がすばやく移動するわけではない。植物や固着性《こちゃくせい》の動物のように、一ヵ所にとどまって自分では動けない生物でも、やはり上と下は大きく違うのに、前後左右は見分けがつかない。それらの生物は円錐《えんすい》と似た対称性をもっている――鉛直《えんちょく》な中心軸を通る鏡に映したように、対称な姿なのである。クラゲのようにゆっくり動く動物にも、似たような対称性をもつものがいる。

生物がいったん左右対称になったら、それを維持する至極《しごく》当然の理由がある。ひとつしかない耳や目を失ったら、動物はこっそり忍び寄る捕食者の攻撃を受けやすくなってしまうだろう。

自然が人間に授けた標準的な部品構成が、はたして最適なものなのかという疑問はつねにあるだろう。古代ローマの神ヤヌス（Janus）は、年の最初の月に当たる一月（January）など、入口や新たな始まりを司《つかさど》る神である。そのため芸術作品では、ふたつの顔――頭の前についた顔（象徴的な意味で来《きた》るべき年のほうを向いている）と後ろについた顔（過ぎ去った年のほうを向いている）――をもつように描かれる。人間でもそんなふうになっていたら、目的によっては役立つが、感覚系以外の機能を担《にな》う脳の部位は収める余地がなくなってしまうだろう。マーティン・ガードナーの素晴らしい著書『自然界における左と右（新版）』（坪井忠二・藤井昭彦・小島弘訳、紀伊國屋書店）には、いろいろな感覚器官が体のふつうと違う場所にあれば便利だとよく言っていたシカゴの芸人の話が紹介されている[11]。たとえば耳が脇の下にあれば、シカゴの寒い冬でも温かくしておけるというわけだ。だがそんなことになれば、別の短所が出てくるのは間違いない。脇の下に耳があったら、両手をいつも高く挙げていないかぎり、音はひどく聞きとりにくいだろう。

SF映画に登場する異星人は、決まって左右対称の姿をしている。生物学的に進化した地球外知的生命がいるとすれば、彼らが鏡映対称性をもっている可能性はどれぐらいあるだろうか？　大いにあると思う。物理法則、とりわけ重力と運動の法則が普遍的であることを踏まえれば、太陽系外の惑星で誕生した生命も、地球上の生命に突きつけられているのと同じような環境上の課題に直面する。重力はやはりすべてをその惑星の表面につなぎとめるから、上下で大きな違いができる。歩行も、前と後ろの違いをもたらす。異星人には、今も昔も表裏がある可能性が高いのだ。だからと言って、異星人の訪問団が皆われわれと似た姿をしているということにはならない。恒星間旅行ができるほど進化した文明では、知的な種《しゅ》が、みずからの生み出した超ハイテクコンピュータ技術による生命にとうに取り込まれていそうだ。そんなコンピュータ・ベースの超知的生命は、とても小さなものである可能性が高い[12]。

アルファベットの大文字のいくつかは、人間が無数に生み出した鏡映対称なものの部類に入る。A、H、I、M、O、T、U、V、W、X、Yが書かれた紙を手にして鏡の前に立っても、文字はもとと同じに見える。これらの文字からなる単語（あるいはフレーズまるごともありうる）が縦に印刷されているとする。たとえば、あまり深い意味のないこんな指示を見てみよう。

YOU MAY WAX IT TIMOTHY

（ティモシー、それにワックスをかけてもよろしい）

これを鏡に映しても、もとと変わらない。スウェーデン出身のAᗺBA《アバ》というポップアーティストのグループは、その名の綴りに、鏡映対称となるようないたずらを仕組んでいる。彼らのヒットナンバーに触発されてミュージカル『マンマ・ミーア！』が制作され、大成功を収めているが、これも大文字のアルファベットで「MAMMA MIA」と縦書きすれば鏡映対称になる。一方、B、C、D、E、H、I、K、O、Xといった文字は、上下に二等分するように置いた鏡に映せば対称である。これらの文字からなる、COOKBOOK（料理本）、BOX（箱）、CODEX（写本）などの単語や、よく見かけるXOXOのマーク［訳注：Xはキス、Oは抱擁を表し、親愛の気持ちを示すため手紙や電子メールの最後に使われる］は、上下逆さまにして鏡の前に立っても、もとと変わらない。

図4

われわれの知覚や審美観、対称性の数学理論、物理法則、さらには科学全般にとって、鏡映対称性の重要性は、いくら強調してもしすぎることはないので、この話題には本書で何度か立ち戻ろう。しかし対称性はほかにも種類があり、それらも鏡映対称性と同じぐらい重要だ。

やんちゃな雪の造形

このセクションのタイトルは、アメリカの詩人・随筆家ラルフ・ウォルドー・エマソン（一八〇三〜八二）による詩『吹雪』から拝借したものだ。[13] この言葉は、雪の結晶の見事な形（図4）を知って感じる戸惑いをうまく言い表す。「雪の結晶は、どのふたつをとってもそっくり同じものがない」［訳注：もとは一八八五年に世界で初めて雪の結晶の撮影に成功したウィリアム・ベントレーの言葉とされる］という慣用句は、肉眼レベルだと成り立たない。だが違う環境でできた雪の結晶は、確かに違う形をしている。惑星の運動の法則を発見した著名な天文学者ヨハネス・ケプラー（一五七一〜一六三〇）は、雪の結晶の素晴らしさに心を打たれたあまり、その形状の対称性を説明しようとして『六角形の雪について』という論文を一本書きあげた。[14] 雪の結晶は、鏡映対称性に加え、「回転対称性」[15] ももつ——結晶の面に垂直な（結晶の中心を突き抜ける）軸のまわりに、ある角度だけ回転させても、もとと変わらないのだ。水分子の性質と形状ゆえに、典型的な雪の結晶には、六つの（ほぼ）そっくりな角《かど》がある。したがって、回転させても結晶の形が変わらない最小の角度（まったく回転させない場合は除く）は、それぞれの角を一「段階」動かせばよく、360÷6＝60 度である。それ以外で回転後の形がもとと区別できなくなるような角度は、六〇度の単純な倍数——一二〇、一八〇、二四〇、三〇〇、三六〇度（三六〇度は最初の状態に戻るので、まったく回転させない場合と同じ）——になる。だから雪の結晶は六回回転対称性をもつ。

図5

一方、ヒトデは五回回転対称性をもつため、七二、一四四、二一六、二八八、三六〇度回転させても違いはわからない。キク、ヒナギク、ハルシャギクなど、多くの花がおおよそ回転対称性を示す。それらはどんな角度だけ回しても事実上同じに見えるのだ（図5）。対称性という潜在的特性は、鮮やかな色彩やうっとりする香りとあいまって、花に万人が認める美的魅力を与えている。花と芸術作品の結びつきを、画家のジェームズ・マクニール・ホイッスラー（一八三四～一九〇三）ほどうまく表現した者はいないかもしれない。[16]

　傑作は、画家にとって花のように見えなければならない——
——蕾《つぼみ》でも開いた花と同じように完璧で——その存在を説明

する理由などなく――果たすべき使命もなく――芸術家には至福《しふく》、慈善家にはまやかしで――植物学者には謎であり――文人には感傷と頭韻《とういん》のめぐり合わせとなる。

対称なパターンの何がこうした情緒反応を引き起こすのか？　そしてその反応は、芸術作品がもたらす興奮と本当に同じものなのだろうか？　ここで、後者の問いへの答えが明らかにイエスだとしても、前者の問いへの答えには必ずしも近づかない。芸術作品の何が情緒反応を引き起こすのか、という問いへの答えは五里霧中なのだ。いったい、ヤン・フェルメールの『真珠の耳飾りの少女（青いターバンの少女）』、パブロ・ピカソの『ゲルニカ』、アンディ・ウォーホルの『マリリン・モンロー二連画』といった趣《おもむき》の異なる傑作に共通する特質はなんなのだろう？　美術評論家でブルームズベリー・グループ〔訳注：二〇世紀の初めにロンドンのブルームズベリー地区に集まっていた文学者・知識人の集団〕（ちなみに小説家のヴァージニア・ウルフも所属していた）の一員でもあったクライヴ・ベル（一八八一～一九六四）は、真の芸術作品のすべてに共通するひとつの特性があると提唱し、それを「意味ある形式」と呼んだ。(17) ベルによれば、「意味ある形式」とは、線・色・形、あるいは形同士の関係が織りなす、われわれの心を動かす特別な組み合わせだという。これは何も、あらゆる芸術作品が同じ感情を喚起《かんき》するというわけではない。むしろ正反対で、銘々《めいめい》の作品がまったく違う感情を喚起しうる。しかし、どの芸術作品も確かに何かしらの感情を呼び起こすという点では共通している。こうした美観上の説を受け入れるなら、対称性はこの（漠然と定義された）「意味ある形式」の一要素にすぎないのかもしれない。そうなると、対称なパターンに対するわれわれの感じ方は、広い意味での美的感覚と（強さこそ劣っても）たいして違わない可能性がある。このような主張にだれもが賛成なわけではない。美学の理論家ハロルド・オズボーンは、雪の結晶など、個々の要素や物体がもつ対称性に対

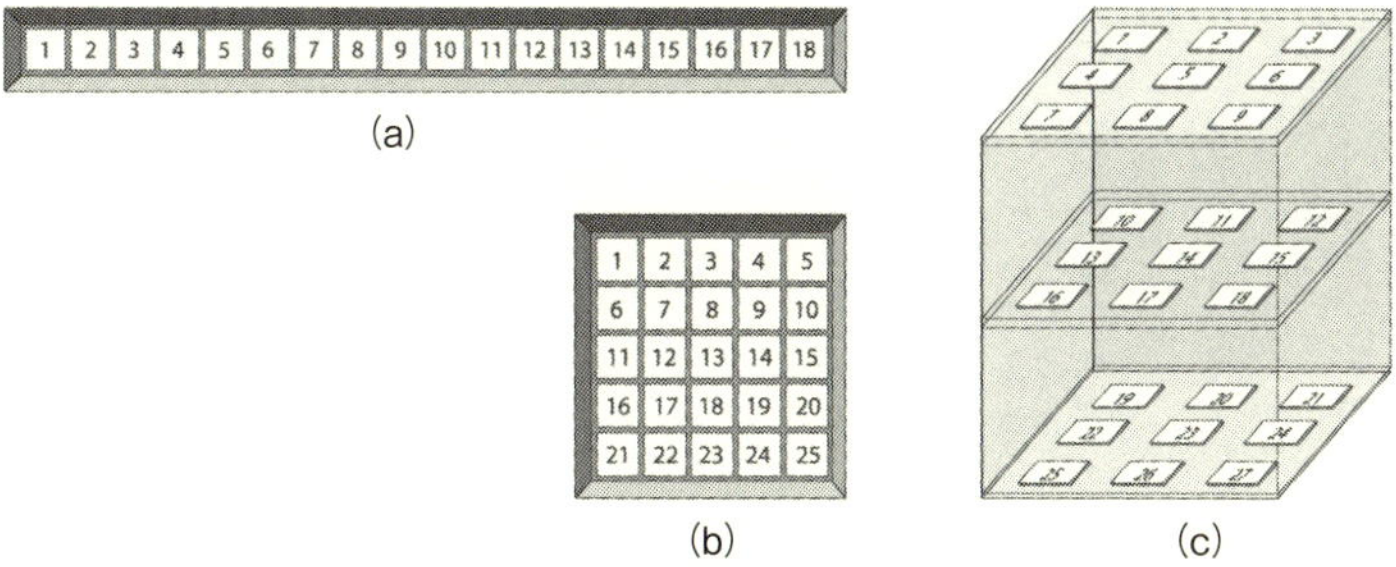

図6

する人間の反応について、こう述べている。「それらは興味や好奇心、感嘆の念を喚起しうる。しかし視覚的な興味は束《つか》の間《ま》で浅いものでしかない。芸術の傑作が強烈な印象を与えるのと違って、知覚上の関心はすぐに逸《そ》れてしまい、深まりはしない。知覚は強化されないのだ[18]」次の章や第8章で明らかにするが、実のところ対称性は知覚と相当にかかわりがある。だがさしあたり、対称性の純粋に美的な「価値」に注目しよう。

ダートマス大学の心理学者ピーター・G・シラジーとジョン・C・ベアードは、一九七七年、デザインに含まれる対称性の多さと美的嗜《し》好《こう》との量的な関係を探ろうとして興味深い実験をおこなった[19]。大学の学部生（実験心理学で最もよく駆り出される被験者だ）を二〇人集め、三つの単純な作業をさせた。第一の作業では、中心に黒い点の打ってある八つの正方形を、それと同じ大きさのマスが一八個並んだ列のなかに配置させた（図6a）。被験者には、「見た目に感じがいい」ように正方形を並べよと指示した。並べる際、正方形はマスにきっちり収め、また八つすべてを使わなければならない。第二、第三の作業も本質的には似たようなものだ。第二の作業では、5×5の方眼に一一個の正方形を並べる（図6b）。第三の作業では、正方形の穴を九つもつ面が三つ重なった透明な箱の穴に、一二個の立方体をはめ込む（図6c）。これらの実験の結果、対称なデザインを美しいと感じる傾向がはっきり示された。たとえば最初の作業では、六五パーセントの被験者が完全な鏡映対称のパターンを作り出した。じっさい、ほとんどの被験者のデザインにおいて対称性が基本要素となり（一次元、二次元、三次元とも）、完璧な対称性が一番好まれたのである。

対称性と美的嗜好のつながりは、実験で見出されるだけでなく、ハーヴァード大学の有名な数学者ジョージ・デイヴィッド・バーコフ（一八八四〜一九四四）が編み出した思弁《しべん》的な美学理論にも認められる[20]。バーコフは、フランスの数学者アンリ・ポアンカレが定式化した幾何学予想を一九一三年に証明したことや、エルゴード定理（一九三一〜三二年に発表）——気体の理論や確率論に非常に大きく貢献した考え——を提唱したことで大変よく知られている。学部生のころ、バーコフは音楽の構成に惹かれるようになり、一九二四年ごろに興味の対象を美学全般に広げた。一九二八年、彼は半年にわたって広くヨーロッパや東アジアを旅してまわり、できるだけ多くの美術や音楽や詩を知識として吸収しようとした。美的な価値の数学理論の構築を目指したその努力は、一九三三年刊行の『美的尺度』として実を結んだ[21]。バーコフはとくに、芸術作品が呼び起こす直感的な価値を、「直感的な感覚・感情・道徳・知とは明らかに区別できる」ものとして論じている。また審美的経験を三つの段階に分けている。すなわち、（1）知覚するための注意を向ける努力、（2）対象がある種の秩序によって際立《きわだ》っていることの認識、（3）精神的努力に見合った価値の評価である。バーコフはさらに、この三つの段階に定量的な尺度を割り当てた。それによると、最初に注意を向ける努力は、作品の複雑さ《コンプレキシティ》（Cで表す）に比例して増す。そして対称性が、作品を特徴づける秩序《オーダー》（Oで表す）に対して中心的な役割を担う。最後に直感的な価値を、バーコフは芸術作品の「美的尺度《メジャー》」（Mで表す）と呼んだ。

バーコフによる理論の本質は次のようにまとめられる。まず、装飾品や壺、楽曲、詩といった美的対象の各カテゴリーのなかで、秩序（O）と複雑さ（C）が決められる。すると、各カテゴリーに属する任意の対象の美的尺度が、OをCで割るだけで計算できる。要するに、バーコフは直感的な美的価値を求める式$M = O \div C$を提案したのだ。この式は、複雑さの度合いが決まっていれば、対象の秩序が高いほど美的尺度は高くなるということを意味する。あるいは、秩序の程度が一定なら、対象が単純なほど美的尺度は高くなると言ってもいい。事実上、秩序は主に対象の対称性によって決まるので、バーコフの理論は、対称性が決定的な美的要素だと告げているのである。

図7

バーコフは、O、C、Mという要素を厳密に定めるのが厄介だと最初に認めていた。それでも、さまざまな芸術で美的尺度の計算法を詳しく決めようと果敢に試みた。具体的には、まず図7のような単純な幾何学図形から手をつけ、次に装飾品や陶磁器の壺に進み、さらに全音階［訳注：一オクターブに五つの全音とふたつの半音を含む音階で、ピアノのドレミファソラシのように白鍵で連続する七音が全音階に相当する］のハーモニー（和音）を取り上げ、テニソンやシェイクスピア、エイミー・ローウェルの詩の検討で締めくくった。

だれひとりとして、ことにバーコフ自身も、美を味わう喜びの奥深さをたったひとつの数式に還元できるなどとは主張していない。し

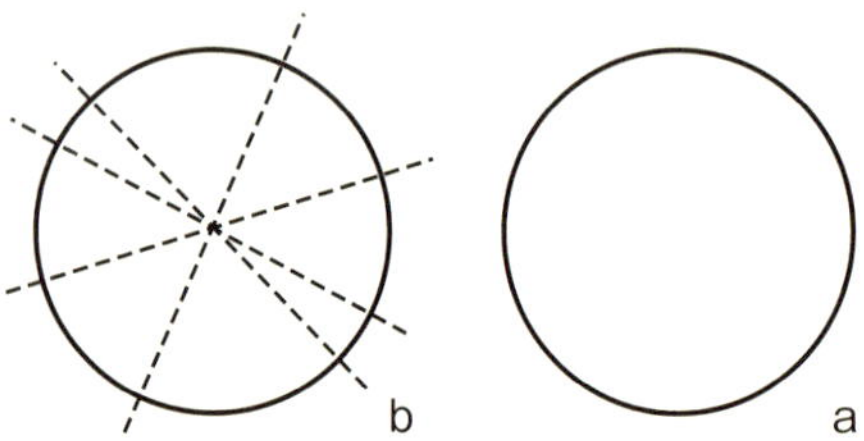

図8

かしバーコフいわく、「創造のプロセスに必然的にともなう分析において、美的尺度の理論は二重の意味で役立つ。すなわち審美的経験を単純かつ統合的に説明できると同時に、美にかかわる一般的な分野に体系的な分析手段を提供する」のである。

さて、美学の領域に少し寄り道してしまったが、話題を回転対称性の具体的な事例に戻すと、平面で最も単純な回転対称の図形は円（図8a）だとわかる。円をその中心のまわりにたとえば三七度回転させても、もとの円と変わらない。それどころか、円の面に対して垂直な中心軸のまわりにどれだけの角度回転させても、何も違いはわからないだろう。つまり円には回転対称性が無限にあるのだ。しかし円がもっているのは回転対称性だけではない。直径と重なるどんな軸に対して鏡映をおこなっても（図8b）、円は変わらない。

このように、ひとつの系でもたくさんの対称性をもちうる。言い換えれば、いろいろな「対称変換」のもとで対称になりうるのだ。完全な球を、中心を通るどの軸に対して回転させても、もとの球とまったく同じに見える。あるいは、図9aの正三角形（すべての辺の長さが等しい）を見てみよう。この三角形の形も大きさも変えてはいけないし、動かしてもいけないとする。ではどんな変換ならば、もとと変わらないようにできるだろう？　三角形の面に垂直で点O（図9b）を通る軸のまわりに、一二〇、二四〇、あるいは三六〇度回転させればいい。これらの変換によって確かに頂点は入れ替わるが、あなたが後ろを向いているあいだにそうした回転がなされると、違いに気づかないだろう。ここで断っておきたいが、三六〇度の回転は、何もしないこと、つまり〇度の回転と同じだ。これは「恒等変換」として知られている。どうしてそんな変換をわざわざ定義するのか？　本書でのちほど取り上げるが、恒等変換は、足し算における「〇」や、掛け算における「一」と同様の役割を果たす――なんらかの数に〇を足したり一を掛けたりしても、数の値は変わらない。正三角形は、図９ｃに示した三本の点線に対して鏡映をおこなっても変わらない。だから正三角形には、厳密に言えば六つの対称変換――三通りの回転と三通りの鏡映――がある。

　鏡映のあとに回転をおこなうといった、複数の変換の組み合わせはどうだろう？　それで三角形の対称性の数は増すことになるのだろうか？　この問題については、対称性の言語を論じるところで改めて触れることにしよう。今は別の重要な対称性が説明を待ちわびているのだ。

モリス商会とモーツァルト

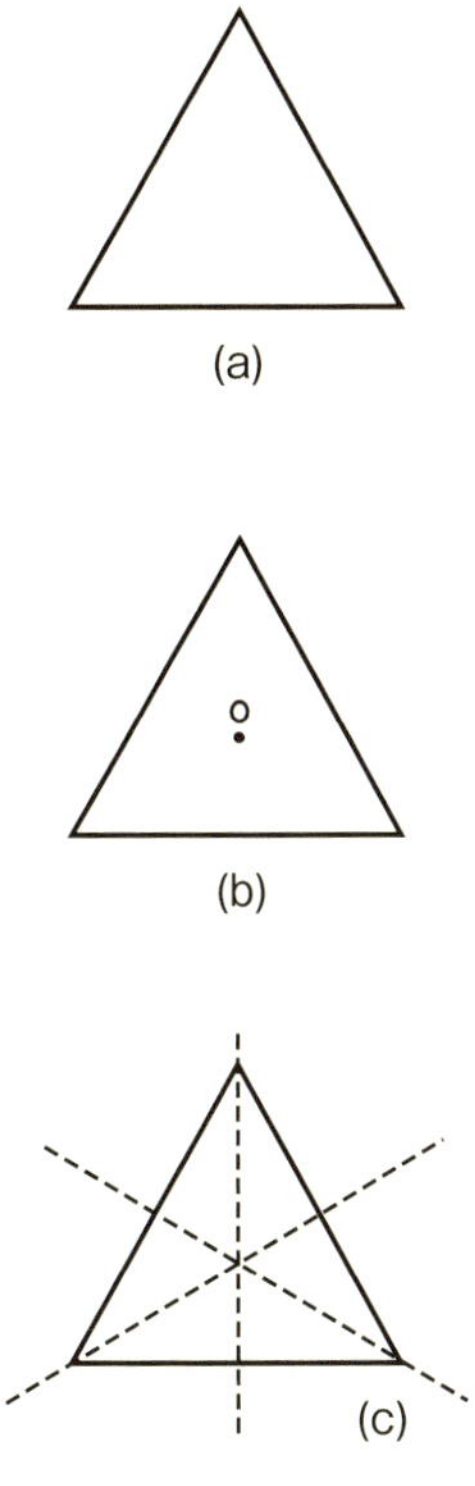

図９

b　図10

a

対称なパターンのなかでもきわめて身近なものに、モチーフの反復がある。古代の神殿のフリーズ（装飾帯）［訳注：建物の軒下《のきした》にある帯状の部分で、通常、装飾的な彫刻が施されている］や宮殿の柱から、絨毯《じゅうたん》、さらには鳥のさえずりに至るまで、反復パターンの対称性は、昔から心地よいなじみ深さや安心感をもたらしてきた。このタイプの対称性を示す基本的な例は図3のとおりである。

この場合の対称変換は「並進《へいしん》」と呼ばれている。つまり、ある直線に沿って一定の距離だけ移動させる操作のことだ。いろいろな方向へ移動させても見かけが変わらないパターンは、対称と呼べる。要するに、同じモチーフが等間隔で繰り返される規則的なデザインは、並進対称性をもっているのだ。並進対称の装飾品は、紀元前一万七〇〇〇年（旧石器時代）にまでさかのぼれる。ウクライナで発見されたマンモスの牙のブレスレットには、ジグザグの反復パターンが刻まれている。[22] そのほかにも並進対称のデザインは、グラナダ（スペイン南部の都市）のアルハンブラ宮殿を飾る中世イ

b　図11　a

スラム様式のタイル張り（図10a）、ルネッサンス期の活字装飾、オランダのグラフィックアーティスト、M・C・エッシャー（一八九八〜一九七二）による空想的な絵画（図10b）など、多種多様な芸術に認められる。[23] 自然界にも並進対称の生き物がいる。たとえばムカデの仲間には、同じ体節が一七〇個もつながっているものがいる。

　ヴィクトリア朝時代を生きた芸術家・詩人・出版者のウィリアム・モリス（一八三四〜九六）は、あまたの装飾芸術を生み出した。[24] その作品の多くはまさしく並進対称性を体現している。若いころ、モリスは中世の建築に魅せられ、二七歳で室内装飾の共同経営会社を設立した。これがのちに「モリス商会」として有名になる。一九世紀のイギリスは工業化が進んでいたが、そうした世相に強く反発したモリスは、芸術的な職人技をよみがえらせ、中世の絢爛《けんらん》たる装飾芸術を復興させる手だてを模索した。「モリス商会」と、一八九〇年にモリスが立ち上げた印刷工房「ケルムスコット・プレス」は、中世の図柄を用いて目を見張るようなタイルや食器、織物、手描き彩飾本のデザインをおこなった。だがモリスは、なによりもまず壁紙のデザインにおいて、並進対称の反復パターンを見事に操る技を極めた。そんな目もあやなモチーフをふたつ、図11に示そう。モリスのデザインは、同時期に同じイギリスで活躍したクリストファー・ドレッサー〔訳注：工業デザイナーの先駆けとして知られ、機械生産の重要性を認め、廉価《れんか》で美的なデザインを先進的に実践した〕やA・W・N・ピュージン〔訳注：中世ゴシック建築の復興運動に影響を与えた建築家で、イギリス国会議事堂の装飾で有名〕などのものに比べて斬新ではなかったにしても、彼が後世に遺《のこ》した影響は測り知れないほど大きい。ただしモリス自身は、美術工芸を活性化したいと思っていたのであり、対称性の数学に関心があったわけではない。著書『生活の美』で、モリスはみずからの「社会美学」の理念を次のようにまとめている。

壁を漆喰《しっくい》や紙でなく、タペストリーで覆ってもいい。あるいはモザイク模様で埋めるか、腕のいい画家にフレスコ画を描いてもらう。もし、見せびらかすためでなく、美のためにそうしたのであれば、どれも贅沢《ぜいたく》ではない。役に立つのかわからないものや美しいとは思わないものを家に置かない、という基本原則を破っていないからだ。(25)

ここで興味深い疑問は、並進対称性、鏡映対称性、回転対称性は視覚芸術に限られたものなのか、それとも音楽のようなほかの芸術形式にも認められるのか、というものだ。もちろん、書かれた楽譜自体のレイアウトでなく音について考えるのなら、ちょうど回文を検討したときのように、純粋に幾何学的ではない形で対称操作を定めなければならない。だがいったん定めてしまえば、並進対称の音楽は見つかるかという疑問には、はっきりイエスと答えられる。ロシアの結晶物理学者G・V・ヴリフは一九〇八年にこう書いている。「音楽の魂はリズムである。楽曲のパートの規則的・周期的な反復で成り立っているのだ……全体のなかで同じパートが規則的に反復されることが、本質的な対称性

図12

をなしている」[26] 事実、楽曲によく見られる主題の反復は、モリスのデザインや並進対称性を時間的に表現したものに相当する。もっと一般的に言えば、楽曲では多くの場合、冒頭に奏でられる基本的なモチーフ（動機）があり、それがさまざまに変容を遂げていく。

音楽における並進対称性のわかりやすい例として、モーツァルトの有名な『交響曲第四〇番　ト短調』の出だしの数小節（図12）や、一般的な形式の音楽に見られる全体構成などが挙げられる。[27] 前者のモーツァルトの交響曲では、楽譜の各段のなか（短い右下がりの線で示した）だけでなく、一段めと二段め（*a*と*b*で示した）のあいだにも並進対称が見つかる。一方、曲の全般的な構成について言えば、楽章を構成する楽節をA、B、Cの記号で表した場合、ロンド形式は全体としてABACAやABACABAのように書け、並進対称性があるのは一目瞭然だ。モーツァルトが数学的なものと結びつきがあったのも驚くことではない。[28] 姉ナンネルルの回想によれば、モーツァルトは自宅の階段の壁ばかりか、部屋という部屋の壁を数字で埋め尽くし、どこにも書く場所がなくなると、隣家の壁にまで書いたそうだ。『プレリュードとフーガ　ハ長調』の手書きの譜面には、余白にくじの当選確率を計算したあとまで残っている。イギリスの音楽学者・作曲家ドナルド・トヴェイが、モーツァルトの曲に人気がある主な理由のひとつに「美しくも対称な比例関係」を挙

図 13

げたのも不思議ではない。

別の偉大な作曲家で、数、頭の体操、そしてそれらを複雑な音楽形式に織り込むことに大変な執着を見せたとして知られるのが、ヨハン・ゼバスティアン・バッハ（一六八五～一七五〇）だ。[29] バッハの音楽には、鏡映対称も並進対称も多様なレベルで登場する。横置きの「鏡」による鏡映対称性をもつ例のひとつに、『二声のインヴェンション　第六番ホ長調』の冒頭（図13）がある。楽譜の上と下の段のあいだに鏡があると想像してみよう。音が上がっていく線aの傾向は、（ほんの少し遅れて）鏡映され、音が下がっていくbの傾向となり、また少しあとに鏡映されたものが繰り返される（dで始まる）。もうひとつの例は、バッハの名作に数えられる『音楽の捧げもの』の作品全体におけるかなり大がかりな構造である。この曲集は次のような音楽形式で構成されている。

リチェルカーレ
五曲のカノン
トリオソナタ
五曲のカノン
リチェルカーレ

鏡映対称があるのは見てのとおりだ（もちろん音単位ではない）。

リチェルカーレ（イタリア語で「探求する、見つけ出す」を意味するricercareに由来）とは、あらゆる様式の前奏曲《プレリュード》に対して大ざっぱに使われた古い音楽用語で、一般にはフーガ様式の曲を指していた。偉大な人道主義者・医者・哲学者のアルベルト・シュヴァイツァー（一八七五〜一九六五）はバッハの大変な信奉者でもあった。シュヴァイツァーは著書『J・S・バッハ』〔邦訳には『バッハ』（浅井真男・内垣啓一・杉山好訳、白水社）がある〕のなかで、「〔リチェルカーレという〕言葉は、あるもの——すなわち主題——を探さねばならない曲を意味する」と述べている。『音楽の捧げもの』には一〇曲のカノンも入っているので、構造上、並進操作が含まれている。カノン（この言葉の意味は「規則」である）では、第一声部のメロディーが第二以上の声部にかんする（メロディーやリズムの）規則を定める。第二声部は、一定の時間的間隔をおいて第一声部を追いかける——つまり「時間的な並進」なのだ。単純でよく知られた実例として次の歌を挙げよう。

Row row row your boat（漕げ、漕げ、ボートを漕げよ）
Gently down the stream（ゆっくり川くだり）
Merrily merrily merrily merrily（ラン、ラン、ラン、ラン、ラン）
Life is but a dream（人生はただの夢）

〔訳注：原曲はE・O・ライトの作曲で、日本では『船子』（里美義作詞）という題で小学唱歌集に収録されている〕

この歌で第二声部は、第一声部が「Gently」を歌うタイミングで歌いだす。

『音楽の捧げもの』をめぐる話自体が実に面白い。亡くなる三年前、バッハはベルリンに向かっていた。出産を間近に控えた義理の娘ヨハンナ・マリーア・ダンネマン（息子の作曲家カール・フィーリップ・エマーヌエル・バッハの妻）を訪ねるところだった。長旅に疲れた老バッハは、時《とき》のプロイセン王であったフリードリヒ大王がいたポツダムに立ち寄った。大王はカール・フィーリップ・エマーヌエルを召《め》し抱《かか》えてもいた。バッハが宮殿に到着したという知らせを受けると、大王はみずからフルート奏者として出演予定だった夜の音楽会をとりやめ、バッハが七台の新しいフォルテピアノ［訳注：初期のピアノのことで、現代のピアノとは音色も音量も鍵盤も異なる］を弾く即興演奏会を開いた。ドイツ・バロックオルガンの名匠ゴットフリート・ジルベルマンが、それらの楽器を作ったのだ。バッハは七つの部屋で名演奏を披露し終えると、大喜びの聴衆に向かって、大王が提示する主題をもとにしたフーガの即興演奏を申し出た。その後家に戻ってから、彼は即席で弾いたフーガから『音楽の捧げもの』を作りあげた。この作品には、素晴らしく手の込んだカノン一式とトリオ・ソナタが書き足され、そのほか対位法*を用いた曲にも技巧が凝《こ》らされた。ソナタの演奏楽器は、フルート（フリードリヒ大王が奏でる楽器）とヴァイオリン、通奏低音《つうそうていおん》楽器（伴奏の鍵盤楽器やチェロ）だった。『音楽の捧げもの』の表題に、しゃれの大好きなバッハは ***“Regis iussu cantio et reliqua canonica arte resoluta”***（王の命令による楽曲、およびカノン技法で解決せられるほかの楽曲［『バッハ事典』（礒山雅ほか編著、東京書籍）より引用］）というラテン語の言葉を選んだ。各語の頭文字をつなげれば、「RICERCAR《リチェルカーレ》」になるというわけである。

『音楽の捧げもの』にはほかにも対称性がある。ひとつのカノン（「蟹のカノン」）では、一方のヴァイオリンが他方のメロディーを逆向きに演奏するので、縦置きの鏡にかんする（楽譜の）鏡映対称性が見られる［訳注：蟹のカノンは逆行カノンともいい、蟹の横ばいのようにメロディーが左右から進んでくるためこ

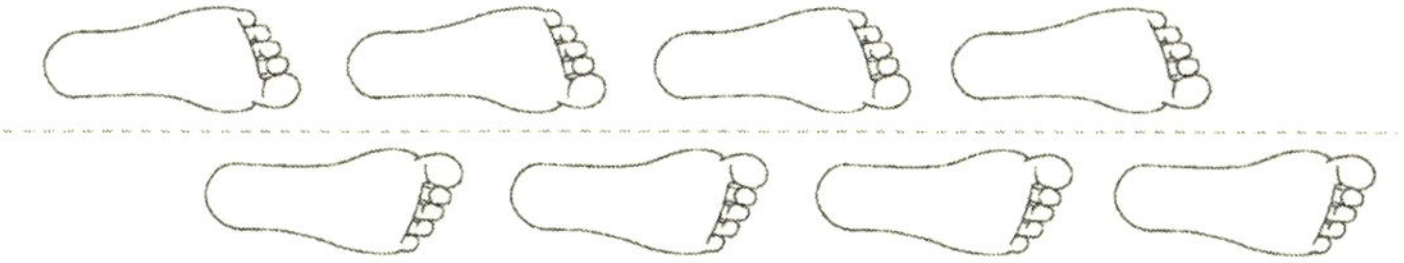

図14

う呼ばれる」。また、当時カノンというのは一般に、対称性がからむ一種のパズルと見なされていた。作曲家は主題を与えるが、どんな対称操作を念頭において主題を演奏すべきかを見抜くのは演奏者の務めだった。『音楽の捧げもの』で、バッハはトリオ・ソナタの前にあるふたつのカノンに“Quaerendo inventis”つまり「探せ、さらば見出さん」〔訳注：『新約聖書』の「マタイによる福音書」にある言葉〕と記した。第7章で見るように、この問いかけは、根底にあるパターンと対称性を見出すという点では、宇宙がわれわれに提示するパズル――いまや盛んに検討されている――と概念的に大して違わない。「万物の理論」を明かそうとするうえでの不確かさや多義性にも、バッハの知的な問いかけに通じるところがあるかもしれない。なにしろ、『音楽の捧げもの』のカノンのひとつには、三つの解（対称性）があるのだから。

並進と鏡映を組み合わせると、「映進（すべり鏡映）」というひとつの対称操作になる。[30] たとえば左、右、左、右と交互に足を出して歩いたときの足跡は映進対称性を示す（図14）。映進は単に、並進（すべり）に続けて、移動方向に平行な直線（図の点線）に対する鏡映をおこなうものだ。あるいは、鏡映のあとに、鏡に平行な並進をおこなうと見ることもできる。映進対称性は、古代建築のフリーズ（装飾帯）のほか、ニューメキシコ州のアメリカ先住民が作る陶器にもよく見

＊訳注：ふたつ以上の独立したメロディーを同時に重ねて合わせる作曲技法。和声法は音楽を縦（和音）でとらえるが、対位法は横の流れ（メロディー）を重視する。

られる。並進対称のパターンが一方向に進んでいく動きを感じさせるのに対し、映進対称のデザインは、見たところヘビのようにクネクネ動く印象を生み出す。本物のヘビは、体の両側の筋肉を交互に収縮・弛緩《しかん》して映進のパターンを作り出す――右側の筋肉を収縮するときは左側の筋肉を弛緩し、逆もまた同様である。

ここまででもう、二次元の世界で対称性を生む剛直な変換のすべてに出会ったことになる。「剛直」とは単に、どのふたつの点も、変換の前後で同じ距離を保っているという意味の言葉だ――もとの図形を縮小したり、拡大したり、変形したりしてはいけないのである。

三次元空間では、並進・回転・鏡映・映進という対称性に加えて、「らせん対称性」として知られる対称性もある。これはコルク抜きに見られるタイプの対称性で、ある軸のまわりの回転と、その軸に沿った並進が組み合わさったものだ。植物のなかには、葉の出る位置が、茎を中心に一定の角度ずつ回転しながら茎に沿って一定の間隔になっているものがあるが、それはらせん対称性をもっている。

では、これで対称性は全部だろうか？　決してそんなことはない。

あらゆるものは平等だが*……

芸術や科学には、並進・回転・鏡映・映進の操作にかんする対称性の魅力的な実例が山ほどある。いくつかについては、あとの章でまた取り上げよう。本来は幾何学的ではないが、興味深い変換として「置換」がある。これは、物体や数や概念を並べ換えることだ。たとえば、タイヤの磨耗を四種類の銘柄で試験するとする。タイヤの位置を毎月入れ替え、四カ月でどのタイヤもすべての位置に装着されるようにするなら、手順を図式化したいと思うのではないだろうか。それぞれの銘柄を仮にA、B、C、Dとして、位置をFL（左前）、FR（右前）、RL（左後ろ）、RR（右後ろ）とすると、四カ月間の試験計画は左の図のようなものにできる。

この表では、各行・各列がA、B、C、Dという文字の並べ換えとなっている。所望の試験をやり遂げるには、どの行にも列にも同じ銘柄がだぶってはならないことに注意しよう。ここに示した四×四のような方陣は「ラテン方陣」として知られ、スイスの名高い数学者レオンハルト・オイラー（一七〇七～八三）が詳細に研究をおこなった。[31] ついでながら、一八世紀に流行ったこんなトランプ・パズルを楽しんでみてもいい。ひと組のトランプのカードからジャック（J）、クイーン（Q）、キング（K）、エース（A）を残らず取り出して、方陣に並べる。そのとき縦、横、対角線上に、同じマーク（スペード、ダイヤ、ハート、クローバー）も同じ文字（J、Q、K、A）もだぶってはいけない。バロック時代のこの謎解きに詰まった場合のため、巻末の付録1に答えを載せておこう。

月	FL	FR	RL	RR
1	A	B	C	D
2	B	A	D	C
3	C	D	A	B
4	D	C	B	A

置換は、スコットランドの民族舞踊［訳注：男女のカップルが四組でグループとなって、ステップを踏みながら幾何学模様を描くように踊るダンス］でパートナーを変えるときや、トランプをシャッフルするときなど、さまざまな状況に現れる。[32] 置換操作で重要なのは、どれがどこにあるかではなく、どれが何の位置に取って代わるかである。たとえば、1234→4132という置換では、数字の1が4に、2が1に置き換わり、3はもと

＊訳注：ジョージ・オーウェルの『動物農場』にある「すべての動物は平等だが、ある動物はほかの動物よりもっと平等である」という共産主義社会の不平等を皮肉った表現をもじったもの。

のままで、4が2に置き換わる。これは通常、次のように示される。

$$\begin{pmatrix} 1234 \\ 4132 \end{pmatrix}$$

上段の各数字が、真下に書かれている数字に置き換わるのだ。同じ置換操作を次のようにも書ける。

$$\begin{pmatrix} 3214 \\ 3142 \end{pmatrix}$$

というのは、これでもまったく同じ置換がなされ、数字の書かれる順序は問題にならないからだ。どうしたら一連の対象が置換にかんして対称（つまり不変）になりうるのかと思う人もいるかもしれない。一〇冊の本が棚に並んでいて、全部が違う本だったら、恒等変換（本をまったく動かさない）以外のどんな置換をおこなっても並び順が変わる。しかし同じ本が三冊あったとすると、置換をおこなっても並び順が変わらない場合がある。イギリスの随筆家・批評家チャールズ・ラム（一七七五〜一八三四）は、その人柄が自然ににじみ出た人生談で知られるが、このような本の「配置換え」については断固たる意見をもっていた[33]。ラムいわく、「人間は、私に立てられる最高の理論によれば、借り手と貸し手という二種類の人種で構成されている……本の借り手――それは蔵書コレクションを台無しにし、書棚の均整（対称性）を損ない、端《は》本《ほん》を生み出すような連中だ」

置換対称性は、もっと抽象的な状況にも現れる。「レイチェルはデイヴィッドのいとこである」という文の内容を検討しよう。ここで「レイチェル」と「デイヴィッド」を入れ替えても、意味は変わらない。ところが「レイチェルはデイヴィッドの娘である」という文だとそうはいかない。また、$a=b$ のようにふたつの量が等しい関係は、aとbの交換にかんして対称である。$b=a$ も同じ関係を表しているからだ。これは当たり前に思えるかもしれないが、「より大きい」という関係（一般に「$>$」という記号で示される）にはこの性質がない。$a>b$ は「a は b より大きい」を意味する。文字を置き換えると $b>a$、つまり「b は a より大きい」となってしまうので、これらふたつの関係は互いに相容《あいい》れない。

数式にも、置換対称なものがいろいろある。式 $ab+bc+ca$（ab は「a 掛ける b」の意味で、ほかも同様）の値は、a、b、c の文字を互いにどう入れ替えても変わらない。あとで詳しく検討するが、三つの文字の入れ替えは、それぞれの文字を自分自身に対応づける恒等変換（次に括弧《かっこ》で示したものの最初）を含めてちょうど六通りある。

$$\begin{pmatrix}abc\\abc\end{pmatrix}\begin{pmatrix}abc\\acb\end{pmatrix}\begin{pmatrix}abc\\bca\end{pmatrix}\begin{pmatrix}abc\\cab\end{pmatrix}\begin{pmatrix}abc\\cba\end{pmatrix}\begin{pmatrix}abc\\bac\end{pmatrix}$$

これらの置換をしても先ほどの式の値が変わらないことは、すぐに確かめられるだろう。たとえば三番めの置換では、aがbに、bがcに、cがaに変わる。したがって式全体は $bc+ca+ab$ となる。しかし掛け算や足し算では数の順序がどうなっても結果は同じなので、書き換えた式の値はもとの式のそれと等しい。

カジノでルーレットに興じる人は、置換対称性の興味深い実例を提供してくれる。[34] ルーレットのホイール（盤）には、数字の書かれた赤い溝と黒い溝が一八個ずつと、緑の溝が二個――ふつうは「0」と「00」の表示がある――刻まれている。回転するホイールに白い玉を落とすと、玉はホイールのへりをすばやく何度か回り、あちこち跳ねまわってから、最後は溝のひとつに入って止まる。ホイールが完璧な構造なら、ルーレットのゲームはプレーヤーをどう置換しても完全に対称である。カジノの常連でも初心者でも、確率論の専門家でもぼんくらでも、勝ち負けの可能性はまったく同じなのだ。勝つ見込み（平均では一ドル賭けるごとに五・三セント負けるので、むしろ負ける見込みと言うべきか）は、賭け金の額やプレーヤーの戦略に左右されない。[35] 完璧な構造のホイールなどありえないが、何世紀も前からカジノの儲けぶりを見ると、わずかな歪《ひず》みはあったとしても置換対称性をはっきり乱すほどではないことがわかる。

あらゆるギャンブルがプレーヤーの置換にかんして対称というわけではない。ブラックジャックは、テーブルについた各プレーヤーがディーラー（胴元）と勝負するカードゲームだ。[36] 数字の札（カード）は数字どおりの点数で、絵札はどれも一〇点と見なし、エース（A）は一点と一一点のどちらでかぞえてもいい。ゲームで目指すのは、各自の手札の点数の和をディーラーの手札よりも二一点に近づけることだが、二一点を超えてはいけない。ブラックジャックがプレーヤーの置換にかんして非対称な要因は、戦略こそが重要な点にある。一九六〇年代、カジノは苦い経験を通じて、戦略がどれほど物を言うかに気づかされた。数学者のエドワード・O・ソープは、カードが減っていく状況においてカジノ側が確率を計算している手法に欠陥を見つけた。そして、これを利用してブラックジャックの必勝法を編み出した。念のため言っておくが、以後カジノは修正措置を講じている。にもかかわらず、ブラックジャックでは戦略によって差が出るというのは依然として本当だ。現実に、ラスヴェガスでは一九九〇年代、マサチューセッツ工科大学（MIT）の学生六人がカード・カウンティング

［訳注：すでに出た札を覚えて、ディーラーとプレーヤーのどちらに有利な札が残っているかを分析して賭け金を変え、勝率を上げようとする手法］の暗号を使って数百万ドルも稼いだ。

置換対称性と、科学的な意味でそれに近いものの一部は、素粒子の世界を扱う物理学に多大な影響を及ぼしている。この話は第7章で改めて取り上げたい。ここでは、さまざまな元素の原子について、置換対称性でなければ説明できない不可解な事実――原子の大きさがどれもだいたい同じこと――をひとつ、簡単に紹介するだけにしよう。

原子はミニチュアの太陽系に多少似ている。原子のなかの電子は、中心にある原子核のまわりを回っている。ちょうど惑星が太陽のまわりをめぐっているように。ただし電子を軌道にとどめる力は、重力ではなく電磁力だ。原子核には正電荷《せいでんか》をもつ陽子（それと中性の中性子）が存在する一方、そのまわりを回る電子（陽子と同数ある）は負電荷を帯びている。だから反対の電荷同士で引きつけあうのである。惑星系ではどんなサイズの軌道もありうるが、原子は素粒子の世界を支配する掟――「量子力学」――に従わなければならない。電子の見つかる確率が最も高いのは、「量子化された」軌道上、つまりとびとびの値の半径しかない特殊な軌道上だ。許される軌道は主にそのエネルギー（一般にエネルギー準位《じゅんい》という）によって決まる。大まかに言えば、エネルギーの高い軌道ほど、半径が大きい。この様子はどこか階段に似ている。原子核が床で、エネルギー準位が高くなるほど階段をのぼっていくことになるのだ。だが、ここで謎が生じる。物理学で、それどころか日常生活で教えてくれるところによれば、系はエネルギーが最低の状態で一番安定する（たとえば階段を転がり落ちるボールは床で最終的に安定する）。すると、電子が一個しかない水素原子でも、八個ある酸素原子でも、九二個あるウラン原子でも、全部の電子が最低の軌道に集まるはずだ。電子や陽子を多くもつ原子ほど、原子核と電子のあいだに働く電気的引力は強くなるため、水素原子より酸素原子は小さく、ウラ

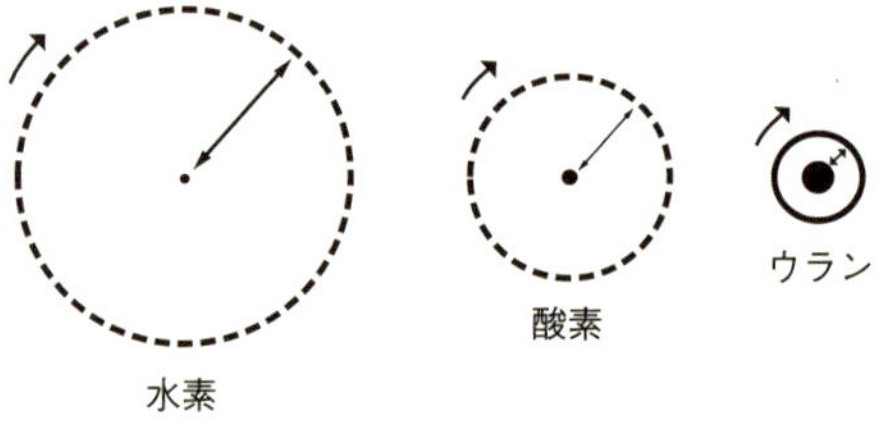

図15

ン原子はさらに小さくなると考えられる（図15に模式的に示すように）。ところが、事実はまるで違うことが実験から明らかになっている。電子の数に関係なく、原子の大きさはおおむね同じとわかっているのだ。なぜだろう？

　これを説明したのが、高名な物理学者ヴォルフガング・パウリ（一九〇〇～五八）である。彼は一九二五年、「パウリの排他《はいた》律《りつ》」という見事な自然法則を提唱した（この功績によって一九四五年にノーベル物理学賞を授与された）[37]。その法則は、電子などの同種の素粒子が複数存在する場合について語っている。宇宙に存在する電子はすべて、本来的な性質にかんしてはまったく同じなので、電子同士は区別がつかない。だが電子には、質量や電荷のほかに、「スピン」という別の基本的な性質がある。スピンは、場合によっては、電子が微小なボールのように自転することと考えてもいい。量子力学――原子、光、素粒子の振る舞いを説明する理論――によれば、電子のスピンはふたつの状態しかとれない（大ざっぱに言って、ボールが、ある方向か逆方向のどちらかに決まった速度で回転するしかないことに近い）。そこでパウリの排他律は、どんなふたつの電子もまったく同じ状態にはなれないと主張する。つまり、ふたつの電子はまったく同じ軌道に同じスピンの向きでは入れないのだ。これが対称性とどう関係するのだろうか？　パウリの排他律をもっと正確に言い表すためには、量子力学が確率の言語で語るものであることを理解する必要がある。われわれは、原子のなかに存在する電子の位置を厳密に決定できない。電子が種々の場所で見つかる確率を明らかにすることしかできないのだ。そのような確率を全部集めたものは「確率関数」と呼ばれる。確率関数は地図の役割を果たし、電子が最も見つかりやすい場所を教えてくれる。そのためパウリはまた、原子内の電子の運動を記述する確率関数の特性という観点から、排他律を定式化した。任意の電子のペアの交換にかんして、確率関数は反対称であると述べたのだ。同じ軌道上にあって同じスピンの向きをもつふたつの電子を入れ替えた場合、関数の符号が変わる（たとえば正《プラス》から負《マイナス》へ）だけで絶対値は変わらなければ、そのような関数は反対称と言える。ひとつめの電子がもつなんらかの性質の値をa、ふたつめの電子がもつ同じ性質の値をbで表すとしよう。すると、$a+b$の値を求める関数は、ふたつの電子の交換にかんして対称になる。$a+b$と$b+a$の値は等しいからだ。一方、$a-b$で示される関数は反対称になる。aをbに、bをaに変えると、$a-b$は$b-a$に変わり、その値は$a-b$の符号を正反対にしたものにぴったり等しいからだ（たとえば、$5-3=2$に対して$3-5=-2$）。

したがって、パウリの言明がこの問題の核心になる。一方では、そっくり同じふたつの電子を交換してもまったく変化がないはずなので、確率関数は不変でなければならない。しかし他方では、パウリの排他律によれば、そのような置換をおこなうと確率関数の符号が変わる（たとえば正《プラス》から負《マイナス》へ）はずなのだ。符号が変わっても、もとと等しい数はどういう数だろう？　そんな数はたったひとつしかない——0《ゼロ》だ。ゼロの前についた符号を変えても、値は全然変わらない。マイナスゼロとプラスゼロは等しいのだから。要するに、同じスピンをもち、同じ軌道を回っている電子が、ふたつ見つかる確率はゼロ——そんな状態は存在しないのである。

パウリの排他律は、同じ性質をもつ電子が同じ場所に群がりたがらないことを示している。それゆ

図 16

え、任意の軌道に電子はふたつ（スピンが逆向きの電子がひとつずつ）までしか入れない。電子は最小の（エネルギーが最低の）軌道にすべて集まるのでなく、順次、エネルギーの高い、サイズの大きな軌道に入っていかざるをえないのだ。結果的に、重い（陽子の多い）原子ほど量子化された各軌道のサイズは小さくなるが、電子は必然的にどんどん多くの軌道を占めていく。驚いたことに、電子の置換に対する確率関数の振る舞いが、どの原子の大きさも図15と違ってほぼ等しいことを説明してくれるのである。

さて、一般的な置換の話に戻ると、色変換も置換の同類と見なせるかもしれない[38]。チェス盤をはじめ、二色以上を使ったパターンでも、色を交換することが可能だ。厳密に言えば、実際のパターンはふつう色変換にかんして対称ではない――不変ではないのである。M・C・エッシャーの創意に富んだ図柄には、これぞ色の対称と言えそうなものがある（図16）。ただ、黒と白を入れ替えると、完全に同じ絵にはならない。チェス盤もそうだ。それでも、見た目の全体的な印象は変わらない。

エッシャー自身、自分がどうして並進対称や色対称のパターンに取りつかれることになったのか、わからずじまいだった。彼はこんな言葉を残している。

繰り返しパターンの絵を描くことに、なぜこんなに病《や》みつきになるのか、自分でもたびたび不思議に思っていた。あるとき心理学者の友人に、こうも魅了されるのはどうしてだろうと尋ねてみた。友人は、何か根源的で原始的な本能に突き動かされているにちがいないと言ったが、それではまるで答えになっていない。こんな絵を描く画家が私ひとりしかいない理由はどう考えられるのだろう？　なぜ私の仲間の芸術家は、だれも私ほどこうした図形の組み合わせに心惹かれないのだろう？　しかも組み合わせのルールは完全に客観的なルールで、芸術家はだれでも自分なりのやり方で応用できるというのに[39]！

過去を振り返り物思いに沈むエッシャーの言葉は、ふたつの重要な問題に触れている。ひとつは、「原始的な」知覚のプロセスで対称性が果たす役割であり、もうひとつは対称性の根底にあるルールである。後者の問題は、あとで何章かのテーマとする。だが、われわれが世界の情報をすべて感覚によって受け取っていることを考えると、対称性が知覚の潜在的な因子として働いているのかという問題のほうが優先性が高くなる。

2 妄想症を見る心の目

人間の五感のうち、視覚はとび抜けて重要な知覚手段である。だが目は単に光を感知する装置にすぎず、知覚には脳の関与が欠かせない。視覚と知覚を合わせた「視知覚」は、脳内のさまざまなプロセスがかかわる複合的な仕組みであり、外界から受け取る感覚情報を組み合わせて、意味のあるイメージを生み出している。われわれをとりまく環境は、とうてい分析できないほど多くの信号を発している。そのため知覚には、大量のデータをふるいにかけ、とりわけ役に立つ情報を選《え》りすぐる作業が必要になる。チェスのプレーヤーが次の手を考えるときには、盤上で可能なすべての指し手を頭のなかで検討したりしない。たくわえた情報――記憶と呼ばれるもの――を基準にして、とくに有利そうないくつかの指し手に絞るのだ。ウディ・アレン監督・主演の映画『スコルピオンの恋まじない』で、俳優ダン・エイクロイドは保険会社の社長を演じている。あるシーンで、社長が部下の保険調査員のひとりであるC・W・ブリッグス（ウディ・アレンの役）に、「なあ、みんなが自分に何かたくらんでいると思う奴らにぴったりの言葉があるじゃないか」と話しかける。するとウディ・アレンはこう応じる。「ああ、そりゃ『敏感』だ！」実際にはむろん、妄想症《パラノイア》は「知覚の歪《ゆが》み」を意味している。

一見したところ、視知覚がなし遂げなければならない作業は、とても不可能なもののように思える。

目の奥にある受容器に光エネルギーの構成単位（「光子」と呼ばれる）が物理的に衝突するのを、頭に浮かぶ物体のイメージに変換する必要があるのだ。まもなくわかるように、対称性はこの目標へ向けて大いに手助けする。

しかし、まずはどのような困難を乗り越えなければならないかを理解する必要がある。そこで天文学の助けを借りて、知覚のプロセス――とくに距離の知覚――にかかわる多くの障害のひとつを説明しよう。図17はハッブル宇宙望遠鏡で撮影した画像で、アンドロメダ銀河（天文学ではM31ともいう）をとりまく球状のハロー〔訳注：高温のガスを含み、銀河を包み込んでいる領域〕をのぞき込んだものだ。[1] 銀河は、太陽のような恒星を数千億個も抱える、大きな広がりをもった天体である。M31は地球から約二五〇万光年の距離にあり、われわれの銀河系からとりわけ近い銀河のひとつだ（一光年はざっと九兆五〇〇〇億キロメートル）。図17の画像に写っているのは、M31に含まれる約一万個の恒星と、背景に見える一〇〇個ほどの別の銀河（ぼんやり広がって見えるものもある）だ。さて、ここで問題がもちあがる。ただ画像を見ただけでは、恒星はどちらかと言うと近所（約二五〇万光年）にある一方、銀河のなかには一〇〇億光年以上離れているものもあるということはわからないのだ！　同様に、われわれが周囲の世界を見るとき、目は光子がどちらからやってきたか、つまり光線の方向しか認識しない。イメージは二次元の面（網膜）に投影されるので、ほかに情報がないと、光子がどれだけ遠くから飛んできたのか、脳には見当がつかないのである。

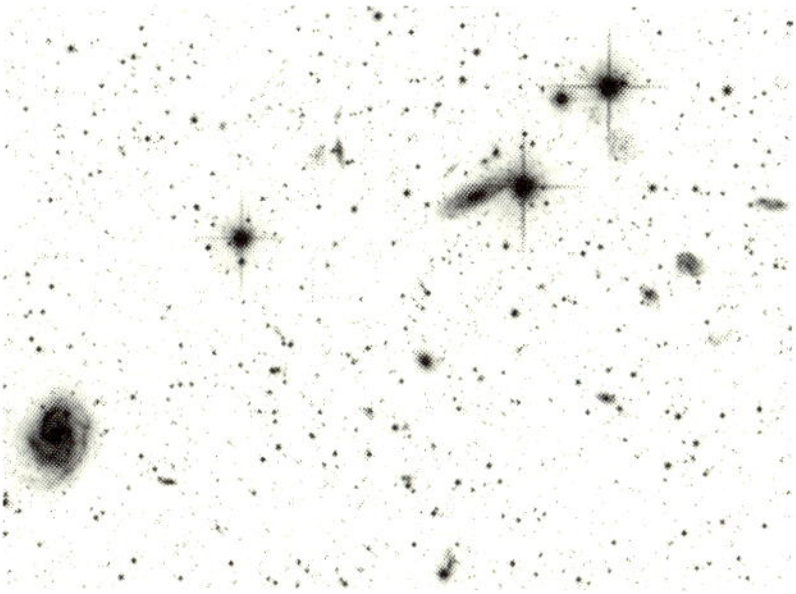

図 17

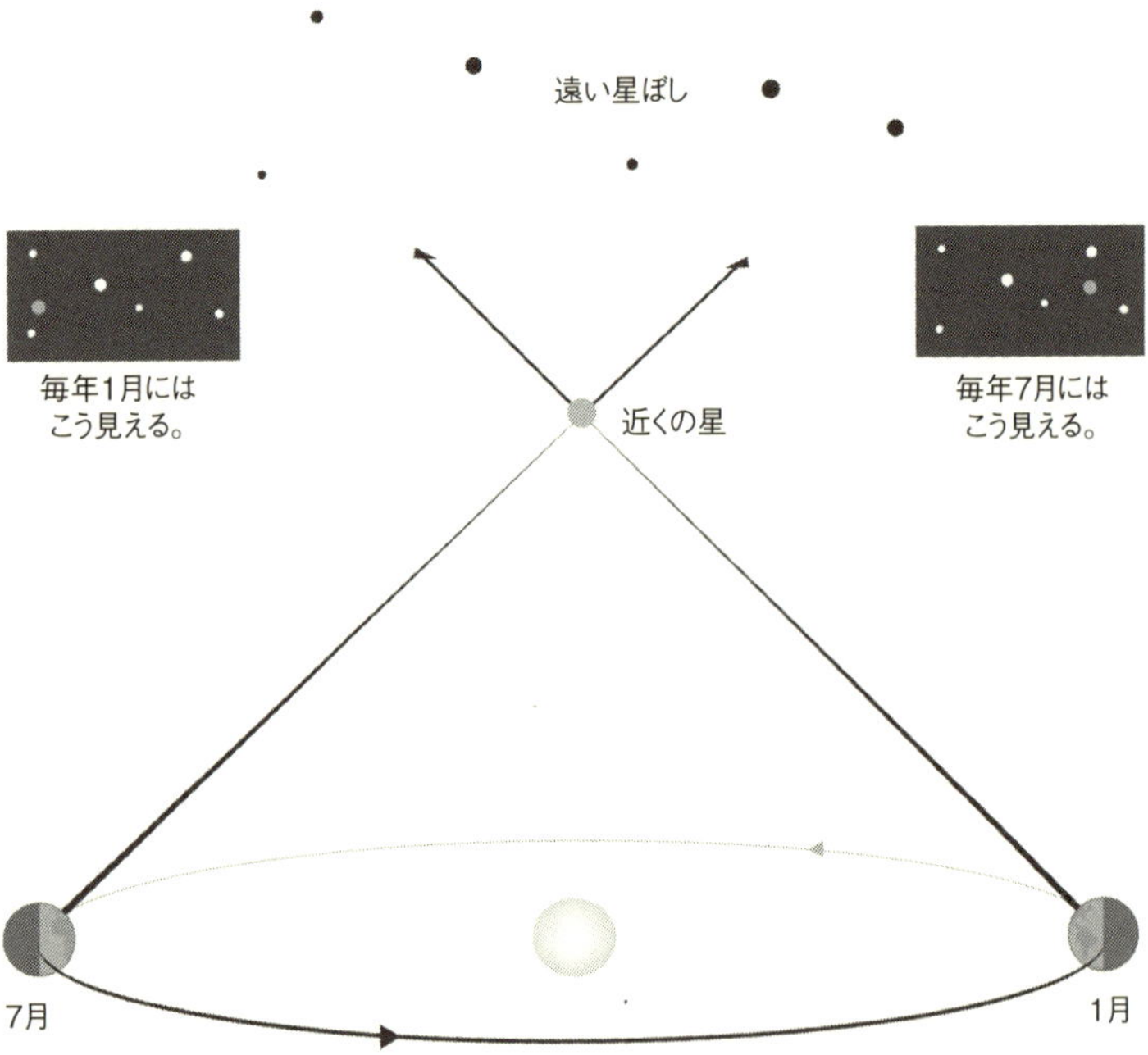

図 18

比較的近い星の場合、天文学では「三角視差法（年周視差法）」と呼ばれる方法によって距離決定の問題を解決する。太陽をめぐる地球の公転軌道上で、ふたつの異なる位置から星を観測するのだ（図18）。地球が公転する一年のあいだに、近くの星は、背後にある非常に遠い（動かない）星に対して行きつ戻りつするように見える。地球の軌道半径を知ったうえで、見かけのずれの角度を測れば、高校レベルの三角法によって、星までの距離が計算できる。

人間は、これとまったく同じように、両の目を使って奥行きのある空間を認識している。次に示す簡単な実験をすれば、「立体視」として知られるこのメカニズムを実感できる。[2] 腕を前に伸ばして指を一本立て、何かを背景にしてその指を見つめよう。左右の目を交互に閉じれば、背後にあるものに対して指が左右に行ったり来たりするように見えるだろう。そして指を目に近づけるほど、指の振れ幅が大きくなるのに気づく。このように見かけのずれ（視差）が生じるのは、ふたつの目が異なる位置から指を眺めているからだ。視差は対象までの距離によって決まるため、脳は対象に向かう左右の視線のなす角度を測り、両目の間隔をふまえて対象までの距離を「三角測量」しているのである。片目をつぶるとかなり距離感がなくなるのを知っていれば、立体視における両目の役割は昔からわかっていたと思うかもしれない。だが意外なことに、遠近法の大家《たいか》とされる研究者のなかにも、立体視の概念を完全に見落としていた人がいた。古代ギリシャのユークリッド（ギリシャ語読みではエウクレイデス）のような数学者、ルネッサンス期の建築家であるブルネレスキとアルベルティ、画家のピエロ・デラ・フランチェスカやパオロ・ウッチェロやアルブレヒト・デューラーはもとより、偉大なアイザック・ニュートンさえ、目がふたつあるのは単に左右対称性の現れであって、ほかに特別な意味はないと見ていた。片目でできないことが両目ならできると初めて気づいたのは、ルネッサンスを代表する人物、レオナルド・ダ・ヴィンチ（一四五二～一五一九）だった。レオナルドは、両目で物体を見るとき、右目には物体の右後ろにある空間がとらえられ、左目には物体の左の裏側が見えることに気づき、こう結論を下した。「物体は……両目で見ると、いわば透明になる。……しかし片目で眺めたときには……同じことは起こりえない」これほどまでの洞察力があったのに、レオナルドは球体にしか着目しなかったため、左右の目は背景にかぎらず物体そのものについても異なる像をとらえるということを発見しそこねた。距離の知覚に両目が重要であることを明らかにした人物は、ドイツの天文学者ヨハネス・ケプラー（一五七一～一六三〇）である。一六〇四年刊行の『天文学の光学的部分』と一六一一年刊行の『屈折光学』（屈折を扱う光学の分野）という二冊の名著で、ケプラーは目の光学的性質について詳細に記述するとともに、眼鏡《めがね》のはたらきを説明し、立体視の理論を築いた。(3)だがどういうわけかケプラーの研究はさほど注目されず、一八三八年に距離感の仕組みを再発見したチャールズ・ホイートストンさえも知らなかったようだ。

チャールズ・ホイートストン（一八〇二〜七五）は音楽一家に生まれた。最初に手がけた研究は、音や、弦・管などさまざまな構造の振動［訳注：具体的には弦や空気柱、金属棒などの振動］や、楽器にかかわるものだった。(4)一八二二年、彼はロンドンのペルメル街［訳注：社交クラブが多く集まったロンドン中心部の一地区］にあった父親の楽器店に、音楽を耳だけでなく目でも楽しめるような実演装置を設置した。この「魔法の竪琴《たてごと》」は針金に吊り下がっている。針金は天井を抜けて上の部屋へ延び、ピアノやハープやダルシマー［訳注：箱のなかに張った弦をハンマーでたたいて演奏する楽器で、ピアノやハープシコードの原形と言われている］の共鳴板につないであった。ホイートストンが上の部屋で楽器を演奏すると、「魔法の竪琴」がひとりでに音楽を奏でているように見えた。ホイートストンはきわめて発想の豊かな実験科学者で、コンサーティーナ（小型のアコーディオンのような楽器）を発明し、電信の特許をイギリスで取得している。

一八三二年、彼は立体視の実験に着手し、一八三八年六月二一日付けの論文で自説を発表した。論文のタイトルは『視覚の生理学への寄与。第一部。注目すべき、しかもこれまで観測されていない両眼視の現象について』だった。冒頭の段落には、左右の網膜に映る像の不一致と、それからなされる心のなかでの処理により、距離感が生まれるという研究成果の骨子がまとまっている。ホイートストン自身の言葉はこうだ。

物体を非常に遠くから見るとき、物体に向ける左右の視線は平行と言ってよく、片目ずつで見た場合の透視図は左右ともそっくりになるため、両目での見え方は片目だけで見た場合とまったく同じである。……しかし物体が目のそばにあるときには、それを見るために視線が絞り込まれ、片目ずつで見た場合の透視図が左右で変わるので、両目と片目で見え方が同じにはならない。……この事実は、任意の三次元の図形、たとえば立方体の骨組みを目から適度に離れたところに置き、顔をまったく動かさないようにして、目を代わるがわる閉じて見てみれば、容易に確かめられるだろう。

空間の奥行きのような基本的な知覚にかかわるプロセスの発見について、ちょっと長めに語った理由は、この話が、知覚を総合的に理解するために越えるべき大きな障害を示す格好の例となるからだ。人間の知覚の理論は、何冊もの本になるし、じっさいそうなってきた。だからここでは、知覚のプロセスにおける対称性の機能に絞って話をしたい。

知覚における対称性の役割は、「ゲシュタルト心理学」という学派によって脚光を浴びることとなった［訳注：ゲシュタルト心理学では、心理現象は単なる要素の総和を超えた全体的性質、すなわち「ゲシュタルト」（ドイツ語で「形態」を意味する）として研究すべきという立場をとる］[5]。この学問を創始したのは心理学者のマックス・ヴェルトハイマー、クルト・コフカ、ヴォルフガング・ケーラーで、一九一二年に彼らがフランクフルト大学に設立した心理学の研究所は、大きな影響力をもった。ゲシュタルト心理学者が検討に乗り出した重要な課題のひとつが、知覚的体制化（知覚的群化ともいう）の問題——感覚器官で受け取った細切れの情報が、どのようにして大きな知覚的構造にまとまるのか——である。あれとこれが一緒になってひとつの物になっていると、どうしてわかるのだろう？　われわれは物同士をど

図19

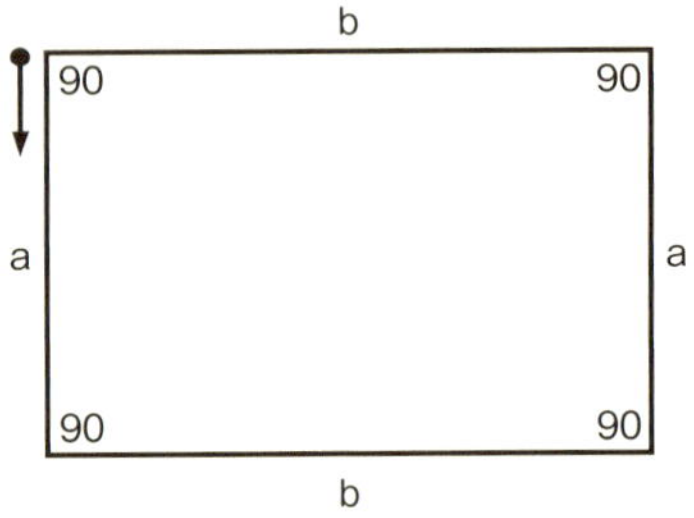

図20

うやって切り離し、物と背景をどうやって区別しているのだろうか？　ゲシュタルト心理学では、知覚的体制化の中心的な「法則」はプレグナンツの原理として知られ、一般に「よい形」の法則と呼ばれている（Prägnanz《プレグナンツ》はドイツ語で「簡潔さ」の意味）。これは「幾何学的に可能なまとまり方がいくつかあるとき、そのうち最もよい、単純で安定な形をもつものが見える」という法則だ。そのためゲシュタルト心理学では、対称性は形の「よさ」に大きく寄与する重要な要素のひとつになる。たとえば図19にあるような四つの点は正方形と認識される。正方形は対称で、閉じた安定な形なので、三角形一個と余分な点一個などといった配置よりも「よさ」が勝《まさ》るからだ。ゲシュタルト心理学者は形の知覚にかんする厳密な理論を構築するには至らなかったが、オランダの心理学者エマニュエル・レーウェンベルフや、アメリカのウェンデル・ガーナーとスティーヴン・パーマーなど、のちの理論家が基本原理を掘り下げた。ガーナーとパーマーはとくに、さまざまな対称性（回転対称性や鏡映《きょうえい》対称性など）が形の「よさ」に果たす役割に気づいた。(6)

　レーウェンベルフと共同研究者たちは、「構造情報理論」として知られる形状表現の理論を提案した。(7)この理論におけるふたつの基本概念は、「記号表記《コード》」と「情報負荷《インフォメーション・ロード》」である。記号

(c)　(b)　(a)

図21

表記とは、図形を見たとおりに生成しうる単純な記述である。たとえば長方形を記述するには、左上の隅《すみ》を起点に、描くべき辺の長さを与え（図20）、続いて変更すべき角度を与える。それからもう一辺の長さを与え、ふたたび角度の変更をおこなう。すると長方形を完成させる記号表記は、a 90 b 90 a 90 b 90 といったものになる。その一方で、同じ指示が二回繰り返されているから、この記号表記を $2*(a\ 90\ b\ 90)$ としてすっきりさせられることもわかる。

情報負荷は、図形を記述する最も単純な記号表記について、複雑さを測る尺度となる。一般に情報負荷は、記号表記に含まれるパラメータ（前述の例ではa、b、90）の数をかぞえるだけで算出できる。構造情報理論の中心概念は、情報負荷が低いほど形の「よさ」は増すというものだ。対称な形は情報負荷が低いため、「よさ」という点では高く評価される。先ほどの長方形の記号表記では、繰り返しの回数（2）、二辺の長さ（aとb）、角度（90）なので、情報負荷は四となる。これに対し、適当に描いた四辺形では、情報負荷は八（四辺の長さと四つの角度）となる。

ゲシュタルトの体制化の原理には、ほかに「近接」と「類同《るいどう》」という重要な要素がある。近接の「法則」は、一般に近くにあるもの同士がまとまって知覚されることを示している。図21aでは縦の列があるように見える。黒丸《ドット》の間隔は、左右より上下のほうが狭いか

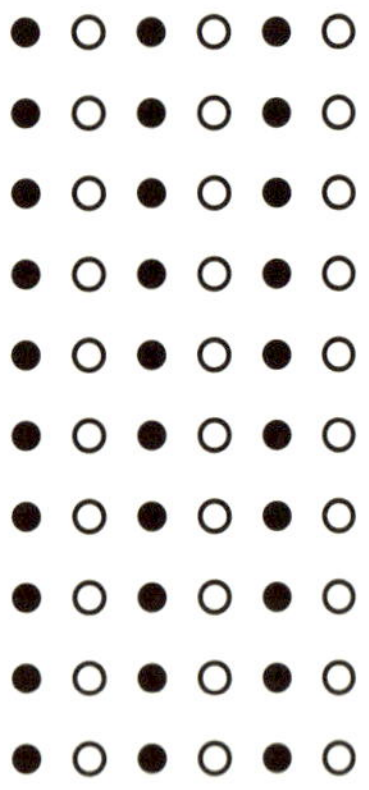

図22

らだ。図21bでは逆のことが言え、横の列があるように見える。左右と上下の間隔が等しいと（図21cのように）、どっちつかずの印象を受ける。

　似通った形もまとまりになる傾向があり、この類同は、体制化の要素として近接より優先されることがある。図22の場合、すべての丸が黒ければ近接の要素しかなく、横の列があるように見えるだろうが、黒い丸という類同によって、縦の列があるように見えやすい。

類同を認識するうえで、対称性は重要な役割を演じている。対称性がまさに不変性——変化の影響を受けない——を意味しているからだ。このため対称性は、知覚系にとって、目にしたパターンが本当に類似しているのか否かを見極めるうえで、大いに役立つ手がかりなのである。

　ゲシュタルトの原理には、さらに「よい連続」という要素もある——記号Xは、上向きと下向きのvを尖《とが》ったところでつないだ形ではなく、二本の線の交わりとして知覚される。また、「共通運命」もグループ化をもたらす。同じ方向に同じ速さで動いているものは、まとまって見えやすい。聖書に出てくる預言者アモスは、「打ち合わせもしないのに二人の者が共に行くだろうか」[8]（『聖書』（新共同訳、日本聖書協会）より引用）と問いかけたとき、この原理が十分にわかっていたのだ。

　カリフォルニア大学バークリー校の心理学者スティーヴン・パーマーらは、体制化の原理に「共通領域」、「連続性」、「同時性」の法則を追加した[9]。図23はこれら三つの法則を示している。共通領域とは、囲まれた空間領域にあるものがまとまって見えることだ（23a）。連続性は、物理的につながって見えるものがひとつの単位として知覚されることを指す（23b）。そして同時性は、同時に起こる視覚的事象が互いに関連のあるものと見なされるということを表す（23c）。

対称性、とりわけ左右対称性も、図形と地《じ》の分離――対象が背景から浮き上がった図形として見えること――をもたらす重要な要素だ。図24を左右ともざっと見て、どちらの色が図形でどちらの色が地かを判断してほしい。左右対称な領域は、非対称な背景に対し、図形となって見えやすい。そのため、図24の左側では黒い領域が、反対に右側では白い領域が図形として認識されがちなのだ。また、縦か横の方向性があるものも、ほかの方向性のものに比べて図形として見えやすい。最後に、大きな領域に囲まれた小さな領域や、意味のある形、なじみ深い形も、えてして図形と見なされる。

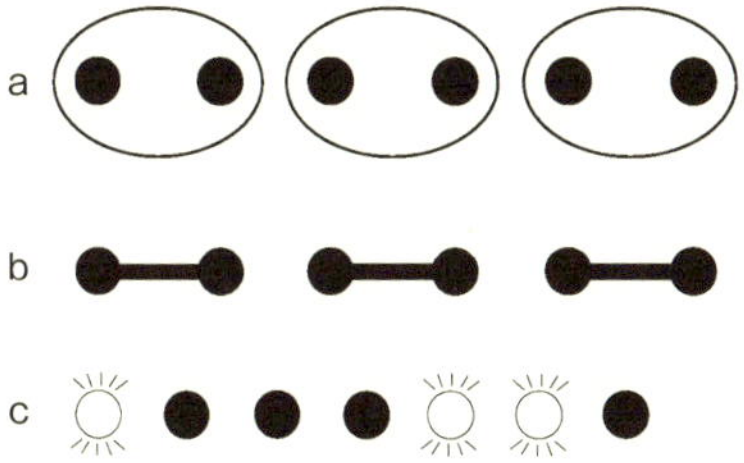

図 23

図 24

あなたはたぶん、そもそものゲシュタルト「法則」が「ヒューリスティックス」（試行錯誤で発見した経験則）にすぎない――あくまで最も妥当な原理で、たいていは使えるが万能ではない――ことに気づいただろう。この法則では、「よいこと」とか「類同」といった、かなり漠然と定義された概念が使われている。いったいこんな原理がうまく働くのだろうかと疑問に思う人もいるかもしれない。これに答えるなら、ゲシュタルト法則はおそらく学習と進化の結合を表しているということになろう。オスカー・ワイルドもかつて、「経験とは、だれもが自分の失敗につける名前のことだ」と述べた〔訳注：戯曲『ウィンダミア卿夫人の扇』で登場人物のダンビーが口にする台詞〕[10]。人間は、世代を重ねながら知覚を「訓練」し、次から次に遭遇する知覚経験を通じて、予期すべきことを学習してきたのである。当初のゲシュタルト原理に不備な点はあるにしても、その原理は手っ取り早く答えを出してくれるので有用だった。もしあなたが鍵をなくしたら、ふだん置いておく二カ所ぐらいをまず探し、それでだめなら初めて、家じゅうの大がかりな捜索に乗り出すだろう。

　最近の心理学の理論や実験結果は、概して、知覚に対称性が大きな役割を果たしていることを裏付けている[11]。多くの実験から、縦の対称軸をもつ左右対称性が最も認識しやすく（つまり真っ先に認識される）、それが「同じか違うか」の判断の手がかりとして利用されていることがわかるのだ。要するに対称性は、視覚のプロセスにおける初期段階で目を引く性質なのである。対称性はまた、生物（自分の天敵となるものも含めて）と無生物を見分け、配偶のパートナーとして好ましい相手を選ぶのに役立つ（これらのトピックは第8章で改めて取り上げる）。非対称な図形に比べ、対称な図形のほうが再現しやすいことを示す実験結果もある。スタンフォード大学の心理学者、ジェニファー・フレイドとバーバラ・トヴァスキーは、興味深い研究によって、被験者が物を見たとたん、全体的な対称性の有無を速《すみ》やかに見極めることを見出した[12]。そのうえ、形を全体として対称と見たら、頭のなかでその像をねじ曲げ、細かいところまでも対称と（ときには誤って）見なしてしまう被験者もいた。

さらに、さまざまな対称性に対する好みは学習で培《つちか》われる特性だとする面白い説が、イリノイ大学の心理学者ヨアンネス・パラスケヴォプーロスのおこなった実験から生まれている[13]。実験に参加したのは七六人の小学生だ。パラスケヴォプーロスは、二重の対称性（縦・横とも鏡映対称）が六歳、左右対称性（縦の軸にかんする鏡映対称）が七歳、上下対称性（横の軸にかんする鏡映対称）が一一歳で好まれるようになることを見出した。

最近の研究で非常に期待の大きなものに、磁気共鳴画像法（MRI）を用いて対称性に反応する脳の部位を特定しようという試みがある[14]。サンフランシスコのスミス゠ケトルウェル視覚研究所の心理

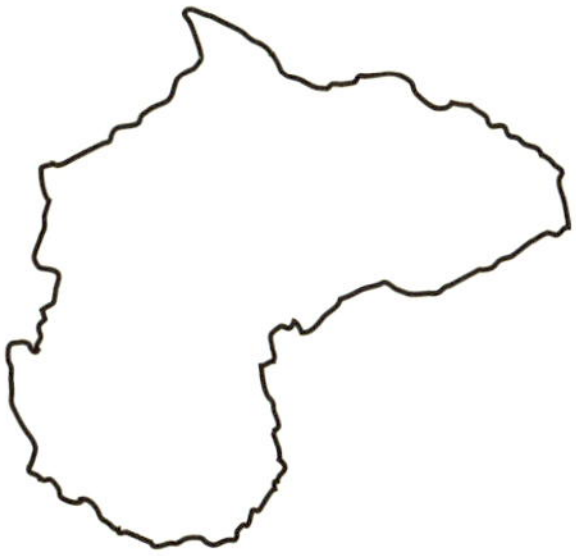

図 25

学者クリストファー・W・タイラーは、被験者にいろいろな並進《へいしん》対称パターンや鏡映対称パターンを提示し、これらの刺激によって脳の後頭葉の一部位が活性化することを見出した。この部位の機能は、まだこれ以外に知られていない。そして意外にも、ほかに視覚機能があるとわかっている部位では、ほとんど、あるいはまったく活性化が起こらなかった。そこでタイラーは、この特殊化された部位が、視界のなかに対称性が存在するという情報をとらえて処理するにちがいないと結論づけた。

対称性と向きの相関もなかなか面白い[15]。対称な形は、なんらかの方法で回転や鏡映や並進をおこなっても変化しない。だが多くの形は、どんな変換にかんしても対称ではない（そのままで何もしない恒等変換は除く）。そして形の見え方は、たとえば向きに

よってはっきり変わる。図25をちらりと見てほしい。アフリカの地図だと気づいただろうか？　また、上下をひっくり返さずに、図26の人物がだれだかわかるだろうか？

対称性を見分ける知覚さえ、あてにならない場合がある。図27ａのように、ある軸にかんして鏡映対称の図形でも、図27ｂのように回転して対称軸が縦になるようにしないと、対称に見えないかもしれない。ラトガーズ大学の認知科学者アーヴィン・ロックらは、形の知覚が向きにどれほど依存しているかを検証する一連の実験をおこなった。とくに、左右対称性は、対称軸が網膜像で真に縦の場合に知覚されるのか、それとも対称軸が縦のように見えさえすれば知覚されるのかを調べたかったのだ。ロックらは、図28ａのような形をまず基本形とした。この形は左右対称かつ上下対称である。そして

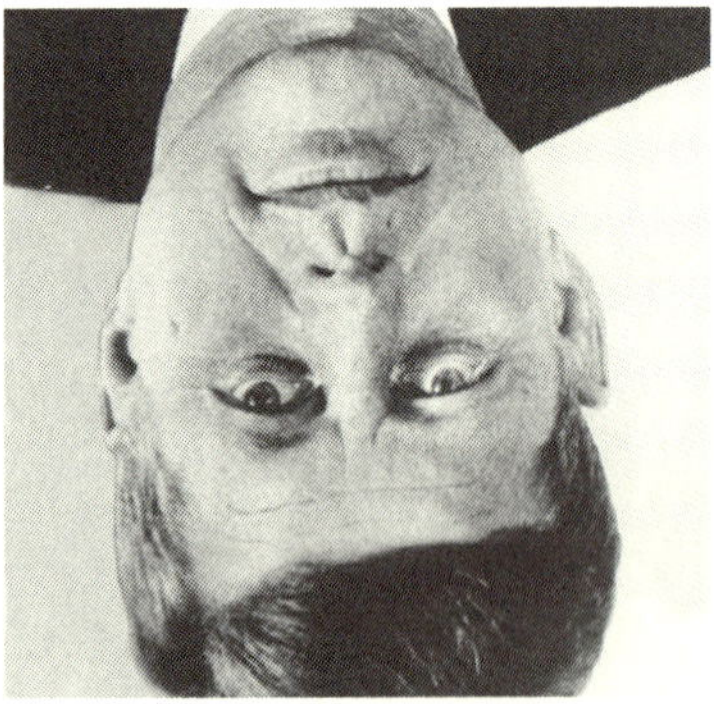
図 26

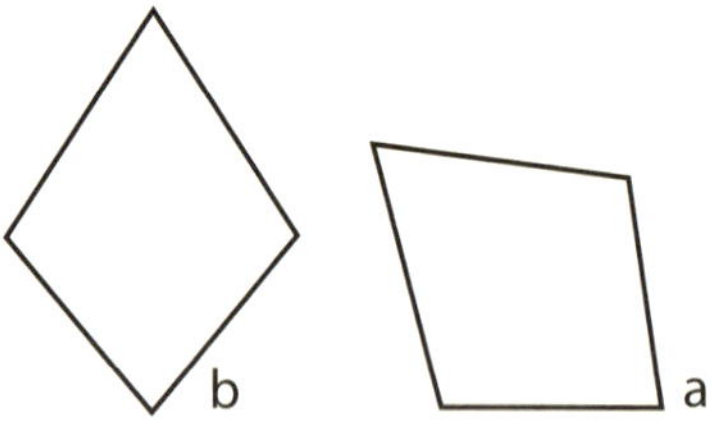

図 27

図 28

被験者に、28ｂと28ｃの図形のうち、28ａに近いと思うものを答えさせた。ちなみに図28ｂは、左右対称ではないように少し変えてあるが、上下対称性は保っている。図28ｃにはそれと逆のことをした。被験者に頭をまっすぐにして図形を見させたときには、大多数の人が28ｃを選んだ。これは予想通りだった。モラヴィアで生まれたオーストリアの物理学者・哲学者エルンスト・マッハ（一八三八～一九一六）が、早くも一九一四年に、図形を対称と知覚するのは主に縦の軸にかんする鏡映対称性のためだと指摘していたのである[16]。ところが思いがけないことが起こった。被験者は、頭を四五度傾けても、28ａに近い図形として28ｃを選んだのだ。この向きでは、網膜像は28ｂも28ｃも左右対称ではないにもかかわらず。ほかの実験結果も合わせて、ロックはこんな結論を出した――「目新しい図形の場合、網膜像の向きが変わっただけでは、ほとんど見かけが変わらない」。ロックが見出したのは、環境中に置かれた図形の実際の向きはたいして重要ではなく、われわれが通常、図形に上下左右の方向を決めることが知覚に大きく影響するという事実だ。そうした方向づけは、たいてい重力の向きや環境の座標系といったほかの視覚的手がかりに左右される。決めた方向から外れた向きの図形は認識されにくいのである。また興味深いことに、ロックは、左右を反転させるだけならさほど形の見え方が変わらないと気づいた。これらの結果も、知覚において左右対称性が第一に重要であることをさらに裏付けている。ただしロックも、走り書きの文字や顔写真など、網膜像の向きが変わるだけで非常にわかりづ

図 29

らくなる形があることを認めていた。

ほとんどの場合、対称性は知覚を手助けしてくれるが、あるタイプの対称性は目をだまし、見たものを誤ってとらえさせてしまうようだ。スコットランドの物理学者デイヴィッド・ブルースター（一七八一～一八六八）は、一八一六年に万華鏡《まんげきょう》を発明した人物でもあるが、並進対称性をもつ反復パターンの壁紙を見つめていた折、不思議なことに気づいた[17]。そのようなパターンは、「モリス商会」や当時のほかの工房が数多く制作したので、ヴィクトリア朝時代には至るところで見られるようになった。ブルースターは、そうしたデザインのなかに、壁から文字どおり「飛び出し」、立体的な錯視《さくし》を生み出すものがあるのを発見して驚いた。これは「壁紙錯視」あるいは「エスカレーター錯視」として知られている。壁紙にもエスカレーターにも反復パターンがあるからだ。「マジック・アイ」〔訳注：平面の絵柄が立体に見える、ステレオグラムと呼ばれる図のこと〕の本やポスターがたくさんあるので、この現象をすでによく知っている人もいるだろう。コンピュータで作り出した「オートステレオグラム」――寄り目にして見ると立体的に飛び出て見えるようなパターン――は、一九九〇年代初めに大ブームを巻き起こした。[18]＊図29は、その驚くべき効果を示すものだ。ページの奥のほうにピントを合わせる要領でしばらく図を見つめると、不思議なことにサーファーの姿が立体的に浮かび上がってくる。理由はまだ完全にはわかっていないが、オートステレオグラムによる錯視が見えない人もいる。だから、図29に突然奥行きが生まれなくても、落胆することはない。あなたはいわば特権階級に属しているのだから。「マジック・アイ」による錯視のおおもとのアイデアは、ハンガリーで生まれアメリカに渡った心理学者ベーラ・ユレシュが一九五九年におこなった距離感の研究から生まれた。ユレシュの共同研究者だった、スミス‐ケトルウェル視覚研究所の心理学者クリストファー・タイラーは、一九七九年、オフセット印刷〔訳注：版につけたインクを一度ゴムローラーに移し、そこから改めて紙に転写させる平版印刷の代表的な方法〕の技術を使えばシングル・イメージ・ステレオグラム（オートステレオグラムのこと）ができることを発見した。反復パターンの不思議な効果については、比較的単純な説明で事足りる。反復パターンのなかで、隣りあったペアの左を左目、右を右目で見ると、脳はそれらふたつの対象を、離れたところにあるひとつの対象と勘違いするのだ（図30）。脳が「間違い」を犯してし

＊訳注：ステレオグラムの見方には、寄り目にして右目で左の画像を、左目で右の画像を見る交差法のほかに、右目で右の画像を、左目で左の画像を見るようにする平行法もある。

図30

まう原因は、言うまでもなく、反復されるモチーフが両目の網膜にそっくり同じ像を結び、ひとつの対象に焦点が合っている印象を与えるためである。

　反復パターンがきわめて密に詰まり、コントラストの高いモチーフでできていると、動いているかのような強い錯覚を生むことがある。イギリスのオプ・アーティスト*であるブリジット・ライリーは、『滝（Fall）』という絵のような幻覚的なパターンで、見る者を惑わせている（図31）。

　置換やパウリの排他律《はいたりつ》は例外だが、これまでに紹介した対称性はすべて、形や構造や配置にかかわるものばかりだった。どれも空間に存在するものの対称性であり、そのような対称性は対象となる系（システム）の性質からもたらされ、感覚でとらえられる。たとえば大聖堂は左右対称性を、壁紙のデザインは並進対称性を、円は回転対称性をもつことが見てとれる。基本的な自然法則の根底にある対称性は、こうした対称性の親類のようなものだが、対象の外見ではなくこんな問題に焦点を当てることになる――われわれをとりまく世界になんらかの操作を加える場合、どんな操作なら、観察される全現象を記述する法則が不変のまま保たれるだろうか？

ゲームのルール

　自然法則とは何だろう？　生物学者トマス・ヘンリー・ハクスリー（一八二五～九五）は、ダーウ

図31

ィンが唱えた進化と自然選択の理論をだれより情熱的に擁護した人物で、次のような説明をしている。

　チェス盤を世界、駒を世界の現象とすれば、ゲームのルールは自然法則と呼ばれるものに相当する。盤の向こうにいる対戦相手は、われわれからは見えない。わかっているのは、相手がつねにフェアで辛抱強いということだ。しかし、ミスを決して見逃さないことや、こちらが無知でもいっさい手加減しないことも、われわれは痛感している。(19)

「ダーウィンのブルドッグ」の異名《いみょう》をとる男が示したこの解釈は、現代の基準からすれば覇気《はき》に乏《とぼ》しい。今日《こんにち》の物理学者なら、自然法則がゲームのルールを表すだけでなく、チェス盤や駒自体の存在や性質まで説明してもらいたいと思うだろう！

人間は一七世紀まで、万物を説明する法則体系がありうるとは夢にも思っていなかった。だがガリ

＊訳注：オプ・アート（オプティカル・アートの略）とは、幾何学的な図形の配置や色彩の対比を利用し、錯視の効果を表現に取り入れた絵画のことで、一九六〇年代の欧米における前衛美術のひとつの流れ。

レオ・ガリレイ（一五六四〜一六四二）やルネ・デカルト（一五九六〜一六五〇）、そしてとりわけアイザック・ニュートン（一六四二〜一七二七）が、ひとにぎりの法則（運動法則や万有引力の法則など）によって、リンゴの落下や潮の満ち引きから、惑星の運動まで、あまたの現象が説明できることを初めて示した。

その後も先人の偉大な志《こころざし》が受け継がれた。一八七三年、スコットランドの物理学者ジェームズ・クラーク・マクスウェル（一八三一〜七九）が『電磁気論』を上梓した――電気と磁気と光の現象をひっくるめて、わずか四つの数式にまとめあげるという歴史的大作だった。マクスウェルはイギリスの物理学者マイケル・ファラデー（一七九一〜一八六七）による実験結果をもとに、惑星を軌道に縛りつける力と物体を地表にとどめる力が同じであるように、電気と磁気が表裏一体《ひょうりいったい》をなす物理的本質であることを見事に示した。二〇世紀には、科学の大革命が一度のみならず二度も起きた。まず、アインシュタインの特殊相対性理論と一般相対性理論が空間と時間の意味を一変させた。時間と空間の概念は、いまや「時空」というひとつの実体として分かちがたく結びつけられたのだ。一般相対性理論はまた、重力が、遠くからも作用する謎めいた力ではなく、ゴムシートが砲丸《ほうがん》の重みで沈むように、物体による時空の歪《ゆが》みが現れたものにすぎないと主張した。この歪んだ空間を移動するものはすべて――公転軌道上の惑星など――直線でなく曲線を描いて進む。もうひとつの革命では、世界は決定論で説明がつくという期待が「量子力学」の導入によって粉々に砕かれた。ニュートン力学では、さらには一般相対性理論でも、宇宙にある一個一個の粒子が、ある瞬間にどの位置に存在し、どの方向にどんな速度で動いているのかがわかれば、宇宙の行く末が明確に予測でき、宇宙がたどってきた歴史もことごとく語れることになる。唯一の例外は、ブラックホールというつぶれた物体のように、一般相対性理論が破綻《はたん》する稀有《けう》な状況だった。量子力学は、こうしたすべてを変えてしまった。一個の粒子の位置と速度さえ、厳密には決定できないのである。宇宙について確実なのは、さまざまな結果が生じる確率だけであり、結果そのものではない。理屈はかなり違うが、宇宙は天気に少し似ている——われわれには明日雨が降る確率が予測できるだけで、実際に雨が降るか否かまではわからない。神は確かにサイコロを振るのである［訳注：アインシュタインは量子力学に反対する立場をとり、「神はサイコロなど振らない」と述べた］。

相対性理論と量子力学による革命が進むにつれて、自然法則における対称性の役割の理解も進んでいった。物理学者はもはや、個々の現象に対する説明を見出すだけで満足してはいない。むしろ、自然の根底には対称性が鍵を握るデザインがあると、かつてないほど確信している。法則が対称であるというのは、自然現象を異なる視点から見ても、その現象がまったく同じ自然法則に支配されているということだ[20]。たとえばニューヨーク、東京、あるいは銀河系の向こう側で実験をおこなったとしても、結果を説明する自然法則は同じ形をとる。ただし法則の対称性とは、実験結果そのものが決して変わらないという意味ではない。月と地球の重力は同じでない。だから、月面上の宇宙飛行士が地球上より高く跳び上がる姿が見られたのだ。だが、月の重力に対する月の質量と半径の影響は、地球の重力に対する地球の質量と半径の影響に等しい。このような法則の対称性——場所を変えても影響を受けないこと——は、並進対称性である。この並進対称性がなければ、宇宙を理解することはほぼ不可能だっただろう。一〇〇億光年離れた銀河の観測データをそれなりに容易に解釈できるのは、なにより、そこにある水素原子も地球上の水素原子とまったく同じ量子力学の法則に従うと考えられるからだ。

自然法則は、回転に対しても対称だ。物理現象は、空間において特定の方向を贔屓《ひいき》したりしない——実験をまっすぐ立っておこなっても、傾いた姿勢でおこなっても、上や下、北、南西などに対して

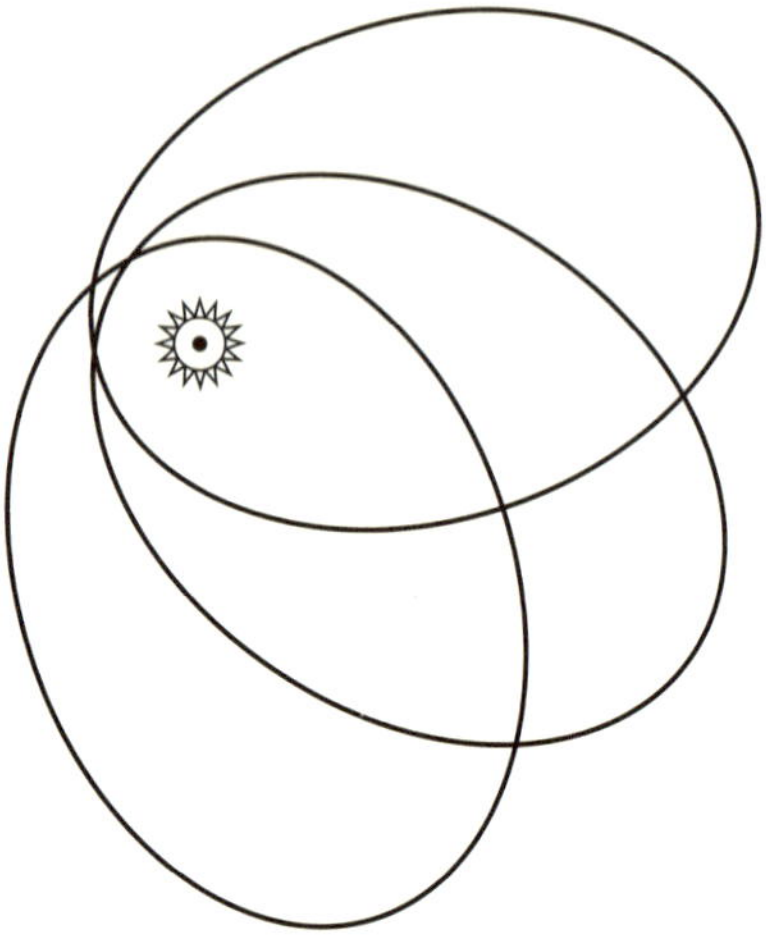

図 32

向きを合わせても、同じ法則が見出される。これは直感的には理解しにくい。では、地球上で進化してきた生物には、上下の明らかな区別があることを思い起こそう。アリストテレスやその弟子たちは、物体が下に落ちるのは、重いものにとって地面が本来あるべき場所だからだと考えた。そして、知ってのとおりニュートンは、上下が違って見えるのは物理法則が向きによって変わるからではなく、足もとにある地球という大きな質量による重力を感じるからだと明かした。すなわちこれは環境の変化であって、法則自体が変わるのではない。われわれは運がいいとも言える——並進対称性や回転対称性のおかげで、われわれが空間のどこにいてどちらを向いていようが、同じ法則を見出すことが保証されているのだ。

形の対称性と法則の対称性の違いをさらにはっきりさせるため、単純な例を挙げよう。古代ギリシャ人は、惑星の軌道は円形にちがいないと考えた。円はどれだけの角度の回転にかんしても対称だからだ。ところが、ニュートンの万有引力の法則が回転にかんして対称であるというのは、軌道が空間でどんな向きもとりうることを意味する（図32）。軌道は円でなくてもよく、楕円もありえ、惑星は実際に楕円軌道を描いている。

この世には、自然法則を不変のまま保つ、より深遠な対称性が存在する。そのような対称性の一部とそれらの重要な意味合いについては第7章で述べよう。ただ大事な点として、対称性は自然界のデザインを読み解くきわめて重要なツールのひとつだということを心に留めておいてほしい。

ここまで、物体または自然法則に認められる対称性の世界を足早にめぐってきたが、さながら駆け足の海外旅行のような気分がしたのではなかろうか。景色を堪能できたのはよしとして、文化を深く理解するには現地の言葉を話せるようになる必要がある。そろそろ速成講座で言語を学ぶとしよう。

あらゆる対称性の母

対称性の世界をこれまで覗いてみただけでも、対称性が科学と芸術と知覚心理学に共通して存在することは、明々白々だ。対称性は、変換を施《ほどこ》しても変わらない形や法則や数学的対象の、揺るぎない核を表している。対称性を記述する言語は、こうした不変の核を、たとえ異なる分野の仮面をかぶっていたとしても、明らかにできるものでなければならない。

たとえば、経済界で使われる言語は算術の言語である。ふたつの企業の財務力をひと目で比較したい場合、大量の退屈な書類にくまなく目を通す必要はなく、いくつかの重要な数値を比べればすむ。アイザック・ニュートンは、有名な運動法則を打ち立てたとき、それを表現したり使いこなしたりできるように微積分という数学の言語も考え出した。このほか、二〇世紀の抽象芸術が残した功績のひとつは、色を意味と感情の言葉に変えたことだという主張も可能だろう。形などの視覚的な要素を捨て去り、もっぱら色によってメッセージを伝えようとする画家もいる。

対称性の迷宮を探検するために、数学者や科学者や芸術家は「群論《ぐん》」という言語で行く手を照らす。(21)一部の会員制高級クラブと同じく、数学における群の特徴は、構成メンバーが一定の規則に縛られることだ。数学の「集合」は、任意の要素（数学では元《げん》という）の集まりである。この要素は、解体した飛行機の部品でもいいし、ヘブライ語のアルファベットの文字でもよく、ファン・ゴッホの耳〔訳注：画家ゴッホには、自分の耳を切った逸話がある〕と復活祭のウサギ《イースター・バニー》〔訳注：復活祭に贈りものをもってきてくれるというウサギ〕とアルバニアの全新聞と火星の天気を寄せ集めた突飛なコレクションだってかまわない。一方で「群」は、なんらかの操作にかんして一定のルールに従わなければならない集合である。身近な例を挙げれば、すべての整数（正、負、ゼロを含み、…, −4, −3, −2, −1, 0, 1, 2, 3, 4, …と続く数）は、足し算という簡単な算術操作にかんして群をなす。

　群を定義する性質は次のとおりだ。

1　「閉包《へいほう》」。いかなるふたつの元《げん》を操作によって組み合わせた結果も元でなければならない。整数の群では、どんなふたつの整数の和も整数になる（$3+5=8$ のように）。

2　「結合法則」。操作は結合できなければならない。三つの元をある順番に並べて（操作によって）組み合わせる場合、どのふたつを先に組み合わせても結果は同じで、どう括弧《かっこ》でくくるかによらない。じっさい足し算で結合法則が成り立ち、$(5+7)+13=25$ かつ $5+(7+13)=25$ になる。ここで括弧は数学の「句読点《くとうてん》」にあたり、それでくくった中身を先に計算するという指示だ。

3　「単位元」の存在。どの元と組み合わせてもその元を変化させないような、単位元がなければならない。整数の群では、単位元は0《ゼロ》である。たとえば、$0+3=3+0=3$ となる。

4　「逆元」の存在。どの元に対しても、逆元がなければならない。ある元とその逆元を組み合わせると、単位元になる。整数の場合、どの数の逆元も、その数と符号は反対だが絶対値が同じ数である。たとえば、4の逆元は -4 で、-4 の逆元は4。$4+(-4)=0$, $(-4)+4=0$ だからである。

この単純な定義から、われわれの世界の対称性をすべてひっくるめて統合する理論が導かれるという事実は、数学者さえも驚かせてやまない。イギリスの大幾何学者ヘンリー・フレデリック・ベイカー（一八六六～一九五六）はかつて、「これほど些《さ》細《さい》な発端から、なんと豊かで壮大な考えが生まれうるのだろう」と言った。また、著名な数学者ジェームズ・R・ニューマンは、群論を「数学的抽象化がなす至《し》高《こう》の芸術」と評している。群論の途方もない威力は、その定義が与える概念的柔軟さによる。この先明らかにするが、群の元《げん》には、この宇宙にある素粒子やトランプのカードのシャッフル（切り方）に見られる対称性から、正三角形の対称性まで、さまざまなものがありうる。元同士でおこなう操作には、足し算（先述の例など）のように単純なものもあれば、ふたつの対称変換の操作で「～に続けて～」（ある角度の回転に続けて別の角度の回転をするなど）をおこなうといった、もっと複雑なタイプもある。

群論は、ある対象に回転や鏡映などの各種変換を続けておこなったり、異なる対象（たとえば数）を特定の操作（足し算など）で混ぜ合わせたりしたらどうなるかを明らかにしてくれる。この種の分析をすると、一番基本となる数学的構造があらわになる。そのため、証券アナリストや素粒子物理学者がパターンを見極めようとして行き詰まったとき、群論の数学的形式を利用して、ほかの分野で同様の問題に対して考案されたツールを借用できる場合があるのだ。

群論と対称性のつながりをそれとなくつかむために、まず人間の容姿《ようし》がもつ対称性という簡単な事例から見てみよう。人間の容姿がほぼ不変に保たれる対称変換は、二種類しかない。ひとつは恒等変換で、これは何もかもそのままにしておくので、完全な対称性を示す。もうひとつは鉛直《えんちょく》面に対する

$\circ$	$\boldsymbol{I}$	$\boldsymbol{r}$
$\boldsymbol{I}$	I	r
$\boldsymbol{r}$	r	I

鏡映変換で、（おおよその）左右対称性を示す。では、記号Iで恒等変換を、記号rで鏡映変換を表すことにしよう。すると、人間の容姿にかんするすべての対称変換からなる集合には、元《げん》がたったふたつ、すなわちIとrしかなくなる。これらの変換を続けておこなったらどうなるだろう？　鏡映変換に続けて恒等変換をしたら、鏡映変換のみをおこなうのと変わらなくなる。記号で表すと、これは$I \circ r = r$となる。なお、記号$\circ$は「〜に続けて〜」という意味だ。ただしその右側に書かれた変換を先に、左側に書かれた変換をあとにおこなう。たとえば$a \circ b \circ c$なら、最初はc、次にb、最後にaをおこなう。

人間の容姿に鏡映変換を二回続けておこなうと、もとに戻る。一回めの鏡映で左右が入れ替わり、二回めの鏡映でまたそれが入れ替わるからだ。したがって、rに続けてrをおこなうのは、恒等変換Iをおこなうのと同じになり、$r \circ r = I$なのである。

ここまできたら、Iの行とrの列が交わるところを$I \circ r$などとして、ふたつの対称性について掛け算表のようなもの（群論では乗積《じょうせき》表あるいは群表という）を作ることも可能だ（右表）。ここで大ざっぱに使われている「掛け算」という言葉は、変換と変換をつなぐ操作を表している（この例では、「〜に続けて〜」）。

この乗積表が、重要な真理を暴き出す。人間の容姿にかんするすべての対称操作からなる集合は、群になるのだ！　群の要件が本当に全部満たされていることを確かめてみよう。

1　「閉包」。この乗積表は、任意のふたつの対称変換を「〜に続けて〜」という操作によって組み合わせたものも対称変換になることを示している。考えてみれば当然だ。ふたつの変換のどちらをおこなっても人間の容姿は変わらないのだから、それらを組み合わせても不変なのである。

2 「結合法則」。これは明らかに満たされている。ここでの変換を「〜に続けて〜」によってどう三つ組み合わせても、この法則が成り立つからだ。じっさい、たとえば $I \circ r \circ r$ をおこなう場合、どう括弧でくくっても結果に違いはない。

3 「単位元」の存在。恒等変換は対称変換である。すなわち恒等変換が単位元にあたる。

4 「逆元」の存在。乗積表から、恒等変換と鏡映変換のどちらも、それ自身の逆元になっていることがわかる。言い換えれば、どちらの変換も二回おこなうと恒等変換になる。$I \circ I = I$ および $r \circ r = I$ なのである。

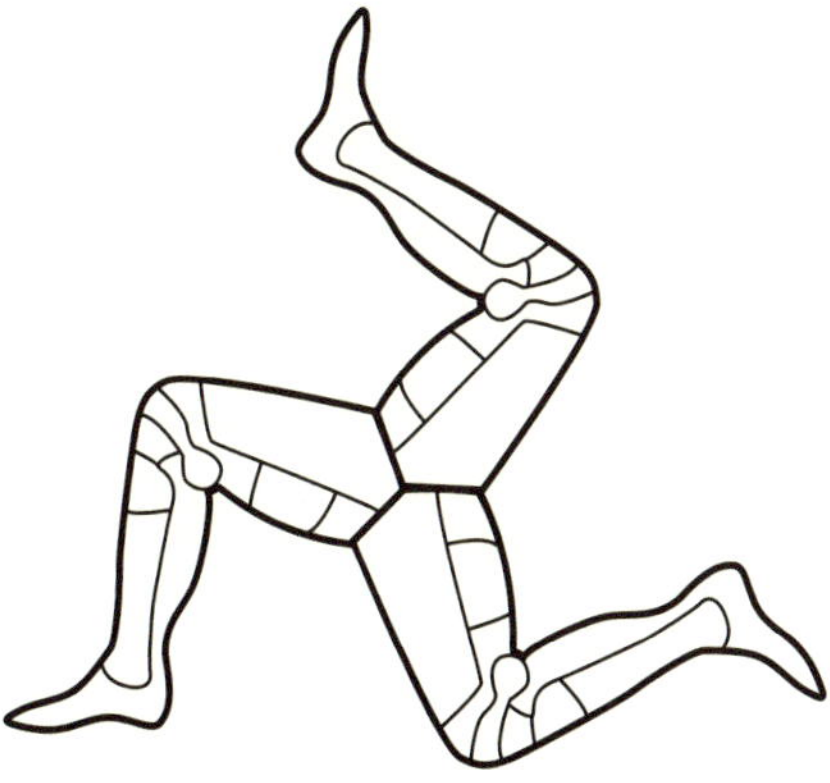

図 33

人体の対称性が形成する群には元《げん》がふたつしかないが、対称性と群のあいだに強固な結びつきが見つかる。ではもう少し中身の多い実例として、図33にある、走る三本足からなる造形を調べてみよう。これはアイリッシュ海に浮かぶマン島のシンボルだ［訳注：マン島はイギリス王室保護領で自治権をもっており、そのシンボルは国旗や紙幣、貨幣などに使われている］。

この形にはちょうど三つの対称変換がある。（1）中心を軸とした一二〇度の回転、（2）二四〇度の回転、（3）恒等変換（三六〇度の回転とも言える）の三つだ。

ただしこの形はいかなる鏡映変換にかんしても対称ではない。鏡映をおこなうと足の向きが逆になってしまうのだ。一二〇度の回転をa、二四〇度の回転をb、恒等変換をIで表すとして、「〜に続けて〜」の操作（記号$\circ$で表す）によって対称変換を組み合わせたらどうなるかを、この例でも確かめてみよう。一二〇度回転し、続けて一二〇度回転すると、二四〇度の回転になる。すなわち $\boldsymbol{a}\circ\boldsymbol{a}=\boldsymbol{b}$ だ。また、二四〇度の回転を二度おこなうと、結果は一二〇度回転した場合と同じになる。なぜなら四八〇度は一回転（三六〇度すなわち恒等変換）プラス一二〇度だからだ。よって、$b\circ b=a$ となる。最後に、一二〇度の回転に続けて二四〇度の回転をおこなえば（順序は逆でもいい）、結果は三六〇度の回転、つまり恒等変換となる。これは、$b\circ a=a\circ b=I$だ。以上で「乗積表」が完成できる（右表）。

$\circ$	$\boldsymbol{I}$	$\boldsymbol{a}$	$\boldsymbol{b}$
$\boldsymbol{I}$	I	a	b
$\boldsymbol{a}$	a	b	I
$\boldsymbol{b}$	b	I	a

　こうして、走る三本足のシンボルにおける対称変換の集合も、やはり群をなすことがわかる。この表は閉包を示し、変換aとbは互いの逆元になっている——片方の変換のあとにもう片方をおこなえば形がもとに戻る、つまり恒等変換になる——のである。

　そろそろ対称性のあるところには群が顔を出すことに気づいてきたのではないだろうか。じっさい、どんな系でも、すべての対称変換の集合は必ず群になる。これは理解しやすい。Aを対称変換、つまりその変換をおこなっても系が変わらないとして、Bも別の対称変換とすれば、$A\circ B$（Bに続けてA）も対称変換になるのは明らかだ。また、いずれの変換に対しても、もとの状態に戻す逆変換がある。本書を通じてわかると思うが、群論の統合力が絶大なあまり、数学史家のエリック・テンプル・ベル（一八八三〜一九六〇）はかつてこう述べた。「群が現れるか導入できるところでは必ず、混沌から単純さが結晶化した[22]」

しかしほとんどの数学的発見とは異なり、群論、そして対称性の理論さえ、それらを探し求めていて発見されたのではない。その正反対だった。群論は、幾千年の長きにわたる代数方程式〔訳注：多項式で表される、未知数にかんする方程式のこと〕の解の探求から、いくぶん思いがけなく立ち現れたのである。「混沌から単純さが結晶化した概念」と呼ばれるのにふさわしく、群論それ自体が、数学史のなかでもきわめて波瀾《はらん》に満ちた物語のひとつから生まれ落ちた。陰謀や困窮《こんきゅう》や迫害といったスパイスの効いた、ほぼ四千年に及ぶ知的好奇心と苦闘の歴史は、ついに一九世紀、群論の誕生をもってクライマックスを迎えた。これから三つの章で年代順に紹介する驚くべき物語は、ナイル川とユーフラテス川のほとりに訪れた数学のあけぼのとともに始まる。

3　方程式のまっただ中にいても忘れるな

　一九三一年二月一六日にカリフォルニア工科大学でおこなった「科学と幸福」と題する講演のなかで、アルベルト・アインシュタインはこう述べた。「人間自身とその運命への関心が、つねに、あらゆる技術的努力の主たる関心でなくてはなりません。……私たちの頭の創造物が人類にとって呪いではなく恵みになるようにするためです。図と方程式のまっただ中にいても、このことをけっして忘れないでください」(1)〔『増補新版　アインシュタインは語る』（アリス・カラプリス著、林一・林大訳、大月書店）より引用〕アインシュタイン自身、この戒めが一〇年足らずの未来、第二次世界大戦の陰惨《いんさん》な日々とホロコースト（ユダヤ人大虐殺）の惨禍《さんか》のさなかのことを予言するものになるとは、想像もできなかっただろう。だがじっさい、数学の方程式をめぐる歴史は、ひとえに人類への恩恵を念頭に置くことから始まった。最初に方程式を解いた人たちは、日常生活での具体的なニーズに対処しようとしたにすぎないのである。

「ウス」と「アハ」

　紀元前四千年紀のあるころ、シュメール人による最初の都市国家が、ティグリス川とユーフラテス川に挟まれたメソポタミアの地に現れた。その地域では、楔形《くさびがた》文字を刻んだ粘土板などの考古学的遺物が約五〇万点も出土しており、それらは組織的な農業を営み、堂々たる建築物を造り、活気あふれる政治や文化の歴史をもつ社会の存在を物語っている。現在もそうだが、当時その肥沃《ひよく》な土地はさまざまな方面から侵略を受けやすく、支配民族がころころ変わった。アッカド王朝初代の王サルゴン（前二二七六ごろ～二二二一ごろ）がこのシュメール人の土地を征服してから数世紀後、セム系遊牧民のアモリ人がその地を乗っ取り、商業都市バビロンに都《みやこ》を築いた。そのようなわけで、おおよそ紀元前二〇〇〇年から紀元前六〇〇年ごろの地域一帯の文化は、伝統的に「バビロニア」文化と呼ばれている。急速に発展していくバビロニアの社会では、物資のたくわえや分配にかんする膨大な記録が必要だった。また商取引や、土地の分割がからむ農業計画や、遺言書の作成のために、計算ツールも求められた。こうした目的のため、バビロニア人は、当時として最高に高度な数学を編み出した。多数の粘土板に刻まれた楔形文字の文書から、バビロニア人がさまざまな算術的操作を会得《えとく》していたばかりか、さらに進んだ代数学も文字どおり先取りしていたことがわかる。ここでは「方程式」の出現にのみ注目しよう。その話題が群《ぐん》論の歴史に最も関連があるためだ。方程式という言葉をカギ括弧《かっこ》でくくったのは、バビロニア人が現在のわれわれと同じ形で代数方程式の概念を使っていたわけではないからだ。[2] むしろ彼らは、修辞的に、つまり日常会話の言葉を使って、問題を提示して解いた。要するに、明確な言葉の指示で次々と問題を解いているが、汎用《はんよう》の手順となるパターンや公式は確認されていないのである。

　こうした数学の問題が初めて出現した背景に、社会が多くの土地を分割する必要に迫られたという事情があるのはほぼまちがいない。求めるべき未知の量には、測量に関係のない場合でも、ウス（長さ）、サグ（幅）、アサ（面積）という言葉が使われた。

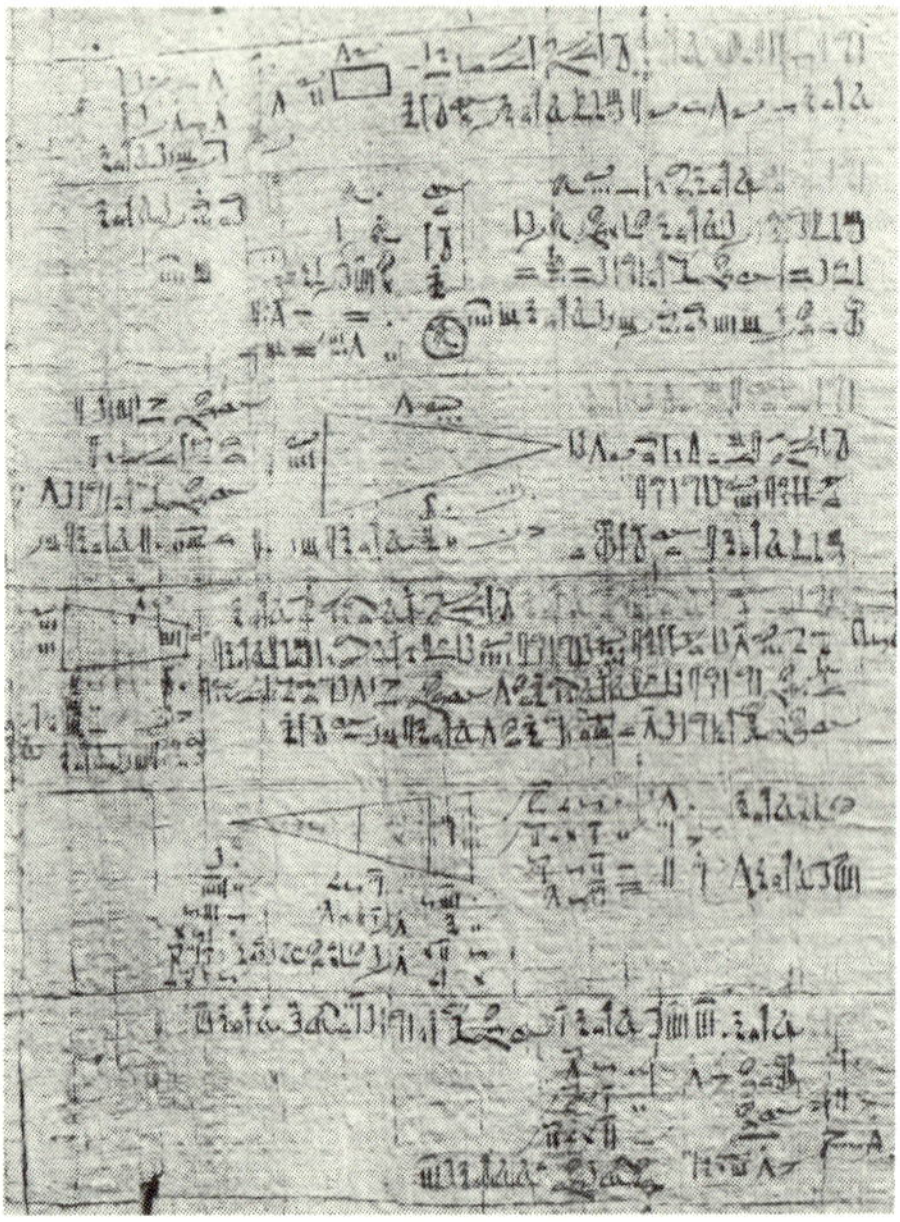

図34

数式で表せる最も単純な方程式は、「一次」方程式と呼ばれる（グラフにすると直線になるので「線形」方程式ともいう）。現代の表記では、xを未知数として $2x+3=7$ のように書けるタイプである。方程式を解くというのは、方程式が成り立つ x の値を求めることだ（先の例では、解は $x=2$ になる——$2\times2+3=7$ となるから）。一部の粘土板には、一次方程式を使って解く必要のある問題も刻まれている。

　ときには、答えを見つけるために、ふたつの未知数の値を求めなければならない場合もあった。たとえばある問題では、幅の四分の一に長さを足すと手（長さの単位）七個に等しく、長さと幅を足すと手一〇個に等しいときの、幅と長さを問うている。われわれが学校で習う代数を使うと、長さをx、幅をyとした場合、この問題は連立一次方程式、すなわち $1/4y+x=7$, $x+y=10$ に書き換えられる。バビロニアの書記は、長さが手六個（あるいは、手一個は指五本にあたるので指三〇本）、幅が手四個（あるいは指二〇本）であれば方程式をふたつとも満たすと正しく書き留めている（興味をもった読者のために、一応、付録2にこのような連立方程式の解き方を載せた）。

一次方程式は、古代エジプトの数学ではもっと大々的に登場する。どうやらバビロニア人は、一次方程式はあまりにも初歩的でいちいち文書に残すまでもないと考えていたらしい。古代エジプトの数学について現在わかっていることの多くは、興味深い「アーメス・パピルス」から得られたものだ(3)。この大きなパピルス文書（横の長さが約五メートル半）は、現在、大英博物館に収蔵されている（ただし、医学論文のコレクションから思いがけなく発見されたいくつかの断片は、ブルックリン美術館にある）。アーメス・パピルスは、スコットランドのエジプト学者アレグザンダー・ヘンリー・リンドが一八五八年に購入したことから、「リンド・パピルス」とも呼ばれる（図34）。筆記者アーメスは、このパピルスを紀元前一六五〇年ごろに書いたが、それより二〇〇年ほど昔（第一二王朝アメンエムハト三世の治世の時代）に書かれた原本を写したと説明している。イギリスの科学者ダーシー・トムソンが「学問の歴史的記念物のひとつ」と評したこのパピルス文書には、八七個の問題が載っている。その前には割り算の「レシピ」の表と序文が置かれ、序文にはいささか大仰《おおぎょう》に「既存のすべてのものと埋もれたすべての秘密について知るための入口」という文言が記されている。そのわりに、アーメスが提示して解いているのは、ほとんどが、何個かのパンを公平に分けるとか、ピラミッドの傾斜といった実用上の雑多な問題だ。未知数は「アハ」と呼ばれ、これは「積み上げた山」を意味する。たとえば問題二六番には、アハとその四分の一を足すと一五になるときのアハを求めよとある。現代の表記法で示せば、$x+1/4x=15$という方程式になるだろう。この問題に対し、アーメスは$x=12$と正しい答えを出している。

アーメス・パピルスの数学の問題は、当時解決が必要とされた課題ばかりではない。いくつかは明らかに学習者向けの練習問題として採録されており、少なくともひとつは純粋な好奇心で選ばれている。問題七九番は次のとおりだ。「七軒の家、四九匹のネコ、三四三匹のネズミ、二四〇一本の小麦の穂、一六八〇七ヘカト、合わせて一九六〇七」(4)茶目っ気のあるアーメスがなぞなぞを出しているのは明らかだ。つまりこれは、七軒の家にそれぞれ七匹のネコがいて、ネコはそれぞれ七匹のネズミを捕まえ、ネズミは小麦の穂を七本ずつ食べ、小麦の穂からそれぞれ七ヘカト（容積の単位）の小麦がとれる、という状況を意味している。この問題で求めるのは、家とネコとネズミと小麦の穂とヘカトの数の合計だが、それに実用的価値がないことは明白だ。古《いにしえ》に創作されたこの頭の体操が、非常に長い歳月を経て、有名な別のふたつのなぞなぞに変化を遂げたと推測する向きも多い。一二〇二年、イタリアの著名な数学者、ピサのレオナルド（通称フィボナッチ。一一七〇ごろ〜一二四〇ごろ）は、『算盤《そろばん》の書』を著《あらわ》した。この本でフィボナッチはこんな問題を出している。「七人の老婦人がローマへと旅しており、婦人はそれぞれ七匹のラバを連れている。ラバはそれぞれ七つの袋を背負い、袋にはそれぞれ七個のパンが入っている。パンにはそれぞれ七本のナイフがついていて、ナイフにはそれぞれ七つの鞘《さや》がある。すべての合計を答えよ」

さらに五〇〇年以上もくだり、一八世紀に出版されたイギリスの伝承童謡集『マザーグース』には、こんな歌がある。

セント・アイヴズに向から道すがら、
七人の奥さんを連れた男に出会った。
奥さんはそれぞれ七つの袋をもち、
袋にはそれぞれ七匹のネコが入っていて、
ネコはそれぞれ七匹の子ネコを連れていた。
子ネコと、ネコと、袋と、奥さん、

セント・アイヴズに向かっていたのは全部でどれだけ[5]？

この歌は、本当に三〇〇〇年以上も前のアーメス・パピルスに影響を受けたのだろうか？　およそ信じがたい。ちなみに、解釈の仕方によって、歌われているなぞなぞの正解は一（語り手ひとりだけ。ほかは全員、セント・アイヴズから戻ってくるところだから）、または〇（語り手は「子ネコ、ネコ、袋、奥さん」に含まれていない）となる。直前の数に同じ数を掛けて大きくなっていくこのような等比級数は、昔から人間を魅了してきた。そのうえ、七という数には神聖な意味があると、洋の東西を問わず伝統的に考えられてきた（一週間は七日、日本の七福神、キリスト教における七つの大罪など）。だから三つのなぞなぞは、創意に富んだ三つの頭が、何十世紀もの時を隔てて、独自に生み出したのかもしれない。

一次方程式の解法は、中東だけが知っていたわけではなかった。古代中国の数学知識の集大成である『九章算術』は、紀元前二〇六年から紀元後二二一年にかけて編纂《へんさん》され、それよりさらに古い文献がもとになっている[6]。『九章算術』の第八章では、三つの未知数を含む三本もの連立一次方程式を解く問題が扱われており、どれも鮮やかに解いてある。

代数方程式の複雑さという点でレベルをひとつ上げると「二次方程式」になる。複雑さが加わるのは、$3x^2+x=4$ のように、未知数 x が二乗の形で登場するためである。素人目に見ればたいして変わっていないようにも見えるが、二次方程式は一次方程式に比べ、確かに解くのが難しい。信じられないかもしれないが、方程式全般、とくに二次方程式をめぐる問題について、二〇〇三年にイギリス議会で激論が戦わされた。当時の議員トニー・マクウォルターは、学校のカリキュラムについて素晴らしい発言をおこなった。

図 35

なぜ連立方程式の x や y に熱心に取り組むべきなのか？ ひとつの答えは、x や y で隠されているものを見出す努力をしなければ、科学を真に理解することができないからです。……なぜ二次方程式と、その解法の根底にある原理を理解しようと努めるべきなのか？ それらは、精錬法がローマの建築文化の要《かなめ》であったように、現代科学をしっかりと支える礎《いしずえ》だからです。[7]

一方、あなたはこんなことも思うかもしれない。そうした方程式を立てて解く必要に初めて出くわしたのはだれだろう？

大衆の味方

ユダヤの民法と宗規の聖典――タルムード――には、重い税金が課された捕囚の長《エクシラルク》*の話がある。彼は、床面が四〇掛ける四〇の貯蔵庫を小麦でいっぱいにしなければならなかった。困ったエクシラルクは、バビロニアのスラにある学院《アカデミー》の長だったラビ・フナ（後二一二ごろ～九七ごろ）［訳注：ラビとはユダヤの宗教的指導者のこと］を訪ね、助言を求めた。[8] 学者のフナはエクシラルクにこう告げる。「［二回に分けて］納めさせてほしいと頼むがよい。まず二〇掛ける二〇の分を納め、しばらくしてまた二〇掛ける二〇の分を納めれば、半分で済む」言うまでもなく、一辺が四〇の正方形の面積は一六〇〇（40×40=

1600）だが、一辺が二〇の正方形をふたつ合わせても、面積は八〇〇にしかならない。ラビ・フナはこのとき、古代ではありがちだった思い違い――図形の面積はもっぱら周囲の長さによって決まるという考え――をうまく利用したのだ。ギリシャの歴史家ポリュビオス（前二〇七ごろ～一二五ごろ）によれば、スパルタは、周囲が四八スタディオン［訳注：古代ギリシャの長さの単位で、一スタディオンは約一八五メートル］の城壁で囲まれていたが、周囲を五〇スタディオンにすれば町の面積を倍にできると言っても、当時は信じない人が多かったらしい。[9] 図35は、周囲の短い図形が、周囲の長い図形よりも面積では大きい場合があるという単純な例を示している。細長い長方形の周囲は$2\times(100+10)=220$で、面積は$100\times10=1000$である。一方、真四角に近い長方形では、周囲が$2\times(50+40)=180$なのに面積は細長い長方形の倍、つまり$50\times40=2000$もあるのだ。ギリシャの数学者プロクロス（後四一〇～八五）はこんなことを書き留めている。紀元後五世紀になっても、一部の地域社会の者たちは同胞市民をだまし、市民が自分で選んだ土地より周囲が長く面積の小さい土地を与えることがよくあった。しかもこの悪党どもは、この手口によって寛大な人という評判を得ていたという。

さて、周囲の長さと面積の混乱を収めるにあたり、かかわってくる問題を少し調べてみよう。周囲が一八の長方形があるとする。縦の長さをx、横の長さをyで表すなら、$x+y=9$である（周囲の長さは縦の二倍と横の二倍を足したものだから）。さらにこの長方形の面積を二〇と仮定しよう。これは、$xy=20$となる（面積は縦と横の積）。こうして、ふたつの未知数をもつ次のような連立方程式ができる。

＊訳注：バビロニアのユダヤ人は非ユダヤ人支配者に人頭税・土地税を支払えば、その信仰と生活が保障された。その税を徴収するユダヤ人社会の世襲制統治者のこと。

$$x+y=9$$
$$xy=20$$

この問題の素直な解き方はこうだ。ひとつめの方程式から未知数yを表す式を導き出し（両辺からxを引くことにより）、$y=9-x$ とする。このyの式をふたつめの方程式に代入して、$x(9-x)=20$ とする。この式の左辺を展開すれば、$9x-x^2=20$ という二次方程式が得られる。二次方程式に結びつくバビロニアの問題は、概してこのような一般形をしていた。たとえば大英博物館所蔵の粘土板一三九〇一号の第二問は、「正方形の面積から一辺の長さを引いた。八七〇なり」と読める。[10] これは二次方程式 $x^2-x=870$ にあたる。そのようなことから、二次方程式は、バビロニアの良心的な数学者がごまかし屋や狡猾《こうかつ》な土地泥棒から大衆を守ろうとしたために現れたとする推測もある。ただし、そうした数学者が二次方程式の解法をどうやって見出したのかはわかっていない。バビロニア人はつねに、解を導く手順を事細かに説明していながら、その手順をどうやって導き出したのかは少しも明かしてくれていないからだ。

古代エジプト人は、二次方程式といっても $x^2=4$ のように最も単純なタイプしか扱えず、x^2 と x が「混在する」方程式は解けなかった。では、$x^2=4$ の解はいくつになるか？ それは4の平方根で、$\sqrt{4}$ と表される。したがってひとつの解が2なのは明らかだ。$2\times2=4$ なのだから。この答えしかエジプト人の頭にはなかった。解は長さやパンの個数といった量を表すものとなっていたので、正の数でないとまずいからである。だが実を言うと、方程式 $x^2=4$ にはもうひとつ、隠れた解がある――-2 だ。負の数と負の数を掛け合わせれば正の数になる。数式で書けば $(-2)\times(-2)=4$ となり、そのため方程式$x^2=4$には、$x=2$と$x=-2$というふたつの解が存在する。二次方程式に、ひとつでなくふたつの異なる解がありうることを、ここで初めて示したことになる。バビロニア人は、x^2とxの混じった二次方程式の解き方は知っていたが、未知数は一般的に長さを表していたので、やはり正の解しか念頭になかった。そのうえ、ふたつの異なる正の解が見つかるケースも敬遠していた。彼らにすれば、およそ理屈に合わないことだったのである。

卓越した数学の能力をもっていたにもかかわらず、最初期のギリシャの数学者たちは主として幾何学と論理学に力を注ぎ、代数学にはあまり関心を払わなかった。形と数が、同じ数学の見せるふたつの側面であると明確に認知されるには、一七世紀に聡明な数学者が登場するまで待たなければならなかった［訳注：ルネ・デカルトが座標の概念を取り入れてから代数学と幾何学の統合が始まった］。アレクサンドリアの偉大なユークリッドは、不朽《ふきゅう》の名著『原論』（前三〇〇年ごろに出版）［邦訳：『ユークリッド原論』（中村幸四郎ほか訳、共立出版）］で幾何学の礎を築き、間接的には二次方程式に取り組んでいる。彼は、長さを見つける方法を考案することによって方程式を幾何学的に解いており、これが実は二次方程式の解法だった。何世紀も経ってから、アラビアの数学者たちが、この種の幾何学的代数学[11]をさらに発展させていくことになる。

代数学の父

アレクサンドリアには古代ギリシャを代表する大学があり、二度の黄金時代に優れた数学者を輩出《はいしゅつ》した。さまざまな浮き沈みはあったが、アレクサンドリアの町や大学（ムセイオンとして知られる）［訳注：ムセイオンはmuseum（博物館）の語源］、七〇万冊の蔵書（その多くは不運な旅人から押収したものだった）を誇った付属の図書館は、ほぼ七〇〇年にわたって存続した。アレクサンドリアのムセイオンでとりわけ独創的な考えをもった人物のひとりが、「代数学の父」とも言われるディオファントス[12]だ。彼の生涯は謎に包まれており、何世紀に生きていたのかさえよくわかっていない。ただ、紀元前一五〇年ごろよりあとで（紀元前一八〇～一二〇年ごろに生きていた数学者ヒュプシクレスを引き合いに出しているため）、紀元後二七〇年ごろより前であるにはちがいない（当時ラオディケア［訳注：シリア北西部で地中海に臨《のぞ》む港町ラタキアの古代名］の司教だったアナトリウスが彼に言及しているため）。一般に、ディオファントスは紀元後二五〇年ごろに活躍したと考えられているが、一世紀前に生きていた可能性も捨てきれないのだ。彼の創意に満ちた研究については、ほとんど主著『算術』［訳注：内容的に『数論』と呼ばれることもよくある］を通じて知られている。『算術』はもともと一三巻からなっていたが、七世紀にアレクサンドリア図書館がイスラム教徒の襲撃に遭《あ》ったため、ギリシャ語の六巻のみが残った。そのほか四巻のアラビア語版（九世紀の数学者クスター・イブン・ルーカーの手になるとされる）が、一九六九年、奇跡的に発見された。

「代数学の父」という誉《ほま》れ高い呼び名に似合わず、ディオファントスが『算術』で扱っているのは、実はほとんど数論［訳注：整数論とも言われ、数とくに整数の性質を研究する数学の分野］にかんする問題だ。それでも、代数学がバビロニア流の純粋に修辞的な形式から、現在使われている方程式という記号的な形式（$2x^2+x=3$ など）へと発展する途上の重大な段階を、ディオファントスが象徴しているのはまちがいない。ドイツの数学者・天文学者ヨハネス・レギオモンタヌスは、『算術』に対する賛嘆の念を抑えきれず、一四六三年にこう述べた。「この古い書物には、算術全体の真髄、すなわち『ars rei et census』［〝もの〟と計数にかんする技術――未知数を含む方程式と計算を指している］がひそんでおり、今日のわれわれはそれをalgebra（代数学）というアラビア語からきた名前で呼んでいる」[13]ディオファントスは、多くの問題を解くにあたって驚異的な独創性と技量を発揮している。ただし、正《せい》の答えしか考慮せず、なかでも整数（1、2、3……）ないし分数（2/3, 4/9, 5/13など）で表せるものに限定していた（なお、整数と分数をまとめて「有理《ゆうり》数《すう》」という）。ディオファントスの創意工夫を示す例として、第一巻の問題二八を見てみよう。「和および平方の和がそれぞれ与えられた数になるような、ふたつの数を求めよ」[14] これは明らかに未知数をふたつ含む問題だが、ディオファントスは鮮やかな手《て》並《な》みで未知数をふたつからひとつに減らし、一個の単純な方程式に導いている（興味ある読者のために、付録3にディオファントスの解法を載せた）。『算術』からは、ディオファントスが $ax^2+bx=c$（a、b、cは任意の正数で、たとえば $2x^2+3x=14$ など）、$ax^2=bx+c$、$ax^2+c=bx$ という三種類の二次方程式の解き方を知っていたことが、実に明瞭にわかる。これらはまさしく、アラビアの数学者たちが五世紀以上もあとに立ち戻る方程式と同じタイプなのだ。

今日ディオファントスは、その名を冠する特別な方程式——ディオファントス方程式——と、型破りな墓碑銘でとくによく知られている。ディオファントス方程式は、一見したところどんな数も解になるように思え、なんとも奇妙だ。たとえば、$29x+4=8y$ という方程式を考えてみよう。xとyがどんな値なら、この方程式は成り立つだろうか？　仮に$y=5$を選べば、$x=36/29$となる。あるいは、$y=1$なら$x=4/29$などもある。要するに、yとして選べる数は無数にあり、たまたま選んだどんなyに対しても、方程式を満たすxが見つかるのだ。ディオファントス方程式を特別なものに仕立てているのは、xもyも整数（1、2、3、……）になる解だけを求めるという前提である。これにより、可能な解はたちまち限られてしまい、見つけるのがぐんと難しくなる。あなたは先ほどのディオファントス方程式の解を見つけられるだろうか？（わからない人のために、付録4に答えを示しておく）

歴史上で最も有名なディオファントス方程式は、「フェルマーの最終定理」として知られている。これはピエール・ド・フェルマー（一六〇一～六五）が提示した有名な命題で、方程式 $x^n+y^n=z^n$は、

nが2より大きい整数の場合に解をもたないというものだ。[15] $n=2$ なら、解はたくさんある（じっさい無数にある）。たとえば、$3^2+4^2=5^2$ （$9+16=25$）や、$12^2+5^2=13^2$ （$144+25=169$）などだ。しかし不思議なことに、$n=2$ から $n=3$ になると、$x^3+y^3=z^3$を満たす整数は存在せず、2より大きいどんなnに対しても同じことが言える。いみじくも、フェルマーはこの大変な主張——証明になんと三六五年もかかった——を、熱心に読んでいたディオファントスの『算術』第二巻の余白に書き込んだのだった。

六世紀にまとめられた『ギリシャ詞華集《しかしゅう》』という撰集には、六〇〇〇ほどの詩が収められており、そのひとつの墓碑銘が、ディオファントスの生涯について、わずかだが教えてくれそうだ。

神は彼に、生涯の六分の一を少年として過ごさせた。それから一二分の一が経ったとき、頬にひげをまとわせた。その後、七分の一が過ぎたところで結婚させ、五年後に息子を授からせた。ああ悲しや！　遅く生まれた哀れな子よ。父の生涯の半分の年齢に達したとき、冷酷な運命がその子をとらえた。深い悲しみを数学で慰めて四年が過ぎたとき、彼は一生を終えた。

ディオファントス自身は、あまり関心をひかれなかった単なる一次方程式に自分の人生が押し込まれたことに、多少なりとも機嫌を損ねたのではなかろうか。墓碑銘の記述が正しければ、彼は八四歳まで生きたことになる。

バビロニアや古代ギリシャ、そしてとくに七世紀のインドの数学者がさまざまな二次方程式の解き方を知っていたとわかれば、今日ではそのような方程式の解法が初等代数学の部類に入るとされているることも、驚きではない。二次方程式の最も一般的な形は $ax^2+bx+c=0$ で、a、b、c は任意の数である（ただしaはゼロでない。さもないと二次方程式ではなくなってしまう）。ここで大事な問題は、どんな場合でも解を求めるのに使える、万能のレシピなり公式なりがあるのかということだ。そうした公式が実在することは、中学・高校で習ったおぼろげな記憶に残っているかもしれない。次の公式である。

$$\frac{-b\pm\sqrt{b^2-4ac}}{2a}$$

いくぶん面食らいそうな見た目とは裏腹に、これは実は単純な公式で、与えられたa、b、cの値を代入すれば、方程式を成り立たせるxの値がたちどころにわかる。かりに方程式 $x^2-6x+8=0$ を解くとしよう。このとき、$a=1, b=-6, c=8$ である。これらa、b、cの値を公式に代入するだけで、$x=2$ または $x=4$ というふたつの解が求まる（公式の±の記号は、＋〔プラス〕を選べばひとつの解が得られ、－〔マイナス〕を選べばもうひとつの解が得られるという意味）。

アレクサンドリアの学府衰亡を受けて、ヨーロッパの数学は一〇〇〇年近い眠りに就《つ》いたようだ。数学、そればかりか科学全般を存続させるバトンは、インドやアラビアに渡された。それゆえ、ディオファントスから二次方程式の現代の解法へと至る道は、ヨーロッパ以外の数学者を経由している。インドの数学者・天文学者ブラフマグプタ（五九八～六七〇）は、手ごわいディオファントス方程式をいくつか解いてみせたばかりか、負の数がかかわる方程式の解法を初めて示した[16]。ブラフマグプタは負の数を「負債」と呼んだ。負の数が金銭をやりとりする場面で最もよく現れることに気づいていたのである。同じ趣旨で、彼は正の数を「資産」と呼んでいる。そこから、正数や負数を掛けたり割ったりする場合のルールは、次のように決まっていた。「ふたつの負債の積ないし比は資産であり、負債と資産の積ないし比は負債である」

代数学という名をまさしく生んだ人物は、ムハンマド・イブン゠ムーサ・アル゠フワーリズミーである（七八〇ごろ～八五〇ごろ。図36は旧ソヴィエト連邦の切手に描かれた彼の肖像）[17]。彼がバグダッドで著した書――『Kitab al-jabr waal-muqabalah（復元と平衡《へいこう》にかんする書の縮約版）』――は、何世紀にもわたり方程式論［訳注：代数方程式の解法を研究する数学の分野］の代名詞となった。その本のタイトルにあるひとつの言葉「al-jabr」から、「代数学（英語のalgebra）」という言葉が生まれた。段階的な手順を踏んで問題を解く特別な手法に対して現在使われている、「アルゴリズム」という言葉も、アル゠フワーリズミーの名前が転じたものだ。アル゠フワーリズミーの著作は、内容の面ではとりたてて新しくはなかったが、二次方程式の解法を初めて体系的に示したものだった。前述の「al-jabr」という語は「復元」または「完成」という意味で、負の項を方程式の一方の辺から他方に移すことを指している。たとえば、$x^2=40x-4x^2$ を（両辺に $4x^2$ を加えて）$5x^2=40x$ にすることだ［訳注：もうひとつの「muqabalah」は「縮小」や「平衡」を意味しており、方程式の両辺にある同類項を相殺《そうさい》して式を簡単にすることを意味している］。アル゠フワーリズミーの著作の影響力は絶大で、八世紀ものちに書かれて人気を博した滑稽な騎士道物語『ドン・キホーテ』に、接骨医が

図 36

「algebrista《アルヘブリスタ》」と呼ばれている箇所が見つかる。これは、骨を復元するのが接骨医の仕事だからである〔訳注：じっさいalgebristaはスペイン語で、代数学者という意味のほかに接骨医という意味ももつ〕。

最も一般的な二次方程式の解法を詳細に記した書物が初めてヨーロッパに登場したのは、一二世紀になってからだった。著者は、キリスト教文化とイスラム教文化のあいだで折衷《せっちゅう》的な態度をとったスペイン系ユダヤ人の数学者、アブラハム・バル・ヒヤ・ハー＝ナーシー（一〇七〇～一一三六。「ハー＝ナーシー」は「指導者」の意味）である。[18] 二次方程式のそもそもの起源を彷彿《ほうふつ》とさせるかのように、その書には『測量と計算にかんする論考』というタイトルがついていた。アブラハム・バル・ヒヤは次のように説明している。

> 土地の面積を測り、それを分割する方法を学びたいと正しくも願う者は、必然的に、幾何学および算術の一般定理を徹底的に理解しなければならない。測量の教えは……それらに基づいているからだ。双方の理論を完璧に極めた者は……真理から外れることはない。

これにより、アラビアの数学者が数学を預かっていた長い時代は終わりを迎えた。古バビロニアの時代からの三〇〇〇年間、数学の進歩はゆるやかなものでしかなかった。しかしルネッサンス期の途方もない知の目覚めとともに、世界の重心は北イタリアに移りだし、ほどなくほかの西欧諸国もそのあとを追った。人文主義者は古代ギリシャの遺産を掘り起こし、数学を含め、ギリシャ人が蓄積したあらゆる知識の探究をうながした。写本が主要な産業に成長すると（ある記録によれば、フィレンツェの銀行家コジモ・デ・メディチは四五人の筆記者を抱えていたという）、活版印刷の発明も当然の結果としてなされ、それにより科学知識が普及していった。

比較的穏やかでむしろ停滞気味だった二次方程式の歴史を見渡しても、方程式の解法を探る次の段階がとびきりドラマチックに展開することをほのめかすものはない。だがそれは、嵐の前の静けさでしかなかった。次の幕が上がろうとしていたのだ。

三次方程式

面積を取り扱う問題が二次方程式をもたらすように（一辺の長さにもう一辺の長さを掛けると、長さの二乗になるため）、立方体のような立体の体積の計算（縦、横、高さを掛け合わせる）は「三次方程式」につながる。三次方程式の最も一般的な形は $ax^3+bx^2+cx+d=0$ と表せ、ここで a、b、c、d は任意の数である（ただし a はゼロであってはならない）。方程式を解こうとする人々の目指すところは、はっきりしていた。二次方程式の場合と同じように、a、b、c、d に数を代入すれば所望の解が得られる公式を見出すことだ。確かに古代のバビロニア人も、非常に特殊な三次方程式がいくつか解けるような表を作っていたし、ペルシャの詩人・数学者オマル・ハイヤームは一二世紀、さらにいくつかの三次方程式に幾何学的な解法を示した。[19] しかし一般的な三次方程式を解くという課題は、一六世紀まで数学者たちの挑戦をはねのけていた。これは努力が足りなかったのではない。フィレンツェにいた有名な三人の代数学者——一五世紀のベネデット師と、その一四世紀の先達《せんだつ》であるビアッジョ師とアントニオ・マッツィンギ師——は、三次方程式を理解して解法を求めようと、ずいぶん心を砕《くだ》いていた。[20] しかしその努力をもってしても、三次方程式は解けなかった。また一四世紀の数学者、ピサのダルディ師は、一九八種類もの方程式に対して巧みな解法を示したが、一般的な三次方程式の解法は明らかにしていない。[21] ルネッサンスの代表的な画家ピエロ・デラ・フランチェスカは、数学の才能にも恵まれており、その彼も解法探しに力を貸した。しかしこうした果敢な努力のかいもなく、解法はなかなか見つからなかった。数学者・著作家のルカ・パチョーリ（一四四五〜一五一七）が一四九四年、名著『算術・幾何学・比例と比例関係大全』（以下『大全』とする）に弱気な様子でこう述べているのも無理はない[22]。「三次と四次［x^4を含む］の方程式については、まだ一般的なルールが形成できていない」だが幸いにも、六〇〇ページに及ぶパチョーリの大著は、とっつきやすいイタリア語で書かれていた。そのため『大全』は、ラテン語に通じていない人々のあいだにも代数学の研究熱を煽《あお》ったのである。ここへきて、数学は実用的な手段から野心の対象へと移行した。だれも、なにか実用上の目的のために三次方程式の解法を探ったわけではない。三次方程式を解くことは、第一級の数学者が考えるに値する知的な挑戦になったのだ。そこへ地味なヒーローが登場する――ボローニャの数学者シピオーネ・ダル・フェロ（一四六五〜一五二六）だ。彼は知らず知らず、これから展開されるドラマの舞台に立つことになる[23]。

図 37

シピオーネ・ダル・フェロは、紙職人フロリアーノと妻フィリッパのあいだに生まれた。活版印刷の登場を見たその世紀、製紙業は魅力的な職業になっていた。シピオーネの若いころや数学を学んだ動機については、ほとんどわかっていない。最終学歴がボローニャ大学なのは、おそらく確かだ。この格式ある教育機関は、現在も運営されている最古の大学で（図37は一番古い建物の壮麗な廊下であり、その建物には現在、図書館がある）、一〇八

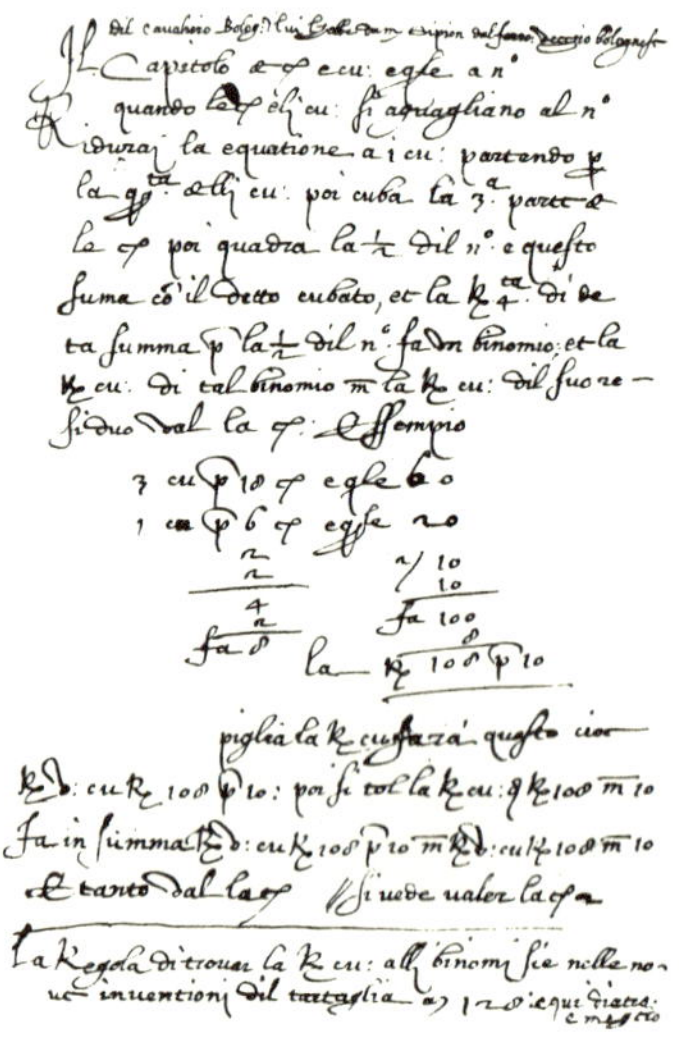

図 38

八年に創立され、一五世紀にはヨーロッパで指折りの大学との評判を得ていた。数学（ユークリッドの初等幾何学を超える内容）は、一四世紀後半にはこの大学で通常のカリキュラムに組み込まれており、一四五〇年にはローマ教皇ニコラウス五世が数学の教職のポストを四つ増やした。一四九六年、ダル・フェロは五人共同で務める数学科長のひとりになり、ヴェネツィアで短い休暇を過ごしたひとときを除き、終生その職から離れなかった。ダル・フェロを偉大な代数学者と記載している資料もあるが、手稿にしろ印刷物にしろ、著作の原本はいっさい残っていない。一五五四〜六八年のボローニャ大学の講義録コレクションには、ダル・フェロの著作の一部を書き写したものがあるようだ[24]（図38）。その冒頭をこんな言葉が飾っている。「騎士《カヴァリエーレ》ボロニエッティからの寄贈。氏がかつてボローニャでの師、シピオーネ・ダル・フェロから戴いたもの」シピオーネは一五〇一年、ボローニャで講義をしていたルカ・パチョーリにきっと会っていただろう。パチョーリは数学の研究をバリバリしたというほどではないが、数学の知識を伝える才に秀でていた。彼は、自分で三次方程式を解けずに落胆し、三乗根や平方根の入った数式を巧みに操れるシピオーネを説得したのかもしれない。一五一五年ごろ、シピオーネの努力はついに実を結んだ。$ax^3+bx=c$ という形の三次方程式を解いてみせ、数学の大きな突破口を切り開いたのである。一六世紀の数学の言葉では、このような方程式は「未知数足すその立方が数に等しい」と表現された。これは三次方程式の最も一般的な形ではなかったが、そのあとに続く発見の扉を開いた。シピオーネ・ダル・フェロは、その大きな幕開けとなる成果を急いで公表しようとはしなかった。数学の新発見を秘密にしておくことは、一八世紀までは非常に多かったのだ（現在の論文競争とはなんたる違いだろう！）。それでもダル・フェロは方程式の解法を、弟子で義理の息子でもあったアンニバーレ・デラ・ナーヴェと、少なくとももう一人の弟子、ヴェネツィア出身のアントニオ・マリア・フィオーレには明かした。ダル・フェロはまた、自分の方法を詳しく書き記しており、彼の死後、その手稿は義理の息子の手に渡った。

一六世紀、ボローニャでは数学への関心が急激に高まった。数学者も含めていろいろな学者は、ときに公開討論や言い争いに臨み、そのような催しに大勢の聴衆が集まった。参集したのは、大学の教職員や指名された審判だけでなく、学生や、論争者を応援する人のほか、娯楽や賭けのためにやってきた見物人もいた。論争者みずからが、自分の勝利を当て込んで多額の賭け金を出すこともよくあった。一九世紀の数学史家の記述によれば、数学者はそのような才知の対決に大いに関心をもっていたという。なぜなら勝敗の行方は、

町や大学での評価のみならず、終身在職権や昇給をも左右したからだ。討論は、町の広場や教会、それに王侯貴族の宮廷でも催された。彼らはお抱えの者のなかに、占星術で運勢を見るだけでなく、非常に難解な数学の問題の討論にも長《た》けた学者がいることを、名誉に思っていた。(25)

ダル・フェロから秘密の解法を伝授されたアントニオ・マリア・フィオーレは、数学者としては二流だった。ダル・フェロの没後、フィオーレはその解法を自分の手柄のように扱ったが、やはりすぐ

図 39

には発表しなかった。むしろ、絶好のタイミング――自分の名を揚げるチャンス――を待つことにしたのである。大学でのポストの獲得が主に論争での勝利に左右される社会では、秘密兵器をもっているかどうかで生き残るか消えるかの違いがあった。その機会がついに一五三五年に訪れ、フィオーレは数学者のニコロ・タルターリャに問題を解く公開試合を挑んだ。このタルターリャとは何者で、フィオーレはなぜ、あまたいる対戦相手の候補からその男を選んだのだろうか？

ニコロ・タルターリャ（図39）は、一四九九年か一五〇〇年にイタリアのブレシアで生まれた。[26] 彼の本来の苗字はおそらくフォンターナだが、一二歳のときにフランス兵にサーベルで切られた口の傷がもとで、タルターリャ（「吃音者《きつおんしゃ》」の意味）というあだ名がついた。タルターリャ少年は、逃げ場を求めてたどり着いた聖堂で、死んだものと思われて見捨てられたが、母親の看病のおかげで徐々に回復した。やがて大人になってからは、醜い傷跡を隠すためにずっとひげを生やしていた。タルターリャの家はとても貧しかった。郵便配達人だった父親のミケーレは、ニコロが六歳のころに亡くなり、残された妻と子どもたちは困苦《こんく》のどん底にあえいだ。教師に支払う金が尽きてしまったため、タルターリャは読み書きの勉強をアルファベットのkまで進んだところでやめざるをえなくなった。のちに彼は当時を振り返り、自分がどうやって勉学を全《まっと》うしたかを記《しる》している。「教師からは二度と教わらなかったが、亡くなった人たちの本を使って独学した。勤勉という、貧困の落とし子だけを相棒にして」このように不幸な境遇にありながら、タルターリャは才能ある数学者として頭角《とうかく》を現した。そしてヴェローナでしばらく過ごしてから、一五三四年、ついに数学教師となってヴェネツィアへ移った。タルターリャの数学にまつわる回想録によると、彼は多大な労苦を費やした結果、一五三〇年に三次方程式 $x^3+3x^2=5$ をなんとか解くことができたという。これは、同じブレシア出身のツアンネ・デ・トニーニ・ダ・コイにもちかけられた挑戦だった。三次方程式が解けたというタルターリャの主張は、噂に乗ってアントニオ・マリア・フィオーレの耳に届いたにちがいないが、フィオーレはその知らせを疑ってかかった。タルターリャがはったりをかけていると思ったのだ。[27] そこで、ダル・フェロの解法の奥義《おうぎ》でタルターリャを打ち負かせる自信があったフィオーレは、挑戦状を出した。ほどなくして、フィオーレとタルターリャは試合の詳細な条件について合意に達した。まず、それぞれが相手に出す三〇の問題を提出する。問題は封印され、公証人のペル・イアコモ・ディ・ザンベリ師が預かる。ふたりの対決者は、問題に取り組む日数として、封を開けてから四〇ないし五〇日の期限を定め、より多くの問題を解いた側を勝ちとするというわけだ。また勝者は、名誉のほかに、各問題に提示された相当な賞金ももらえることになった（いくつかの資料によれば、敗者は勝者と友人三〇名分の祝宴費用をもつ約束にもなっていたらしい）。いざ蓋《ふた》を開けてみると、フィオーレは自分の弓につがえる矢を一本しかもっていなかった――彼が出した問題は、ダル・フェロから解法を教わった $ax^3+bx=c$ の形ばかりだったのだ。それに対してタルターリャが提出したリストには、タイプの異なる三〇問が取り揃えてあった。タルターリャいわく、「私が彼をたいした相手と思っておらず、恐れる理由など何もないことを示すため」だった。

　解答期限となる決戦の日は、一五三五年二月一二日と決められた。きっと大学のお偉方やヴェネツィアの知識人が出席したはずだ。それぞれの問題が発表されると、まったく思いがけないことが起こった。見物人がたまげたことに、タルターリャは自分に出されていたすべての問題をわずか二時間で片づけたのだ！　一方のフィオーレは、タルターリャの問題を一問たりとも解けなかった。それからおよそ二〇年が過ぎたころの記述で、タルターリャは次のように思い起こしている。

　フィオーレの三〇［問］をかくも短い時間で解けたのは、三〇問すべてが未知数足すその立方が数に等しいという代数の問題［$ax^3+bx=c$ という形の方程式］だったおかげである。［フィオーレがそれを提示したのは］、フラ・ルカ［・パチョーリ］［訳注：フラは修道士の尊称］が著書で、そのような問題はいかなる一般的ルールでも解けないと断言していたので、私にはどれも解けまいと確信していたからだ。しかし幸運にも、ふたりの三〇問を公証人が回収する期日のわずか八日前に、私はそのような式を解く一般的ルールを見出した。

　それどころか、$ax^3+bx=c$ の解法を発見した翌日に、タルターリャは $ax+b=x^3$ の解法も発見した。すでに $x^3+ax^2=b$（ダ・コイから出された問題）の解き方も知っていたので、彼は一夜にして三次方程式の解法のまさに世界的権威に躍《おど》り出た。それにもかかわらず、タルターリャは解法をすぐさま発表すべきだというダ・コイの勧めをしりぞけ、これを題材に本を書くつもりだからと説明している。タルターリャの発見した公式はあまりにも複雑で、彼は自分でも三つの場合のルールを覚えているのは難しいと思った。そこで、記憶の手助けとして、次のような一節で始まる詩を作った。

　立方と未知数を足すと

　　ある整数に等しい場合、
　　まず、その整数分だけ差のあるふたつの数がある。
　　そしてふたつの数の積は、いつでも……

タルターリャによる詩の全文と公式を、付録5に載せておいた。

タルターリャはもはや無名の数学教師などではなく、数学界のスターだった。ところがルネッサンス期のイタリアでは、いかなる物語も、数学にかかわる話でさえ、芝居がかった状況と無縁ではなかった。

図40

話はますます込み入って

タルターリャとフィオーレとの試合の話は瞬く間《ま》にイタリアじゅうを駆けめぐった。そして、一六世紀に生きた人物のなかでもとりわけ異彩を放ち、物議を醸《かも》した男——医者・数学者・占星術師・賭博師・哲学者の顔をもつジェローラモ・カルダーノ（一五〇一～七六。図40）——のもとへも届いた[28]。

ルネッサンス期に活躍した多くの

きらびやかな才人と比べても、カルダーノの生涯にはにわかに興味をかき立てられる。彼は、ミラノの弁護士ファーツィオ・カルダーノと、歳の離れた若い未亡人キアーラ・ミケーリのあいだに生まれた私生児だった。晩年に執筆した自伝『わが人生の書』［邦訳は同題の書（青木靖三・榎本恵美子訳、社会思想社）など］で、カルダーノは、二一歳から三一歳まで性的不能だったことも含めて若いころにかかったすべての病気について、嬉々として不必要なほど事細かに綴っている。父親は幾何学についてレオナルド・ダ・ヴィンチに何度か助言したこともある教養人で、その父の勧めで、ジェローラモはパヴィアとパドヴァの大学で数学と古典と医学を学んだ。学生時代には、賭博《とばく》が金を工面する主な手段になった。カルダーノはカードやサイコロ、チェスで賭けたが、その際、確率論の知識で儲けている。後年、賭博にのめりこんだ経験を活かして、彼は面白い本をまとめた。『偶然ゲームの書』という確率の計算にかんする初の解説書だ。たいそうな大声の持ち主で態度もがさつだったカルダーノは、愚かにも教授の多くを敵に回すことになった。卒業を前に、カルダーノへの医学の学位授与を決める投票がおこなわれたが、一度めは四七対九の大差で否決された。それから二度の投票を経て、彼はようやく医学博士になれたのである。その後まずはミラノで医師の職を得ようとして惨敗に終わったが、ほどなく運命が一転する。一五三四年、カルダーノは父の知り合いのつてで、ピアッティ財団［訳注：ミラノの貴族ピアッティの遺言によって設立された学校］の数学講師に任ぜられた。時《とき》を同じくして、もぐりの医者も開業した。医術の腕は確かだったが、成功してもミラノ医師会の支持は得られなかった。一五三六年、カルダーノは医師会との争いに決着をつけてやろうと決心し、『一般的になされている悪い医療について』と題する、毒舌をふるった本を出版した。カルダーノはとくに、当時の医師たちの気取った様子をあざ笑っている。「昨今、医師の評判を高めるのは、行儀、使用人、馬車、身なり、機転、抜け目のなさであり、すべてはわざとらしく味気ないやり方で示される。学識や経験は重要視されないらしい」信じがたいことだが、この攻勢が功を奏し、カルダーノは正規の医師の職にありついたばかりか、一六世紀の半ばには名医として、伝説的な解剖学者アンドレアス・ヴェサリウスに次いで、ヨーロッパで名をとどろかせることになる。

カルダーノは論争や試合にやりがいを感じていたようだ。それは賭博への情熱に根差していたのかもしれない。あるとき彼はこう述べている。「賭博が完全に罪悪だとしても、それをする人はごまんといるので、生来の悪だと思われる。だからこそ、賭博は不治の病《やまい》のたぐいとして医師に論じられるべきである」[29] カルダーノは頭の回転が速く舌鋒《ぜっぽう》も鋭かったので、学生時代にも、一人前の学者になってからも、多くの論戦で勝利した。だから、タルターリャとフィオーレの試合の話がカルダーノの好奇心に火をつけたのも不思議ではない。そのころカルダーノは二冊めの数学書『実用算術と平易な測定法』（以下『実用算術』とする）を書き終えようとしており、三次方程式の解法を盛り込むのは名案だと思った。その後数年かけて、自分で解法を見つけようとして失敗に終わったにちがいない。そのため彼は、書籍商のツアン・アントニオ・ダ・バッサーノをタルターリャのもとへ送り、公式を明かしてくれるよう説得に当たらせた。タルターリャはのちに、自分のきっぱりとした返事をこう記している。「私の発見を公表するときは、それを他人の著作でなく自分の著作でするつもりなので、閣下にはご勘弁願いたいと伝えていただきたい」その後も、かなり長々と、しかもとげとげしいやりとりが何度かあり、タルターリャはカルダーノの申し出をことごとく退《しりぞ》けたが、とうとうカルダーノの誘いに乗ってミラノを訪ねる羽目になった。タルターリャをおびき寄せたのは、ミラノ総督で皇帝軍総司令官でもあったアルフォンソ・ダヴァロスに引き合わせるというカルダーノの約束だった。タルターリャはすでに大砲にかんする本を著していたので、ここで縁ができれば結構な実入りが約束される可能性があったのだ。

ミラノで、カルダーノはタルターリャに至れり尽くせりのもてなしをした。まだ三次方程式の解法を聞き出そうとしていたのだ。しかし、タルターリャの口は依然として固かった——少なくともしばらくのあいだは。さらに、自分を解法の発見者として紹介する特別な章を入れるという提案も、タルターリャは突っぱねた。

残念ながら、これ以降の出来事にかんする情報はほとんど、およそ客観的とは言えないタルターリャの証言に頼るしかない。タルターリャによれば、彼は結局カルダーノに秘密を明かすことに同意したという。ただし、カルダーノが次のような誓いを正式に立ててからという条件で——「聖なる福音書にかけて、そして紳士としての信義にもとづき、あなたからその発見を教わっても決して公表しないばかりか、真のキリスト教徒として、私の死後もだれにも理解できないように、暗号でそれを書き留めることを誓います」。この重大なやりとりは、一五三九年三月二五日になされた。ところが、当時カルダーノ家で秘書をしていた若いルドヴィコ・フェラーリの話はかなり違っている。フェラーリに言わせると、カルダーノは秘密を守る誓いなどしなかった。フェラーリは、自分も会話の場に居合わせていたと主張し、タルターリャは単にカルダーノのもてなしのお礼に秘密を明かしただけだと話している。しかしこのあとすぐわかるように、フェラーリ自身の客観性も、少なくともタルターリャのそれに劣らず怪しい。ともあれ、『実用算術』は、一五三九年五月にタルターリャの解法を書き入れないまま刊行された。

ルドヴィコ・フェラーリ（一五二二〜六五）は、この悲喜こもごものドラマの次なる登場人物として舞台の中央に進み出る[30]。彼がボローニャからカルダーノの家へやってきたのは、一四歳のときだった。カルダーノはまもなく、この若者の並外れた素質に気づき、その教育の責任を一手に請《う》け負《お》った。だが、フェラーリは頭が切れる反面、短気だった。一七歳のときには喧嘩で右手の指をなくしている。

カルダーノがタルターリャの解法を教わるとすぐに、フェラーリはそれを証明したばかりか、もっと一般的な三次方程式にも取り組みだした。タルターリャが実際に解いたのは、三次方程式のなかでも $x^3+ax=b$ や $x^3=ax+b$ のように特殊な形だけだったことを思い出そう。これらが一般的な方程式 $ax^3+bx^2+cx+d=0$ の特別なケースにすぎないという認識は、一六世紀の数学者にはまだ根付いていなかった。むしろ、彼らは三次方程式の一三種類を別々に取り扱っていたのだ。一方、才気《さいき》煥発《かんぱつ》なフェラーリは、カルダーノの励ましを受けて、一五四〇年に $x^4+6x^2+36=60x$ のような「四次方程式」の見事な解法を見出すことに成功した。いまや師匠と弟子は波に乗っていた。そして、ダル・フェロが自分の公式を義理の息子に遺したという噂が、カルダーノの耳に入る。一五四三年、カルダーノとフェラーリは、わざわざボローニャまで、シピオーネ・ダル・フェロの原論文を預かっていたアンニバーレ・デラ・ナーヴェに会いに行った。そこでふたりは、ダル・フェロが実際に二〇年早く、タルターリャと同じ解法を発見していたことを、その目で確かめることができた。たとえタルターリャに誓いを立てたのが本当だったとしても、これさえあれば約束に縛られないとカルダーノは思ったにちがいない。なにしろ誓約は形式上、タルターリャの公式を漏らさないということであって、ダル・フェロの公式ではなかったのだから。一五四五年、カルダーノは著書を出版した。これが多くの数学者に、近代代数学の端緒《たんしょ》を開いたと見なされている『大いなる技法もしくは代数学の規則、第一巻』であり、通称『アルス・マグナ』（ラテン語で『大いなる技法』の意味——図41は本の扉）として知られている。その本でカルダーノは、三次・四次の方程式と、それらの解法について丹念に検討している。カルダーノは、解が負の数や無理数にもなりえ、ときには負の数の平方根——彼が「詭弁《きべん》的」と言っている量——を含む場合さえあることを初めて示した。負の数の平方根は、一七世紀に「虚数」と呼ばれるようになる。ニュルンベルクの印刷工ヨハネス・ペトレイウスが出版した『アル

HIERONYMI CAR
DANI, PRÆSTANTISSIMI MATHE
MATICI, PHILOSOPHI, AC MEDICI,

ARTIS MAGNÆ,
SIVE DE REGVLIS ALGEBRAICIS,
Lib.unus. Qui & totius operis de Arithmetica, quod
OPVS PERFECTVM
inſcripſit,eſt in ordine Decimus.

HAbes in hoc libro,ſtudioſe Lector,Regulas Algebraicas (Itali, de la Coſſa uocant) nouis adinuentionibus,ac demonſtrationibus ab Authore ita locupletatas,ut pro pauculis antea uulgò tritis,iam ſeptuaginta euaſerint.Neq; ſolum , ubi unus numerus alteri,aut duo uni,uerum etiam,ubi duo duobus, aut tres uni æquales fuerint,nodum explicant. Hunc aūt librum ideo ſeorſim edere placuit,ut hoc abſtruſiſſimo, & planè inexhauſto totius Arithmeticæ theſauro in lucem eruto, & quaſi in theatro quodam omnibus ad ſpectandum expoſito, Lectores incitarētur,ut reliquos Operis Perfecti libros, qui per Tomos edentur,tanto auidius amplectantur,ac minore faſtidio perdiſcant.

図 41

ス・マグナ』の初版は、ヨーロッパの数学界に旋風を巻き起こし、たちまち称賛を浴びた。言うまでもないが、敬意を表さない数学者がひとりいた。タルターリャの怒りは想像を絶していた。一年もしないうちに彼は『新しい問題と発明』という本を出し、カルダーノを偽りのかどで糾弾した。ふたりのやりとりについて（ゆうに七年も前のことだったが）一語一語書き取ったかのような話を示し、カルダーノにこのうえなく侮辱的な言葉を投げつけているのだ。タルターリャはそこまで怒ることをこう理由づける。「誓いを破る以上に恥ずべき行為を私はまったく知らない」しかし、カルダーノは数学の剽窃者《ひょうせつ》だったのだろうか？　科学の倫理基準からすれば、断じてそうではない。『アルス・マグナ』の冒頭の章では、第二段落にこう書かれている。

> われわれの生きているこの時代に、ボローニャ出身のシピオーネ・ダル・フェロが立方足す一乗が定数に等しいというケースの解を求めた。たいそう見事で称賛すべき偉業である。この技法は、あらゆる人間の巧みさや洞察力を凌《しの》ぐ、まさに天賦《てんぷ》の才がなせるわざであり、人間の知力を試す紛《まぎ》れもない試金石《しきんせき》であった。したがって、これに打ち込む者は、わからないものは何もないと思うことだろう。シピオーネに対抗心を燃やしたわが友、ブレシア出身のニコロ・タルターリャは負けまいとして、彼［シピオーネ］の弟子アントニオ・マリア・フィオーレとの試合で同じケースを解いた。そして私の懇願に心を動かされ、それを授けてくれた。私はルカ・パチョーリの言葉に惑わされていた。パチョーリは、彼自身が発見したものより一般的なルールが見つかる可能性を否定していたのだ。周知のように、私はすでに多くのものを発見していたにもかかわらず、あきらめてしまい、掘り下げてみようとはしなかった。しかしその後、タルターリャの解法を入手して、その証明に努めたところ、ほかにも多くのことを発見できるとわかった。この考えを追

求し、確信を強めた私は、ほかのことも見出した。その一部は私自身、一部はかつての弟子ルドヴィコ・フェラーリによる発見である。

また第XI章（「立方足す一乗が数に等しい場合について」）で、カルダーノは同じ賛美をかいつまんで繰り返している。

ボローニャ出身のシピオーネ・ダル・フェロは、ほぼ三〇年前にこのルールを見つけ、ヴェネツィア出身のアントニオ・マリア・フィオーレに伝えた。フィオーレとブレシア出身のニコロ・タルターリャとの試合は、ニコロにその解法を発見する機会を与えた。彼［タルターリャ］は私の懇願に応え、解法を与えてくれた。ただし証明は添えてくれなかったが。この助けを得て、私は解法を［さまざまな］形で証明しようとした。非常に困難だったが、以下私なりの説明をする。

タルターリャの怒りは、カルダーノが謝辞を捧げてくれても鎮まるどころではなかった。事実、罵《ば》倒《とう》の応酬は激しさを増したばかりか、イタリアの大衆の前で繰り広げられる壮絶な泥仕合になった。当のカルダーノはこの揉めごとから身を遠ざけていたが、短気な弟子ルドヴィコ・フェラーリは、（彼いわく）自分の「創造者」を守るため、知の闘士の役目を勇《いさ》んで買ってでた。タルターリャの著作の出版を受けて、「カルテロ」――挑戦状《おとし》――を出し、イタリアじゅうの学者や高官ら五三人に配ったのだ。フェラーリは、相手をひどく貶めるこんな言い方をしている。「君のたわごとを読むと、ピオヴァーノ・アルロット［一五世紀に実在した聖職者で、よく悪ふざけをしたことで知られる］の冗談を読んでいるような気がする」さらにその勢いで侮辱を続け、タルターリャ自身の剽窃を詰《なじ》っている。「君の本に見受けられる一〇〇〇を下らない誤りのうち、まず指摘したいのは、第八節でジョルダーノ［ドイツの数学者ヨルダヌス・ネモラリウスのこと。ヨルダヌス・デ・ネモレとも呼ばれる］の成果を、彼の名を挙げずにわがものとしていることだ。これは盗作にあたる」一通めのカルテロは一五四七年二月一〇日に送られた。タルターリャは一三日にそれを受け取り、わずか六日で反撃してきた。まず、カルダーノ本人が答えなかったことに不満を述べている。

もう一度忠告するが、ジェローラモ・カルダーノ氏が私に返事を書こうとせず、賢明にも自分の誤りを認めているのであれば、私がとやかく言われる筋合いはない。……彼がこの論争に君と加わっているのなら、少なくとも君の挑戦状に彼の自筆で署名をさせるべきだ。

タルターリャはフェラーリから数学の公開討論をもちかけられ、カルダーノ本人とならば喜んで勝負すると応じた。明らかに彼は、名もない若造が相手の試合では、勝ってもどうなるものでもないから意味がないと思っていた。むしろヨーロッパで評判がうなぎ登りのカルダーノと対決したがったのだ。しかしカルダーノは、そのころもっと自分の気質を落ち着かせようと思う時期に差し掛かっていたので（学者たるものは「恋物語を読む」暮らしをすべきだと訴えていた）、沈黙を守った。

一五四七年二月一〇日から一五四八年七月二四日にかけて、タルターリャとフェラーリのあいだを一二通ものカルテロ（六通の挑戦状と六通の返信）が飛び交《か》い、全知識階級に回覧された。形式はおおむね誹《そし》り合いだが、これらのカルテロは、ルネッサンス期を代表するふたりの数学者について語られた興味深い資料でもある。タルターリャはその後もカルダーノを論争の場に引っぱり出そうとしたが、さっぱりうまくいかなかった。一五四八年、タルターリャは故郷ブレシアで幾何学の講師のポストを提示された。しかしフェラーリとのやりとりが世間の注目を浴びていたため、公開討論でフェラーリに勝てば任命はほぼ当確になるという状況だった。そうなると、タルターリャもしぶしぶ討論に応じざるをえなくなった。討論のテーマは、双方から提案された六二の問題（それぞれから三一ずつ）——これまで交わしたカルテロで提示されていたもの——とすることになった。ほとんどは数学の問題だったが、ルネッサンスの気風を反映して、建築、天文、地理、光学などの問題もあった。

討論試合は、一五四八年八月一〇日、ミラノのフランシスコ修道会の庭園にある教会で催された。ミラノの名士たちが顔をそろえ、ミラノ知事のドン・フェランテ・ディ・ゴンザーガもそのひとりで、最終判定を下すことになっていた。フェラーリは大勢の支援者を連れて現れたが、タルターリャの付き添いは実の弟ただひとりだったようだ。カルダーノは、討論のあいだ町を離れているようにした。あいにく、討論そのものについても最終的な判定についても公式の記録は残っていない。タルターリャは、後年に執筆した二冊の本で、討論のめちゃくちゃな成り行きについて語っている。とりわけ、大声で野次《やじ》を飛ばしたり話をさえぎったりされたため、十分に自分の主張ができなかった、と観客に非難の矛先《ほこさき》を向けている。しかし、ありのままの事実はかなり違っていたようだ。タルターリャは判定を待たずに、初日が終わるとただちに討論をやめて引き揚げてしまった。さらに、タルターリャはブレシアで一年間講師を務めたあとで給与の支払いを拒《こば》まれ、やむなくヴェネツィアでのささやかな教職に戻ったこともわかっている。したがって、こうした状況はすべて、タルターリャがミラノで手痛い惨敗を喫《きっ》したことを物語っているのだ。カルダーノも、フェラーリのほうがタルターリャより一枚上手《うわて》だったと、著作でさらりと触れている。

勝ったルドヴィコ・フェラーリはどうかといえば、一気に出世した。このときの勝利を受けて、働き口の申し出が続々と舞い込む。皇帝の息子の家庭教師さえ断って、ミラノ知事に仕える税務査定官というもっと実入りのいい仕事に就いたほどだ。しかしフェラーリの生涯は思いもよらぬ形で終わりを告げ、このドラマの幕を引くことになる。

一五五六年を過ぎてからボローニャに戻ると、フェラーリは夫を亡くした妹マッダレーナと一緒に暮らした。一五六五年にマッダレーナがフェラーリを毒殺したという直接の証拠はないが、その後の彼女の行動や状況の変化は深い疑念を抱かせる。フェラーリの死から二週間後にマッダレーナは再婚し、兄から相続した財産をそっくり夫に譲っている。カルダーノが自分の本やノートをいくつかもち帰ろうとボローニャを訪れたときには、もう何も見つからなかった。マッダレーナの夫が全部所有していたのだ。どうやら一部の資料を、先妻とのあいだにもうけた息子の名義で出版しようともくろんだらしい。

三次方程式と四次方程式をめぐる歴史は、数学の領域を超えて興味深い問題を投げかける。(31) この話は、科学情報にかんする知的財産や所有権の問題についての考察を抜きにすると、不完全なものになってしまう。タルターリャとの辛辣《しんらつ》なやりとりのさなかに、フェラーリは、カルダーノが実はタルターリャのために尽くしたのだと主張した。タルターリャの公式を忘却から救い、「豊饒《ほうじょう》の庭」――『アルス・マグナ』――に植えてやったのだ、と。だが本当にそうだろうか？　あるいは、自分の公式がなければカルダーノの庭は雑草だらけで薄暗いままだった、と返答したタルターリャが正しかったのだろうか？　タルターリャから見れば、カルダーノが極悪人だったのは間違いない。カルダーノは誓いを破ったばかりか、それによって、タルターリャが当然自分のものになると思っていた評価と名声を、奪い取ってしまったからだ。カルダーノの本にいくらタルターリャの名が明記されていても、この傷は癒せなかった。そのときから、言及されるのが「カルダーノの公式」と彼の本になったという事実は変わらない。さらに悪いことに、カルダーノは三次・四次方程式のあらゆる形式に対して自分で見つけた解法や証明をあれこれ付け足したため、タルターリャの公式がもつ革命性が失われてしまったのである。

しかしカルダーノの視点ではどうだろう？ 厳粛な誓いをしたか否かはともかく、彼が、せめてこの件にかんする自分の独創的な仕事を公表する権利があると思っていたのは間違いない。公式の最初の発見者がタルターリャではなかった——シピオーネ・ダル・フェロだった——ことを（カルダーノと同じように）知れば、カルダーノの立場はなおさらよくわかる。タルターリャに、ダル・フェロが後世に残した公式の公表を抑え込む権利などあったのか？ 自分で新しい幾何学の本を出版しようとしていたとするタルターリャの言い分は通用しない。タルターリャはカルダーノにかなり先んじていたのに、ほかの研究にかまけて新しい幾何学の本にはちっとも手をつけなかったのだから。

新たな発見の公表をめぐる科学の世界の現状をいくつか挙げれば、発見者の資格の問題がひと筋縄ではいかないことがわかるだろう。天文学者は、ハッブル宇宙望遠鏡でおこなう観測について一年ごとに提案する。専門家の一団によるきめ細かい審査を経て、現実には提案のわずか七分の一ほどが採用され、実行に移される。観測がおこなわれてから数日以内に、提案者は得られたデータを使えるようになる。その後、提案者だけがデータを利用できる独占期間が一年あるので、この期間を利用して提案者はデータを解析し、結果を発表していい。一年が過ぎるとデータは公開され、世界じゅうの天文学者が使えるようになる。こうしたプロセスが確立されているのは、まず第一に、科学の発見は（とくに国民の税金が使われたものは）広く社会に帰属し、個人の財産として扱うべきでないという認識があるためだ。そしてまた、のろまな科学者が重要なデータを抱えたままにならないようにするという意味もある。

その一方、たとえば株価変動の数学モデルの作成に携《たずさ》わる企業は、独自の知見《ちけん》を徹底的に隠したがるが、秘密のレシピをもつシェフにはもっと上手《うわて》がいるかもしれない。

純粋に科学的な見地に立てば、三次方程式を解く公式は「ダル・フェロの公式」と呼ぶのが一番妥当だろう。ダル・フェロが最初に発見したことに疑いの余地はないからだ。しかし科学の革新に対し、真の発見者にちなんだ名がつけられなかったことはこれが初めてではないし、最後でもあるまい。知的財産にかんするタルターリャの態度は、彼自身の行為を考えると、自分のことを棚に上げているようにも思える。たとえばタルターリャは、アルキメデスの著作の翻訳を自分の名で出版したが、実際には、フランドルの学者であるメールベクのウィリアムが一三世紀にラテン語に訳したものを出版しただけだった。また、斜面に置いた重い物体の力学を扱った解法を、その発見者であるドイツの数学者、ヨルダヌス・デ・ネモレの名を出さずに示している。

ダル・フェロからタルターリャ、カルダーノ、フェラーリへと続く一連の騒ぎは、今なお数学史のなかでも最高に議論を呼ぶ出来事にかぞえられる。だから多くの科学史家を夢中にさせたのも不思議ではない。本書の視点において重要なのは、このドラマの幕が下りて、数学者は三次方程式と四次方程式の解き方を知ったということだ。方程式全般の理論はまだ存在しなかったが。

カルダーノは自分の幸運を否定しておらず、『わが人生の書』で次のように書いている。

> 幸福は私の本性とは相反する状態のようだが、正直に言うと、ときには私も多少の幸運をつかんだり分かちあったりする機会に浴した。人生という喜劇の舞台に花を添えられる素晴らしいものがこの世にあるとして、私はその恵みを奪われはしなかった。

方程式の解法が、数世紀後に自然や芸術の対称性を語る「公用」語となる群論の成立に大きな役割を果たしたことを考えると、次の事実は不思議に思える。カルダーノは同時代に生きた一〇〇名の著名人のホロスコープ（占星術で各人の運勢を語る星の配置図）を出版した[32]が、そのなかで芸術家は、ドイツの画家アルブレヒト・デューラーだけだったのだ。

　この話を終えるにあたり、個人的な出来事を書き添えておきたい。二〇〇三年の夏、私は三次方程式にかんする真のヒーロー――シピオーネ・ダル・フェロ――の生家を見つけなければいけないと思った。少し苦労してそれは見つかった。現在そのアパートは、ボローニャのグエラッツィ通りとサン・ペトローニオ・ヴェッキオ通りのぶつかる角《かど》にある。側壁の見過ごされそうな飾り板に、ダル・フェロの生家であることが刻まれている（図42）。いくつかの部屋のブザーを適当に鳴らしてみると、三階の部屋の窓から高齢の女性が顔を出した。私は拙《つたな》いイタリア語で、シピオーネ・ダル・フェロの生涯を調べていると説明した。彼女は、夫が降りていくから待っていてと言った。やがて現れた感じのよい老紳士は、イタリア語と英語がでたらめに交じった言葉で、この建物には、代数学で画期的な発見をした人物が住んでいたことを示すものはもう何もないと教えてくれた。私は老人としばらく黙って飾り板を見つめてから、別れた。

図 42

ダル・フェロとカルダーノとフェラーリの偉業がなし遂げられたあと、$ax^5+bx^4+cx^3+dx^2+ex+f=0$という形の「五次方程式」も公式で解けると当然考えられた。事実、『アルス・マグナ』で得られた自信によって、その解法の発見まであとわずかという期待も生まれ、そんな状況が数学の切れ者たちをこの宝探しに駆り立てたのである。

最大の失敗を言い立てる

『ガリヴァー旅行記』でとくに名高い風刺作家ジョナサン・スウィフト（一六六七〜一七四五）は、一七二七年に『女心の中身』という面白い詩を書いた。ここに何行か紹介しよう。

生まれながらの話術の才により
彼女は不躾《ぶしつけ》を洒落《しゃれ》と呼び
罵《のの》りをからかいに置き換えて
あなたの最大の失敗を言い立てるだろう

カルダーノ以降、二五〇年にわたって五次方程式の解の公式が探求されたが、これが大失敗に終わっている。この話の発端になるのが、またもやボローニャの人で、ラファエル・ボンベリ（一五二六〜七二）だ。[33] 歴史の偶然で、ボンベリはダル・フェロが他界したまさにその年に生まれた。彼は大いに感嘆しながら『アルス・マグナ』を学んだが、カルダーノの説明はあまり明晰でなく、それだけでは足りないと感じた。ボンベリいわく、「彼の言っていることはあいまいだった」のだ。そこでボンベリは、二〇年の歳月をかけて『代数学』という重要な本を著した。ほかのイタリア人数学者と異なり、ボンベリは大学教授ではなく水力学の技術者だった。ボンベリが独自になし遂げた最大の貢献は、負の数の平方根を扱わずには済まないと気づいたことだ。これにはまさしく思考の飛躍が必要だった。結局のところ、-1の平方根とはなんなのか？　通常の数（実数）に同じ数を掛けても-1にならないことは明らかである。負の数に負の数を掛けても正の数になるからだ。しかし三次方程式を解くと、最終的な解が実数でも、途中の段階で負の数の平方根が出てくることがある（付録5を参照）。カルダーノはこうした「詭弁《きべん》的な」数に困惑し、そんな数は「とらえがたくて役に立たない」と結論づけた。そしてどうしてもそれで計算しなければならないときには「心の痛みを追いやって」していると述べている。それに対してボンベリは素晴らしい慧眼《けいがん》をもち、この新しい数――彼は「負の正」と呼んだ――が三次方程式（実数で表される）と最終的な解（こちらも実数）の橋渡しに欠かせない媒介者であることを見抜いた。言い換えれば、始まりと終わりは実数でも、解に至る過程で「虚数」という新しい世界を横切らなければならないということである。-1の平方根は、偉大なスイスの数学者レオンハルト・オイラーが一七七七年にiと表した。ボンベリの研究によって姿を現した数は、現在、「複素数」――実数（通常の数すべて）と虚数（負の数の平方根）の和――と呼ばれている。

ここでまた歴史は重要なことを教えてくれた。方程式の研究により、数学者は歴史を通じて何度か、新しい種類の数に初めて出会えたのだ。-1や-2といった負の数、$\sqrt{2}$のように分数では表せない無理数、さらに、ボンベリの研究によって$\sqrt{-1}$のような虚数も登場した。五次方程式の解法から何が明らかになるかは、だれにもわかろうはずがなかった。

続く数世紀に、五次方程式の謎の解明は、数学でなにより興味深い課題のひとつになった。あいにく、ダル・フェロとフェラーリが（それぞれ三次方程式と四次方程式で）見つけた解法はあまり役に立たなかった。これらは輝かしい成果ではあったが、場当たり的な手口であって、高次の方程式に拡張できる体系的な研究ではなかったからだ。ぜひとも必要とされたのは、個々のケースでの試行錯誤ではなく、方程式全般に通じる理論の構築だった。医学にたとえれば、数学は、対症療法から病因や副作用の理解へと移行する必要があったのだ。

フランスの法律家フランソワ・ヴィエト（一五四〇〜一六〇三）とイギリスの天文学者トマス・ハリオット（一五六〇〜一六二一）は、正しい方向へ歩《ほ》を進めた。[34] 代数方程式の表記法（カルダーノの著作ではずいぶん煩雑《はんざつ》なものだった）と解法そのものを改善したのだ。ヴィエトはまた、方程式の記述に用いる数（たとえば $ax^2+bx+c=0$ における a、b、c）を指す言葉「係数」の生みの親でもある。彼はプロの数学者ではなかったが、あるときにフランス数学界の名誉を守った。一五九三年、ベルギーの数学者アドリアーン・ファン・ローメン（一五六一〜一六一五）が、著書『数学の概念』の序文の末尾に、四五次もあるとんでもない方程式を載せ、当時のすべての数学者にその問題を解いてみよと挑んだ（付録6を参照）。パリ駐在のネーデルラント大使*は、フランス王アンリ四世に向かって嬉しそうに、フランスにはその問題を解ける数学者はいまいと嘲《あざけ》った。ばつの悪い思いをした国王は、ヴィエトに助けを求めた。ヴィエトが、問題の根底に三角法があることを見破り、（言い伝えによれば）ものの数分で正の解を見つけると、国王はびっくりして喜んだ。[35] それどころか、ヴィエトはもっとすごいこともやってのけた。その方程式に、正の解が二三個と負の解が二二個あることを示したのだ。

五次方程式の解法に初めて真剣に取り組んだのは、スコットランドのジェームズ・グレゴリー（一

＊訳注：現在のベルギーとオランダは一六世紀にはスペイン領ネーデルラントと呼ばれ、一五八一年に北部がネーデルラント連邦共和国として独立を宣言した。

六三八〜七五）だったが、悲しいかな失敗に終わった。[36] グレゴリーの名は主に、彼の発明した反射望遠鏡（グレゴリー式望遠鏡）で知られている。（三六歳という若さで）亡くなる前の一年、彼は、五次方程式の解の公式はそもそも見つけられるものなのだろうかと疑いだしていた。それでも、いろいろな方程式で、解と係数の関係を発見している。次の一歩は、ドイツのエーレンフリート・ヴァルター・フォン・チルンハウス伯爵（一六五一〜一七〇八）が踏み出した。[37] クリスタルガラスから代数学まで多方面に業績を残したチルンハウスは［訳注：ドイツの名窯《めいよう》マイセンの白磁器《はくじき》発明にも貢献した］、興味深い手法を練りあげ、しばし暗いトンネルの先に射す希望の光をもたらした。基本的な考えは単純だ。五次方程式をなんとかして低次の方程式（四次や三次など）に変形できれば、それらの方程式を解く既知の公式が使えるというものである。チルンハウスはとくに、巧妙な代入によって五次方程式のx^4とx^3の項をなくすことに成功した。残念ながら、チルンハウスの手法にはまだ大きな障害が残っており、数学者ゴットフリート・ヴィルヘルム・ライプニッツ（一六四六〜一七一六）がまもなくそれに気づいた。チルンハウスは、この方向でずいぶんがんばってから、ついに敗北を認めた。

　一八世紀になると、五次方程式の問題への関心が再燃し、精力的な挑戦が続いた。フランスのエティエンヌ・ベズー（一七三〇〜八三）は、代数方程式の理論にかんする本を何冊か著しており、チルンハウスと似たような手法をとったが、やはりうまくいかなかった。[38] ここに至って、歴史上最も多産の数学者がこの競争に名乗りを上げる。

　レオンハルト・オイラー（図43）は、非常に多作だったので、著作物をリストにするだけで一冊の本になる。[39] 事実、数学と数理物理学にかかわる一連の著作物は、一八世紀の後ろの四分の三にあたる期間に同分野で出た出版物のおよそ三分の一を占める。オイラーは、五次方程式の解法は四次式で表せると推測し、希望に満ちた調子でこう結論づけた。「注意深く消去をおこなえば、四次方程式にもっていけるのではなかろうか」要するに彼も、問題をすでに解法のあるものに還元できると楽観していたのだ。これは数学の進歩を特徴づける全般的な姿勢である。昔からこんなジョークがある。数学者と物理学者にこう尋ねる。「ズボンにアイロンをかけなければならないが、アイロンはもっているのにコンセントが隣の部屋にしかない。さてどうするか？」するとどちらも、アイロンを隣の部屋にもっていってコンセントにつなぐと答える。次に、コンセントのある部屋にいたらどうするかと尋ねる。物理学者の答えは、アイロンをコンセントにつなぐ、である。ところが数学者は、コンセントのない部屋にアイロンをもっていくと答える。その問題はもう解決済みだからだ。

　楽観的な見方をしていたにもかかわらず、オイラーは一般的な五次方程式の解法を見つけられなかった。しかし、$x^5-5px^3+5p^2x-q=0$（pとqは定数）のような特殊な五次方程式が公式で解けることは示せた。これにより、その後の挑戦への門戸が閉ざされずに済んだ。次に登場したのは、スウェーデンのエランド・サミュエル・ブリング（一七三六〜九八）だ[40]。本職はルンド大学の歴史学教授だったが、彼は数学を最愛の趣味にしていた。ならば五次方程式以上に解きがいのある謎があるだろうか？ブリングは、解法の発見に向けて大きな前進かと思われる一歩を刻んだ。一般的な五次方程式（$ax^5+bx^4+cx^3+dx^2+ex+f=0$）を、$x^5+px+q=0$というかなり単純な形にする数学的変換を見出したのだ。残念ながら、短くてずいぶん扱いやすそうなこの形

図 43

になっても、乗り越えられない障害が立ちはだかっていた。それだけではない。ブリングの画期的な変換は完全に見過ごされ、結局一九世紀になってイギリスのジョージ・バーチ・ジェラードが、独自にそれを再発見している。

　さらに三人の数学者が、別々の国でほぼ同じ時期に五次方程式に取り組んだが、解法を導くには至らなかった。それでもこうした数学者の突っ込んだ研究は、解の探求に刺激的なアイデアを吹き込んだ。特筆すべきは、方程式の解同士を置換《ちかん》できるという性質が、その方程式が公式で解けるかどうかに関係する可能性を示したことだ。これは、方程式の解と対称性の概念とのあいだにできた歴史上初めての接点なので、基本原理をかいつまんで説明したい。たとえば二次方程式の $ax^2+bx+c=0$（a、b、cは定数）を検討してみよう。方程式のふたつの解（八九ページに載せた解の公式で与えられる）をx_1、x_2とすると、それらの和 x_1+x_2 と積 x_1x_2 が方程式の係数a、b、cによって表せることはすぐに説明できる（付録7を参照）。じっさい、$x_1+x_2=-b/a$、$x_1x_2=c/a$ となる。具体例で言えば、方程式 $x^2-9x+20=0$ の場合、ふたつの解の和は9、積は20である。また、八九ページの解の公式自体も、(x_1+x_2) と x_1x_2 の組み合わせで次のように表せる（付録7）。

$$\frac{1}{2}\left[(x_1+x_2)\pm\sqrt{(x_1+x_2)^2-4x_1x_2}\right]$$

　ここで注目すべき重要な点は、この式が、ふたつの解 x_1とx_2の交換にかんして対称——x_1とx_2を入れ替えても公式は不変——ということだ。フランスのアレクサンドル＝テオフィル・ヴァンデルモンド（一七三五～九六）とイギリスのエドワード・ウェアリング（一七三六～九八）は、五次方程式において、それどころか何次の方程式でも、同様の対称な式で解を表せないものだろうかという疑問を提起した[41]。原理上、これができれば解の公式を導けたのである。このアイデアを、ナポレオン・ボナパルトから「数学界にそびえるピラミッド」と言われた人物――ジョゼフ＝ルイ・ラグランジュ（一七三六～一八一三）――が拾い上げた。

ラグランジュ（図44）はトリノ（イタリア）に生まれた。しかし父方にはフランス人の血が流れており、自分はイタリア人というよりむしろフランス人だと思っていた[42]。父はもともと裕福だったが、一家の全財産を投機につぎ込んでしまい、息子にいっさい遺産を残さなかった。後年ラグランジュは、この経済的窮地をわが身に起きた最高の出来事だったと言っている。「もし財産を相続していたら、きっと数学に自分の運命を賭《と》していなかっただろう」

図 44

ラグランジュは彼の（ベルリンで出版された）代表的な論文『代数方程式の解についての考察』において、まずベズーやチルンハウスやオイラーの成果を丹念に見直した。そのうえで、一次・二次・三次・四次方程式で解を得るためのテクニックが、すべて一律の手法に置き換えられることを示した。しかし、ここでひどい不意打ちを食らう。二次・三次・四次方程式の場合は、次数をひとつ下げることで解くことができた（つまり、四次方程式を三次方程式にする、などといったこと）。ところがまったく同じ処理を五次方程式におこなってみたところ、思わぬ事態が生じた。結果としてできたのは四次方程式ではなく、なんと六次方程式だったのだ！　二次、三次、四次では鮮やかに決まった手法が五次にはまったく通用しなかったのである。気落ちしたラグランジュは次のように結んでいる。「それゆえ、これらの方法が五次方程式――代数学でとびきり有名かつ重要な問題のひとつ――の解法につながる可能性は低い」

この行き詰まりから抜け出すため、ラグランジュは置換にかんするもっと一般的な議論を持ち込んだ。置換が対象の配置を変える操作であることを思い出してほしい。たとえばABCをBACやCBAに変換することだ。方程式の性質や、方程式が解けるかどうかは、解の置換にかんする対称性によって決まるという重要な事実を、ラグランジュは発見したのである。

ラグランジュの新しい洞察は、非常に画期的だったが、五次方程式の解法を得るには不十分なことがわかった。それでも彼は、自分の洞察によって突破口が切り開かれるだろうという楽観的な見方を崩さず、こう記している。「この問題にはまた別の機会に立ち戻りたい。今は、これまでにない一般的な理論と思われるものの基礎を与えたことで満足している」歴史が証明するとおり、ラグランジュが五次方程式に立ち戻ることはなかった。死の二日前、彼はみずからの人生を次のように総括している。「私の人生は終わりを迎えた。私は数学でいくばくかの名声を得た。だれも憎んだことはないし、だれからもひどい目に遭《あ》わなかった。幸せな最期だ」

同じころ、数学界ではもうひとつの代数の問題が議論の的《まと》になっており、それは五次方程式の解法の探求と密接なかかわりがあった。その問題とは、「どんな（何次の）方程式にも、少なくともひとつの解があるのか？」だ。たとえば、方程式 $x^4+3x^3-2x^2+19x+253=0$ が成り立つxがあるのかどうかは、どうしたらわかるのだろう？　さらに大事な問題は、n次（nは任意の整数で、1、2、3、4……）の方程式があって、解は実数でも複素数（$i=\sqrt{-1}$ のような虚数を含む数）でもいいとする

図 45

と、解はいくつあるのかというものだ。二次方程式の場合はすでにわかっている――解はつねに、ちょうどふたつ存在する。しかし、$n=5$ や $n=17$ ではどうなるか？ ライプニッツ、オイラー、ラグランジュなど、大勢の数学者が答えを出そうとしたが、最終的な決着は、スイスの会計士ジャン＝ロベール・アルガン（一七六八〜一八二二）と、押しも押されもせぬ「数学界の王者」――ヨハン・カール・フリードリヒ・ガウス（一七七七〜一八五五。図45）――に委ねられた。

ガウスは七歳にして天才の片鱗《へんりん》を示し、一から一〇〇までの整数の合計をあっというまに暗算することができた。[43]合計が、それぞれ足して一〇一になる数のペアが五〇個集まったものであると、あっさり気づいたのだ。一七九九年に書いた博士論文で、ガウスは「代数学の基本定理」として知られるようになるもの――n次の方程式はどれも、ちょうどn個の解（実数でも複素数でもかまわない）をもつという命題――について、最初の証明を発表した。最初の証明では論理にいくつか欠陥があったが、彼は一生のうちにもう三通り、いずれも厳密な証明を与えている。実際には、一八一四年に発表されたアルガンの証明が、正しい証明としては最初のものだった。[44]

この基本定理により、一般的な五次方程式には解が必ず五つあることがはっきりした。だが、それらの解は公式で求まるのだろうか？ ガウスは、基本定理に対する最初の証明を発表した年に、五次方程式が公式で解けることについてこのように疑念も表明している。

図 46

「多くの数学者が努力を重ねても、一般的な方程式を代数的に解ける望みがほとんど残っていない今となっては、そのように解くことは不可能で、理屈に合わないという可能性がどんどん高まっているようだ」[45] それから興味深いことにこうも言い添えている。「ひょっとすると、五次方程式が代数的に解けないことを厳密に証明するのは、それほど困難ではないかもしれない」ガウスは、この話題について二度と発言することがなかった。

五次方程式の解を求める試みがかれこれ二世紀以上も挫折を繰り返したことから、フランスの数学史家ジャン・エティエンヌ・モンテュクラ（一七二五～九九）は、五次方程式の攻略を戦争に見立てて次のように語っている。「四方にそびえる城壁はもはや最後の砦だが、この問題は死に物狂いで自分を守っている。それを襲撃し、降伏させる幸運な天才はだれなのだろう？」[46]

ここにもうひとつ歴史の偶然が働いた。モンテュクラが亡くなった年に、五次方程式に対する最後の決定的な連続攻撃が始まろうとしていたのである。三次・四次方程式の場合と同じく、この局面もやはりイタリア人とともに始まった。

パオロ・ルッフィーニ（一七六五～一八二二。図46）は、イタリアのヴァレンターノで生まれた。[47] 医者のバジリオ・ルッフィーニとマリア・フランチェスカ・イッポリティの息子だった。一家はルッフィーニが一〇代のころにモデナ近郊のレッジョに移り、モデナで彼は、数学と医学、文学、哲学を学んで一七八八年に大学を卒業した。並外れて多才なルッフィーニは、医者を開業すると同時に数学の教授にもなった。フランス革命の直後で、時代はひどく不穏《ふおん》な空気に包まれていた。ナポレオン・ボナパルトの指揮下にあるフランス軍がイタリアの町を次々に占領し、一七九六年にはモデナを攻め落とした。ルッフィーニは当初、ナポレオンが建てたチザルピーナ共和国の青年議会の議員に任命されたが、共和国への忠誠を誓うのを拒むと、教職まで失った。不思議なことに、ルッフィーニが最も重要な仕事をしたのは、この激動の時期だった。一般的な五次方程式は、加減乗除《かげんじょうじょ》と累乗根《るいじょうこん》［訳注：累乗して*a*になる数を*a*の累乗根という］を求める単純な操作のみの公式では解けないことを証明した、と主張したのである。

ここでいったん立ち止まり、ルッフィーニによる主張の重大さを認識する必要がある。二次方程式の解の公式は、実質的にはバビロニアの時代から知られていた。三次方程式の解の公式は、ダル・フェロとタルターリャとカルダーノが発見した。そしてフェラーリが四次方程式の解法を考え出した。これらの解法はすべて、単純な算術操作と累乗根によって書き表される。続く二五〇年は失敗に次ぐ失敗だった。その間《かん》、最高レベルの頭脳をもつ数学者たちが五次方程式を解く公式を見つけようとしたが、叶《かな》わなかった。そこへルッフィーニが、いくら頑張っても五次方程式はこれまでのような公式では解けないことを証明できた、と主張したのである。これは、方程式に対する考え方の劇的な変革を意味していた。数学者は、方程式のなかには非常に解きにくいものもあるという事実に慣れてきていたが、ここへきてルッフィーニの証明は、五次方程式の場合、努力が最初から無駄であることを示すものとなった。

ルッフィーニは、証明を『方程式の一般理論』と題する二巻本にまとめて一七九九年に発表した。しかし証明が難解きわまりないうえ、論理も回りくどかったため、五一六ページに及ぶ大作を読破するのは骨が折れた。だから当然とも言えるが、数学界からはせいぜい疑いの声しか聞こえてこなかった。一八〇一年ごろ、彼はこの本をラグランジュに送ったが、返事はなかった。それでもめげずに、ルッフィーニは次のような手紙を添えてもう一部送った。

貴殿が私の本を受け取っておいでかどうかわかりかねますので、もう一部お送りいたします。証明に誤りがあるとか、私が自分では新しいと思って語っていることが実はそうでないとか、あるいは私が役立たずの本を書いたということでしたら、ご指摘くださいますよう謹《つつし》んでお願い申しあげます。

ラグランジュはこの手紙にも応《こた》えなかった。ルッフィーニは、一八〇二年にもう一度だけ送ってみた。このときはラグランジュの業績を称える言葉から書きだしている。

勝手ながらお送りする本書を受け取られる方として……貴殿以上にふさわしい方はいらっしゃいません。……本書の執筆にあたり、私はもっぱら、五次以上の方程式は解けないと証明することを念頭に置きました。

それでも、なしのつぶてだった。

著作に対する反応のなさに出鼻をくじかれたルッフィーニは、もっと厳密で多少なりともわかりやすくした証明を、一八〇三年と一八〇六年に公表した。また、証明について同じ数学者、ジャンフランチェスコ・マルファッティ（五次方程式にかんする論文を一七七一年に発表している）やピエトロ

・パオリと議論もした。パオリとの話し合いによって証明の最終版が生まれ、『一般代数方程式の解法についての考察』というタイトルの論文が一八一三年に出版される。だが不運にも、より明快と思われるこの証明さえ、数学界であまり話題にのぼらなかった。

国王に提出された『一七〇九年以降の数学の進展にかんする歴史報告』において、フランスの数学者・天文学者ジャン＝バティスト・ジョゼフ・ドランブル（一七四九〜一八二二）が、実はルッフィーニの著作について短く言及している。[48]だが、その語り口はやや慎重だ。「ルッフィーニは、それが不可能であるという証明を提案している」これに腹を立てたルッフィーニは、すかさず抗議した。「私は証明を提案しただけではなく、実際に証明したのだ」こんなやりとりが交《か》わされても、ルッフィーニの証明は、同世代にも次の世代にも一般に認められなかった。なおひどいことに、ドランブルはルッフィーニに、最終的な答えが出る見込みはないと説明した。「あなたの論文の審査員［数学者のラグランジュとラクロアとルジャンドル］が［証明の妥当性について］いかなる結論に達するとしても、審査員は、認める気になるか反証を挙げるかするために相当骨折らなければなりません」というのがその理由だった。高齢のラグランジュが科学者で薬剤師でもあったゴティエ・ド・クローブリに語った言葉を拾うと、ラグランジュはルッフィーニの論文におおむねよい印象を受けたものの、彼でさえ五次方程式が公式で解けないといった革命的な考えは受け入れがたかったことが汲《く》み取れる。そういうわけで、ラグランジュはルッフィーニの証明にかんして公式に語ることはなかった。

ルッフィーニは必死の思いで、証明をロンドンの王立協会に送った。しかし、戻ってきたのは、論文を読んだ少数の会員は満足したが、証明を公式に認めるのは協会の方針から外れるとする慇懃な返事だった。ルッフィーニの導いた結果を信用した高名な数学者のひとりが、オーギュスタン＝ルイ・コーシー（一七八九〜一八五七）である。コーシーの生み出した成果の多さはまさに驚異的で（七八九本という膨大な数の数学論文を発表している)、ある時点で自分の雑誌を創刊しなければならなかったほどだ。コーシーはあまり褒め言葉を口にしない性分だったが、ルッフィーニが死の六カ月ほど前に受け取った手紙には、次のように書かれていた。

あなたが書かれた方程式の一般的解法にかんする論文は、数学者の注目に値するとつねづね思っておりました。そして私の判断では、五次以上の一般的な方程式が解けないことを完全に証明しています。……さらに、方程式が解けないことについてのあなたの論文をタイトルに掲げて、私がアカデミーの会員に講義したことを申し添えます[49]。

コーシーが高く評価したにもかかわらず、ルッフィーニの証明は広く知られることも受け入れられることもなかった。ほとんどの数学者はルッフィーニの議論をまだ複雑すぎると感じており、理論の妥当性が確かめられなかったのだ。

ところでルッフィーニは、五次方程式が単純な演算の公式では解けないことを本当に証明していたのだろうか? 今から振り返るとわかるが、ちゃんと証明したとは言えない。証明にはまだ重大な欠陥があった。ルッフィーニはある仮定をしたが、その仮定を証明しなければならないことに気づいていなかったのだ。それどころか、ほかに仮定を設けたらもっとややこしいことになるので「それは完全に放棄できる」と言って済ませている。しかし不完全ではあっても、彼の発見の独創性はなんら失われない。事実、ルッフィーニの時代の者はだれも証明の欠陥を見出せなかったではないか。ルッフィーニは、方程式への取り組み方に革命的な変化をもたらした人物だった。五次方程式を解こうとする挑戦は、ほどなく、解けないことを証明する試みに変わるのである。

今日、ルッフィーニの成果を評価してみると、彼には五次方程式にかんする考え方を変えた以上の功績があることに気づく。ルッフィーニは、三次方程式や四次方程式の解と、ある種の置換との関連づけを一歩先に進めた。このことが、数だけを扱う従来の代数学から、あらゆる種類の要素同士を結びつける操作までを取り扱う群論の基礎への移行を決定づけた。群論の要素（元《げん》）が、整数から人間の体の対称性まで、なんでもありうることを思い出そう。こうして抽象代数学の誕生の兆しが見えてきたのだ。

ルッフィーニはつねに極端なほど良心的だった。あるとき、パドヴァ大学の数学教授の座を辞退したが、それは医者として治療していた人々を見捨てたくなかったからだ。また、患者のために身を粉《こ》にして働くあまり、一八一七〜一八年の流行期に重症の腸チフスにかかった。この恐ろしい経験をもとに、『伝染性チフス体験記』を書いている。病気でひどく体が弱ったにもかかわらず、ルッフィーニは往診を続け、数学の研究もあきらめなかった。そして一八二二年四月、慢性心膜炎に倒れ、翌月に帰らぬ人となる。おかしなことに、ルッフィーニの死後、その業績はほとんど忘れ去られてしまい、コーシーを別にして、のちの数学者は事実上ルッフィーニのアイデアを再発見しなければならなかった。

さて、科学史上最高に悲劇的と言えそうなふたりの若者が登場する下地は整った。ノルウェーのニルス・ヘンリック・アーベルとフランスのエヴァリスト・ガロアは、代数学の針路を一変させせようとしていた。この非凡なふたりの人生はあまりにも痛ましく、これからの二章でその話を少し詳しく書かずにはいられない。

4 貧困に苛《さいな》まれた数学者

エリック・シーガルの有名な小説『ラブ・ストーリー』は、こんなくだりで始まる。「どう言ったらいいだろう、二十五の若さで死んだ女のことを。彼女は美しく、そのうえ聡明だった。彼女が愛していたもの、それはモーツァルトとバッハ、そしてビートルズ。それにぼく」〔『ラヴ・ストーリィ』(板倉章訳、角川書店)より引用〕この悲しい人生のあらましは、エヴァリスト・ガロア(一八一一〜三二)とニルス・ヘンリック・アーベル(一八〇二〜二九)に対してもおそらく言い換えられる。ガロアなら、きっとこんなふうになる。「どう言ったらいいだろう。二十の若さで死んだ男のことを。彼はロマンチックで、天才だった。彼が愛していたもの、それは数学。そして諍《いさか》いと自滅でその男は果てた」アーベルならこうだ。「どう言ったらいいだろう。二十六の若さで死んだ男のことを。彼は内気で、天才だった。彼が愛していたもの、それは数学と演劇。そして貧困がその男を死に追いやった」スウェーデンの数学者イェスタ・ミッタグ゠レフラー(一八四六〜一九二七)は、アーベルが残した数学の業績をこのような言葉で称えている。「アーベルの優れた論文は、まさに崇高な美しさを湛《たた》えた抒情詩である。……日常を超えたはるかな高みに引き上げられ、一般的な意味でのどんな詩人もかなわないほど、魂そのものから紡《つむ》ぎ出されている」(1)また、オーストリアの大数学者エーミール・

アルティン（一八九八～一九六二）は、ガロアについて次のように述べた。「数学者となってまもないころから、私はガロアの古典的な理論のとりこになった。その魅力に、これまで私はたびたび引き戻されている[2]」アーベルとガロアの非凡な才能は、まさに超新星――爆発する恒星として、それの含まれる銀河が抱く数千億の星を凌《しの》ぐ輝きをいっとき放つもの――としかたとえようがない。

幼少のころのアーベル

ニルス・ヘンリック・アーベルは一八〇二年八月五日に生まれた。ルター派の牧師セーレン・ゲオルグ・アーベルと、海運商の娘アンネ・マリーエ・シモンセンのあいだに生まれた次男だった（図47はニルス・ヘンリックの両親のシルエット）。アーベルの誕生から数年後に母親が語ったところでは、アーベルは予定より三カ月早く生まれ、赤ワインで体を洗われてようやく命の兆しが見えたという。代々聖職者の家系に生まれた父親と、類《たぐい》まれな美貌をもちながら世俗的な快楽を好む母親という嘘のような取り合わせからして、結婚生活がうまくいく見込みはなかった。ニルス・ヘンリックが二歳になる前に、父は祖父の跡を継いでヤールスタ村の牧師になった。当時ノルウェーはデンマークの属領で、まずイギリスの艦隊に海から、続いてスウェーデン軍に陸から攻められ、戦争の影に絶えず脅《おびや》かされていた。イギリスの軍艦に輸送路が封鎖されると、ノルウェーは壊滅的な打撃を受けた。木材の輸出は一八〇八年の半ばまでに完全に停止し、

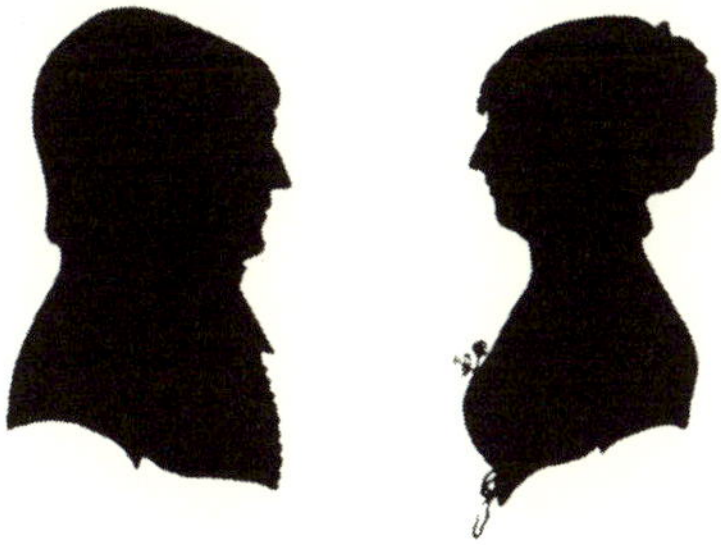

図47

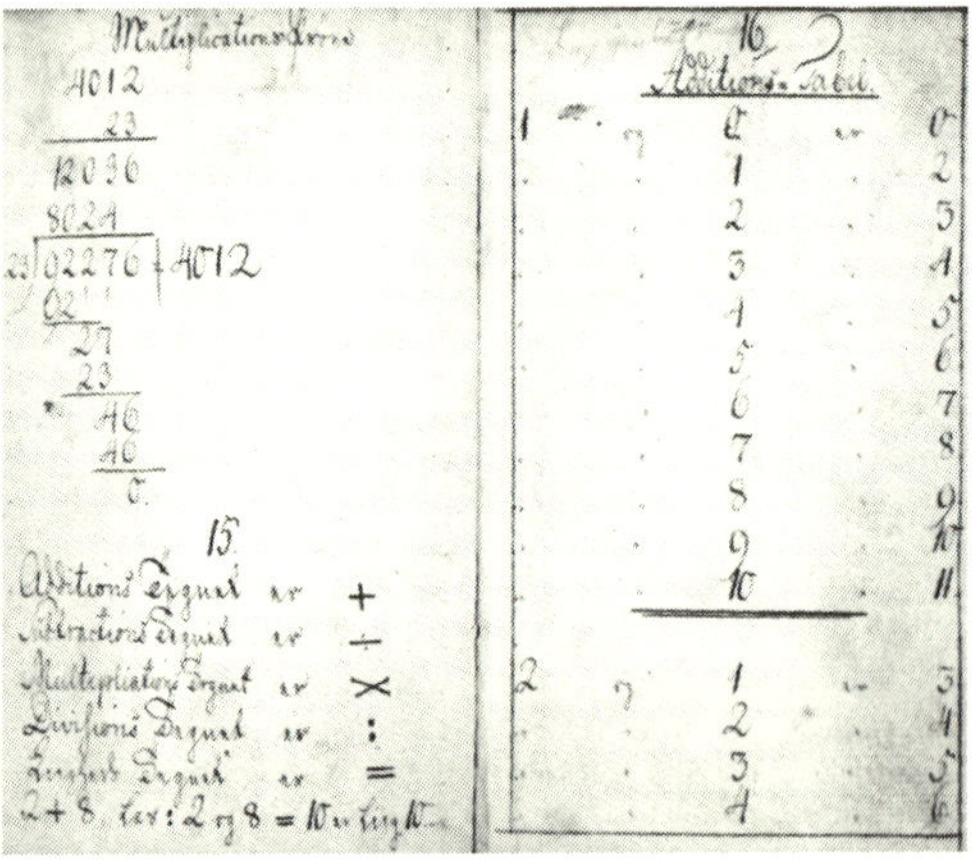

図 48

デンマークからの穀物の輸入も危険が増して途絶えかけた。そうして一八〇九年には飢餓が蔓延《まんえん》する。アーベル牧師は、それまでタブーとされてきた馬肉を食べるようヤールスタの人々を説得し、担当教区の食糧難をなんとか乗り切った。

　ニルス・ヘンリックは一三歳まで、牧師館で父親から教育を受けた。牧師の父は、子どもの教育を軽々しく引き受けたわけではなかった。父はなんと手書きの教科書を用意し、問答を通じて子どもに教えた。教科書には文法、地理、歴史、そして数学も盛り込まれていた。ただし驚いたことに、足し算の一ページめ（図48）には1+0=0というとんでもない間違いがあった！　初めにこんな嘘を教えていたのに、数学界がひときわ輝ける星を失わずに済んだのは幸いである。一八一五年、ニルス・ヘンリックはクリスチャニア（現在のオスロ）の聖堂学校に行かされた。両親が酒に溺れるようになり、しかも母親が性に奔放で、家庭は崩壊しつつあった。そんな事情が息子の旅立ちを早めたのだろう。父はこう書いている。「わが子に神のご加護があらんことを！　だがこの堕落した世界にあの子を送り出すのには何の不安もない」

ニルス・ヘンリックが聖堂学校に入学したのは、この教育機関が創立以来の歴史においてやや低迷していた時期だった。数年前にクリスチャニア大学が開校して、聖堂学校から優秀な教師がごっそり引き抜かれ、ほとんど教師にふさわしくない者しか残っていなかったのだ。とくにハンス・ペーテル・バーデルという数学教師は血も涙もなく、生徒を威嚇《いかく》し、青あざができるまで打ちすえることもよくあった。ニルス・ヘンリックは、最初は良い成績だったが、長くて気の滅入るような学校生活には気乗りがしなかった。友だちと一緒でないときはふさぎ込みやすく、のちに正しくこんな自己分析をしている。「あいにく僕は、独りになるのは絶対に無理か、少なくともとてもつらく感じる性分《しょうぶん》なのだ。独りぼっちだと、憂鬱《ゆううつ》になってやる気がわかない」そのころ、そして後年も、アーベルにとって人生のつらい不可抗力からの現実逃避となるのは、演劇だった。解決手段の指導をきちんと受ける機会がなかった問題に取り組む代わりに、劇場では架空の登場人物の人生に浸《ひた》れたのだ。ニルス・ヘンリックは内気で臆病で、女性との付き合いは、学生時代はむろんのこと、実は一生を終えるまでわずかしかなかった。一八一六年の終わりごろには、ニルス・ヘンリックの成績は下がる一方で、バーデルから何度かぶたれたあと、とうとう一時期休学する羽目になった。一八一七年にはあまりに成績が落ちて、仮進級しか認められないほどになる。しかし、一八一七年の一一月に聖堂学校で起こった大事件が、アーベルの人生に大きな転機をもたらすことになる。一一月一六日、ヘンリック・ストルテンベルグという生徒が、発疹チフスにともなう高熱と神経症状を呈した。一週間後にその生徒は死んだ。そして、憎き数学教師バーデルがストルテンベルグを拳骨《げんこつ》で殴り、床に伸びてしまってからも蹴りつづけたという旨《むね》の陳述書に、八人の級友が署名したのである。検死官は、死因が体罰であるとは特定しなかったが、バーデルは免職となった。

学校が雇った後任の教師ベルント・ミカエル・ホルムボー（一七九五〜一八五〇）は、自身も聖堂学校の卒業生で、アーベルの七歳年上でしかなかった。ホルムボーは新しい指導計画を策定し、生徒たちにまず数学の記号をしっかり理解させた。数学の教師ならだれでも見る夢が自分のクラスで叶《かな》った――天才の生徒を受けもった――ことに彼が気づくまで、長くはかからなかった。アーベルは標準のカリキュラムを超特急で終えると、ホルムボーからその気にさせる熱心な励ましを受けて、オイラー、ニュートン、ラプラス、ガウス、そしてとりわけラグランジュといった偉大な数学者の著作に没頭した。ホルムボーは称賛を惜しまなかった。一八一九年のアーベルの成績表では、堂々と「ずば抜けた数学の天才」と書きたてた。翌年には一段と熱が入り、ホルムボーの評価は全教科の欄いっぱいにこう書かれている。「まったく驚くばかりの天分に恵まれ、数学に対する尽きせぬ興味と情熱を併《あわ》せもっている。このまま生きていけば、有数の数学者になる見込みが大いにある」最後の一文の下にいくつか消された言葉があり、かろうじて「世界最高の数学者」と読める。どうやら教育委員会がホルムボーに、あまり褒めすぎないように強く求めたらしい。「生きていけば」という言葉が、悲しくも結末を予言していた。

苦闘する天才

聖堂学校での最後の年に、アーベルは最初の力試しをしてみた。それはなんと大それた企《くわだ》てだったことか。見知らぬ土地へ初めて冒険に出る若者の特権とも言うべき大胆さで、五次方程式を解くという難問に挑んだのだ。そして、ヨーロッパきっての数学者たちが三〇〇年近くも悪戦苦闘してきた問題を、なんと高校生が解けたと主張することになる。アーベルに解法を見せられたホルムボーは、何も誤りを見つけられなかった。だがベテランの数学者とまでの自信がなかった彼は、その解法をクリスチャニア大学のふたりの数学者、クリストッフェル・ハンステーンとセーレン・ラスムセンに提出した。彼らも解法に間違いを見つけられなかった。発見の重大性に気づいたハンステーンは、論文をデンマークの王立科学アカデミーに発表してもらうため、当時の北欧随一の数学者――コペンハーゲンのフェルディナン・デーエン――に送ることにした。

デーエンは実際的な人間で、慎重すぎるぐらいのタイプだった。彼もアーベルの解法に欠陥を見つけられなかったが、解法について「結果に至るもっと詳しい推論過程と数値を当てはめた具体例」――たとえば方程式 $x^5+2x^4+3x^2-4x+5=0$ の解――を送るようアーベルに言った。そもそも、聖堂学校の生徒が数学で最高に有名な難問を解ける見込みは、直感的に見て薄かったのである。具体例をいくつか試すうちに、アーベルは自分の解法が実は間違っていることに気づいてがっかりした。しかしこのいっときの挫折は、探求に終止符を打つどころか、彼を画期的な大発見に導こうとしていた。ともあれ、デーエンは大いに感心して、アーベルにひとつ助言をした。デーエンには、方程式の研究は「不毛のテーマ」に思われた。そこでアーベルに、方程式ではなく、新しい分野である楕円積分（微積分における特殊な数学概念で、楕円の弧の長さを求めるのに使えるため、そう呼ばれる）に力を注いではどうかと提案したのだ。そのときデーエンは言った。「真面目な研究者がちゃんとした方法で取り組めば……解析学の広大な大海原に通じる『マゼラン海峡』を発見できるだろう」

アーベルの数学的才能が開花しつつあったときも、家族のほうには暗雲が立ち込めていた。一八一八年から一八二〇年にかけて、アーベルの境遇はじわじわと苛酷さを増していく。牧師の父は、一八一七年一二月一〇日の選挙でノルウェーの国会議員に選ばれた。しかし一見名誉なこの出来事が、まったくの惨事に転じる。最初のうち、このやる気満々の新参議員は、教育についていくつか法案を提出して通過させた。とくに獣医学校の設立に貢献している。だが、酒の飲み過ぎと飽くなき出世欲によって判断が鈍《にぶ》ったのか、みずから政治生命を絶つに等しい行為をしでかしてしまう。一八一八年四月二日の議会は惨憺《さんたん》たる状況を生んだ。アーベル牧師は、だしぬけにふたりの議員を、製鉄所の元警備員を不当に投獄したとして非難したのである。その告発が事実無根だとわかると、アーベル牧師の失脚のきっかけになった。政治家や大衆から怒りが噴き出し、弾劾《だんがい》への動きが強まった。セーレン・ゲオルグ・アーベルは謝罪する最後の機会を与えられたが、かたくなに拒んだ。そして一八一八年の秋、汚名を負い幻滅を覚えた牧師は、故郷のヤールスタへ戻った。彼はますますつらさを酒で紛《まぎ》らすようになったが、それは健康の悪化に拍車をかけただけだった。やがて一八二〇年に亡くなったとき、ヤールスタではあまり悲しむ人はいなかった。身持ちの悪い未亡人は、お悔やみに訪れた人をベッドで、家事以上の奉仕をする使用人とともに迎えたと言われている。

アンネ・マリーエと、ニルス・ヘンリックの五人の弟妹のもとには、自分たちの生活もとうてい支えられないほどの年金しか残されなかった。アーベルに学業を修了させるための金《かね》の問題は、解決にあたるのはおろか、もち出すことすらできなかった。ところが、奇跡としか言いようのないいきさつによって、アーベルは一八二一年に大学に入学できた。学生と教授との個人的な接触は一般に認められず、教授が学生によそよそしく冷淡な態度をとっていた状況にあって、三人もの教授がアーベルに、自分の薄っぺらい懐《ふところ》から援助をしたいと申し出たのだ。この寛大な援助は、アーベルがついに生きていけるだけの俸給を受け取る一八二四年まで続いた。入学してしばらくすると、アーベルはクリストッフェル・ハンステーン教授に気に入られ、自宅によく招かれるようになった。そしてハンステーンが発刊した雑誌に、アーベルは一八二三年、最初の数学論文を発表する。論文は世界を揺るがすほどのものではなかった（それに、アーベルのふたつめの論文もそうだったが、雑誌の読者の大半には理解できなかった）。しかし三つめの論文『定積分による一対の命題の解』は、かなりあとに現代放射線学の数学的基礎となる題材に取り組んでいた（この関連で、物理学者のアラン・コーマックと電気技師のゴドフリー・ハウンズフィールドが、一九七九年にノーベル医学生理学賞を受賞している）。

　そのあいだもハンステーン教授とラスムセン教授は、アーベルの研究を支える方法をたえず探し求め、とくに視野を広げるために外国へ行けるような手だてをあれこれ考えた。あるとき大学の評議会に提出したそんな外遊の嘆願が、お役所的手続きを経るうちにうやむやになると、ラスムセン教授は、デンマークへ行ってデーエンをはじめとする当地の数学者に会えるようにと、アーベルに一〇〇スペーシエダーレル［訳注：スペーシエダーレルは当時北欧で使われていた銀貨］を自分の財布から渡した。そのようなわけで種々の困難を乗り越えて、アーベルは一八二三年の夏をコペンハーゲンで過ごした。その地で彼は「科学者たちがノルウェーをもっぱら未開の国だと思っている」ことを知り、「その逆であることをわからせる」べく手を尽くした。コペンハーゲンへの旅では、ほかに思いがけない収穫もあった――アーベルは将来婚約者となるクリスティーネ・ケンプ（愛称「クレリー」）にめぐり合ったのである。ふたりが初めて会った場は、アーベルのおじの家で開かれたパーティーだった。アーベルはクリスティーネにダンスを申し込んだが、楽団がそのころ流行《はや》りはじめたばかりの曲――ワルツ――を演奏しだしたため、ふたりとも踊り方を知らず気まずい思いをした。まごついたふたりは、しばらく見つめあってから、そっとダンスフロアから出て行った。アーベルがクレリーとどのような付き合いをしたのかは、謎と言っていい。一八二四年のクリスマスを彼女と過ごしたあと、アーベルは婚約を発表して大学の友人たちを仰天させた。どうやら彼は、都《みやこ》の学生生活ではごくふつうだった色恋沙汰とは、心も体も無縁だったらしい。こうして若くして婚約したことで、女性の話題が出てもあれこれ答えずに済む口実もできた。だがニルス・ヘンリックは、クリスティーネと結婚することはなかった。家庭を支える手段を得る前に結婚することなど考えられない時代だったのだ。不幸にも、アーベルはそれができる立場に到達できなかった。婚約から五年後の死の床で、申しわけなさと責任感でぼろぼろになったアーベルは、親友のバルタサール・マティアス・ケイルハウにクレリーの面倒をみてほしいと頼んだ。そのときこう言ったという。「彼女は可愛くはない。赤毛だし、そばかすもある。だけど素晴らしい人だよ」そのときまでケイルハウはクレリーに会ったこともなかったが、ふたりは一八三〇年に結婚し、生涯添い遂げた。

五次方程式

五次方程式を公式によって解く試みが失敗に終わってからもずっと、この問題はアーベルの頭から離れなかった。彼はデーエンの助言どおりに、数学の別の二分野で先駆的な研究に乗り出したが、五次方程式への執着は残っていた。そこでコペンハーゲンから戻るとすぐに、この問題を新たな視点で見直すことにした。解法の発見を目指してまた問題に取り組むのでなく、今度は公式による解法が存在しないことを示そうと決めたのだ。これはまさに、ルッフィーニが一七九九年から一八一三年にかけておこなった一連の仕事で証明したと主張したことであるのを思い出してほしい——ただし彼は、自分の「証明」に重大な欠陥があるのに気づいてはいなかったが。ルッフィーニの論文は広く取り上げられなかったため、アーベルは一八二三年の時点ではその存在を知らなかった。そして数カ月のあいだ集中して問題に取り組んだ結果、辺鄙《へんぴ》なノルウェーに住む二一歳の大学生は、何百年も前からの探求にけりをつけた。五次方程式には、係数の四則演算と累乗根《るいじょうこん》だけで表せる解の公式が存在しないことを、厳密かつ明白に証明したのである。

まず、アーベルの証明が何を意味しており、それと同じぐらい重要なのだが、何を意味していないのかを手短に説明しよう。アーベルは、二次や三次や四次の方程式ではできたことが、五次以上の一般的な方程式ではできないことを証明した。要するに、五次方程式の解法として係数のみの代数演算で表せる公式はないのである。大勢の聡明な数学者が骨折ってきたことはみな、シーシュポスの労苦にすぎなかったのだ。* ただしアーベルの証明は、五次方程式が解けないと言っているのではない。たとえば、五次方程式 $x^5-243=0$ には明らかに $x=3$ という解がある。$3^5=243$ なのだから。さらに、一般的な五次方程式も、コンピュータを使って数値を代入したり、楕円関数のような高度な数学ツールを持ち込んだりすれば、解くことができる。アーベルが見出したのは、五次方程式を手なずけるとなると、基礎的な代数では根本的に無理があるということだった。おなじみの加減乗除《かげんじょうじょ》や累乗根を求める演算は、五次方程式になると効力の限界に達してしまうのである。これは数学史を彩《いろど》る画期的な認識だった。これにより、方程式に対するアプローチそのものが変わった。それまではただ解法を見つけようとしていたが、ある種の解法がそもそも存在するのかどうかを明らかにしなければならなくなったのだ。

　アーベルの証明はあまりに専門的なので、一般書で詳しく紹介するのは控えたい。[3] 数学が好きな読者は、ピーター・ペジックの著書『アーベルの証明』（山下純一訳、日本評論社）にある明快な説明を参照してほしい。ここでは、この証明が「背理法」という論証手段を拠《よ》りどころにしているとだけ述べておこう。背理法は、ある命題を否定したものが間違っていることを証明して、その命題が真であることを示すという方法だ。つまりアーベルは、五次方程式が解けると仮定したうえで、その仮定が論理的に矛盾することを明らかにしたのである。

＊訳注：シーシュポスはギリシャ神話に登場するコリントの王で、死後、地獄で大石を山頂に押し上げる罰を科された。石は山頂まであと一息のところでまた転がり落ちるため、果てしない徒労を意味する。

アーベルとて、自分の発見の重要性に気づかないわけはなかった。それまでの論文は読める人の限られるノルウェー語で書いていたが、五次方程式が解けないことの証明は、当代屈指《くっし》の数学者の注意を引きたくて、フランス語で書いた。また、「もてるかぎり最高の自己紹介になるだろう」と思い、その証明を「名刺」代わりに使うことにした。そんなわけで彼は身銭を切って（きっと何度も食事を抜いたのだろう）、印刷業者のグレンダールに論文をパンフレットの形にしてもらった。しかし印刷費を節約するために、その論文『一般的な五次方程式が解けないことを証明する、代数方程式にかんする小論』を、たった六ページに圧縮してしまった。こうした物惜しみが別の面で高くつくことになる。論文は著《いちじる》しく短縮されてほとんど電文のようになり、大半の数学者にはわかりにくくなってしまった。そのため、アーベルがパンフレットをコペンハーゲンにいる友人や、かの偉大なカール・フリードリヒ・ガウスに送っても、ほとんど注目されなかった。ガウスはパンフレットを開いてみようともしなかったらしい。ガウスの死後、アーベルの論文はガウス自身の論文に挟まれ、まっさらな状態で見つかった。数学文献として有数の傑作のひとつが、読者を獲得できなかったのである。

そのころアーベルの庇護者であるハンステーン教授とラスムセン教授は、アーベルの能力を十分に開花させるためには、自分たちがわずかばかりの金で援助を続けていても間に合わないという結論に達した。そこで彼らは、一八二四年、アーベルの旅行のための補助金をノルウェー政府に申請した。その際、この非凡な才能の持ち主にとって「傑出した数学者のいる外国の地に滞在することは、科学的・学究的教育に最高に役立つであろう」と記《しる》し、異例の要請の根拠を示している。例によってお役所仕事は遅れたが、財務省はともかくアーベルにささやかな補助金を出すことを認めた。当時ノルウェーが財政的に逼迫《ひっぱく》していたことを考えると、この結果はまさしく快挙だった。ただし、承認にあたり、当初の申請に重要な修正事項がふたつ加わっていた。ひとつめは、アーベルがノルウェーにもう一八カ月とどまり、旅行に備えて「学究的・科学的教育をさらに受け、とくに学術的な言語の研鑽《けんさん》を積むこと」だった。ふたつめは、もっと重要だとあとでわかるのだが、帰国後のアーベルを支援する金が割り当てられなかったことだ。後者の条件は、悲惨な結果を招くことになる。

ヨーロッパでの体験

一八二五年の九月、アーベルはついにクレリーに別れを告げた。それまでにクレリーは、クリスチャニアに近いソーンという小さな町に暮らす一家のところで、子どもたちの家庭教師になっていた。アーベルとともに、三人の友人がヨーロッパ本土へ向かった。のちにふたりは地質学者に、もうひとりは獣医になる。当初アーベルは、ハンステーンの助言に従って、コペンハーゲンに少し滞在してからパリで過ごす計画を立てていた。しかし友人たちがベルリンに行くことを決めると、パリでひとりきりになるのが嫌で、ベルリンに寄って行くことにした。このときばかりは、アーベルの孤独に対する極度の恐れが吉と出た。ベルリンで有力な建築技師と出会ったのだ。その人物は数学に大変な情熱をもっており、まもなくアーベルの最大の称賛者で、父親のような友人かつ後援者になった。アウグスト・レオポルト・クレレ（一七八〇～一八五五）は初め、片言《かたこと》のドイツ語しか話せないノルウェー人の若者が訪ねてきた目的がわからなかった。ハンステーンに宛てた手紙で、アーベルはこのときの出来事を次のように語っている。

私が訪問した目的を彼にわかってもらうまでに、ずいぶん時間がかかりました。この面会はみじめな結果に終わりそうな気配でしたが、数学でどんなものを読んだことがあるのかと尋ねられましたので、勇気を奮《ふる》い起こし、一流の数学者の著作をいくつか挙げました。すると彼はとても愛想がよくなり、本当に嬉しそうな様子を見せました。それから彼と、まだ解決されていないさまざまな難問について長々と話しあいました。五次方程式の解法の話におよんだとき、私は一般的な代数的解を求めるのが不可能なことを証明したと話しました。しかし彼は信じようとせず、証明を論破しようと言ってきました。そこで証明の冊子を一部渡したのですが、私が導いた結論のいくつかについては根拠がわからないと言われました。ほかの人たちからもそう言われたことがありますので、証明に手直しをしました。

この面会のあと、クレレは数学の専門誌を創刊した。これが通称《クレレ》誌(正式名は《純粋・応用数学雑誌》)で、一九世紀のドイツ随一の数学刊行物となった。《クレレ》誌の創刊号は一八二六年に発行され、アーベルの論文がなんと六本も掲載されていた(フランス語で書かれたものをクレレが翻訳した)。そのうちの一本が、五次方程式が単純な公式では解けないことの証明を詳細かつ綿密に説明したものだった。アーベルは一八二六年の初頭になってもルッフィーニの証明を知らなかったようだが、その年の夏ごろには、不詳の著者によるルッフィーニの証明の要約を見て、その存在に気づいたらしい。アーベルの死後に出版され、一八二八年の日付がある原稿には次のように書かれている。「私の間違いでなければ、最初に、そして私より先に、代数方程式を解くのが不可能であることを証明しようとした人物は、幾何学者のルッフィーニだけである。しかし彼の論文はたいそう難解で、論証の妥当性を判断しづらい。私には、ルッフィーニの推論が必ずしも満足のいくものとは思えない」

このような素晴らしい研究活動のさなかにも、厳しい経済状況という現実はアーベルにたえず付きまとっていた。彼は、なけなしの収入の一部を、弟妹を支えるために回していたのだ。アーベルはハンステーン夫人にこんな手紙を書き送っている。

> どうか弟［困り者の弟ペーデルを指している］のことをお忘れになりませんように。彼がまずいことになっていないか、とても気がかりです。弟がすでに受け取った以上のお金を万が一必要としていたら、恐れ入りますが少しばかり助けてやっていただけませんか。五〇ダーレルを使い切ってしまったら、送金の手配をいたします。*

一方、アーベルの将来には、もっと深刻な問題が暗い影を落とそうとしていた。ラスムセン教授は、教職と公務を両立させられなくなったため、大学を辞めてノルウェー銀行の要職に就《つ》いた。これにより、アーベルにまたとないチャンスが訪れたように見えた。彼はずっと大学で職に就くことを夢見ていたのだ。しかしそのポストの候補者はふたりいた。アーベルのかつての師ホルムボーと、若きニルス・ヘンリックである。教授に欠員が出たという知らせがベルリンにいる若き旅人たちに届くと、そのひとりだったクリスチャン・ペーテル・ベック（獣医を目指していた）は、すぐさまハンステーンに次のような手紙を送った。

> ラスムセン教授が銀行の役職に就かれたことを、いとこのヨーハン・コレットからの手紙で知りました。教授の空席はどうなるのでしょうか？　アーベルが帰国したらその地位に就ける望みは

＊訳注：当時ペーデルは大学生で酒の誘惑に弱かった。旅に出る前に、アーベルはハンステーン夫人に五〇ダーレルを預け、必要なときには弟を助けてくれるよう頼んでいた。

あるのでしょうか？　それともひょっとしてホルムボー氏がアーベルに先んじるのでしょうか？　ホルムボー氏のほうがある意味で妥当であっても、あまり公正とは思われません。察するに、アーベルはホルムボー氏を凌いでいますので。

この手紙は一八二五年一〇月二五日に書かれている。大学の教授陣は一二月一六日に集まって協議し、新たな任命者の推薦を承認した。欠員補充にはホルムボーが推薦されたのである。アーベルより ホルムボーが推《お》された理由は主として、アーベルが「経験豊かな教師に比べ、若い学生の理解力に自分をたやすく合わせられず、前述したポストの主な役目である数学の初等レベルの指導が効果的にできないであろうから」というものだった。このように、職務の適性判断として、教える資質と研究の能力とを天秤《てんびん》にかけることは珍しくない。事実、私自身の経験から（幾度となく選考委員を務めたので）、この類《たぐい》の議論は、今でも大学のポスト採用にあたってよく見られるものだと証言できる。しかしラスムセン教授の後任については、候補者の一方がもう一方より頭ひとつ、いや肩、胸、膝《ひざ》までも飛び抜けていたので、近視眼的な教授陣が重大な誤りを犯した点に疑問の余地はない。もっとも、教授陣はこのときの決定が問題をはらんでいることにまったく気づかなかったわけではなく、こう結論づけている。「科学全般のため、とりわけ当大学のため、学生アーベルを見失わないようにすることがいかに肝要であるかを指摘することも、われわれの義務であると考える」

自分の希望が打ち砕かれ、未来の暗雲にはっきり気づきはじめてもなお、おおらかなアーベルは、ホルムボーとの友情にひびが入らないよう懸命に尽くした。ホルムボーに宛てた心のこもった手紙で、こんなことを書いている。「彼から伝え聞いた知らせのなかに、あなたがラスムセン教授の後任として講師に推薦された件がありました。心からお祝いを言わせてください。そして、あなたのどの友人よりも私が喜んでいますので、ご安心ください。本当に私は、あなたが今の職場から変われるようにと願っていました」アーベルとホルムボーの親交はじっさいこの試練に耐え、ふたりはその後もアーベルの一生を通じてずっと親密な関係を保った。そうは言ってもアーベルは落胆し、クレリーに結婚を延期しなければならないと告げざるをえなかった。

このような問題はあったが、ベルリンでの冬はアーベルの人生で至福《しふく》のときだった。彼は非常に多くの成果を上げ、積分学とさまざまな無限級数［訳注：級数とは数列の項（個々の数）の和で、項の数が無限にある級数が無限級数］の理論で独創的な論文を寄稿した。滞在中の若き科学者たちは、頻繁に演劇――アーベルが夢中になったもの――を観に行き、またときおり舞踏会にも招かれ、自分たちでパーティーを催《もよお》すこともあった。パーティーはかなり騒々しく、たまたま同じ建物に住んでいた高名な哲学者ゲオルク・ヘーゲル（一七七〇～一八三一）を何度か怒らせた。ヘーゲルはやかましい隣人たちを「ロシアの熊ども」と呼んでいたという。

春が近づくと、アーベルは当初の目的地――パリ――に向かう旅行のプランを立てにかかった。だが、友人たちと離れることを考えるとまたもや腰が引けてしまい、結局ケイルハウと一緒にまずフライベルクに移動し、それからもうふたりの友人とドレスデン、ボヘミア、ウィーン、北イタリア、スイスをめぐって、一八二六年の七月にようやくパリに到着した。

パリ

七月から八月にパリを訪れる人はだれでも、現地がどんな様子かわかるだろう。アーベルもすぐにわかったのだが、みな休暇《バカンス》で首都から出払っていた。それでもパリは数学界の都《みやこ》として不動の地位を誇り、アーベルは尊敬する数学の巨人たちに会う機会を待ち望んだ。なにしろ寝る前の読書の友といえば、おおかたコーシーやラプラスやルジャンドルの論著だったのだ。パリからハンステーン教授に最初に送った手紙で、アーベルはすっかり高揚した様子でこう語っている。「私はついに、数学でずっと憧《あこが》れていた中心地、パリに到着しました」このときの彼には、パリへの訪問が失望と幻滅に終わることなどまず知るよしもなかった。

アーベルは、有名なサン・ジェルマン・デ・プレ地区に面した、サント・マルグリット通り四一番地のコット家に下宿した。(4) ひと月に一二〇フランという法外な宿代を払って借りたのは「いたって飾り気のない」部屋で、清潔な寝具と一日二回の食事がついていた。家主は、アーベルによると「やくざな数学かぶれ」で、著名な数学者アドリアン＝マリー・ルジャンドル（一七五二〜一八三三）にアーベルを引き合わせた。残念ながら、アーベルが着いたとき、ルジャンドルはちょうど馬車に乗り込むところで、ふたりは慇懃《いんぎん》な挨拶をふた言三言交わしただけだった。何年かしてからルジャンドルは、あの若い数学者がパリに滞在しているあいだにもっと話しておけばよかったと後悔することになる（実のところ、ふたりは一八二九年に有意義なやりとりをすることになるが、まだこのときは一八二六年で、高齢のルジャンドルは、アーベルが何者なのか知らなかったのだ）。

パリで過ごした最初の数カ月間、アーベルは真の偉業となる仕事に休みなく打ち込んだ。今日《こんにち》それは「アーベルの定理」として知られている。この定理は五次方程式や群論に直接関係はしないが、アーベルの人生で大変重要な役割を果たしたので、彼の生涯をそれ抜きに語ることはできない。この定理は「超越関数」という特殊な関数を扱っており、オイラーがすでにつかんでいた関係を大幅に一般化した。アーベルの定理はまさしく数学の世界に新たな展望を開いたと言っても過言ではないだろう。アーベルの証明の明快さと本質的な単純さは、古代ギリシャの彫刻家フェイディアス〔訳注：アテネの『アテナ・パルテノス像』やオリンピアの『ゼウス像』などで知られる〕の手になる彫像にもたとえられている。

アーベルの独創性は、とくに問題を裏返してみる能力において発揮された。この逆転の論理を説明するため、まず数学以外の例を挙げてみよう。

一部のスラムで銃が普及している一因は、殺人が多いからだ、とだれかが言ったとする。わが身を守るために人々は武器を手に入れるというわけだ。しかし問題を逆さまに見て、殺人が頻繁に起きる一因は、だれでも自由に銃が買えるからだ、と考えることも可能だろう。今度は数学で、たとえば $x=\sqrt[3]{y}$（「x は y の立方根に等しい」と読む）という関係を見てみよう。x の値を計算するには、y の立方根を求める必要がある。$2=\sqrt[3]{8}$ といったように。だが、この関係を裏返して $y=x^3$ としても、もとの関係とまったく変わらない（たとえば $8=2^3$）。むしろほとんどの人は、立方根を求めるより三乗を求めるほうがはるかに簡単でやりやすいと認めるだろう。まさにこの種の洞察を、アーベルは自分の定理で示し、ルジャンドルは四〇年間近くもとらえそこねていた。

アーベルの定理の論文は、彼が執筆したなかで最長の部類となった（著作集で六七ページを占めている）。そのすばらしい論文は、『非常に拡張された超越関数の一般的性質にかんする論文』というタイトルで、理論とその応用の両方が含まれていた。これを書き終えたとき、アーベルは興奮を抑えられなかったほどだ。一八二六年一〇月三〇日、彼は大きな期待を抱いて、フランスの科学アカデミーに論文を提出した。これこそ、自分が認められるパスポートになるだろうと彼は思った。アーベルは、論文が紹介されたフランス学士院での会合に実際に出席しており、アカデミーの事務局長だった数学者にして物理学者のジョゼフ・フーリエ（一七六八～一八三〇）が序論を読み上げるのを、格別の達成感を味わいながら聞いた。コーシーとルジャンドルがただちに審査員に任命され、コーシーはアカデミーに報告する担当となった。

アーベルはそれから二カ月、審査結果を待ち焦がれながらパリで過ごした。そのうちに淋しさと気

図49

重さと不安がつのり、ホルムボーにこう書き送っている。「私はヨーロッパ大陸で最もにぎやかで活気のある場所にいますが、まるで砂漠にいるような気がしています。ほとんど知り合いはいません」友人がまわりにいなくて気が滅入ってしまったのも一因かもしれないが、アーベルはコミュニケーションにも障害を感じていた。

> 全体的に言って、私はドイツ人ほどフランス人が好きではありません。フランス人はよそ者に対して極端なまでによそよそしいのです。フランス人と親しくなることは非常に難しく、私はあえてそうしたいとも思いません。だれも自分のことばかりにかまけて、他人のことなど気にかけません。みんな人には教えたがるくせに、他人からは学びたがらないのです。徹底的な利己主義がまかり通っています。

相変わらず、演劇はアーベルにとってなによりの慰めと楽しみのもとだった。「マルス嬢［当時最も有名な女優だったアンヌ＝フランソワーズ＝イポリート・ブーテのことで、マルス嬢の名で通っていた］が演じるモリエールの芝居を観ること以上の楽しみはありません。すっかり熱中しています」と彼は書いている。しかし、一九世紀のパリを賑わせていたもうひとつの「呼び物」には興ざめした。

> たまにパレ・ロワイヤル［図49］へ行くことがあります。フランス人が un lieu de perdition［放蕩の場］と呼ぶところです。そこには des femmes de bonne volonté［「善意の」女］がたくさんいます。彼女たちは強引ではありません。ただ、こんな言葉をかけてくるだけです。“Voulez-vous monter avec moi? Mon petit ami, petit méchant.”［「一緒にいらっしゃらない？ そこのあなた、いたずらっ子さん」］私は婚約しているので耳を貸しません。少しも誘惑されずにパレ・ロワイヤルを立ち去ります。

図 50

パリで出会った同郷人のひとりが、画家のヨーハン・ヨルビッツだった。ヨルビッツは歴史画の描き手として有名なアントワーヌ＝ジャン・グロのアトリエで働いており、一八〇九年からパリに住んでいた。その冬、彼は、アーベルの存命中に描かれたものとしては唯一の信憑性の高い肖像画を制作した（図50）。肖像画には、ほっそりした顔立ちのハンサムな若者が描かれている。アーベルの母親は大変な美人だったが、アーベルと同じ時代の人はだれも彼のことをとくに美男子だとは言っていない。だからその絵が実物以上の仕上

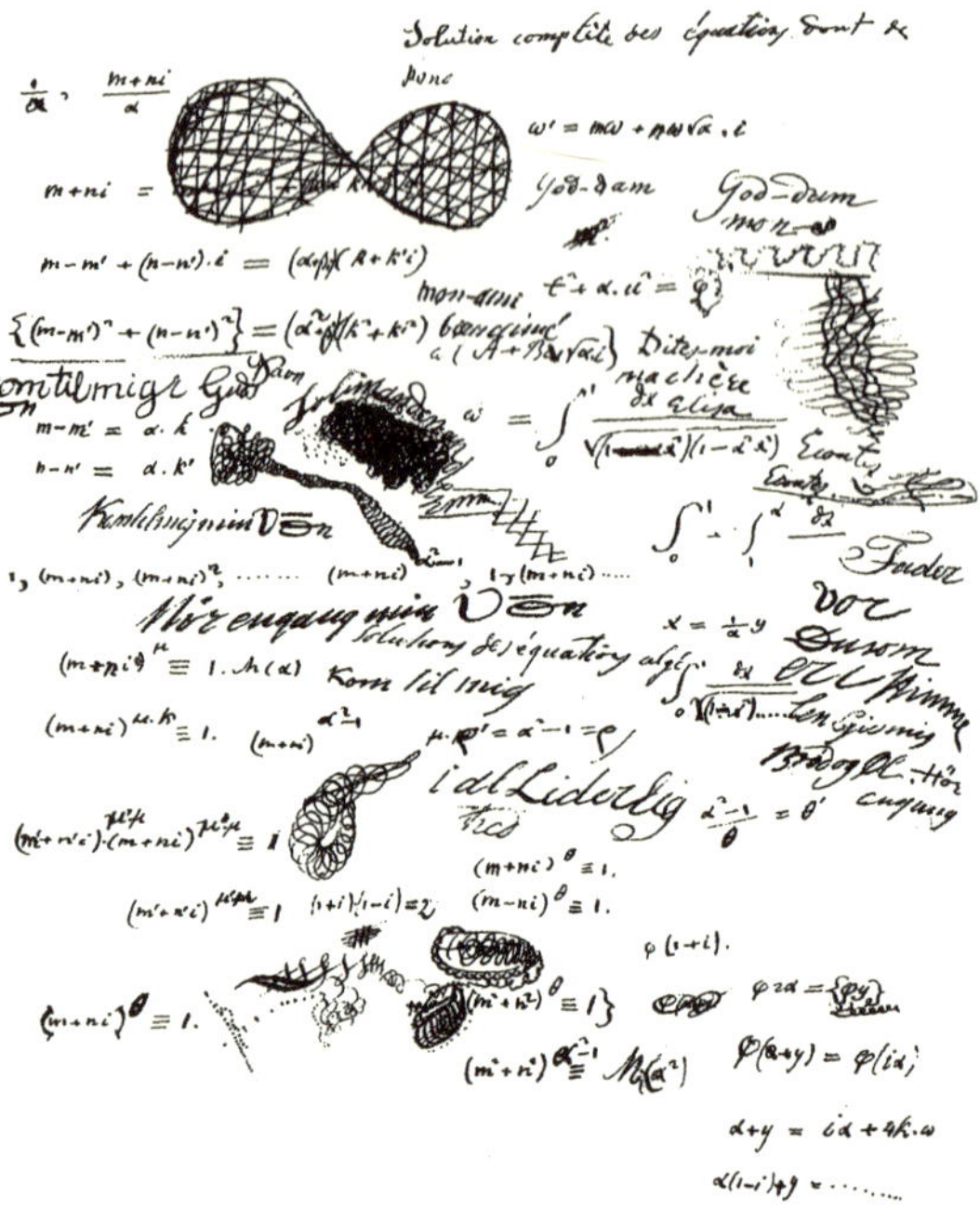

図 51

がりだったのは、画家が美化して描く当時の風潮を表しているのだろう。

アーベルの創意に富むとりとめのない思考のもつれを垣間《かいま》見るには、彼がパリで書きつけたノートのページをめくるのが一番いいかもしれない。さまざまな積分の公式や複素数を含む数式に混じって、変てこないたずら書きや、思考の流れとともに飛躍してばかりの文の断片が散らばっている。たとえば図51に示したページには、（順不同で）次のような言葉の切《き》れ端《はし》が見える。「方程式の完全な解法」、それには……くそっ……ちきしょう、僕の∞［無限大の記号］」。それから、「天にましますわれらの父よ、願わくはパンとビールを与えたまえ。今度ばかりはお聞きください」は、急速に経済状態が悪化していたことを示しているのだろうか。さらに、「お願いだから、僕のところに来て」、「ああ君、いとしい人よ」、「教えてくれ、いとしいエリザ……聞いて……聞いて」というのもある。これは最愛の妹エリーサベトのことだろうか――アーベルはパリから妹にプレゼントを送っている。それとも、以下に挙げる最後の言葉がほのめかしている情事のことだろうか。「スレイマン二世」は、一七世紀にオスマン帝国を統治した君主《スルタン》を指すのだろう――アーベルは旅に出る前、ヨーロッパ史にかんする書物を幅広く読んでいた。そのほか、「会いに来てくれ」、「さあ、今度だけは僕の」、「代数方程式の解」、「こっちへおいで、最高の淫《みだ》らさで」といったものもある。

アーベルは、アカデミーに提出した論文の評価についてきわめて楽観的で、称賛する審査結果が届くものと確信していた。ともあれ、かの偉大な数学者たちなら必ず自分の仕事を認めてくれるだろうと思っていたのだ。ところがアーベルは、審査に任命されたふたりの数学者が、それぞれ違う理由ではあるが、その仕事にまるっきり不適格だった事実に気づいていなかった。ルジャンドルはそのとき七四歳で、（彼自身の言葉によれば）「ほとんど判読できず……たいそう薄いインクで書かれ、字も整っていない」ようなくだくだしい原稿に最後まで目を通すだけの根気はなかった。一方コーシーは、自分のことしか考えられなかった時期で、数学史家のエリック・テンプル・ベルに言わせると「自分の卵を産んでわめきたてるのに忙しすぎて、慎ましいアーベルが巣に置いた本物のロックの卵*を検討する暇がなかった」。このような不運が重なった結果、ルジャンドルは論文を読む気にならず、コーシーは自分が書いた論文の山のなかにアーベルの論文を置き忘れてしまった。純然たる「傑作」――

＊訳注：ロックは『千夜一夜物語』に登場する伝説の巨大怪鳥で、ロックの卵というと「信じがたいもの」という意味がある。

印象派にとってのクロード・モネの絵画『印象――日の出』と同じぐらい重要と言えそうな作品――を置き忘れて紛失してしまったと想像してみるといい。二年後になってようやくルジャンドルが、ノルウェーに戻っていたアーベルとの手紙のやりとりを通じて、論文の内容を知った。

一八二九年には、別の人物がアーベルの論文の存在を知った。ドイツの偉大な数学者カール・グスタフ・ヤーコプ・ヤコービ（一八〇四～五一）である。一八二九年三月一四日、彼は興奮を隠さず、ルジャンドルに宛てて次のような手紙を書いた。

> アーベル氏がオイラーの積分をこのように一般化したのは、まったく素晴らしい発見です！　これほどのものがかつてあったでしょうか？　それなのに、今世紀で最も重要と言えるかもしれないこの発見が、二年以上も前にアカデミーに知らされていながら、貴殿や同僚の方々の目にとまらなかったなどということが、どうしてありうるのでしょうか？

ルジャンドルはこの困惑した問いかけに対して、論文が「ほとんど判読できなかった」と苦しい言い訳をした。

アーベルはさらにもう二カ月パリに滞在したが、財布は軽くなる一方で、気分は落ち込み、健康を害していった。注目すべき人物で新たに知り合ったのは、わずかにふたりしかいない。ひとりは数学者のヨハン・ディリクレ（一八〇五～五九）で、アーベルより若かったが、フェルマーの最終定理を$n=5$の場合で（ルジャンドルとともに）証明し、すでに名声を得ていた。ディリクレは、$x^5+y^5=z^5$を満たす整数x、y、zが存在しないことを証明したのだ。もうひとりは、数学・天文学の評論雑誌《フェリュサックの報告》の編集者、ジャック・フレデリク・セジェイである。アーベルは、この雑誌に何本か、基本的に《クレレ》誌に発表した論文の要約を寄稿している。

それからアーベルは、しつこい風邪だと思ったものに悩まされるようになり、きっと何人か医者に診てもらったにちがいない。二年後、死の床で彼はこんなことを言う。「ほら、パリで言われたことは嘘だったろう――僕は絶対に肺病なんかじゃないんだ」この言葉から、フランスの医師たちが下した診断はただならぬもの――結核――だったと言える。それでもアーベルは、当時自分の病状を認めようとせず、希望が打ち砕かれ、所持金も底をつきかけていたが、一二月二六日にパリを発ってベルリンに向かうことにした。

ベルリンに着いてまもなく、彼は病《やまい》に倒れた。これが急激に健康が悪化する最初の徴候だったのだろう。クレレは手を尽くしてアーベルを経済面で助け、アーベルはホルムボーからも金を借りた。しかし驚くべきことに、金銭的な不安や体調の悪化にもかかわらず、彼は自身の最長となる著作を仕上げた――アーベルの『全集』で一二五ページに及ぶ『楕円関数にかんする研究』である。この論文では、おなじみの三角関数（サインやコサインなど）を広く一般化しており、そこから重要な数論の分野も派生している。クレレは、勤め口を確保できるまでベルリンにとどまるよう説得した。しかしアーベルは疲労困憊《ひろうこんぱい》し、どうしようもないほどホームシックにかかっていた。そして一八二七年五月二〇日、重い借金を背負い、職を得られる望みもないまま、クリスチャニアに戻った。

故郷に戻って

一八二七年のクリスチャニアでの境遇は、アーベルの最悪の懸念《けねん》を裏付けるものとなった。彼の補助金の条件には、帰国後の支援金の割り当てがなかったことを思い出してほしい。奨学金の受給期間を延長してほしいというアーベルの申請を財務省が却下したため、大学は彼が食べていくためのささやかな給付金を捻出《ねんしゅつ》した（財務省が、アーベルの将来の稼ぎから、この給付金の分を差し引く権利を確保してからのこと）。この給付があっても、アーベルは糊口《ここう》をしのぐために学生たちの個人教師をやらざるをえなかった。婚約者のクレリーは、南ノルウェーのフローランに鉄工所を所有していたスミス家で新しく家庭教師の仕事に就いた。

一八二八年になると、アーベルの経済状況は大きく改善した。ハンステーン教授が地球磁場の研究で巨額の補助金を獲得し、アーベルは大学と士官学校の両方で一時的に教授の代役になったのだ。同じころ、アーベルは突如として論文の発表競争に巻き込まれていることに気づく。それまで経験したことのない類《たぐい》の競争だった。一八二七年の九月、楕円関数にかんする論文が一本ならず二本も登場した。ひとつはアーベルの大作『楕円関数にかんする研究』の前半部分だったが、もうひとつはドイツの若き数学者ヤーコプ・ヤコービの論文で、それと関連のある結果を発表していた。出し抜かれまいとしたアーベルは、必死になって後半部分の仕上げを急いだ。だが、本書との関係においてより重要なのは、どのような方程式が公式で解けるのかという問題に決着をつけるはずだった仕事を、アーベルが中断してしまったことである。これにより、もうひとりの若き天才——エヴァリスト・ガロア——が答えを出し、その過程で群《ぐん》論を導入する道が残された。

そのころには、天才アーベルの名はヨーロッパじゅうに広まっていた。楕円関数の理論についてアーベルとヤコービの両者と文通を始めたルジャンドルは、「これらの研究によって、あなたがたふたり［アーベルとヤコービ］は今の時代における最高峰の解析学者に位置づけられるだろう」と明言した。数学における名声に加えて、アーベルの危うい経済状況のことが、とくにクレレのたゆまぬ尽力のおかげでヨーロッパの数学者たちの耳に届きだした。フランス科学アカデミーに属する四人の高名な会員は前例のない支援活動に乗り出し、ノルウェー・スウェーデン王のカール一四世*に信書を送って、アーベルの才能にふさわしい地位を設けるよう配慮してほしいと強く訴えた。しかしその努力は無駄に終わった。

アーベルは一八二八年の夏を、フローランでクレリーとスミス一家とともに過ごした。そこは、アーベルいわく、「天使に囲まれている」ように感じられる場所だった。スミス家の娘のひとりであるハンナ・スミスは当時二〇歳で、のちに、アーベルはいつも快活で陽気な人だったと回想している。ハンナはまた、アーベルが家の女性たちに囲まれて座り、数学の論文を手元に置いて、郵便代を浮かせるために極薄の紙に原稿を書いていたことを情感豊かに語っている。

ところが、二年前に受け取った給付金に課せられたひどい条件が、アーベルをまた苦しめた。財務大臣は大学の評議会に、「アーベル氏の給与から、適切な割賦金《かっぷきん》の形で、くだんの貸付金を差し引くよう取り計らうこと」と要求したのである。大学はこの非情な指示に従わなかったが、アーベルの懐《ふところ》事情はみるみる悪化していった。彼は、その夏ハンステーン夫人に出した手紙の一通を「最も貧困に苛《さいな》まれた人間より」と締めくくり、また別の手紙は「私は教会のネズミのように赤貧にあえいでいます……破滅した者より」と結んでいる。

一八二八年の秋になるころには、アーベルは新年度の始まりに備えてクリスチャニアに戻った。九月の数週間は、具合が悪すぎて寝込んでいなければならなかった。それなのに一二月の半ば、例年になく寒い冬に、妹の忠告を無視して、クリスマスを婚約者と過ごすため再度フローランへ向かった。

*訳注：デンマークの属国だったノルウェーは一八一四年にスウェーデンに譲渡されたため、スウェーデン王がノルウェーの国王になった。

クリスマスが終わってまもなく体調を崩し、咳で体力を消耗しだした。次第に衰弱していきながらも、アーベルはパリでの論文（彼が永久に失われたのではないかと恐れたもの）の手短な要約をどうにか書きあげ、《クレレ》誌に送った。一月九日、アーベルが血を吐いていることがわかると、地元の医者が呼ばれた。医者は、死の宣告も同然である「結核」や「肺病」という恐怖の言葉を使うのをためらい、アーベルの病気を肺炎と診断した。続く数ヵ月は、かかわりのある人にとって恐ろしい悪夢の日々となった。クレリーとスミス家の年長の娘ふたりが昼夜交代で枕元に付き添った。苦しくて眠れない夜、アーベルは自分を救ってくれるほどには進歩していない医学に向けて呪いの言葉を吐いた。昼間は少しましで、自分の仕事の価値を一番理解できるのは数学者のヤーコプ・ヤコービだと何度も繰り返した。ときには自己《じこ》憐憫《れんびん》に陥り、終生付いて回った貧乏をひどく嘆くこともあった。冬が過ぎるにつれて、アーベルの言葉は日増しにかすれていき、とうとうまわりの人にもほとんど何を話しているのかわからなくなった。四月に入ると具合は目に見えて悪くなっていった。四月五日の耐えがたい夜を越したあと、ノルウェーの若き天才は、四月六日の午後四時、クレリーとスミス家の娘ひとりに枕元で看取られながら息を引き取った。享年二六歳だった。絶望したクレリーは、四月一一日、ハンステーン夫人に宛てて手紙を書いた。「私のアーベルが亡くなりました！　この世ですべてを失ってしまいました！　何ひとつ、私には本当に何ひとつ残っていません」

　四月八日に、まだアーベルの死を知らないクレレは、大喜びでベルリンからこんな手紙を送った。

「さて、親愛なるかけがえのない友よ、吉報があります。教育省は君をベルリンに招き、こちらで採用する決定を出しました」

　アーベルは一八二九年四月一三日、すさまじい吹雪の翌日にフローランで埋葬された。墓碑は友人たちが金を出しあって購入した。クレレは追悼文にこう書いている。

アーベルの仕事はすべて、並外れた才能と思考力によってなし遂げられている……彼の才能が繰り出す勝利の猛攻の前では、種々の困難も消え失せるように見える。しかしアーベルの死が悔やまれてならないのは……その偉大な才能のためだけではない。彼は清廉潔白《せいれんけっぱく》な人格においても、そしてまれに見る慎み深さにおいても際立っていた。そのため彼の人柄は、才能と同じぐらい深く愛された。

一八三〇年六月二八日、フランスの科学アカデミーは、数学の業績に対する大賞《グランプリ》をアーベルとヤコービのふたりに与えると発表した。

それにしても、アーベルがパリで執筆した論文の運命はどうなったのだろうか？　ヤコービがルジャンドルと手紙を交わし、パリ駐在のノルウェー領事も介入してから、コーシーは一八三〇年にようやく原稿を発見した。それが印刷されるまでに、さらに一一年の歳月がかかる。あげくの果てに、滑稽《こっけい》とさえ言える結末が、怠慢の物語の最後に待ち受けていた。印刷の過程でまたもや原稿が失われてしまい、一九五二年になってフィレンツェでふたたび姿を現したのだ。

二〇〇二年、ノルウェー政府はアーベル賞という数学賞を創設して、二億ノルウェー・クローネ（当時のレートで約三〇億円）の基金を作った。(5)　この賞はノーベル賞のようにノルウェー国王から授与される。第一回は、著名なフランスの数学者ジャン＝ピエール・セールが受賞し、二〇〇三年六月三日に賞金六〇〇万ノルウェー・クローネ（当時のレートで約一億円）が贈られた。第二回は、二〇〇四年五月二五日に、ふたりの優れた数学者――エディンバラ大学のサー・マイケル・フランシス・アティヤと、マサチューセッツ工科大学（ＭＩＴ）のイサドール・Ｍ・シンガー――が分けあった

［訳注：二〇〇五年はニューヨーク大学のピーター・D・ラックスが、二〇〇六年はスウェーデン王立工科アカデミーのレナルト・カルレソンが受賞している］。この賞によってついに、ある種の方程式は公式で解けないことを証明した数学者の名前が、一般の人々に知られることとなった。皮肉なことに、その極貧の数学者が残した輝かしい業績が、高額の賞で世に喧伝《けんでん》されているのである。

一八二六年の寒々とした秋のパリで、実現することのなかったひとつの出会いがある。アーベルは知らなかったが、彼の下宿と数キロしか離れていないところに住んでいた若きフランス人数学者が、若きノルウェー人をのめり込ませたのとまったく同じ問題に熱中しだしていたのである。五次方程式は公式で解けるのか？　もっと一般的に言えば、どんな方程式なら公式で解けるのだろうか？　アーベルがパリにいたころ、エヴァリスト・ガロアはまだ一五歳だったが、すでに数学書を冒険物語であるかのようにむさぼり読んでいた。悲しいかな、この幸薄《さち》きふたりが出会っていたら彼らの人生がどう変わっていたかを知ることはできない。だがこれだけは確かに言える。アーベルの人生にも増して悲劇的な話があるとすれば、それはガロアの人生である。

5　ロマンチックな数学者

一八三二年五月三〇日の朝、二五歩の距離から撃たれた一発の銃弾が、エヴァリスト・ガロアの腹部に命中した。致命傷ではあったが、彼はその場では死ななかった。ガロアが地面に倒れていると、退役軍人か農民だろうか、名もなき情け深い人が通りかかり、彼をパリのコシャン病院へ運んだ。翌日、弟のアルフレッドが見守るなか、ガロアは腹膜炎で息絶えた。いまわの言葉はこうだったと知られている。「泣くんじゃない。二〇歳で死ぬにはありったけの勇気がいるんだ」

　こうして、先見性において数学者のなかでも指折りとされるガロアの一生は、無残な最期を迎えた。モーツァルトのような天賦《てんぷ》の才とバイロン卿のようなロマンチックな気質を併《あわ》せもつ稀有《けう》なる数学者。その生涯は、ロミオとジュリエットの悲哀にも劣らぬ物語となっている。

幼少のころのガロア

　エヴァリスト・ガロアは一八一一年一〇月二五日の夜に生まれ、一〇月二六日の聖人にちなんで名づけられた（図52は出生証明書で、付録8には何代かにわたる家系図を載せた）[1]。父のニコラ＝ガブリエル・ガロア（図53）は教養のある人で、当時ブール・ラ・レーヌ（パリ郊外の町）の名門男子校

を経営していた——エヴァリストの祖父からの世襲だった。暇があると小粋《こいき》な詩や愉快な劇を作った
ニコラ＝ガブリエルは、おかげでそのころあちこちの邸宅で催《もよお》された社交的な集まりによく招待され
た。エヴァリストの母アデライード・マリー・ドマントは、パリ大学法学部の法律学者の娘で、自身
は古典に通暁《つうぎょう》していた。ドマント一家は、グラン通り五四番地——ガロア家——のほぼ真向かいに住
んでいた（図54は、まだ家屋《かおく》が建っていたころのガロア家）。

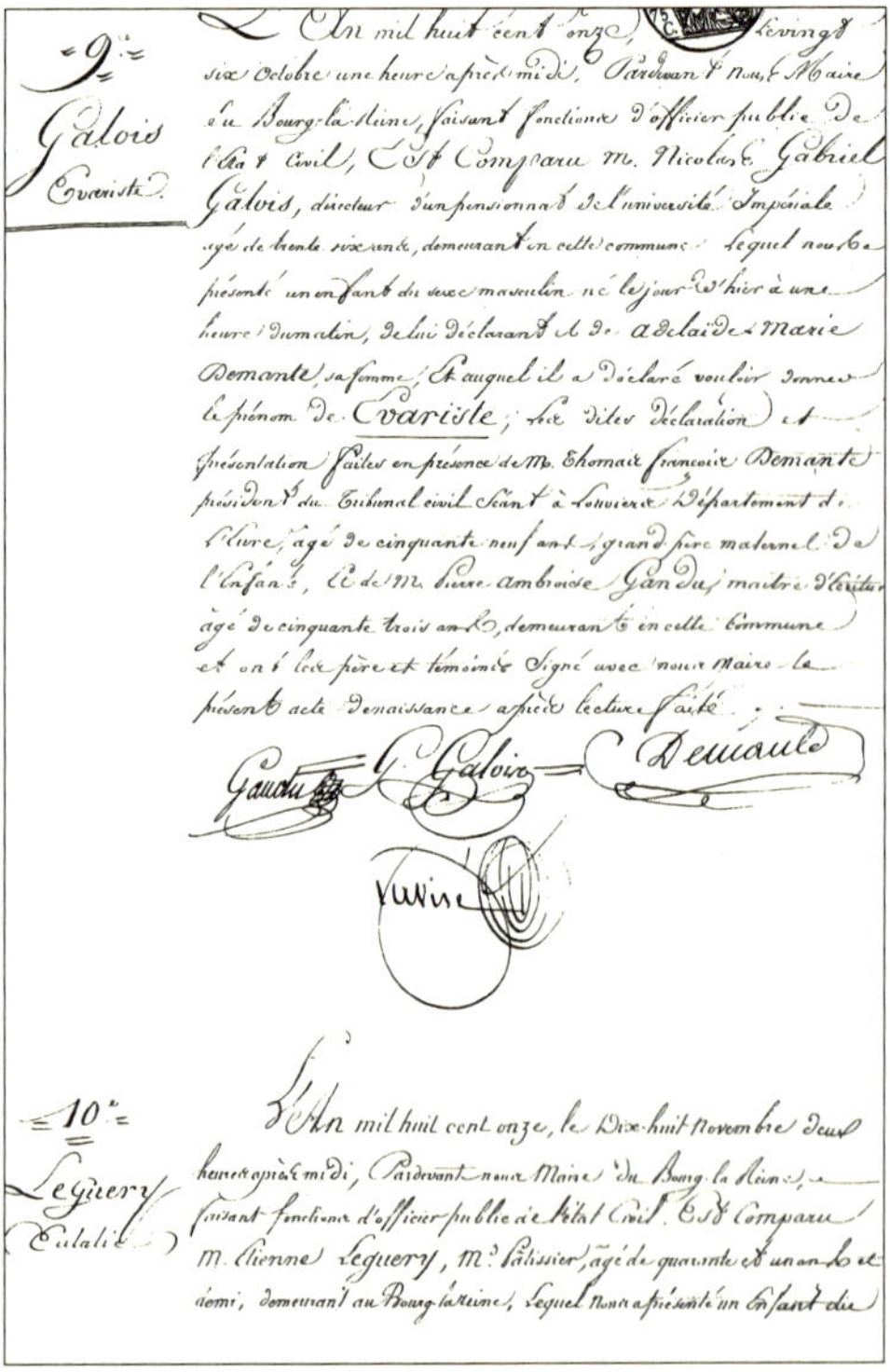

9

Galois Evariste

L'An mil huit cent onze, le vingt six Octobre une heure après midi, Pardevant nous Maire du Bourg-la-Reine, faisant fonctions d'officier public de l'état civil, est comparu M. Nicolas Gabriel Galois, directeur d'un pensionnat de l'université Impériale, âgé de trente six ans, demeurant en cette commune, lequel nous a présenté un enfant du sexe masculin né le jour d'hier à une heure du matin, de lui déclarant et de Adélaïde Marie Demante, sa femme, et auquel il a déclaré vouloir donner le prénom de Evariste; les dites déclaration et présentation faites en présence de M. Thomas François Demante, président du Tribunal civil séant à Louviers Département de l'Eure, âgé de cinquante neuf ans, grand père maternel de l'enfant, et de M. Pierre Ambroise Gandu, maître d'écriture, âgé de cinquante trois ans, demeurant en cette commune, et ont les père et témoins signé avec nous Maire le présent acte de naissance après lecture faite.

Gandu G. Galois Demante

10

Leguery Eulalie

L'An mil huit cent onze, le Dix-huit Novembre deux heures après midi, Pardevant nous Maire du Bourg-la-Reine, faisant fonctions d'officier public de l'état civil, est comparu M. Etienne Leguery, M.d Pâtissier, âgé de quarante et un an et demi, demeurant au Bourg-la-Reine, lequel nous a présenté un Enfant du

図52

当時はナポレオンによる治世の真っ只中で、ニコラ＝ガブリエルは皇帝に忠実な臣民《しんみん》だった。兄は

さらに忠誠心が篤《あつ》く、皇帝親衛隊の将校になっている。ところが革命後のフランスは激動の時代だった。ナポレオンはロシアで大敗を喫して一八一四年に退位を迫られ、代わってブルボン家のルイ一八世が即位した。この王が反動政治を進めるとともに教会勢力が徐々に復興すると、ニコラ＝ガブリエルが積極的に支持していた自由主義運動が再燃した。民衆の不満のうねりに乗じたナポレオンは、一八一五年三月に政権に返り咲いたが、結局「一〇〇日天下」に終わり、今度は永久に権力の座を失った。それでも、ナポ

図 53

図 54

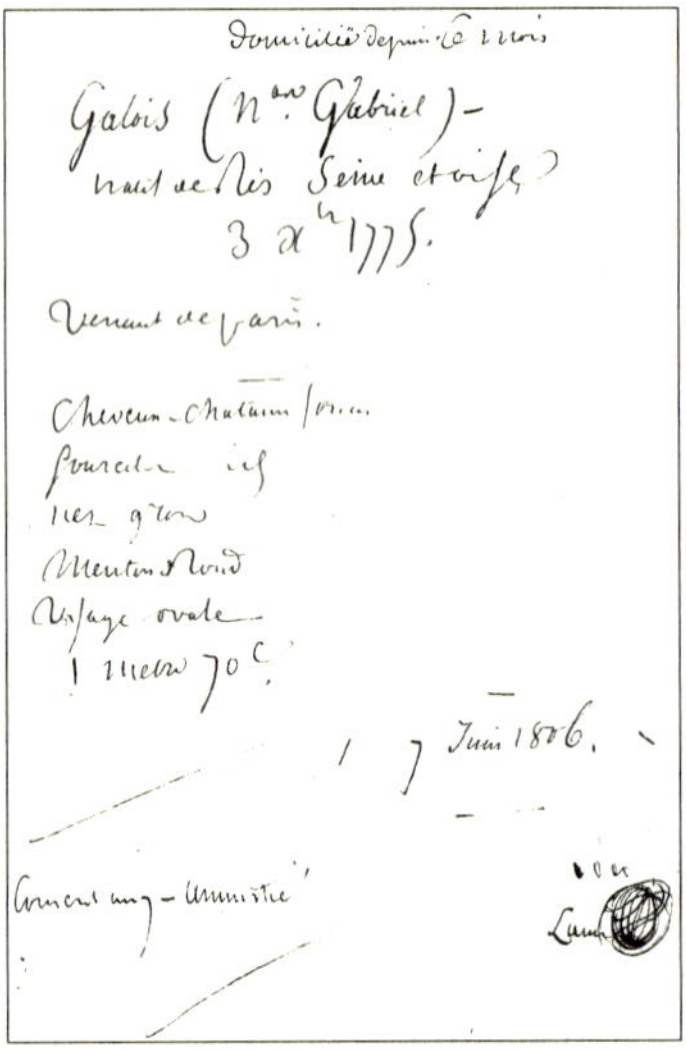

図 55

レオンが帝位に復帰したわずかな期間にニコラ＝ガブリエルはブール・ラ・レーヌの町長に任命され、ナポレオンがワーテルローの戦いで大敗したのちもそのままとどまった（図55は、ニコラ＝ガブリエルの今で言うパスポートにあたるもの）。権力者が頻繁に入れ替わるカメレオンさながらの政治情勢だったこともあって、フランスの社会は大きく異なる陣営に二極化した。左派には自由主義者と共和主義者がいて、おおまかに言ってフランス革命で席巻した理想に触発されていた。かたや右派には「正統主義者」〔訳注：ブルボン王朝の復活を支持した人々〕や「ユルトラ」（超王党派のこと）がいて、彼らが模範とするのは、教会が勢力をふるう君主国だった。

アーベルと同じように、エヴァリストも子どものころ自宅で教育を受けた。アデライード・マリーは、古典や宗教学の深い知識を子どもたちに与える一方、自由主義の考えも吹き込んだ。そしてエヴァリストが一〇歳の誕生日を迎えてからも、母はランス〔訳注：フランス北東部の都市〕の学校にやるつもりでいたのをやめて、もう二年、家に居させることにした。

一八二三年一〇月、エヴァリストはついに家を離れ、パリのルイ・ル・グラン高等中学校という寄宿学校に入った。[2] この格式ある教育機関は一六世紀に創立され、有名な卒業生に、革命家のロベスピエールや、のちに作家となるヴィクトル・ユゴーなどがいた。ガロアが入学する前の話になるが、学校はフランス革命による動乱期にも閉鎖しなかったことを誇りにしていた。学業の面では秀でていたが、校舎は監獄のような建物で、ぜひとも修繕が必要だった。生徒たちは、当時のフランス社会の政治的多様性をものの見事に反映し、一触即発の状態だった。暴動や生徒間のいざこざは、ルイ・ル・グランでは日常茶飯事《さはんじ》だった。生徒たちに徹底して課せられた軍隊より厳しい規律が、不服従の精神をさらに助長していた。朝五時三〇分きっかりに始まり夜の八時三〇分きっかりに終わるスパルタ式の日課は、細かく決められていて、自由時間はほとんどなかった。食事中のおしゃべりは厳禁で、食事自体も実にお粗末だった。たとえば朝食は何もつけないパンと水だけというように。

教室では、生徒はふたりひと組になってむき出しの段々に座り、灯りはろうそくで、ふたりで一本だった。授業中にネズミが教室の床を突っ切るのは当たり前の光景だったので、だれも見向きもしなかった。強制的な日課を少しでもはずれた振る舞いをすると――食事のときに苦手な食べ物を拒《こば》んだだけでも――一二部屋あった特別な独房に閉じ込められた。全般的に言って、平和で幸せな雰囲気の家庭から、暴力的で閉鎖的な環境の学校に移ったことは、ガロアにとって大変な衝撃だったにちがいない。

エヴァリストがルイ・ル・グランに入学したのは、保守的なニコラ・ベルトーが校長に任命された直後だった。ベルトーの着任は、右派がルイ・ル・グランを本来のイエズス会の校風に戻そうとする第一歩にすぎないのではないかと生徒たちは思った。そこで彼らは、礼拝で賛美歌の斉唱を拒み、一八二四年一月二八日に学校で催された晩餐会では、恒例となっていた国王ルイ一八世をはじめとするお歴々のための乾杯に知らん顔をして、自分たちの不満を表明した。学校側の反応はすばやく、しかも厳しかった――一一七人の生徒が即座に退学させられたのだ。ガロアは初めての学期に入ったところで、この騒ぎには巻き込まれなかったが、間違いなく情緒的に影響を受けた。

図 56

屈辱的な状況に置かれ、非情なまでに厳しい規律に縛られてはいたが、エヴァリストはルイ・ル・グランでの最初の二年間、かなり良い成績を残した。母親が古典を十分に教えてくれていたおかげで、ガロアはラテン語の論述やギリシャ語の翻訳ですぐに頭角《とうかく》を現した。総合競争試験では数学の賞も勝ち取った。しかし、陰鬱な環境がガロアを参らせてしまう。一八二五〜二六年のじめじめした冬につらい耳痛を患《わずら》い、それが何カ月も治らなかったので、ただでさえ暗かった気分はますます沈んだ。小粋な二行連句《カプレット》「訳注：韻を踏んでいて同数の音節からできている二行の詩」をやりとりしていた父と別れたことが、この少年にはとりわけ堪《こた》えた。そのようなわけで、成績は下がりだした。

学校の外では、情勢が目まぐるしく変わっていた。ルイ一八世が一八二四年九月に崩御《ほうぎょ》し、その弟がシャルル一〇世として王位を引き継いだ。国王の交代にともなって、聖職者や極右《きょくう》の超王党派が急激に台頭していく。あいまいに定められた「信仰に対する罪」の判決は、いまや死刑を意味していた。

数学者の誕生

一八二六年の秋、ガロアは屈辱的な挫折を初めて味わった。修辞学でのことだ。ガロアは乗り気でないにしろその科目を一生懸命に勉強したので、担当の教師はおおむね高く評価していたが、新たに校長となった超保守的なピエール＝ローラン・ラボリーの見方は違った。校長の凝《こ》り固まった意見によると、ガロアは「十分に成熟して初めてわきまえられる分別」が必要なこの上級科目を修了するには未熟だったのだ。そのため一月、ガロアは三年めをもう一度やらされることになり、父ともども落胆した。このころ、「独創的で風変わり」とか「良いが変わっている」といった言葉が、成績表における性格の記述に現れだす。しかし修辞学での嫌な経験は、結果的に災い転じて福となった――ガロアは数学を見出したのだ。図56は、そのころに級友が描いたガロアの肖像画である。

「数学準備級」の新しい教師イポリット・ヴェルニエは、幾何学の授業で新しい教科書を使うことにした。それはルジャンドルの著《あらわ》した『幾何学原論』で、一七九四年に出版されると、すぐさまヨーロッパじゅうで人気の本になった。この本は今ではもう古典的な教科書だが、ユークリッドの伝統を引くいくぶん退屈な高校向けの幾何学とは一線を画していた。言い伝えによれば、数学に飢えていたガロアは、ルジャンドルの本を丸呑みする勢いで吸収し、本来は二年かけて終えることになっている内容をたった二日で修得したという。この（おそらくは誇張された）話の真偽を確かめるのは無理だが、一八二七年の秋までにガロアがほかの教科への興味をすっかりなくし、数学一本にのめりこんだことは疑いようがない。修辞学の教師は、ガロアが授業に身を入れないことを当初誤解しており、彼のさえない成績に対して「彼の勉強には奇妙な気まぐれと投げやりな態度しか見られない」と述べたが、第二学期のあとにはこの評価を修正し、「彼は数学の刺激に魅せられている。両親が、この科目だけ学ぶことを許してやるなら、彼のためにも最善と考えられる」と結論している。第三学期は、この評価を追認したにすぎない。「彼は数学への情熱に支配され、それ以外を完全に無視している」

ガロアは心底、数学に魅了されていた。通常の教科書をうっちゃり、研究の原論文にまっしぐらに向かっていった。現代のふつうの少年少女が『ハリー・ポッター』シリーズを読み進めるように、ガロアは専門的な数学論文を次々と読破し、今ではラグランジュの論文である『代数方程式の解についての考察』や『解析関数の理論』に夢中になっていた。このような啓発的な経験が、野心的な試みへ

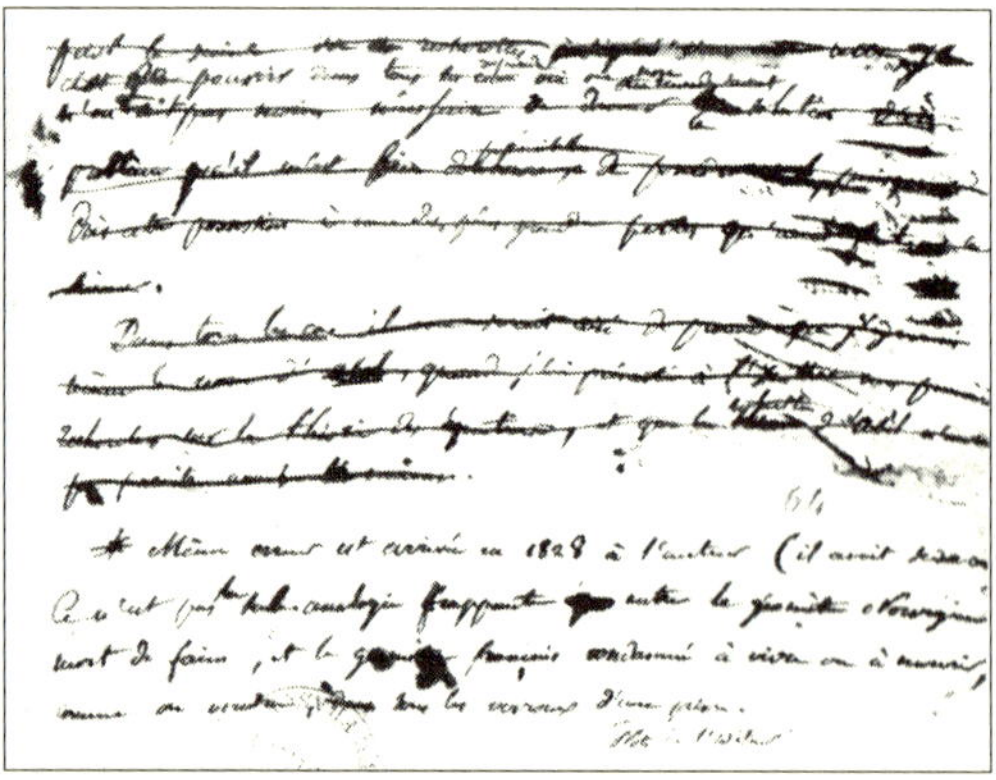

図57

とつながる。ルッフィーニとアーベルの仕事をまったく知らずに、ガロアは二カ月間、五次方程式を解こうとしたのだ。そして彼以前に取り組んだ若いノルウェー人と同じく、最初は解の公式を見出したと思ったが、その解に誤りを見つけてがっかりした。図57はのちの編集者による補注であり、アーベルの間違い（五次方程式が解けたと考えたこと）をガロアが繰り返し、「それだけが、極貧のうちに亡くなったノルウェーの数学者と、牢獄に入れられて……生きるか死ぬかに追い詰められたフランスの数学者との酷似した点ではない[3]」と言っている。アーベルの場合と同じように、このときのちょっとした挫折はいずれ、代数方程式が解けるかどうか（可《か》解《かい》性《せい》）にかんする、ひときわ大きな問題にガロアを向かわせることになる。

さらに深刻な障害がいろいろ立ち現れることになるが、いくつかはガロアがみずから招いたものだった。ヴェルニエ先生が正しく分析したとおり、ガロアは非凡な才能と独創的な想像力をもちながら、体系的な勉強や計画的な努力ができなかった。きわめて先んじた教科がある一方、初歩の初歩さえ身につけていない教科もあったのだ。しかし自分に足りないものに気づかず、ヴェルニエ先生の忠告も聞き入れないで、ガロアは一八二八年六月、大胆にも名高い理工科学校《エコール・ポリテクニーク》の入学試験を一年繰り上げて受けた。エコール・ポリテクニークは、技術者や科学者を育成する主要な学校として一七九四年に創設された。ラグランジュやルジャンドル、ラプラスなどの著名な科学者が、この学校の教壇に立っている。エコール・ポリテクニークは自由な校風でも知られていた。もしガロアが合格していたら、彼の高邁《こうまい》な精神を育成する場としてそこは申し分なかっただろう。だが準備不足だったため、ガロアは案の定、試験で落ちた。この夢破れた経験が、後年には明らかに偏執症の域に達した被害妄想の種《たね》となったのかもしれない。

ルイ・ル・グランに残らざるをえなくなったガロアは、ルイ＝ポール＝エミール・リシャール（一七九五～一八四九）の「数学特別級」に入った。ガロアにとってリシャールは、アーベルにとってのホルムボーのような存在――刺激を与え発奮させるような教師であり支援者――となった。(4) リシャール自身は才気あふれる数学者ではなかったが、数学の最新動向をよく把握していた。彼はガロアの並外れた素質をすぐに認め、独創的な研究に取り組むよう促《うなが》して、「この生徒は、ほかのどの生徒よりも圧倒的に優れている」と褒めそやした。そしてまた、「この生徒は高等数学だけを勉強する」とも述べている。ピカソの驚くべき才能によく気づいていた母と妹が、少年期に描いた絵をすべてとっておいたように、リシャールは、ガロアが授業で使った一二冊のノートを保管していた。このノートは最終的に科学アカデミーの図書館に収められた。同じころにガロアが出会ったもうひとりの数学者が、ジャック＝フランソワ・ストゥルム（一八〇三～五五）である。ストゥルムは、のちにガロアの着想がダイヤモンドの原石であることを即座に見抜いた数少ない人物となる。

一八二九年、ガロアは数学の処女論文を発表した。比較的重要性の低いこの論文は、「連分数《れんぶんすう》」

［訳注：数と分数の和で、分数の分母がまた数と分数の和となり、その関係が続いているもの］として知られる数

学的対象を取り扱っている。この研究は二次方程式への応用がなされており、《純粋・応用数学年報》に掲載された。ちなみに、ガロアの最初の論文が公表された五日後に、アーベルが生涯を終えている。ガロアにおいては、このとき数学の研究に手を染めてから、たちまち新しいアイデアが洪水のように迸《ほとばし》り出ることになる。一七歳の若者が、代数学に革命をもたらそうとしていた。一般的な五次方程式が四則演算と累乗根《るいじょうこん》のみからなる公式では解けないことは、アーベルがはっきり示していたが、彼の早すぎる死により、次に挙げるもっと大きな問題が未解決のまま残っていた。与えられた（五次以上の）方程式が公式で解けるかどうかは、どうすればわかるのか？ 五次以上でも多くの具体的な方程式が公式で解けたことを思い出してほしい。原理上は、アーベルが証明したにしても、個々の方程式については固有の公式による解法が存在する可能性があった。

方程式の可解性の問題に答えるために、ガロアは群《ぐん》という斬新な概念を導入するだけでなく、今日《こんにち》「ガロア理論」として知られている代数学のまったく新しい分野を打ち立てる必要があった。そこで出発点として、ラグランジュが中断した方程式論を取り上げた。方程式の想定される解の関係（たとえば四次方程式 $x^4+x^3+x^2+x+1=0$ で、四つの解 x_1、x_2、x_3、x_4、のうちふたつに見られる $x_1x_4=1$ といった関係）や、こうした関係を変えないような解の置換《ちかん》の関係（例は原注を参照）[5] を掘り下げたのだ。ここでガロアの非凡な才能が真に開花する。各方程式を一種の「遺伝暗号」――方程式の「ガロア群」――と対応づけ、方程式が公式で解けるかどうかをガロア群の性質が決定することを明らかにしてみせたのである。こうして対称性が重要な概念となり、ガロア群は方程式の対称性を直接表す尺度となった。ガロアの鮮やかな証明の要点については、第6章で説明しよう。リシャールはガロアの発想にいたく感銘を受け、この若き天才は試験免除でエコール・ポリテクニークへの入学を許可されるべきだと提案した。この野望を実現するチャンスを与えるため、リシャールはガロアに、自分の理論をふたつの論文にまとめるように勧め、リシャールみずからが論文をかの偉大なコーシーに科学アカデミーで紹介してもらう手はずを整えた。二本の論文は実際に一八二九年五月二五日と六月一日に提出され、コーシーによって手短に紹介されてから、コーシーとジョゼフ・フーリエ（アカデミーの事務局長）、数理物理学者のクロード・ナヴィエとドニ・ポアソンに審査を任された。

論文の提出から六カ月以上も過ぎた一八三〇年一月一八日、コーシーは科学アカデミーに次のような詫び状を出した。

> 本日、私はアカデミーに、まず若いガロア君の仕事について報告し、次に原始根の解析的決定法にかんする論文を提示して、その決定法を、すべての解が正の整数となる数値方程式の解法に還元する手だてを明らかにする予定でした。しかし気分がすぐれず、家におります。残念ながら本日の会合には出席できません。上記ふたつの件につきまして、次回の会合で話す予定を入れていただければ幸いです。[6]

ところが次の会合が開かれる一月二五日までに、どうやらコーシーの自分本位の性格がふたたび伸《の》してきたらしく、彼は結局のところ自分の論文だけ提示し、ガロアの仕事にはひと言も触れなかった。ガロアの論文にまつわる不運はこれで終わりではない。一八二九年六月、科学アカデミーは数学の新しい大賞《グランプリ》を創設すると発表した。ガロアはコーシーの査定を待つのにうんざりし、《フェリュサックの報告》を読んでアーベルの方程式論にかんする論文を知ったこともあって、自分の論文に少し手を加え、賞への応募として再提出することにした（コーシーがガロアの論文に感心したという、あとで示す間接的な証拠もあるが、賞に挑戦するようコーシーが勧めたという推測を裏付ける直接の証拠は、私には見出せていない）。ガロアの提出した論文（『方程式が根号を用いて解ける条件について』――つまり四則演算と累乗根をとる操作によって解ける条件ということ）は、以来、数学史を通じて有数の啓発的な傑作と評価されている。論文は、一八三〇年三月一日の締め切りの直前となる二月に提出された。選考委員会は、ルジャンドル、ポアソン、ラクロア、ポアンソといった数学者の面々で組織されていた。理由は完全には明らかでないが、アカデミーの事務局長フーリエがガロアの原稿を家に持ち帰った。そのフーリエは五月一六日に他界してしまい、論文は彼の書類から回収されなかった。そのようなわけで、ガロアは知らなかったが、彼の応募論文は賞の候補として検討されもしなかったのだ。大賞は結局アーベル（死後の受賞で、ほかの応募論文を考慮すると妥当）とヤコービに授与された。あとで自分の論文が紛失されたと知ったときのガロアの怒りが目に浮かぶようだ。この妄想気味の若者はいまや、自分が受けるに値する名声を凡人たちが総がかりで与えまいとしているように思い込んでいた。

災難は二度襲う

一八二九年六月は、重要な論文をアカデミーに提出したばかりで、ガロアにとって比較的幸せな一カ月だったが、七月は一転、最悪とも言える一カ月になった。一八二四年にシャルル一〇世が戴冠《たいかん》してから、教会や超王党派の力が大いに増していた。ブール・ラ・レーヌでは、自由主義者のニコラ＝ガブリエル・ガロアを町長の座から引きずりおろそうと、新しい司祭が右派の役人たちと共謀した。若い司祭は、町長の署名をまねて、ばかげた二行連句《カプレット》や卑しい風刺詩に添えた。この降ってわいたスキャンダルを切り抜けられなかったと見え、繊細な心のニコラ＝ガブリエルはガス自殺を遂げてしまう。悲劇は七月二日、ニコラ＝ガブリエルがパリのサン・ジャン・ド・ボーヴェ通りに所有していた

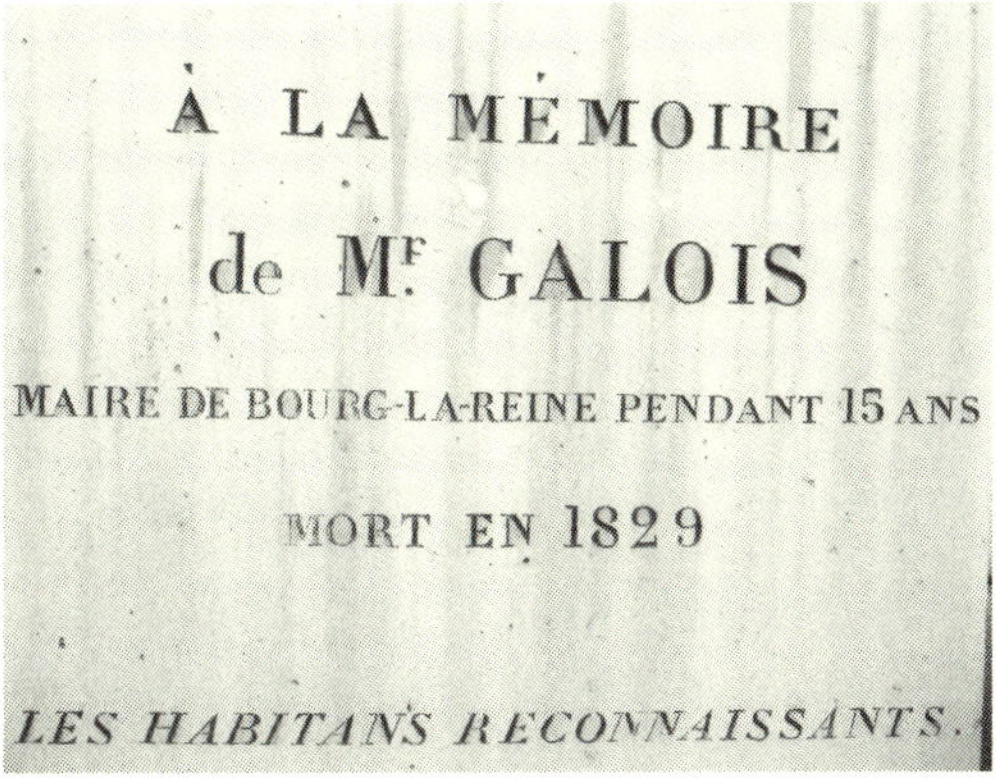
À LA MÉMOIRE
de Mr. GALOIS
MAIRE DE BOURG-LA-REINE PENDANT 15 ANS
MORT EN 1829
LES HABITANS RECONNAISSANTS.

図58

部屋で起きた。エヴァリストの学校から目と鼻の先のところだ。打ちのめされたエヴァリストは、別の精神的試練にも耐えなければならなかった。葬儀の最中、元凶となった司祭が式に加わろうとしたのに対して暴動が発生したのだ。図58は、町長ニコラ＝ガブリエル・ガロアを記念した銘板で、現在もブール・ラ・レーヌの役場の壁に掲げられている。

　ガロアがエコール・ポリテクニークを二度めに受験する機会として、これ以上悪いタイミングは考えにくいだろう。しかし運悪く、入学試験は父親の葬儀からわずか一カ月後の八月三日の月曜日、ガロアがまだ喪に服しているときにおこなわれた[7]。このときの試験は、ガリレオの宗教裁判での尋問にもなぞらえられる汚名を数学史に残している。ガロアに比べれば、シャルル・ルイ・ディネとルフェビュル・ド・フルシーというふたりの試験官は、数学史家のE・T・ベルの言葉では「鉛筆を削るだけの価値もない」相手だった。ディネ自身もポリテクニークの卒業生であり、ほかでもないコーシーに受験の準備をさせた教師でもあったが、これらふたりの数学者は、今日ほとんどたったひとつのこと――歴史上最高の天才数学者にかぞえられる人物を不合格にしたこと――でのみ記憶されている。ガロアの名前は、ディネが入学可能と評価した二一人の候補者リストに記されてはいない。

このときの試験で何があったのか、はっきりとはわからない。臆測では、ガロアは計算をほとんど頭のなかで済ませ、黒板には最終的な答えしか書かないたちだったので、思考の過程を残らず示すべき口頭試問では試験官の心証を悪くしたのではないかという。ディネはとくに、比較的簡単な問題を出す一方、答えにはまったく妥協しないという評判だった。もとより強いとは言えないガロアの忍耐は、父親の死をめぐる騒ぎのせいで限界に達していたにちがいない。一説によると、ディネに算術対数の理論のあらましを尋ねられたガロアは、算術対数など存在しない、と正しくはあるが（だが原注を参照）横柄に答えたそうだ。[8] ガロアが自分の型破りのやり方を理解できない試験官の無能さに業《ごう》を煮やし、黒板消しを投げつけたという言い伝えもある。これはいかにもガロアらしい話だが、少なくとも数学者のジョゼフ・ベルトラン（一八二二〜一九〇〇）によると、おそらく事実ではない。このときの不合格によって、エヴァリストが怒りを募《つの》らせ、被害妄想を一段と大きくしたのは間違いない。二〇年後、《新数学年報》の編集者オルリー・テルカンは、「知能の優《まさ》った受験者が、知能の劣った試験官によって失われた」と語っている。一八四八年の《マガザン・ピトレスク》誌に掲載された略伝も、次のように結んでいる。「いわゆる『板書《ばんしょ》の経験』がなく、こまごました問題を聴衆の前でわかりやすく解く練習もしていなかったために……ガロアは不合格と言い渡された」エコール・ポリテクニークの受験は二回までしか認められていなかったので、ガロアはそこまで名門ではない教員養成《エコール・プレパ》学校《ラトワール》（まもなく師範学校《エコール・ノルマル》と改称された）に入学せざるをえなくなった。それでもまだ「小さな」障害があった。エコール・プレパラトワールに入るには、文科系・理科系の科目でバカロレア（高校卒業に相当する資格）を取得し、口頭試問に受からなければならなかったのだ。ガロアは数学以外の教科をすっかりおろそかにしていたので、控えめに言ってもバカロレアの試験に合格するのは難しかった。

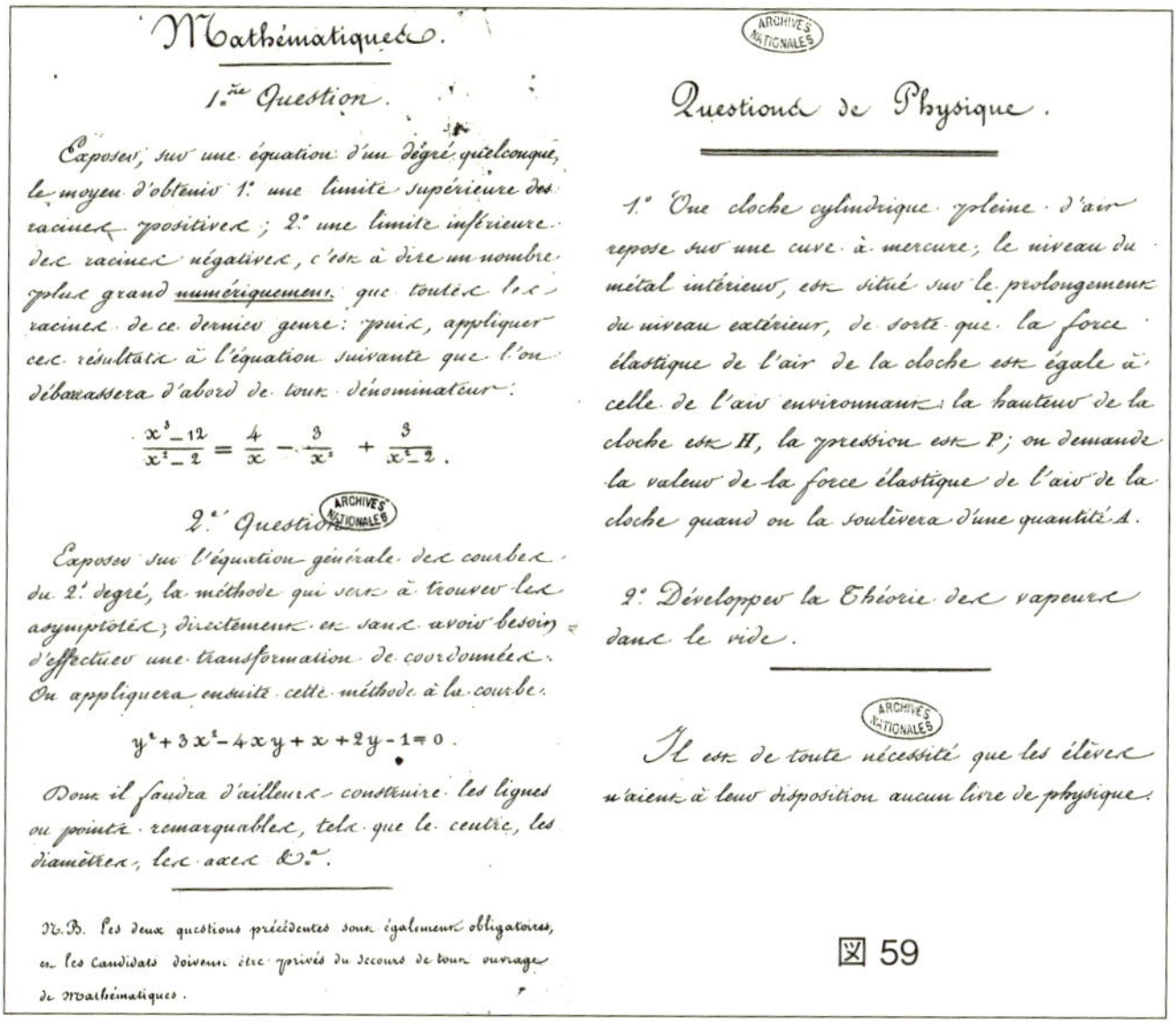

Mathématiques.

1.re Question.

Exposer, sur une équation d'un degré quelconque, le moyen d'obtenir 1.° une limite supérieure des racines positives ; 2.° une limite inférieure des racines négatives, c'est à dire un nombre plus grand numériquement que toutes les racines de ce dernier genre : puis, appliquer ces résultats à l'équation suivante que l'on débarassera d'abord de tout dénominateur :

$$\frac{x^3-12}{x^2-2} = \frac{4}{x} - \frac{3}{x^2} + \frac{3}{x^2-2}.$$

2.e Question

Exposer sur l'équation générale des courbes du 2.e degré, la méthode qui sert à trouver les asymptotes, directement et sans avoir besoin d'effectuer une transformation de coordonnées. On appliquera ensuite cette méthode à la courbe.

$$y^2+3x^2-4xy+x+2y-1=0.$$

Dont il faudra d'ailleurs construire les lignes ou points remarquables, tels que le centre, les diamètres, les axes &c.

N.B. Les deux questions précédentes sont également obligatoires, et les Candidats doivent être privés du secours de tout ouvrage de Mathématiques.

Questions de Physique.

1.° Une cloche cylindrique pleine d'air repose sur une cuve à mercure ; le niveau du métal intérieur est situé sur le prolongement du niveau extérieur, de sorte que la force élastique de l'air de la cloche est égale à celle de l'air environnant ; la hauteur de la cloche est H, la pression est P ; on demande la valeur de la force élastique de l'air de la cloche quand on la soulèvera d'une quantité A.

2.° Développer la Théorie des vapeurs dans le vide.

Il est de toute nécessité que les élèves n'aient à leur disposition aucun livre de physique.

図59

物理学の試験官を務めたジャン・クロード・ペクレさえもあっけにとられ、「彼は何ひとつ知らない……数学の出来はいいと聞かされていたので、非常に驚きである」と書いている。にもかかわらず、主に数学の成績のおかげで、ガロアは一八三〇年の初めに理科系に合格した。図59は、ガロアが受けた試験の二教科――数学（一八二八年の一般競争試験）と物理学（彼が最後に受けた一八二九年の一般競争試験）――の最初のページを示している。

　ガロアの人生は何から何まで暗かったわけではない。一八三〇年には、三本の論文――うち二本は方程式、もう一本は数論にかんするもの――が有力誌《フェリュサックの報告》に載った。一本めの論文は、ガロアの革命的な方程式論の先駆けとなった。当時の錚々《そうそう》たる数学者と並んで自分の名が印刷されているのを見て、彼はいくばくかの満足感を覚えたにちがいない。とくに六

図 60

月号では、ガロアのふたつの論文がコーシーの論文をはさむ形になっていた。同じ年に出会ったオーギュスト・シュヴァリエは、大の親友となる。オーギュストと兄のミシェルは、宗教的平等主義の理念から生まれたサン＝シモン主義（サン＝シモン伯爵の名にちなむ）という新しい社会主義的思想にガロアを触れさせた。このイデオロギーが唱える社会経済的概念は、第一に社会的格差の完全な解消に根差していた。ガロアの血の気《け》の多い気質を考えると、彼が過激な政治活動にのめり込んでいくことは、トラブルの種《たね》でしかなかった。

自由・平等・博愛*

国王シャルル一〇世は、一八二四年に即位して以来、強い反発を呼んでいた。ブルボン王家と超王党派支配の政権とを目の敵《かたき》にする反対派は、ふたつのグループ――共和派とオルレアン派――に分かれていた。共和派は、主に学生と労働者からなり、革命に啓発された考えを《ラ・トリビューヌ》紙で表明した。一方のオルレアン派は、国王の首をシャルル一〇世からオルレアン公ルイ＝フィリップにすげ替えたがっており、主な発言メディアは《ル・ナショナル》紙だった。一八三〇年七月の選挙で、反対派は、政権側一四三議席に対して二七四議席と圧倒的勝利を収める。退位の危機に立たされたシャルル一〇世は、七月二六日に悪名高い勅令《ちょくれい》を出して政権奪取を企《くわだ》てた。(9) 第一の勅令はこうだ。「出版の自由を一時的に停止する……いかなる新聞も冊子も……パリや各県で出版してはならない」またほかの勅令によって、選挙結果を無効にし、改めて投票日を指定した。勅令には、禁じられた新聞を読むのを黙認する公共施設へ向けた、警視総監の警告も添えられていた。これは、反抗的になっていたパリ市民にとって我慢の限界を超えていた。七月二七日、オルレアン派のルイ＝アドルフ・ティエールは論説記事で、市民に決然と反乱を呼びかける。すると午後の早い時間から、通りで蜂起が始まった。人々は家具を運び出して街角に積み上げた。それから三日のうちに五〇〇〇を超えるバリケードが築かれ、パリじゅうの教会の鐘とともに激しい戦闘が起きた。この「栄光の三日間」に、エコール・ポリテクニークの学生たちは、カルティエ・ラタン［訳注：セーヌ川南岸の一地区］の内外で戦闘の陣頭指揮を執《と》って歴史を作った。「栄光の三日間」の気概や爆発的なエネルギーは、ウジェーヌ・ドラクロワ（一七九八〜一八六三）の『民衆を導く自由の女神』＊（図60）に壮大に描かれている。(10) 自由の女神に続く群集に、ポリテクニークの学生がよくかぶっていた帽子を見つけることもできる。＊＊

こうした重大な出来事が展開していくなか、ガロアやエコール・ノルマルの学友は、格子のはまった窓や閂《かんぬき》のかかった扉の向こうからただ革命の響きを聞いているしかなかった。ギニョー校長はあ

＊訳注：フランス革命のスローガンで、フランスの三色国旗は、それらの価値を表したものとされている。
＊＊訳注：シルクハットをかぶった男性の銃口の奥に描かれている人物のナポレオンハットと思われる。

らゆる手段に訴え、警官隊を呼ぶという脅しをしてまで、自分の学生が反乱に加わるのを阻止した。二八日の夜になると、ガロアはもう我慢できなくなり、やけくそになって何度も外壁をよじ登ろうとしたがだめだった。心も体も傷だらけになって、ガロアは革命に参加しそこねたという事実を受け入れざるをえなかった。

事態が収拾すると、四〇〇〇人近い人が亡くなっていた。超王党派と共和派の歩み寄りにより、オルレアン公が七月三〇日にパリに入って八月九日に王位に就き、おそらく懐柔策《かいじゅう》と思われるが「フランス人民の王」ルイ＝フィリップ一世と名乗った。シャルル一〇世は亡命し、ブルボン家に不断の忠誠を誓っていたコーシーも、シャルル一〇世の孫の個人教師としてやはりフランスを去った。いつでも日和見《ひよりみ》主義だったエコール・ノルマルの校長ギニョーは、わが校の学生は新たな暫定政府のために尽力するとすみやかに申し出た。ガロアは偽善的な学長を徹底的に侮蔑し、その二枚舌の小賢《こざか》しさを機会あらば暴《あば》いてやろうと心に決めた。

その夏ブール・ラ・レーヌでは、ガロアの家族が、ひ弱で無口だったエヴァリストが情熱的な革命家に変わり、共和主義の理想のために命も捨てる覚悟であることを知って仰天した。秋になって学校に戻ったガロアは、〈人民の友〉という共和主義の過激派組織に加わる。また同じころ、のちに優れた政治的指導者となる若い共和主義者たちと親しくなった。生物学者のフランソワ＝ヴァンサン・ラスパイユ（一七九四～一八七八）、のちに三六年以上も獄中で過ごすことになる法学生ルイ・オーギュスト・ブランキ（一八〇五～八一）、そして行動的な共和主義者ナポレオン・ルボン（一八〇七～一八五六以降）である。〈人民の友〉は、目的達成のためなら攻撃的な手段、ひいては暴力的な行動も辞さないという評判だった。指導者のジャン＝ルイ・ユベールが逮捕されて以後、この組織は地下活動をする秘密結社となり、ラスパイユが総裁を務めた。

エコール・ノルマルでは、校長とガロアのあいだで緊張がどんどん高まり、ついに対決の時《とき》を迎えた。ガロアはあれこれ要求を（エコール・ポリテクニークと同じような制服を作ってほしいとか、学生に軍事教練をおこなってほしいなど）繰り出していたが、ギニョーが一顧《いっこ》だにしないとわかっていたにちがいない。それと同時に、ギニョーの公言した「良い学生たるもの政治に興味を抱くべからず」という方針が、ガロアには承服しかねたことも明らかだ。やがて一二月二日、ギニョーが二紙ある学生新聞のひとつに投稿してルイ・ル・グランの自由主義的な教師を非難すると、たちまち辛辣な応答があった。《学校新聞》は、「エコール・ノルマルの一学生」から届いた次のような投書を掲載した。

貴紙の記事にかんしてギニョー氏が昨日の《リセ》紙に掲載した書状は、まことに不適当と思われる。この人物の化けの皮を剥がす試みに、貴紙は興味をおもちになるのではあるまいか。

ここに四六名の学生が証言できる諸事実を示す。

七月二八日の朝、エコール・ノルマルに在籍する学生の多くが反乱に加わりたがっていたが、ギニョー氏は彼らに二度も、秩序回復のために警察を呼ぶこともできると告げた。七月二八日に警察をである！

同じ日にギニョー氏は、いつもの学者ぶった態度でこう言った。「双方で大勢の勇敢な人々が殺された。私が軍人なら、決断に悩むだろう。何を犠牲にすべきだろうか。自由か、それとも合法性か？」

この男こそ、その翌日に大きな三色《トリコロール》の飾りを帽子につけた人物である。これがわが校の中身の空っぽな自由主義なのだ！

ほかにも貴紙にお知らせしたいことがある。気高い愛国心に突き動かされたエコール・ノルマルの学生たちは、つい最近ギニョー氏のもとへ赴《おもむ》き、必要とあらば祖国を守れるように、武器を求め軍事教練への参加を望む嘆願書を教育省に提出したいと伝えた。

これに対するギニョー氏の返答は次のとおりだ。七月二八日の答えと同じぐらい自由主義的である。

「私に出されたこの要望は、われわれを滑稽に見せるだろう。それは、より高等な学校でなされたことの、下からの真似事にすぎない。同じ要望がそうした高等教育機関から大臣へ届いたとき、王立評議会の委員のうちたった二名しか賛成せず、しかもそのふたりは自由主義者ではなかったことを指摘しておきたい。大臣が認めたのは、大学やエコール・ポリテクニークをすっかり破滅させてしまいそうな学生の騒動や共感を恐れたためだった」ひとつの見方としては、ギニョー氏が、新しくなったエコール・ノルマルに対する毛嫌いを責められて、このように自己弁護するのも当然だと思う。彼にとって、すべての長所を備えた旧エコール・ノルマルほど素晴らしいものはないのだ。

われわれは最近、制服を作るように求めたが、拒絶された。旧エコール・ノルマルでは、なかったからだ。旧エコール・ノルマルの課程は三年間だった。それから新しい学校になり、三年間は無駄だと認められたのに、ギニョー氏はかつての制度に戻した。

もうじき、旧エコール・ノルマルの規則に従い、われわれは月に一度しか外出を許されず、夕刻五時までに戻らねばならなくなるだろう。クーザン［哲学者であり、教育評議会で保守派の委員だったヴィクトール・クーザンのこと］やギニョーのような人物を生み出した教育制度に取り込まれるとは、いやはや素晴らしいことではないか！

彼のなすことのすべてに、狭い了見《りょうけん》と根深い保守主義が表れている。

以上の内容に貴紙が関心を寄せられ、また紙面に役立つよう適切と思われる扱いをされることを望む所存である。

新聞の編集者たちは、その書状からあえて署名を削除したと付け加えていた。

ガロア自身は肯定も否定もしなかったが、投稿者は彼ではないかとだれもが疑った。しかし、ガロアをつねづね厄介者と思っていたギニョーにとって、そんな疑いだけでも彼を放校処分にするのに十分な根拠となった。教育省の大臣に宛てた説明の手紙で、ギニョーはガロアから「全面的な自供」があり、これまで概して「彼の奇矯《ききょう》な振る舞いや、怠慢、扱いにくい性格に耐えてきた」と訴えた。

エコール・ノルマルの学生は、ガロアを支持する姿勢をほとんど見せなかった。それどころか文科の学生は、将来に差しさわりのあることに怯《おび》え、十中八九はギニョーにそそのかされてだが、校長に迎合する投書を送った。それでも《学校新聞》に掲載された記事から、少なくともひとりの学生はそこその勇気を示したことがうかがえる。

エコール・ノルマルの校長が［学生の］ひとりひとりにこんな質問を投げかけたとの話が伝わってきた。「《学校新聞》への投書を書いたのは君か？」四人めまでは、いいえと答えたが、五人めはこう答えた。「先生、この質問にはお答えできません。答えれば学友のひとりを裏切ることになってしまうでしょうから」ギニョー氏は、この誇り高く気高い返答にたいそう立腹した。

ガロアの放校をめぐる辛辣なやりとりは、三週間にわたって続いた。新聞では毎度のように、ガロア側の手紙とギニョー側の手紙が交互に並んで掲載されるようになった。ガロアは一二月三〇日、学生たちへの最後の訴えにこのように書いている。「僕のために頼んでいるのではない。君たち自身の名誉のため、良心に従い、思い切って声を上げてほしい」

一八三一年一月二日、《学校新聞》はガロアの書いた「科学教育、教師、書物、試験官について」と題する記事を載せた。これは、科学教育に徹底的な改革を求める声明として注目すべきものだった。ガロアが並べた不満のほとんどは、今日でもあてはまりそうだ。

気の毒な若者たちはいつまで、一日じゅう教師の話を聞いたり復唱したりしなければならないのだろう? こうしてたくわえた知識について考え、脈絡のない計算のなかで無数の命題を結びつける「それらの命題にパターンを見出す」ことのできる時間を、いつになったら与えられるのだろうか?……学生たちは、勉強することよりも試験に合格することに関心をもっている。

また、試験官に対するみずからのつらい体験をほのめかして、こう嘆いている。

なぜ試験官は受験者に、ひねくれたやり方でしか問題を出さないのだろう? 試問している相手に答えを知られるのを嫌がっているように思える。無理やり難しいことを加えて問題を複雑にするというひどい習慣は、どこから始まったのか?

残念ながら、当時の学校制度に対する真っ当な異議ではあったが、諸般の事情によりガロアが自分の「学校」を開くことになったとき、それも結局うまくはいかなかった。

波瀾《はらん》の人生

学校を出て、自由主義の夢を存分に追えるようになったガロアは、国民軍の砲兵隊に入った。この組織は独自の制服があることを誇りにしていたが、実体は民兵組織に近かった。ガロアは、砲兵隊が解散させられ、国民軍が彼とは違う納税者層のみからなる形で再編されてからも、同じ制服を着つづけた。しかしながら学生でなくなることには、それなりの代償もあった——ガロアにはいまや生活を支える手段がなかったのだ。なんとかするために、彼は数学を教えることにした。書籍商の友人が、ソルボンヌ通り五番地で営んでいた店の部屋を講義の場に使わせてくれた。ガロアは《学校新聞》に、「高等中学校での代数学の学習がいかに不十分かを感じ、この分野を深く究めたいと思っている」学生向けに代数学の講座を開くという広告を載せた。だが、これは金を稼ぐためのうまい手だてとはならなかった。初めは共和主義者が何十人か友だちのよしみで出席したが、内容があまりにも高度ですぐに落伍した。ガロアの政治活動も妨げになった。そちらに時間がどんどんとられていったからだ。こうして、ガロアが野心的に始めた教育は、質の悪い個人指導程度に成り下がってしまった。

ひるがえって研究の面では、一八三一年の初頭に幸先《さいさき》のよい出来事があったものの、またもや期待はずれに終わることになる。ガロアはアカデミーに論文の再提出を要請された。新バージョンの『方程式の根号による可解性の諸条件』は一月一七日に提出され、今回は数学者のドニ・ポアソン（一七八一～一八四〇）とシルヴェストル・ラクロア（一七六五～一八四三）が審査を任された。しかしそれから二カ月以上が過ぎても、なんの音沙汰もなかった。いらついたガロアは、一八三一年三月三一日にアカデミー会長に問い合わせの手紙を出して腹立たしい思いをぶつけた。そのときちくりとひと言こう書き添えている。「会長殿、ラクロア氏とポアソン氏に、おふたりがやはり［フーリエのように」私の論文をなくしたのか、論文についてアカデミーに報告する心積もりがあるのかを明言するよう促していただき、私の不安を和らげてくだされればありがたく存じます」しかし、この挑発的な手紙に対しても何も反応はなかった。

そうこうするうちに、政治情勢がガロアの人生に大きく影響しだした。著名な数学者ソフィー・ジェルマン（一七七六～一八三一）は、広くのさばっていた性差別の壁を打ち破り、古くさい男性社会にいち早く割り込んでいった女性だが、当時のガロアの全般的な態度について「人に無礼をはたらく癖」があったと語っている。[11] さらに彼女は、こんな痛ましい所見も述べた。「彼はすっかり気がふれてしまうだろうという噂が流れていますが、本当にそうならないかと心配です」[12] 四月になって、部隊が解散させられたのに武装解除しようとしなかった一九人の国民軍の砲兵隊員が裁判にかけられた。そのうちのひとりがペシュー・デルバンヴィルで、彼のことは、ガロアの死とのからみでのちほど取り上げたい。「一九人の裁判」として大いに喧伝《けんでん》されたその裁判では、全員が四月一六日に無罪放免となり、共和派は喜びに沸いた。〈人民の友〉は、オー・ヴァンダンジュ・ド・ブルゴーニュというレストランで大宴会を催して盛大に祝った。それは五月九日のことで、有名な作家アレクサンドル・デュマ（同名の父のほう。一八〇二～七〇）、生物学者にして政治家のラスパイユ、そしてガロアなど、二〇〇人の共和派活動家が出席した。デュマは、「パリじゅうでも、これほど政府に敵意を抱いた二〇〇人の客を見つけるのは困難だろう」[13] と書き残している。食事の最後にシャンパンが振る舞われると、たくさんの乾杯がなされた。一七八九年と一七九三年の革命に！　ロベスピエールに！　ほかにもいろいろだ。もっと知的で洗練された乾杯の宣言は、デュマのこんな言葉だった。「芸術に乾杯！　ペンや絵筆が銃や剣と同じく、われわれが命を投げ出す覚悟で生涯を捧げてきた、社会の刷新に貢献することを願って」。そんななか、どこかのテーブルの端にいたガロアが、不意に立ち上がって乾杯の音頭をとった。片手にワイングラスと刃の出たジャックナイフをもちながら、こう叫んだのだ。「ルイ＝フィリップのために！」このときの出来事は、のちにデュマが回想録に詳しく記している。

左隣りの男と話をしていたとき、突然、ルイ＝フィリップの名に続き、五、六人の口笛が耳に入った。振り返ると、一五ないし二〇席離れたところで、なんとも活気のある光景が展開されていた。

片手でグラスと刃の出た短剣を掲げた青年が、何か聞いてもらおうとしていた。彼が、のちに決闘で殺されたエヴァリスト・ガロアだった。相手は、ピンクのリボンで縛った絹紙の火薬筒を作ったあの魅力的な若者、ペシュー・デルバンヴィルである。

エヴァリスト・ガロアは当時まだ二三、四歳といったところで、熱狂的な共和主義者のひとりだった。あたりはあまりにやかましく、騒ぎの確かな原因はわからなくなっていた。

私にわかったのは、威嚇があったことと、ルイ＝フィリップの名が発されたことだけだ。剣の刃が出ていたので、その意図は明白だった。

これは、私の共和主義者としての考えをはるかに超えていた。左隣りの男は国王付きの喜劇役者だったので、身の危険を感じた彼の要望に従い、私たちは窓から庭に飛び降りた。

私は不安を覚えながら家路についた。この出来事がなんらかの結果を招くのは明らかだった。案の定、二、三日後にエヴァリスト・ガロアは逮捕された。

デュマの記述にはいくつか目障りな間違いがあり（たとえばガロアの年齢）、ガロアを殺した男がだれかという問題はあとで改めて取り上げるが、基本的な事実は完全に正しい。ギニョーとの激しい応酬の際にガロアを支持したあの《学校新聞》は、五月一二日号で、この出来事について独自の説明をしている。「何度も乾杯があった。ひとりの煽動者は学生だったと言われるが、席を立ってポケットから短剣を取り出し、宙で振り回しながらこんなことを言いだしたらしい。『こうやってルイ＝フィリップに誓うぞ』」ナイフを振りかざしたため、ガロアは国王の命を奪う威嚇をしたように受け取られた。翌日、彼は母親のいる実家で逮捕され、サント・ペラジー監獄に予防拘禁されてから、一八三一年六月一五日に裁判にかけられた。

公判は、裁判長による型どおりの質問で始まった。要するに、宴会での出来事を説明するようガロアに求めたのだ[14]。それから予想外のことが起きた。被告にこんな質問がされる。「被告はナイフを取り出し、……『ルイ＝フィリップに』と言ったのか?」一同がたまげたことに、ガロアはこう答えた。「食事で肉を切るのに使っていたナイフを手にしていました。私はナイフを振って、『ルイ＝フィリップに。もしわれらを裏切ったら』と言いました。あとのほうの言葉は、すぐそばの人たちにしか聞こえませんでした。私の言葉をルイ＝フィリップの健康を祈っての乾杯と受け取った人たちが……口笛を鳴らしにかかっていたからです」面食らった裁判官は、国王がその責務を投げ出して国民を裏切るおそれがあるなどと本当に思うのかと問いただした。これにエヴァリストが答える。「国王のおこないには、不誠実さを示さないまでも、われわれに誠実さを疑わせるものがあります」裁判官とガロアのやりとりはしばらく続いた。検察側・弁護側双方の証人が呼ばれた。宴会が私的なものだったか、公的なものだったかが、焦点となった。後者の場合、意味のあいまいな乾杯の発声が、国王への危害を誘う煽動と見なされるおそれがあった。ガロア自身の結びの陳述は裁判長に打ち切られた。裁判長は賢明にも、血気盛んな若者がうっかり刺激的なことを口走って墓穴を掘る可能性があると気づいていたのである。審議はわずか半時間で終わり、ガロアは無罪となった。伝え聞くところでは、判決が読み上げられるとすぐに、彼は落ち着いた様子で証拠物件として机に出ていた自分のナイフを取り、静かに法廷をあとにしたそうだ。しかし公判記録に、レストランを出た際にナイフをなくしたというガロアの主張があることを考えると、この話は眉唾だ。ともあれ、この血の気の多い一九歳はふたたび自由の身になった。

　この裁判が始まった六月一五日、《ル・グローブ》紙は、ガロアが科学アカデミーを相手に味わった苛立たしい経験の話を、公《おおやけ》にすることにした。記事はほぼ間違いなく、ガロアの友人だったシュヴァリエ兄弟のどちらかが書いており、ガロアの非凡な才能と、（アーベルを有名にした）楕円関数の性質を彼が独立に発見していたことについての記述で始まる。それから記事は、ガロアの途方もない苦難を保守的な数学界と結びつけた。とくに、方程式の可解性にかんするガロアの論文にまつわる数々の不運を、時系列で語っている。

> 昨年、三月一日より前に、ガロア氏は代数方程式の可解性にかんする論文をフランス学士院の事務局に送付した。この論文は数学大賞《グランプリ》に応募したもので、ラグランジュにさえ解決できていなかった問題を克服するものであった。コーシー氏は論文の著者に最大級の賛辞を贈っていた。しかし、だからどうだというのか？　論文は紛失され、この学者青年がコンテストに参加できぬまま、大賞は「アーベルとヤコービに」授与された。ガロアは自分の論文に対するぞんざいな扱いに不満を訴える手紙をアカデミーに出したが、キュヴィエ氏はこう書いてよこしただけだった。「事情は至って単純であります。論文は、審査を任されていたフーリエ氏の死去にともない、失われました」そこで論文が書きなおされ、ふたたび学士院に提出された。論文を評価すべきポアソン

氏は、いまだその務めを果たしておらず、哀れな著者はアカデミーからうれしい知らせが届くのを五カ月以上も待ちつづけている。

興味深いことに、ガロア自身がシュヴァリエ兄弟にこの記事の内容を提供したのだとすれば、コーシーが実はガロアの論文を高く評価していたことがわかる――それだけの熱意をアカデミーに伝えていなかったにしても。アカデミーのぞんざいさに対する世論の批判に応えたのか、ポアソンとラクロアはようやくガロアの論文に判定を下した。その報告は一八三一年七月四日付けで、七月一一日に開かれたアカデミーの会合で発表された。結果は悲惨なものだった――彼らはガロアの論証を認めなかったのだ。煮え切らない報告は、ポアソンとラクロアがガロアの画期的な群論のアイデアを理解できなかったか、少なくともひが目で見ていたことを示しており、ふたりはあいまいにこう書いている。

われわれは、ガロア氏の「方程式が公式によって解ける条件についての」証明を理解すべく最大限努めた。彼の論証は十分に明快と言えるものではなく、その正しさを判断できるほどには練り上げられていない。それゆえこの報告で見解を述べることはできかねる。著者によると、論文で特別に扱っている論証は、多くの応用が可能な一般理論の一部であるという。一般に理論を構成する個々の部分は、お互いを明らかにしたり、ひとつだけ取り上げるよりも総合的にとらえるほうが容易だったりする場合が多い。したがって、最終的な見解を出すには、著者が論文を完全な形で発表するのを待つべきであろう。しかるに目下のところ、アカデミーには一部分のみが提出されている状態なので、われわれはその承認を推すことはできない。(15)

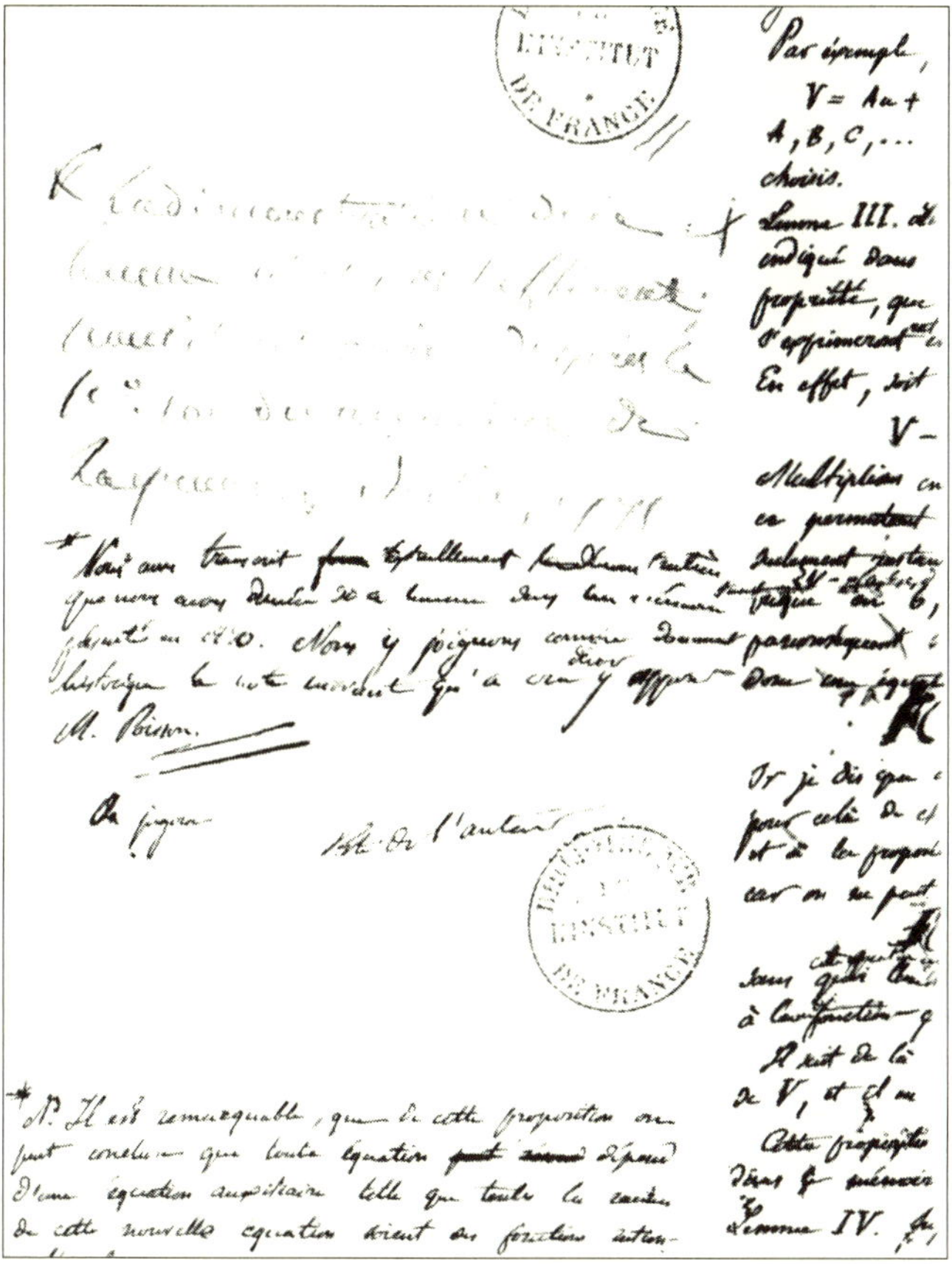
Par exemple,
V = Aa +
A, B, C, ...
choisis.
Lemme III.
En effet, soit
Or je dis que
car on ne peut
Lemme IV.

M. Poisson.

N. Il est remarquable que de cette proposition on peut conclure que toute équation dépend d'une équation auxiliaire telle que toutes les racines de cette nouvelle équation soient des fonctions ration-

図 61

図62

アカデミーはこの否定的な報告の結論を採用した。明快さは決してガロアの得意とするところではないことや、彼の説明がまだまだ不十分という事実を受け入れるとしても、代数学の歴史で最高に画期的なアイデアのひとつを、保守的な読者が認めるまでにはまだ時《とき》を待たねばならなかったという結論は免《まぬが》れられない。結局、ガロアのアイデアは、ポアソンとラクロアが期待したものではなかったという事実の犠牲になった。審査員たちは、任意の方程式が公式で解けるかどうかが即座にわかるような、係数による単純な判定基準が記されているものと思っていた。だがそうではなく、彼らが出くわしたのは、まるっきり新しい概念——群論——と、方程式の想定される解にもとづく条件だった。これはとにかく斬新すぎて、一八三一年にはとうてい認められなかったのである。

投獄

アカデミーの判定はガロアには大きな痛手だった。それでも、自分の論証の正しさを確信していたガロアは、ポアソンが原稿につけた批判的なコメントの下に「読者の判断を仰ごう」という言葉を書き込んでいる（図61はそのページ）。科学では憤《いきどお》りを募らせ、政治活動では過激になっていったため、ガロアと母の関係もぴりぴりしたものになった。そこで彼は実家を出て、ベルナルダン通り一六番地に部屋を借りた（図62）。

災難はひとつずつではなく、大群で襲ってくる。フランス革命記念日（七月一四日）が近づき、共和主義者は大規模なデモの計画を立てていた。具体的には、四〇年ほど前の出来事を記念して、自由の象徴となる木をバスティーユ広場に植えるという挑発的な式典を執《と》りおこなおうとしていた。警察は予防策をとり、七月一三日の晩に身元の割れている大勢の活動家を逮捕した。ガロアは、警察の「ブラックリスト」に載っていなかったか、自分の部屋で寝なかったおかげで拘束を免れた。だが七月一四日の昼ごろ、ガロアと古文書学校《エコール・ド・シャルト》の学生だった友人エルネスト・デュシャトレに率いられた六〇〇人ほどの一団が、新橋《ポン・ヌフ》を渡りだした。[16] エヴァリストは（そのころには禁じられていた）国民軍の制服に身を包み、（拳銃数挺と、弾丸をこめたライフルと、短剣とを携《たずさ》えて）完全武装していた。政権転覆を企《たくら》む集会に備えていた警察はすみやかに介入し、ガロアとデュシャトレは橋の上で逮捕され、ほかにもあちこちで共和派

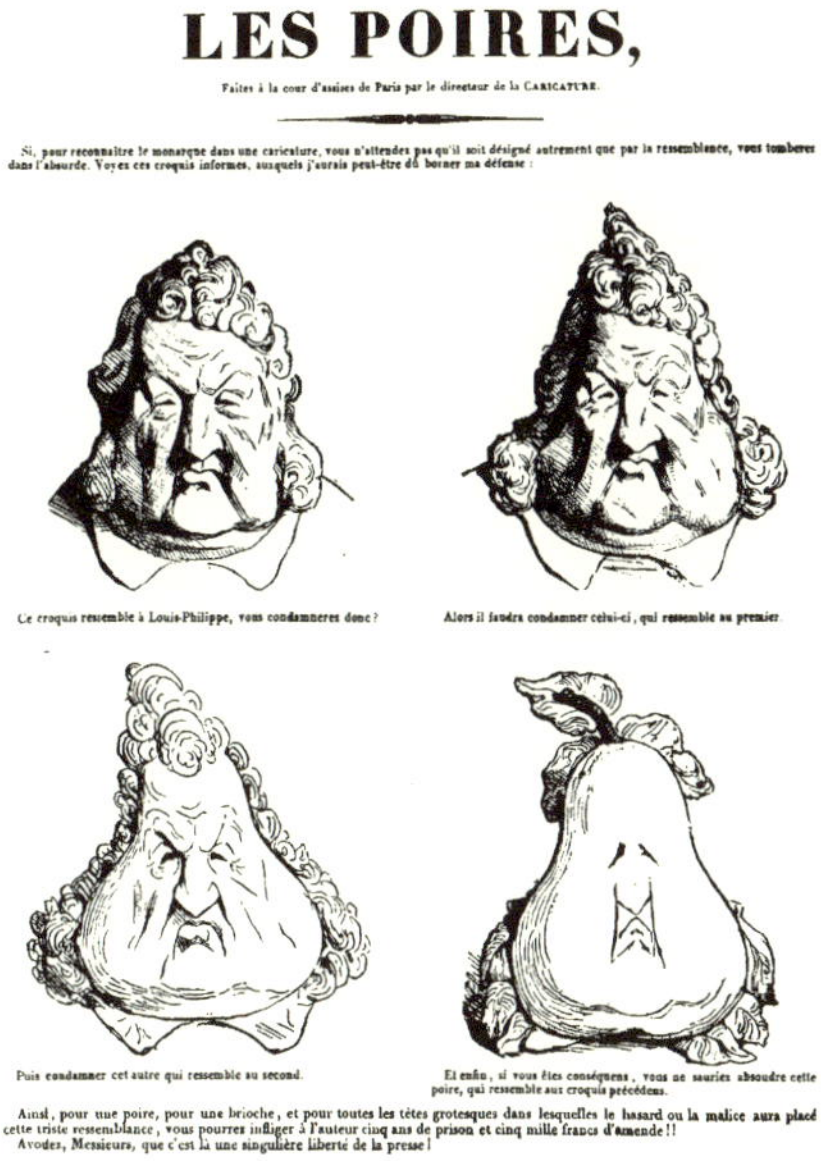

図 63

図 64

の指導者がつかまった。さらにまずいことに、デュシャトレは入れられた独房の壁に、国王の顔に似せた洋ナシを描いた（図63は、画家のオノレ・ドーミエが描いたとされる風刺画で、ルイ＝フィリップの顔が洋ナシに変わっていくもの）。顔はギロチンの隣に描かれ、当時共和主義者のあいだで広まっていたこんな言葉が添えてあった。「フィリップは自分の頭を祭壇に捧げるだろう。おお自由よ」ガロアとデュシャトレの裁判は、一八三一年一〇月二三日に始まった。禁じられた制服を着ていた容疑は否定のしようがなかったので、ガロアに有罪判決が下るのは火を見るよりも明らかだった（武器の携行は、当時はごく当たり前だった）。いささかショックだったのは、禁固六カ月というべらぼうに重い刑だった。デュシャトレは、おそらく厄介者としてはガロアほど名が知れていなかったため、三カ月の禁固刑で済んだ（デュシャトレが警察への協力に応じたのと引き換えに刑が軽くされたとする推測を裏づける証拠は、私には見つからなかった）。ガロアは上訴したが、刑は一二月三日に確定した。ふたりは、パリの第五区で植物園にほど近いサント・ペラジー監獄（図64）に送られた。ほかに逮捕された共和主義者のうち、生物学者で〈人民の友〉の傑出した指導者だったラスパイユは、一八三二年一月におこなわれた自分の裁判で、ことさら挑発的な態度を見せた。おのれの民《たみ》を裏切った国王は、「テュイルリー宮の瓦礫《がれき》の下に生き埋めにされるべきだ」とまで言ったのだ。当然だが、この陳述では裁判官たちの共感を得られるわけもなく、ラスパイユはサント・ペラジーで一五カ月の刑に服するよう言い渡された。

サント・ペラジーは、当時のパリならさもありなんというような牢獄だった。大きな塀が施設全体を取り巻き、独房のある複数の建物が三つの中庭を囲っていた。囚人は犯罪の種別ごとに収容され、政治犯は側棟の区画のひとつをあてがわれていた。金銭的な面で最低の部類に属するガロアは、六〇のベッドが並ぶ雑居房のひとつに入れられたと見て間違いない。金のある者は自分で費用を出して独房に入り、近所のレストランから食事を取り寄せることもできた。ガロアの惨めな監獄生活については主に、この若者を気にかけた三人の書いたものからうかがえる。ガロアと同じ受刑者で、八年後に『パリの監獄でしたためた手紙』を出版したラスパイユ(17)。一八三二年二月に逮捕され、監獄を題材にした詩作までした詩人ジェラール・ド・ネルヴァル（一八〇八～五五）。そしてガロアの愛情深い姉ナタリー＝テオドールである。この姉は、弟のもとを足繁く訪れ、心身ともに力づけてやるためできるかぎりのことをした。ラスパイユの獄中記に書かれたふたつの印象的な事件は、特筆に値する。七月二九日、囚人たちが「栄光の三日間」の三日めを祝っていたところ、監獄の面したピュイ・ド・レルミット通りから撃ち込まれた銃弾によって、ガロアの監房にいたひとりの囚人が負傷した。その後もたれた囚人の代表たちと刑務所長との面談で、代表のひとりだったガロアは、看守のひとりを発砲者だと非難し、さらに刑務所長を侮辱したらしい。その結果、ガロアは土牢に放り込まれ、囚人たちの激しい反発を呼び起こした。ラスパイユは、ある囚人が刑務所長にぶつけた言葉を書き留めている。「ガロアの奴は、声を荒げるようなまねはしない。あんたもよく知ってるだろう。あいつはあんたに話すときだって、数学をやるみたいにいつも冷静なんだ」ほかの囚人たちも、それに呼応して声を上げた。「ガロアは土牢だ！　こん畜生！　俺たちの学者君を恨んでやがるのか」これをきっかけに、囚人たちは監獄を支配下に収め、秩序が回復したのは翌日になってからだった。さらなる暴動への恐れから、ガロアは土牢から解放された。

　ラスパイユは、ガロアが自殺しようとしたことについても、少々あやふやだが気になる記述を残している。見た目にも若いガロアはそれまで大酒を飲んだ経験がなく、よく仲間の囚人にからかわれて、前後不覚になるまで飲まされた。「水しか飲まないのかい、坊や。おおザネット「ガロアが囚人たちから頂戴したニックネーム」！　共和派なんかやめちまって、数学のところへお帰り」そんなあるとき、酔っ払ったガロアがラスパイユに、父の亡きあとのつらい胸の内を打ち明けている。「僕は父さんを失った。本当にかけがえのない人だったんだ」それから、ぞっとするほど将来を言い当てる一言を加える。「僕は、下賤な浮気女にかかわる決闘で死ぬだろう」ラスパイユが何人かの囚人とベッドに寝かせようとすると、ぐでんぐでんになったガロアはこう叫んだ。「君らは僕を軽蔑している。友人の君らが！　君らは正しくて、そんな罪を犯した僕は自殺しなくちゃいけない！」囚人たちが急いでなだめに入ったので、ガロアが実行に移すことは防げた。

　ネルヴァルが監獄を出たときを振り返って書いた文章も、同じく胸を打つ。「五時だった。収監者のひとりが門まで送ってくれ、私にキスし、出所したらすぐ会いに来ると約束した。彼にはもう二、三カ月、刑期が残っていたのだ。その男が不幸なガロアで、私と二度と会うことはなかった。自由を取り戻したあとの朝、決闘で殺されたからだ」[18]

　一方、ガロアの姉ナタリー＝テオドールは、弟の心身の状態について最も痛ましい描写をしている。あるつらい面会から帰って、胸が張り裂ける思いで日記にこう綴《つづ》ったのだ。「外の空気も吸えずに、あと五カ月も耐えないといけないなんて！　目の前が真っ暗で、弟が健康を害するのではないかと心配でなりません。あの子はもう疲れきっています。何かの考えで気を紛らすこともせず、暗い性格に

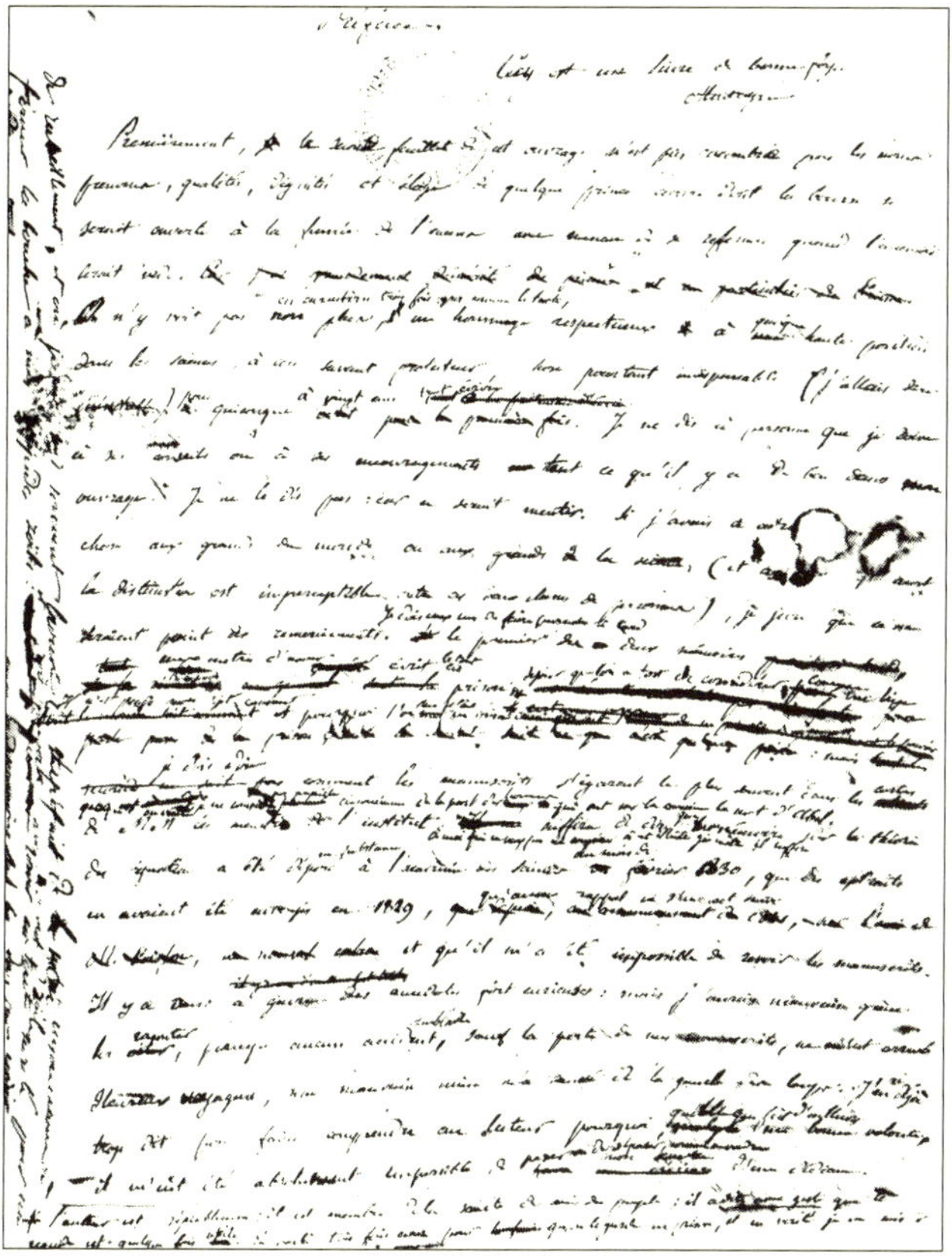

図 65

なって年不相応に老け込んでいます。目は、まるで五〇歳かと思うほど落ちくぼんでいるのです」
酔っていなければ、ガロアは牢獄での大半の時間を、たいていは物思いにふけりながら、たえず中庭を歩きまわって過ごした。夜は、三色旗を囲んでなされる騒々しい共和派の集会や愛国的な儀式にあてられた。にもかかわらず、ガロアは出《しゅっしょく》色の数学論文に長い序文（図65は最初のページ）を書く時間を見つけ出している。果たしてこれは、科学界全体とその慣行に対する痛烈な非難だった。序文は、科学者の序列社会と、後ろ盾《うしろだて》の必要性が強《し》いる窮屈な制約とを嘲《あざけ》って始まっている。

まず、この論文の二ページめが、華やかなお追従《ついしょう》によって財布の口を開け、何もなければ閉じると脅《おど》す、けちな王侯の名前や洗礼名や称号、さらには彼らへの賛辞で埋め尽くされていないことに気づくだろう。また、科学界の大御所や小賢しい後援者《パトロン》に対して、小見出しより三倍も大きな文字でうやうやしく捧げられた敬意がないこともわかるだろう。そうした敬意は、二〇歳で執筆しようとする者にとっては不可欠（不可避と言いたいぐらいだ）と考えられているものだが。(19)

ここで「王侯」という言葉を「資金援助機関」に置き換えるなら、ガロアの指摘は一七〇年前と同様に現在にも通用するだろう。ある著名な科学者も、かつて私にこう語った。「やりたいことを説明する補助金の申請書を書き、やったことについて報告書を書くと、そのあいだに何かやる時間なんてありゃしないよ！」
ガロアの序文は、冷笑的ではあっても、希望に満ちた論調で結ばれている。「競争――すなわち利己心――が科学で幅を利かせなくなったら、そして人々が、封印した包みをアカデミーに送るのでなく、研究のために協力するようになったら、新しいことであればたとえ瑣末《さまつ》なものでも、『このほかのことはわからない』と付言しつつ公表したがるようになるだろう」

恋煩《わずら》いのロマンチスト

一八三二年の春、破滅的なコレラがヨーロッパ一帯を襲った。パリはとりわけ手ひどくやられた。セーヌ川の水が汚染されたせいで、連日およそ一〇〇人にのぼる犠牲者が出た。体が弱いせいもあったのかもしれないが、おそらくは政治犯に対してよくとられる処置だったため、ガロアは三月一三日[20]にサント・ペラジー監獄からルルシーヌ通り八四〜八六番地の保養所[21]（のちに現在のブロカ通り九四番地になる）へ移され、仮釈放の身となった。フォルトリエ氏の「健康の家」と呼ばれたこの施設で、劇的な出来事が起きた。ガロアは恋に落ちたのである。母親の支配力が強かったためなのか、そのときまで彼は女性と付き合ったことがなかった。現に、あるとき監獄でのどんちゃん騒ぎで、ラスパイユにこう打ち明けている。「女は好きじゃない。僕が愛せるのは、タルペイアかグラッチャみたいな人だけだろう」（伝説に残るふたりのローマ人女性。タルペイアは敵のサビニ人のためにローマを裏切り、グラッチャはコルネリア・グラックスのことで、政治家グラックス兄弟――ティベリウスとガイウス――の母であり教育者だった）。ガロアが身を焦がすような恋心を抱いた相手は、保養所の同じ棟にいた若いステファニー・ポトラン・デュ・モテルだった。ステファニーの父ジャン＝ポール・ルイ・オーギュスト・ポトラン・デュ・モテルはナポレオン皇帝軍の元士官であり、また彼女の弟はそのとき一六歳で、のちに医者になった。ポトラン・デュ・モテル家は、保養所の経営者と親交が深かった。

ガロアのものよりも悲劇的な結末を迎えた恋愛は、歴史上めったにない[22]。ステファニーは、初めのうちこそ情熱的で頭の良い若者にいくらか関心を示したかもしれないが、ほどなくガロアの求愛をすげなく断った。使い古しの紙の裏に、ガロアはステファニーの手紙を二通、書き写している。残念ながら、これらの手紙には単語や文字の抜けた空白が何箇所もある。きっとガロアが怒りにまかせて手紙の原物を破いてしまったのだろう。あとになって彼は、ばらばらの切れ端から愛する人の言葉を――傷つく言葉だったはずだが――必死に復元しようとしたのだ。

史上屈指《くっし》の天才の運命は、当時一七歳にもならない「忌まわしい浮気女」の、胸に突き刺さるような言葉によって決定されようとしていた。最初の手紙は一八三二年五月一四日付けで、次のように書いてある。

そのことは、もうおしまいにしましょう。このような手紙のやりとりを続ける気持ちはありません。でも、何事もなかったころのように、あなたとお話をするだけの［気持ち］はもつようにします。だからこれでおしまいです、ガロアさん。その……です［あるいは「ありません」］。……あなたは……わたくしよりも［あるいは「わたくしに」］……なければなりません。ありえないことや、あったはずのないことについて、これ以上考えないでください。

この文面からすると、経験が浅く、性急すぎたのかもしれないガロアが、何かしたか言ったかして、ステファニーが気を悪くしたか怯えて逃げ出したことはほぼ間違いない。冷ややかな語り口は、この少女が初めからあまり乗り気でなかった気配を漂わせている。数日後に書いたと考えられる二通めの手紙は、さらに打ちのめす内容だった。ステファニーはもはや、単なる友だち付き合いにも気が進まない様子だ。

あなたの言葉に従い、わたくしたちのあいだに……起こったことについて、それをなんと呼ぼうとかまいませんが……よく考えてみました。ガロアさん、絶対にあれ以上何もなかったでしょう。あなたは間違った思い込みをしていて、あなたが後悔することには根拠がありません。真の友情は、同性以外ではまず成り立ちません。とくに……友だち……ひとりぼっちで嘆く……このような感情はなく……わたくしの信頼……ですが、それはひどく傷ついてしまいました……わたくしが悲しそうにしているのを見て、「あなたは」どうしてかと「わたくしに」尋ねました。気持ちが傷つけられたから、とわたくしは答えました。このような……から面前で言われた人と同じように、あなたがその言葉を受け取ってくださるものとわたくしは思っていました……ではなく……

わたくしには落ち着いた心がありますので、ふだんあまり考えない人たちのことを判断するのは差し控えます。そのため、そうした人たちを誤解していたり、何か先入観をもって見ていたりして後悔することはめったにないのです。感［情］については、あなたに同意できません……以上に……求めでも……あなたがわたくしに対して積極的になさったことの、すべての「お気持ち」に「わたくしは」心から感謝します。

ガロアの心は打ちひしがれた。この出来事がガロアの心情や人生全般に対する姿勢に与えた大きな打撃は、親友のオーギュスト・シュヴァリエに五月二五日に書き送った手紙から察することができる。そのころ、オーギュストと兄のミシェルと、そのほか三十数名のサン＝シモン主義者は、パリ東方のメニルモルタンに小さな共同体を設立していた。ガロアはふさぎ込んだ様子でこう書いている。

親愛なる友へ
　もし慰めの希望がもてるなら、悲しみにも喜びがある。友だちがいるなら、苦しんでも幸せだ。福音を説く使徒のような慈《いつく》しみに満ちた君の手紙のおかげで、僕の心は少し穏やかになった。しかし、僕が経験したあれほど激しい感情を、跡形もなく拭《ぬぐ》い去ることなどどうしてできよう？　人がもてる最大の幸福の泉をひと月で枯らしてしまったら、どうやって自分を慰めればいいのだろう？　その泉を幸福も希望もなく枯らしてしまい、死ぬまで空っぽなことが確かだとしたら？

　ガロアは内心のつらい葛藤について、破滅を予言するような話しぶりで続けている。「僕がもう研究をしないだろうという君の残酷な予言を疑問に思いたい。だが君の言葉にも一理あると認めなくてはいけない。学者になろうという者は、学者ひと筋でなければならない。僕の心は頭に逆らう。でも、僕は君みたいに『残念だが』などと付け加えはしない」ガロアはかすかな望みを抱いて手紙を結ぶ。「六月一日に会おう。六月の前半にはたびたび会いたいものだ。僕は一五日ごろにドフィネへ発つ」しかし、最終段落でトンネルの先にほの見えた光は、追伸に書かれた最後の言葉によってすぐさまかき消されてしまう。「僕の嫌っている世の中が、どうして僕を汚《けが》すことができるのだろう？」

　ガロアがふたたびオーギュストに会うことはなかった。

　さて、われわれはガロアの物語で最も関心をそそられる部分に到達した――彼の不可思議な死である。まず断っておくが、純粋に数学的な観点からは、つまり群論とその対称性への応用にかんする歴史においては、ガロアがなぜ死んだのかや、だれに殺されたのかという問題は別に重要ではない。しかしこれらの問題を飛ばせば、この際立《きわだ》った天才の人生についての話は物足りなくなるだろう。とりわけ、解けなかった方程式をめぐる大河小説《サーガ》において、ふたりの主要登場人物――アーベルとガロア

――の生涯には、驚くほど似ている点がいくつもあるのだから。ふたりとも、初めは片方の親から教育を受け、有能な教師にあと押しされた。またふたりとも若いころに父を失い、難しいと評判だった同じ問題を解こうとした。だがそれだけではない。彼らは同じ数学の保守勢力（わけてもコーシー）の犠牲になり、異性関係においては惨《みじ》めで（理由は異なるが）、若さの盛りで非業の死を遂げた。ただしアーベルの死をめぐる状況は、ほぼ一部始終がわかっているのに対し、ガロアの死は、謎と論議と臆測のベールに包まれている。この――なんと言おうか――対称性の欠如が私はとても気になった。そこで、精一杯の時間と労力を費やし、ガロアの人生のあらゆる側面について、なかでも彼の死について、あえて調べてみることにした。私は最善を尽くしてくまなく調べあげ、見つけた資料を片っ端から読み、ゆかりのある場所をほとんど訪ねた。その結果が努力に見合っていることを願うばかりだ。

不可解な死

五月二五日から、五月三〇日の運命の朝――拳銃による決闘で相手と対峙したとき――までのあいだ、ガロアの行動についてわかっている事実はわずかしかない(23)。決闘前夜の五月二九日、彼は三通の手紙をしたためた。一通めは「すべての共和主義者へ」宛てた詫び状だ。

僕が祖国のためではなく死ぬことについて、国を愛する同志諸君はどうか責めないでほしい。僕は忌まわしい浮気女とふたりの手先の犠牲となって死ぬ。恥ずべきゴシップにまみれて、僕の命の灯は消えるのだ。ああ！　なぜこんなろくでもないことのために、くだらないことのために、死ななければならないのだろう！

天に誓って言うが、僕はあらゆる手を尽くして挑発をかわそうとしたものの、無理やり強いられて仕方なく応じた。冷静に聞く耳をもたない男たちに破滅のもととなる真実を述べたことを、今は悔やんでいる。だがもう真実を語ってしまった。僕は、嘘偽りがいっさいない、愛国者の血による無垢の良心を墓場までもって行く。
アデュー《さようなら》！　社会のためにとの思いがあったから、僕は生きてきた。僕を殺す者たちを許してやってくれ。彼らは信義のある連中なのだから。

キリストが磔《はりつけ》にされたときの言葉（「彼らをお赦しください。自分が何をしているのか知らないのです」［『聖書』（新共同訳、日本聖書協会）より引用］）(24)を思わせる最後の言葉は、母親から受けた宗教教育の名残を示している。それ以外の点では、ステファニーの手紙とともに額面どおりに受け取るなら、浮かび上がる事情はかなり明白だ。言葉か行為によってガロアはその若い女性を傷つけ、彼女のふたりの「手先」が決闘を挑んだのだ。ガロアはふたりの「信義のある」男に恨みがあったわけではなく、ひたすら自分が正直だったことを後悔している。「無理やり強いられて仕方なく応じた」という言葉には、権威に譲歩し屈した気配がうかがえる。この重要な点には、のちほど立ち戻ることにしよう。

次に、ガロアはふたりの共和主義者の友人、N・L（ほぼ確実にナポレオン・ルボン）とV・D（ほぼ確実にヴァンサン・ドローネー）に宛てて手紙を書いた。

親友たちへ
僕はふたりの愛国者から［決闘を］挑まれた……断ることはできない。
君たちのどちらにも知らせなかったことを許してほしい。だが相手が、愛国者のだれにも知らせぬよう、名誉にかけて誓わせたのだ。

君たちに頼む仕事は単純だ。あらゆる和解の手だてが尽きたのちに、意思に反して闘ったことを示してほしい。そして、たとえ今回のようなつまらないことにさえ、僕が嘘をつけるかどうかを話してほしい。

僕を忘れないでくれ。祖国が記憶してくれるほど長い人生を、運命は僕に与えてくれなかったのだから。

僕は君たちの友として死ぬ。

この気が滅入りそうな手紙をやはり額面どおりに受け取れば、もうひとつ重要な情報が明らかになる。相手は「愛国者」、すなわち現役の共和主義者であるということだ。そして、「断ることはできない……相手が、愛国者のだれにも知らせぬよう、名誉にかけて誓わせたのだ……意思に反して闘った」というくだりから、ガロアが権威に屈したという印象もさらに強まる。ガロアはまた、「僕が嘘をつけるかどうかを話してほしい」と語り、自分の正直さを懸命に訴えている。

三通めの、科学の観点から最も重要な手紙には、ガロアの数学的遺産が含まれている。[25] 大親友オーギュスト・シュヴァリエに宛てたこの非常に長い手紙には、ポアソンとラクロアに拒絶された有名な論文の簡潔な要約に加え、ほかの成果も記されている。

親愛なる友へ

僕は解析学でいくつか新しい発見をした。ひとつめは方程式論にかんすることで、そのほかは積分関数にかんすることだ。

方程式論において、僕はどのような場合に方程式が根号を用いて「公式によって」解けるのかを研究してきた。それにより、この理論がより深みのあるものとなり、根号では解けない場合にも方程式に施しうるすべての変換を記述できるようになった。

これは全部で三本の論文になる。


続いてガロアは、今日「ガロア理論」として知られるものの概要を説明し、アカデミーに提出したもとの原稿の内容に新しい定理をいくつか加えている。さらに終わりのほうには、「親愛なるオーギュスト、君も知っているように、僕が探求してきたテーマはこれらだけではない」とある。それからもういくつかのトピックについて簡潔にまとめ、悔しそうに締めくくる。「もう時間がないし、僕の考えはその領域については十分に展開できていない――なにしろ広大な領域なのだ」

手紙の最後でガロアは、アーベルと同じように、ドイツの数学者ヤコービの判断を頼りにしている。「これらの定理の正しさではなく重要性について、ヤコービかガウスの意見を公《おおやけ》に求めてほしい。その後、だれかがこの乱雑な原稿を読み解くのは有益だと気づいてくれることを願おう。心をこめて君に抱擁を」あとひとつだけ、やり残していることがあった――原稿そのものを多少とも理路整然とさせることだ。ガロアは自分の数学論文に目を走らせ、土壇場で修正とコメントをいくつか加えた。そんなコメントのひとつ(図66)に、彼が残したうちで最も印象的で痛ましい言葉がある。"Je n'ai pas le temps"――「時間がない」

決闘は、一八三二年五月三〇日の早朝、ジャンティィ(現在のパリ一三区にある)のグラシエ沼の近くでおこなわれた。事件の正確な経緯《いきさつ》はわかっていない。検死報告書によれば、ガロアは右側から腹部を撃たれた。弾丸は、腸を何カ所か貫いて、左の臀部《でんぶ》にとどまっていた。以後のことははっきり

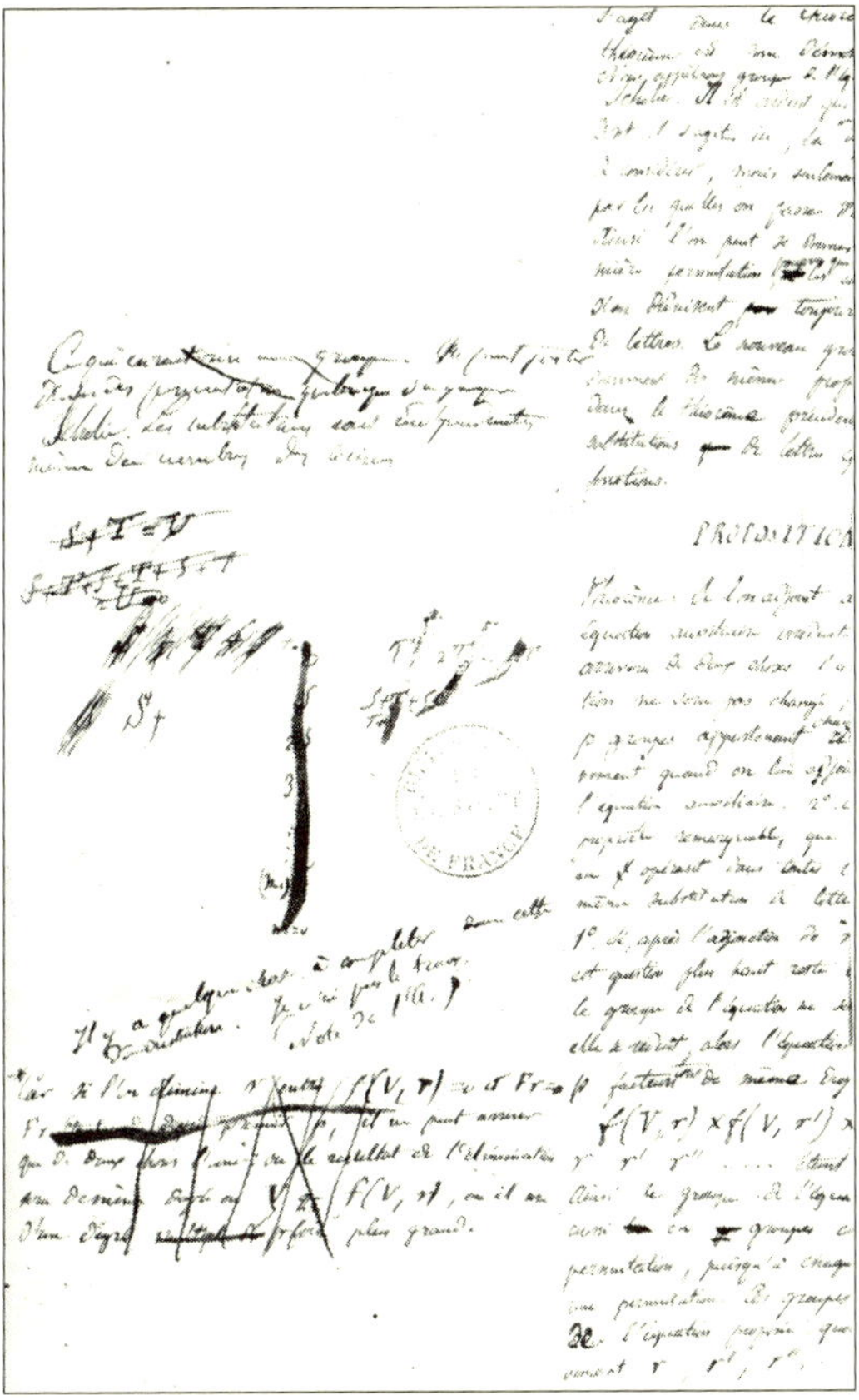

図 66

図 67

しない。立ち会った者たちは、そのまま去ったのか？　それとも、ガロアを病院に連れて行ったのはそのひとりだったのか？　コシャン病院の記録では、ガロアは午前九時三〇分にかつぎ込まれ（図67は、一九世紀末における病院の玄関と病棟のひとつ）、聖ドニ棟の六番ベッドに寝かされた。ガロアのいとこガブリエル・ドマントがだいぶあとにした話によれば、病院に運んだのは通りすがりの農民だったというが、ガロアの元級友ピエール・ポール・フロジェルグが《マガザン・ピトレスク》紙に書いた記事では、この親切な人物は「退役軍人」となっている。弟のアルフレッドは、身内でただひとり知らせを受け、病院に駆けつけた。治療に当たった外科医のドニ・ゲルボアには、最期が近いとすぐにわかったが、それは兄弟とて同じだった。まだ意識のしっかりしていたガロアは、司祭による臨終の儀式を拒否した。[26]涙ぐむアルフレッドに、ガロアは慰めの言葉をかける。「泣くんじゃない。二〇歳で死ぬにはありったけの勇気がいるんだ」エヴァリスト・ガロアは五月三一日の午前一〇時に息を引き取り、死亡証明書は

— *Un duel déplorable* a enlevé hier aux sciences exactes un jeune homme qui donnait les plus hautes espérances, et dont la célébrité précoce, ne rappelle cependant que des souvenirs politiques. Le jeune Evariste Gallois, condamné il y a un an pour des propos tenus au banquet des Vendanges de Bourgogne, *s'est battu* avec un de ses anciens amis, tout jeune homme comme *lui*, comme lui membre de la société des Amis du Peuple, et qui avait, pour dernier rapport avec lui, d'avoir figuré également dans un procès *politique*. *On dit que* l'amour a été la cause du combat. Le pistolet étant l'arme choisie par les deux adversaires, ils ont trouvé trop dur pour leur ancienne amitié d'avoir à viser l'un sur l'autre, et ils s'en sont remis à *l'aveugle décision du sort*. A bout portant, chacun d'eux a été armé d'un pistolet, et a fait feu. Une seule de ces armes était chargée. Gallois a été percé d'outre en outre par la balle de son adversaire; on l'a transporté à l'hôpital Cochin, *où il est mort* au bout de deux heures. Il était âgé de 22 ans. L. D., son adversaire, est un peu plus jeune encore.

図68

六月一日に署名された[27]。その死はほとんど注目されなかった。五月三一日付けの《ビュルタン・ド・パリ》紙は「ルガロアの死亡」と誤報している[28]。〈人民の友〉と関係が深かったリヨンの新聞《ル・プレキュルシュル》は、六月四日・五日号の紙面に次のような記事を載せた（図68）。

パリ、六月一日――昨日、嘆かわしい決闘により、将来をきわめて嘱望されていた青年が精密科学［訳注：数学や物理など、定量的に議論できる科学のこと］の世界から奪われた。しかしながら、彼が年のわりに早くから名を知られていたのは政治活動のためだった。ヴァンダンジュ・ド・ブルゴーニュで乾杯の音頭をとって一年の刑を申し渡された若きエヴァリスト・ガロアは、旧友のひとりと闘った。その友人もガロアのように若く、また同じく〈人民の友〉のメンバーで、やはり政治裁判で有名になっていた。争いの原因は恋愛関係のもつれだと言われている。武器として拳銃が選ばれたが、ふたりは長年にわたる友誼《ゆうぎ》から、互いに狙いをつけるのは耐えがたかったので、盲目的な運命に決定を委《ゆだ》ねた。至近距離で両者は銃を構え、発砲した。弾《たま》が込められていたのは、片方の銃だけだった。相手の撃った弾がガロアの体を深々と貫いた。ガロアはコシャン病院に運び込まれ、二時間後に死亡した。二二歳だった。相手のL・Dは、さらに少し年下である。

自分の知っている出来事をマスコミが報道する場合にありがちなように、この記事には不正確なところがいくつもある。たとえば、決闘は五月三〇日におこなわれたのであって、三一日ではない。検死報告書によれば、銃は「至近距離」ではなく、二五歩の距離から撃たれた。ガロアは二時間後ではなく、翌日に亡くなった。彼は「一年の刑を申し渡された」のではなく、刑は六カ月だった。それに二二歳ではなく、まだ二〇歳だった。したがって、この記事にある残りの情報も割り引いて受け取らなければならない。この報道が首都から遠く離れたリヨンでなされていることを考えれば、なおさら用心してかかるべきだ。それでも相手にかんする詳しい説明をそのまま受け止めるとしたら、あてはまるのはだれだろう？　答えは簡単だ。デュシャトレである。デュシャトレは確かにガロアより少し年下だったし、ポン・ヌフでガロアとともに逮捕され、ガロアの直前に裁かれた。だがデュシャトレのファーストネームはエルネスト（Ernest）なのに、記事ではイニシャルが「L・D」となっている。

考慮すべき証拠がもういくつかある。第一に、ガロアのいとこガブリエル・ドマントが、ガロアの伝記を最初に著《あらわ》したポール・デュピュイにこんなことを書き送っている。ガロアが最後にステファニーと会ったとき、「叔父を名乗る人物と婚約者を名乗る人物」が一緒にいて、ふたりとも決闘を挑んだ、と。ガロア自身、このふたりの男について事あるごとに（「すべての共和主義者たちへ」の手紙と友人たちへの手紙の両方で）話題にしている。すると、真実を明かそうとするなら、ひとりだけでなくふたりの相手を割り出さなければならない。

第二に、作家のアレクサンドル・デュマ（父）は回想録で、ガロアの乾杯をめぐる出来事について語っているが、その際ガロアを殺したとしてペシュー・デルバンヴィル（Pescheux d'Herbinville）の名を挙げていることを思い出してほしい。通常、「D」は「d'Herbinville」のイニシャルとは見なさないものだが、一九世紀の綴りの慣行や流儀では、それぐらいはしてもかまわない。じっさいステファニーの姓は「du Motel《デュ・モテル》」とも「Dumotel《デュモテル》」とも綴られる。エヴァリストの母方の苗字さえ、「de《ド・》 Mante《マント》」から「Demante《ドマント》」に変わっている（付録8）。ペシュー・デルバンヴィルは、ガロアとともに裁判にかけられてはいないが、「一九人の裁判」では被告のひとりだった。

最後の証拠として、警視総監のアンリ＝ジョゼフ・ジスケ（一七九二～一八六六）は、一八四〇年に書いた回顧録で、ガロアは「友人に殺された」と記している。[29]

では、すべてを考え合わせるとどうなるだろうか？

ガロアをめぐる陰謀説

ガロアの伝記を著した相当多くの作家が、ガロアは政敵に殺されたと結論づけている。一部の作家は創意に富む筋立てに陰謀まで取り入れ、「忌まわしい浮気女」は実のところ娼婦、あるいは囮《おとり》を演じた謎の警官だったと推定した。これは驚くにあたらない。アルフレッド・ガロアまでも、一生を通じて、自分の兄は国王が擁する秘密警察の犠牲になったと信じていた。だが、そのような陰謀説に対し、納得のいく証拠はあるのか？　あまりない。このような現実離れした説明のほとんどは、「忌まわしい浮気女」がステファニー・デュ・モテルと断定される以前に生み出されたものだ。ステファニーの身元を明らかにした「科学捜査」は、意外な探偵――ウルグアイの司祭――によっておこなわれている。モンテビデオ大学のカルロス・アルベルト・インファントッシは、大変な執念の持ち主だった。まず彼は、拡大鏡と特殊な照明を使い、ガロアの手稿の消し跡からステファニーの名前と署名を探り当てた。それから古文書を丹念に調べ、彼女の父親の名前ジャン・ルイ・オーギュスト・ポトラン・デュ・モテルと、フォルトリエの保養所にあったデュ・モテル一家の住所を見つけ出した。ステファニーが娼婦でも警官でもないことはほぼ間違いない。彼女は結局、言語学の教授オスカル・テオドール・バリュと一八四〇年一月一一日に結婚した。何人かの伝記作家は、このインファントッシの調査からステファニーの父が医者だったと推測しているが、そうではなく、実はナポレオン皇帝軍の元士官で刑務所機構の監査官だった。彼は、娘の結婚以前に他界している。ステファニーの弟ウジェーヌ・P・ポトラン・デュ・モテルは医者になったが、ステファニーとガロアとの「色恋沙汰」があったころはまだ一六歳だった。ガロアにまつわる文書をだれより徹底的に調べたと思われる研究者、ジャン＝ポール・オフレーは、別の興味深い事実を発見した。保養所にその名がついたドニ・ルイ・グレゴワール・フォルトリエは、国民軍の元指揮官だったのである。ステファニーの父の死後、ポトラン・デュ・モテル家と付き合いが深かった彼は、ステファニーの母と結婚した。まもなくわかるが、これがパズルを埋める重要な断片《ピース》となるかもしれない。

　あなたは思うかもしれない。なぜアルフレッド・ガロアは、兄が警察に殺されたと言い張ったのだろう、と。そこで、当時一八歳だったアルフレッドが、兄を限りなく崇拝していたことに思いを至らせなくてはならない。アルフレッドにとって、兄は、ひ弱で目先のことしか考えないところがあるものの天才で勇敢だったので、決闘に巻き込まれるというのはあまりに不当なことで、卑劣な行為がからんでいないわけはなかった。ガロアの伝記を最初に著したデュピュイは、一八九六年に公表した詳細な記述のなかで、アルフレッドの断言（ガロアが初め空に向けて発砲したというなんの根拠もない主張も含めて）にはことごとく「ロマンチックな作為を感じる」と言い切った。現在ブリン・マー・カレッジにいる物理学者で著作家のトニー・ロスマンも、同様の結論に達している。あまたの伝記を一九八二年に徹底して調べ（またさらに研究をおこない）、「ベルやホイルやインフェルト［みなガロアの伝記作家］の話は、複雑怪奇とは言わないが、装飾が過ぎる」と判断しているのだ。まったく同感である。

だがもうひとつ、真剣に検討すべき陰謀説がある。イタリアの数学者で数学史家でもあるラウラ・トティ・リガテリは、ごく最近、とりわけ詳細なガロアの伝記を著しており、有名な決闘は実のところ本物の決闘などではなかったとの説を打ち出している。むしろ、気落ちして絶望したガロアが、共和主義の大義のためにみずから犠牲になることにしたという。共和主義者たちが、反乱を起こすために骸《むくろ》を必要としていたところへ、ガロアがわが身を差し出した――つまり、決闘は完全に仕組まれたものだったというわけである。トティ・リガテリの推理は広範な調査の結果であり、なかでも、警視総監ジスケと部下の密偵のひとりルシアン・ド・ラ・オッドによる文書の検討にもとづいている。

なるほどトティ・リガテリの説は魅力的だが、私としてはそれほど納得できるものとは思えない。自説の筋を通すため、彼女は、ガロアが最後の三通の手紙を「自分の死にまつわる真相をだれも疑わないようにするために」でっち上げたと主張せざるをえなくなっている。これは、つねに自分の見たままの真実にこだわるガロアの性格からするとまるで合わないばかりか、陰謀説そのものとも矛盾している。人々を煽動して確実に革命を起こすには、自分の死を警察のせいにする手紙のほうが、はるかに有効だったはずだ。トティ・リガテリのシナリオをつぶさに眺めると、ガロアがみずからを犠牲にしたとする最大の証拠は、彼女の言葉を借りれば、ガロアが「すべての共和主義者たちへ」の手紙とルボンおよびドローネーに宛てた手紙で、自分は「確実に死ぬと言っていること」だとわかる。しかし、絶望に打ちひしがれた二〇歳のロマンチストが決闘前夜に書いた別れの手紙に、ほかに何を期待できるというのか？　さらに、まもなく論じるが、相手の少なくともひとりは、この若い数学者よりもずっと拳銃の扱いに習熟していたと考えられる根拠もある。ならば、確実に死ぬとガロアが予想していたのも、至極《しごく》もっともだ。では、だれがガロアを殺し、なぜ彼は殺されたのだろう？

ロマンチストの死

集まった証拠から、決闘が実際にあった点にほぼ疑問の余地はない。これが事件の裏に女あり、の典型的な例であることを示す手がかりもいくつかある。無神経な言葉か衝動的な行動か、とにかくガロアはその少女を傷つけ、彼女はすぐさまそのことをふたりの男に話した。そしてふたりの「手先」に問い詰められたとき、ガロアはこの一件を「恥ずべきゴシップ」と呼ぶ過ちをしでかし、傷に塩を塗った。これが破滅的な結果を招いたのだ。ふたりの男はステファニーの名誉を守るべく、即座に決闘を挑んだ。このふたりの男はだれだったのか？　ガロア自身の手紙から、ふたりとも共和派の「愛国者」だったとわかる。さらにその文面から、少なくともひとりは、ガロアが屈さざるをえなかったほどの権威を有する立場にあったこともうかがえる。ステファニーの父ジャン・ルイ・オーギュスト・ポトラン・デュ・モテルはナポレオン皇帝軍の元士官で、保養所の所有者ドニ・フォルトリエは国民軍の元指揮官だったのだから、ふたりとも求める人物像に合う。一方、フォルトリエはもうひとつの証拠の断片《ピース》とも合致する。ガロアのいとこが、相手のひとりを「叔父を名乗る人物」と述べていた。フォルトリエはステファニーの家族と親しくしており、のちに彼女の母と結婚したわけだから、この説明にぴったり合う。もうひとりの相手の素性については、どうもはっきりしない。オフレーは、最近出版された綿密な調査にもとづくガロアの伝記で、ふたりの男はステファニーの父とフォルトリエだったのではないかと言っている。これは、いとこの（「婚約者を名乗る人物」についての）証言も《ル・プレキュルシュル》紙の記述も無視しており、私には受け入れがたい。《ル・プレキュルシュル》紙の記事には間違いが多いが、その手の報道にはありがちなことだ。それでも、ガブリエル・ドマントの「婚約者を名乗る人物」という説明と、新聞の記述とを考え合わせると、若い恋人という線が浮かび上がる。だがそれはだれなのか？

　古文書学校《エコール・ド・シャルト》の学生でガロアの友人でもあったエルネスト・アルマン・デュシャトレが、この条件を最もよく満たしている。警視総監のジスケも、ガロアが「友人に殺された」と証言していることを思い起こそう。ただ、デュシャトレがフォルトリエの保養所にいたことがあったとする証拠は見つからなかったことを、私は認めなければならない――ガロアが保養所に移される数カ月前に、デュシャトレは釈放されているのだ。しかし、政治犯はたいてい仮釈放中にそうした「健康の家」に入れられたため、デュシャトレがガロアの来る前にそこにいた可能性はある。しかもガロアは保養所で訪問者との面会が許されており、じっさい友人のオーギュスト・シュヴァリエが会いに来ている。デュシャトレも訪ねて来たと考えても無理はないだろう。さらに、（新聞に書かれた）友誼あるふたりが互いに狙いをつけたがらなかったことや、片方の銃にだけ弾を込めて盲目的な運命に決定を委《ゆだ》ねたことは、ふたりの性格にもしっくり合う（原注も参照[30]）。

　相手がペシュー・デルバンヴィルだった可能性はあるだろうか？　あまりない。彼は新聞の説明とは合致しないし、ステファニーと出会う機会は、あったとしてもごくわずかだった（まったく違う高貴な家柄だったので）。それに同性愛者だった可能性すらある（デュマがデルバンヴィルについて、それとなく匂わしているように）。ならば、デュマは一体なぜデルバンヴィルの名を挙げたのだろう？　それはわからないが、デュマはいろいろな折にそうした細かい点で間違っていたことが知られている。[31] だから彼が、若い共和主義者を別の人物と取り違えたとしても、驚くにはあたらないだろう。

私としては、ガロアのふたりの相手はデュシャトレとフォルトリエだったと提唱したい。[32] これでついに、だれがなぜガロアを殺したのかという二〇〇年近くに及ぶ謎に決着がついたのだろうか？ そんな気もする。私は、フォルトリエとデュシャトレのふたりが既知のすべての事実に合うと確信しているが、信頼できる情報はほとんどないため、今後新たな証拠が出てこないかぎり、多くのあいまいさが残るだろう。

図 69

ふたりの相手の正体にかんする私の結論が正しいとすると、決闘当日の出来事として次のような光景が浮かんでくる。一八三二年五月三〇日の朝、ガロアとデュシャトレは二五歩の距離で向かい合い、フォルトリエは自分の番を待っていた。ロシアンルーレット形式の手順に従い、たまたまデュシャトレが弾の込められた拳銃を手に取り、ガロアを撃った。

検死報告書からは、もうふたつ興味深い情報が明らかになる。まず、ガロアは横から撃たれたが、本来なら当たる可能性を最小限に抑える完全な横向きには立っていなかった。[33] ガロアは生きようとは思っていなかったのだろうか？　彼の心理状態を考えると、それもありえなくはない。なにしろ、ガロアの悲観的な見方では、自分の一生はこんなふうにまとめられたのだから――エコール・ポリテクニーク受験を二度も失敗し、三本の論文がアカデミーから拒絶され、二度も監獄に入り、片思いで失恋した。事実、世を去る少し前に、ガロアは自分を巻き毛のリケ《リケ・ア・ラ・ウップ》（図69）として描いている。リケは、背中にこぶのある架空の小男で、非常に知恵があり女性に親切だったが、まわりからは馬鹿にされた。[34] 一七世紀の物語では、リケは、ある若い女性の愚かさを治して最後には彼女の心を射止めるという、『美女と野獣』のような変身の象徴となっている。悲しいかな、ガロアの現実の人生には、そんな幸運はなかった。検死報告書からわかる興味深い情報のふたつめは、ガロアの頭に、おそらく倒れたときにできたと思われる大きな打撲傷があったと書かれていることだ。頭を打って気絶し、死んだと思われたのであれば、ガロアの伝記を著した多くの作家を悩ませた事実――決闘の現場にいた者たちが（全部ではないとしても）そのまま去ったこと――の説明になるかもしれない。それにフォルトリエが相手のひとりだったとすれば、多くの研究者の興味をそそってきた別の謎――なぜ立会人のひとりがガロアを病院に連れて行かなかったのか――も解ける。私の提唱するシナリオでは、「退役軍人」だったフォルトリエが、実はガロアをコシャン病院に運んだ本人だった可能性もある。なお、ガロアの頭から父親の思い出がずっと離れなかったらしいことをうかがわせる、こんな奇妙な事実もある。病院で住所を訊かれたガロアは、ニコラ＝ガブリエルが自殺を遂げたパリの住所、サン・ジャン・ド・ボーヴェ通り六番地と答えたというのである。

没後の名声

ガロアの葬儀は六月二日の土曜日に執《と》りおこなわれた。友人、〈人民の友〉のメンバー、法学生・医学生の代表など数千人が参列し、〈人民の友〉の指導者だったプラニオルとシャルル・ピネルが熱のこもった追悼演説をおこなった。共和主義者たちが葬儀を利用して暴動を起こそうと企んでいたとしても、その計画は事態の意外な展開によって立ち消えになった。警視総監のジスケは、前の晩に予防措置として三〇人ほどの共和主義者を拘束していたが、葬列にも厳しく目を光らせていた。彼の回顧録にはこうある。(35)

六月二日、二〇〇〇ないし三〇〇〇人の共和主義者がルガロア［ガロアの綴り間違い］の葬列に連なった。戻って来たところでバリケードを築くつもりだったのである。ところが彼らはラマルク将軍［ナポレオン皇帝軍の有名な将軍］の逝去《せいきょ》を知り、そのニュースと将軍の葬儀(36)に集まる人々を利用できることにすぐさま気づいた。そこで計画は変更され、暴動開始の合図は、皇帝軍将軍すなわち愛国者代表の柩《ひつぎ》となった。このため反乱は五日まで延期されたのである。

こうして運命のいたずらは、死んで暴動を起こさせる機会さえガロアから奪ってしまった。悲嘆に暮れたオーギュスト・シュヴァリエが記した短い追悼文は、一八三二年九月に雑誌に掲載されている。

幸いにも、神はガロアの数学的遺産に対してはもっと寛大だった。ふたりの根気強い青年、ガロアの弟アルフレッドと友人のオーギュスト・シュヴァリエが、エヴァリストの過去や数学論文が忘れられないようにする仕事に乗り出したのだ（図70はガロアの肖像画。アルフレッドが一八四八年、記憶を頼りに描いたもの）[37]。ふたりは骨身を惜しまず、論文を一枚一枚集め、すべての原稿の目録を作り、できあがった貴重な宝物を数学者のジョゼフ・リウヴィル（一八〇九～八二）に送った。リウヴィルは手放しで絶賛し、一八四三年に科学アカデミーでの講演をこう切り出した。「エヴァリスト・ガロアの論文のなかに、素数次の既約方程式〔訳注：それ以上単純な多項式の積に分解できない方程式のこと〕が根号を用いて解けるか否かを決定する美しい定理として、厳密かつ深遠な答えを見出したことをここにお知らせし、みなさんに関心を抱いていただきたいと思います」リウヴィルは、一八四六年、自分の発行する雑誌にその論文を発表し、「ガロアの証明法、とりわけ［方程式の可解性にかんする］この美しい定理が、十分に厳密であることがわかった」と世界に宣言した。まもなく、次々と評価の声が上がるようになる。ガロアが信頼を寄せていたヤコービは、忠実に自分の仕事をした。《リウヴィル》誌でガロアの論文を読んだ彼は、超越関数にかんするガロアの研究成果がもっと見つからないかと、すぐさまアルフレッドに連絡を取った。やがて一八五六年になるころには、フランスとドイツでガロア理論が代数学の上級講座に取り入れられていた。

図70

ガロアを放校処分にした学校も、ついに態度を変えた。創立一〇〇周年を祝うにあたり、エコール・ノルマルは、ノルウェーの著名な数学者ソフス・リー（一八四二〜九九）に、ガロア理論が数学史に与えた影響をまとめた小論を書いてほしいと依頼したのである。リーはその文章を次のように締めくくっている。「これまでになし遂げられた最大級の発見のふたつ（アーベルの定理とガロアの代数方程式の理論）が、ひとり——アーベル——はおよそ二二歳、もうひとり——ガロア——は二〇歳にもならぬ、ふたりの数学者による成果だったことは、数学ならではの特徴をよく示している[38]」大数学

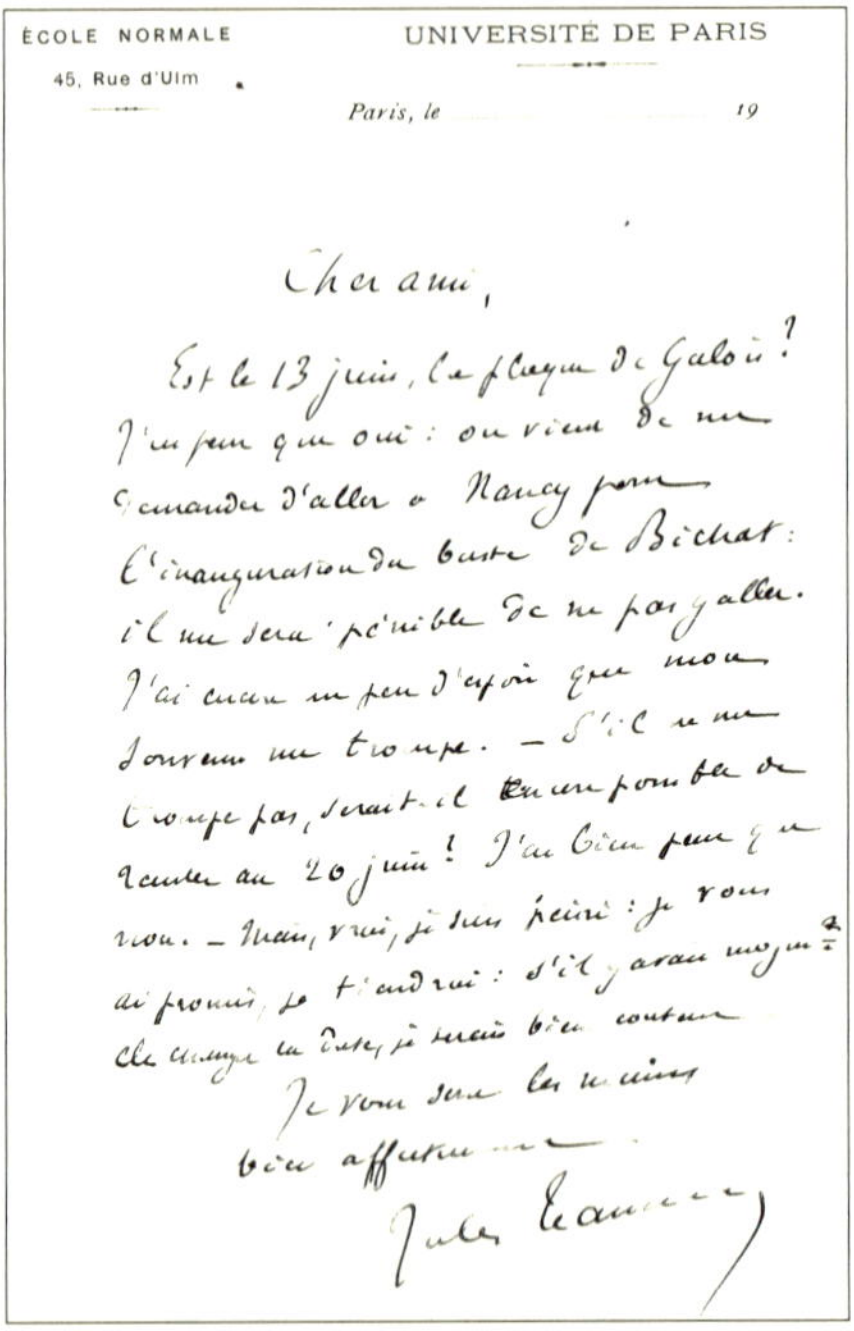
ÉCOLE NORMALE
45, Rue d'Ulm

UNIVERSITÉ DE PARIS

Paris, le 19

Cher ami,

Est le 13 juin, la plaque de Galois?
J'ai peur que oui: on vient de me demander d'aller à Nancy pour l'inauguration du buste de Bichat: il me sera pénible de ne pas y aller. J'ai encore un peu d'espoir que mon souvenir me trompe. – S'il ne me trompe pas, serait-il impossible de remettre au 20 juin? J'ai bien peur que non. – Mais, vrai, je suis peiné: je vous ai promis, je tiendrai: s'il y avait moyen de changer la date, je serais bien content.

Je vous serre les mains bien affectueusement.

Jules Tannery

図71

者エミール・ピカール（一八五六〜一九四一）は一八九七年、一九世紀になされた数学の偉業の数々を評価した際に、ガロアについてこのように言っている。「思考の独創性と奥深さにおいて、彼を凌《しの》ぐ者はいない」

エコール・ノルマルは、一九〇九年六月一三日に完全に方向転換を遂げる。ガロアの生家に記念の飾り板を設置した際、[39]校長のジュール・タヌリーがブール・ラ・レーヌを訪れて特別にスピーチをおこなったのだ（図71はタヌリーからブール・ラ・レーヌ町長への手紙、図72はガロアの生家を示す飾り板）。感情を抑えきれず、タヌリーは過ちを認める感動的な言葉で話を終えた。

図72

> 私は、エコール・ノルマルの校長という立場ゆえに、ここで挨拶を述べる栄誉を与えられました。ガロアは不本意ながら入学し、誤解を受け、追放されましたが、どうあろうと、わが校のひときわ明るく輝く、誇るべき人物にその名を連ねました。本校の名において天才ガロアに謝罪することをお許しいただき、町長殿にお礼申し上げます[40]。

ブール・ラ・レーヌの墓地にたたずんでいると、この誠意ある言葉が私の耳にこだましました。ここではニコラ＝ガブリエルとエヴァリストの追憶が、エヴァリストの短い生涯のあいだに父と子がそうであったように、今日も分かちがたく結びついている（図73）。

しかし、ある方程式が解けるかどうかを明らかにすべく考案されたツールが、いかに巧みなものであっても、どうして世界のあらゆる対称性を記述する言語へと変貌しえたのだろうか？　なにしろ、われわれが対称性を議論するとき、代数方程式が真っ先に頭に浮かびはしないのだから。ガロア自身、自分の理論がどこへ向かうのかよくわからず、こう述べている。「私が提案した一般的命題は、それを応用するだれかが私の著作を念入りに読んだときに初めて完全に理解できるだろう」ここにこそ、群論による統合の魔法がある――「これほど些細《ささい》な発端から、なんと豊かで壮大な考えが生まれうるのだろう」とイギリスの数学者H・F・ベイカーが激賞したゆえんである。ガロアが創始した概念の途方もない包容力を十分に知るために、群と対称性の世界に戻ることにしよう。

図 73

6 群《ぐん》

ガロアは代数学を一変させた。方程式が解けるかどうかを知ろうとしたら、ふつうは単純に解いてみようとするのではなかろうか？ それは間違いだとガロアは言った。解と考えられるものの置換《ちかん》を調べさえすればいいのだ。わかってもいない解の置換がどうして、解ける可能性について何かを教えてくれるというのか？ 置換によって少なくともいくつか新しい情報が得られる可能性があることは、数学以外の世界で昔から知られていた。アナグラム——文字を並べ替えて別の語句を作る操作——がまさにそうだ。GALOIS（ガロア）という名前を例にとろう。二単語のアナグラムを考えると、OIL GAS、GOAL IS、GO SAILなどの組み合わせができる。GALOISの文字で、（意味を考えなければ）何種類の配列が作れるだろうか？ 答えは難しくはないが、単純な例から始めると、一般的なルールを明らかにすることができる。文字AとBでは、ABとBAというふたつの配列が考えられる。A、B、Cの三文字では、置換は六つできる——ABC、ACB、BAC、BCA、CAB、CBAである。ここに現れるパターンは単純だ。A、B、Cの三文字の場合、Aを置ける場所は三つある（最初と二番めと三番め）。Aに対する三つの選択肢のどれについても、文字Bにはちょうどふたつの場所が残され（たとえばAが二番めならBは最初か三番め）、Cには一カ所しか残らない。それゆえ、全部の組み合わせの数は、3×2×1＝6となる。この論理はいくつの対象に対しても当てはまる。GALOISの六文字では、6×5×4×3×2×1＝720通りの組み合わせがあり、対象の種類を任意の数nとすれば、$n\times(n-1)\times(n-2)\times(n-3)\cdots\cdots\times1$の置換が存在する。フランスの数学者クリスティアン・クランプ（一七六〇〜一八二六）は、スペースの節約のため、$n\times(n-1)\times(n-2)\times(n-3)\cdots\cdots\times1$を示す表記$n!$（$n$の階乗）を導入した。つまり、$n$種類の対象による置換の数は、$n!$なのである。

最古の部類に属する置換の研究は、数学書でなく、紀元三〜六世紀にまでさかのぼるユダヤの神秘思想（カバラ）の本に登場する。この『セーフェル・イェツィラー（創造の書）』[1]は、謎めいた小著で、ヘブライ語のアルファベットの文字の組み合わせを調べることによって、天地創造の神秘を解き明かそうとしている。この本（カバラの言い伝えるところによれば、ユダヤの父祖アブラハムが書いたとされる）では一般に、さまざまなカテゴリーの文字が、万物を構成する神授《しんじゅ》の要素になると仮定されている。この趣旨にもとづいて、本にはこう書かれている。「二文字では二個の単語ができ、三文字では六個、四文字で二四個、五文字で一二〇個、六文字で七二〇個、七文字で五〇四〇個の単語ができる」

さまざまな置換やその特性のあいだの関係を明らかにすると、新たに深遠な知見が得られることを理解するには、たとえばGALOISをAGLISOに置換する操作を調べてみればいい。[2]この操作は次のように表せる（第2章で紹介した表記法）。

$$\begin{pmatrix} \mathrm{GALOIS} \\ \mathrm{AGLISO} \end{pmatrix}$$

ここで上〔訳注：訳文では横倒しになっているが〕の行の各文字は、真下の文字に置き換わっている。具体的に言うと、GはAに、AはGに置き換わり、Lはそのままで、OはIに、IはSに、SはOになっている。

同じ操作を二度やったらどうなるだろう？　まったく同じ置換をもう一度おこなうと、AGLISOはGALSOIになることは、簡単に検証できる。では、GALOISから始めて、暴走したコンピュータが同じ操作をたとえば一三二七回繰り返したとしよう。最後に得られる結果を予想できるだろうか？　もちろん、操作をひたすら繰り返せば、なんとか結果を明らかにすることも可能だが、非常に長たらしく、あれこれ間違いを犯しやすい。では、答えを見つける簡単な手だてはあるのか？この問題についてちょっと考えてみてもいい。これを解くと、ガロアの証明の根幹にある置換の興味深い特性が明らかになるのだから。ともあれ、ほどなくその答えをご覧にいれよう。

数学ゲームでは、置換とその特性は、少なくともふたつの非常に有名なパズル――15パズル(3)とルービック・キューブ――にはっきり現れる。

15パズルは、一八七〇年代にアメリカの高名なパズル作家サミュエル・ロイド（一八四一～一九一一）が考案し、しばらく世界じゅうの人をとりこにした。当時、すでにロイドはアメリカ随一のチェス問題の創作者で、いくつかの雑誌にチェスのコラムも書いていた。だが、有名な15パズル以前にも、彼は実に多種多様な数学パズルを発表していた。

15パズルは、1から15の数字の書かれたタイルを4×4の格子に配置したものだ（図74a）。ふつうは、タイルを上下左右に滑らせて、任意の最初の配置から数字の順番どおりの配置に変えることをゲームの目標とする。なかでも大騒ぎを起こした狭義の15パズルでは、最初の配置が、14と15を逆にし

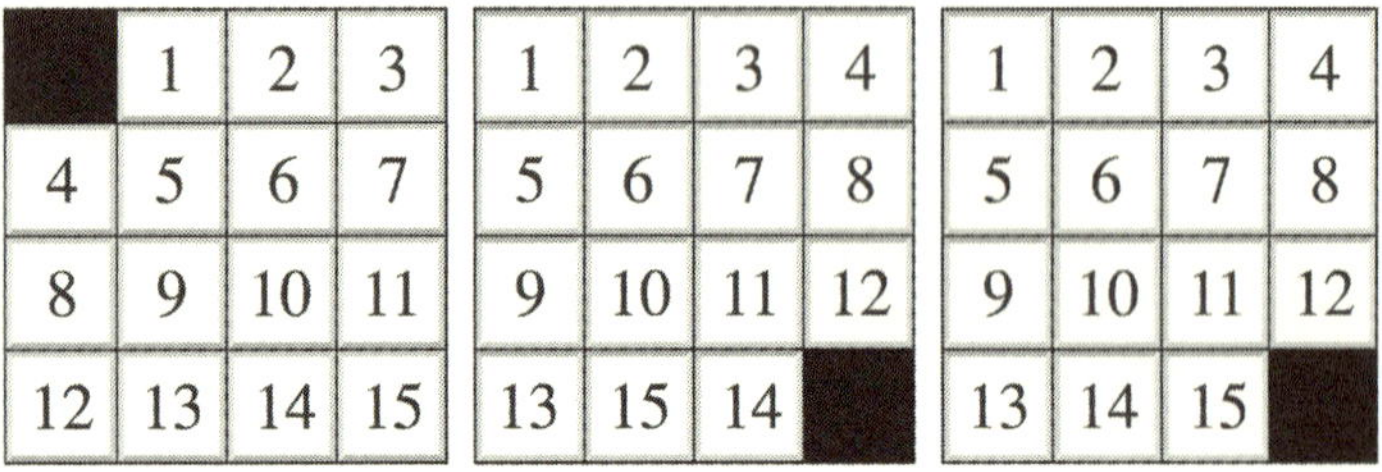

(a)　(b)　(c)

図 74

たほかは順番どおりになっていた（図74bのように）。ロイドは、14と15だけを入れ替える手順を示すことのできた最初の者に一〇〇〇ドルの賞金を与える、と言った。このパズルは空前のブームを起こし、あらゆる階層の人を夢中にさせた。ロイドの息子は、のちに父親の難解なパズルを集めた本（『パズルの百科事典』）を出版しており、世界が熱中したことについて、「農民は鋤《すき》を放り出して」この手ごわいパズルと格闘したと書いている。実を言うと、ロイドには、賞金を払わされる危険がまったくないことが十分わかっていた——パズルを解けないことが証明できていたのだ。ロイドの証明のきもを理解するために、次のような置換を考えてみよう。

$$\begin{pmatrix} 1 & 2 & 3 & 4 & 5 & 6 & 7 & 8 & 9 & 10 & 11 & 12 & 13 & 14 & 15 \\ 1 & 2 & 3 & 4 & 6 & 7 & 8 & 12 & 5 & 10 & 11 & 15 & 9 & 13 & 14 \end{pmatrix}$$

この置換がロイドの15パズルでできる——最初に（図74aのように）数字の順に並んでいれば——ことはすぐにわかる。15パズルが手元になくても、頭のなかで以下の動き——15, 14, 13, 9, 5, 6, 7, 8, 12, 15——（ここに並べた数字は、空所へ移動するタイルの数字を表している）をたどれば、先述の置換になるのがわかるだろう。この置換で、並んだ数字からふたつを取り出して、本来の順番と違っている場合がいくつあるかかぞえてみよう。たとえば、本来の順番なら6は5よりあとになるが、この置換では6と5の順序が逆転している。置換後の行に並ぶ数字を順に取り上げて、逆転を起こしている数をかぞえるとこうなる。

1は逆転を起こしていない　逆転0
2は逆転を起こしていない　逆転0
3は逆転を起こしていない　逆転0
4は逆転を起こしていない　逆転0
6は5より前　逆転1
7は5より前　逆転1
8は5より前　逆転1
12は5、10、11、9より前　逆転4
5は逆転を起こしていない　逆転0
10は9より前　逆転1
11は9より前　逆転1
15は9、13、14より前　逆転3
9は逆転を起こしていない　逆転0
13は逆転を起こしていない　逆転0
14は逆転を起こしていない　逆転0
逆転の総数　12

〔訳注：ここで「逆転を起こしていない」とは、そのあとに並ぶ数字より小さいということ〕

総数12は偶数なので、この置換は「偶置換」と呼ばれる。一方、逆転の数が奇数なら「奇置換」になる。少しばかり試してみれば、ロイドのパズルでできる置換は、本来の数字の順で始めて右下の隅を空所にして終わるかぎり、つねに偶数になることがわかる。数字14と15のペアだけを逆転すると奇置換（逆転1）になるので、どんなにがんばっても本来の順番には戻せない。ロイドには、賞金を払わなくていいという自信があったのである。

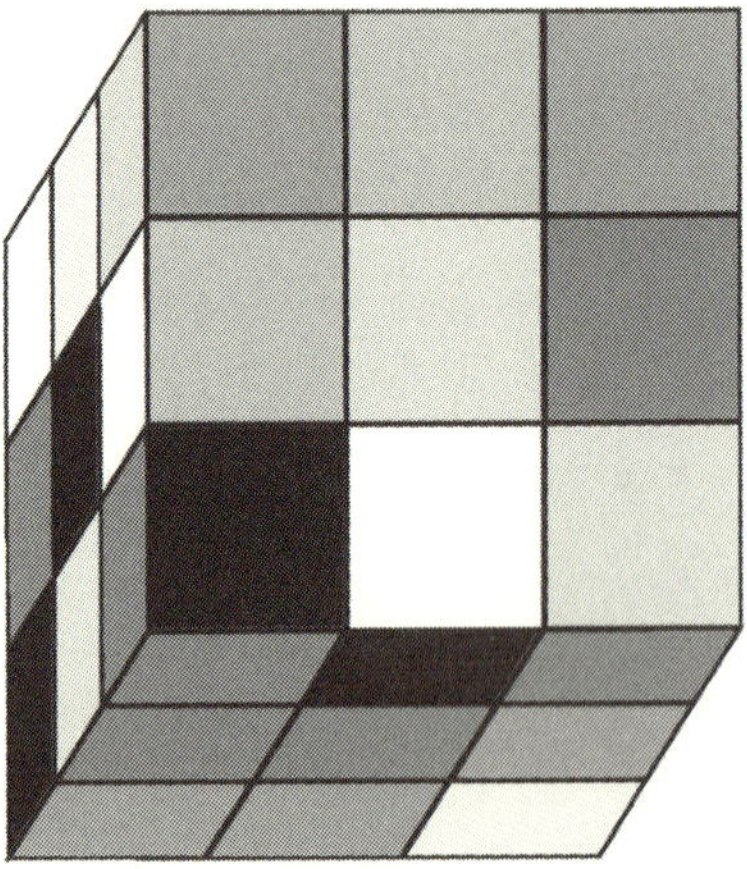

図 75

15パズルに心を惹かれ、実際にそれを手に入れたら、こんなことに挑みたくなるかもしれない。14と15を逆転させた最初の配置（図74b）から始めて、最終的に空所が左上の隅になる配置にするとしたら（図74cのように）、本来の数字の順にできるだろうか？　その答えは付録9に載せた。

ロイドのパズルが登場してから一世紀ほど経って、ハンガリーの建築家エルノー・ルービックが、さらに高度な——そして大変な人気を博した——おもちゃを考え出した。そのルービック・キューブ（図75）は、小さな立方体からなる3×3×3の立体格子だ。小さな立方体の面は六種の色で塗り分けられ、全体の大きな立方体の面はいろいろな方向に回転できるように軸でつながっている。このパズルでは、大きな立方体の各面が一色で統一されるような配置にするのを目指す。ルービックがこの立方体《キューブ》を発明したのは一九七四年で、一九八〇年にはすでに世界的なセンセーションを巻き起こしていた。[4] およそ三年間で、ルービック・キューブの流行は世界を総なめにした。小学生からセレブなオフィスにいる社長まで、だれもがこのキューブと格闘し、より短時間で色をそろえようとした。一九八二年六月五日には、発明者の名誉を称えて、ブダペストで最速完成者を争う第一回世界大会が開催された。[5] それに先だって一九の国でコンテストが開かれ、ブダペストへ行くチャンピオンが選出されていた。世界大会の覇者はアメリカ代表のミン・タイで、なんと二二・九五秒で完成させた。しかも競技に使われたキューブはおろしたてだったので、選手たちの「使い込まれた」ものより回転しにくかったにもかかわらずだ。以後、記録はさらに短くなっている。今これを書いている時点で、デンマークのイェス・ボネが一六・五三秒という最短時間を公式大会で記録している［訳注：二〇〇六年八月には、アメリカのトービー・マオが一〇・四八秒の最短記録を樹立］！ 無数にあるルービック・キューブの類似品を除外したとしても、二億個以上という途方もない数がこれまで世界で販売されている。

ルービック・キューブでできるパターンは 43,252,003,274,489,856,000 通りもあるので、全部のパターンから面の色をそろえてみた人などいないことはわかるだろう。実は、ルービック・キューブの一回ごとの操作は、頂点の置換として表せる。さらに言えば、キューブのパズルの解は、群論の言葉で完全に表現できる。[6] アメリカ海軍兵学校の数学者デイヴィッド・ジョイナーは、ルービック・キューブやそれに似た数学玩具にかんする群論全般の体系化までしている。[7]

この章の冒頭で取り上げたGALOIS-AGLISOのパズルに話を戻すが、同じ変換を一三二七回繰り返して最終的に得られる置換は、どうしたらわかるだろう？ まず、この変換操作では、文字Lが三番めの位置で変わらない点に注意しよう。次に、文字O、I、Sが結果的に「ぐるりと一巡する」ような動きで置換される（図76のように）ことにも気づく。これはバスケットボールでよくや

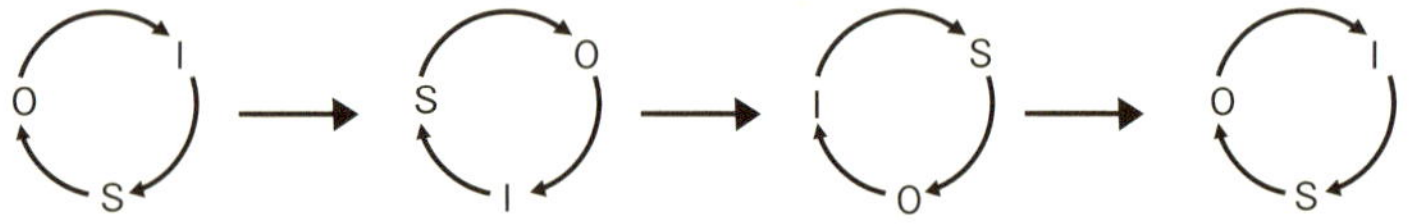

図 76

る練習にも似ている。一列に並んだ選手が、ひとりずつシュートを打っては列の後ろにつくというあれだ。この種の置換は「巡回置換」と名づけられている。巡回置換には、「周期」と呼ばれる決まった回数の操作でもとの順序に戻るという重要な性質がある。図76は、O、I、Sの巡回置換が「周期三」である――三ステップでOISの順序に戻る――ことを示している。GALOIS－AGLISOの操作において気づく第三の点は、文字GとAが入れ替わり、操作二回ごとにもとの順序に戻ることだ。以上の断片的な情報を組み合わせると、この問題の簡単な解法が明らかになる。O、I、Sは三ステップごとに、GとAは二ステップごとに、最初の順序に戻る（そしてLはそのまま変わらない）ので、もとの単語GALOISは3×2＝6ステップごとに再現する（実際に置換を六回繰り返せば確かめられる）。ところで数一三二七は6×221＋1に等しい。これはつまり、一三二六（＝6×221）番めのステップを終えたところで文字列はGALOISとなり、それからもう一ステップでAGLISOになる――これが最終的な単語――ということだ。ここに学ぶべき大事な教訓がある。「置換の性質を調べると、実際に試してみなくても、最終的な結果が確実に予言できるようになる」のだ。これは、ガロアの理論の背後にある基本理念でもあった。彼は、方程式が解けるかどうかについて、解の置換の対称性を調べることによって決定する、巧みな方法を見つけたのである。

　トランプのカードを二回続けて切る（シャッフルする）と、別のシャッフルを一回したのと同じことになるように、置換したあとに別の置換をすると、それらとはまた別の置換を一回したのと同じ結果になる。したがって置換は、群がもつ閉包《へいほう》という必要条件に自動的に従う。「閉包」とは、群の操作によって群のふたつの要素（元《げん》）を組み合わせると、また群の要素が得られることであるのを思い出してほしい。たとえば、正の数すべて（整数も分数も無理数も）の集合は、通常の掛け算の操作において群を形成する。具体的に言うと、任意の正数二個の積がまた正数になるから、閉包という必要条件が満たされるのだ。結局、置換を研究に値する重要な数学的対象と見なしたことで、ガロアは群論の定式化への道を歩みだしたのである。

群と置換

置換と群には密接な関係がある。それどころか、群の概念は置換の研究から生まれたのである。ガロアにとって、これはみずからの鮮やかな証明に道を開く、いくつもの巧みな創案の第一歩にすぎなかった。

第2章で紹介した群の厳密な定義を、ここでもう一度簡単に示そう。「群」は、群の操作にかんする四つのルールに従う要素（元）で成り立っている。一例として、「〜に続けて〜」と定義される操作によって、粘土でできるあらゆる変形の集合を考える。四つのルールとは以下のとおりだ。第一に、群の操作によってどのふたつの元を組み合わせても、やはりその群の元にならなければならない（この性質を「閉包」という）。そして当然だが、粘土の変形に続けてまた変形をすると、別の変形になるにすぎない。第二に、操作は「結合法則」に従わなければならない。つまり、三つの元をある順番に並べて組み合わせる場合、どのふたつを先に組み合わせても結果は変わらないのだ。粘土の変形などの連続的な変換は、自動的にこの法則に従う。第三に、群には現状維持、すなわち、どの元と組み合わせてもその元に何の変化も起こさない「単位元《たんいげん》」がなければならない。粘土の場合、「何もしない」という変形がこれにあたる。最後に、群のいかなる元に対しても、「もとへ戻す」もの、すなわち、ある元と組み合わせて単位元が得られるような「逆元《ぎゃくげん》」がなければならない。粘土のどんな変形に対しても、もとの形状に戻る逆変形が存在する。

では、三つの数1、2、3で可能なすべての置換の集合を考えよう。

$$\begin{pmatrix}123\\123\end{pmatrix}\quad\begin{pmatrix}123\\231\end{pmatrix}\quad\begin{pmatrix}123\\321\end{pmatrix}\quad\begin{pmatrix}123\\132\end{pmatrix}\quad\begin{pmatrix}123\\321\end{pmatrix}\quad\begin{pmatrix}123\\213\end{pmatrix}$$
$$I\qquad s_1\qquad s_2\qquad t_1\qquad t_2\qquad t_3$$

これらの置換を名前で呼べるように、異なる操作のひとつひとつに標識を付けてみた。それぞれの数を自分自身に対応づける恒等変換は、Iで表す。t_1、t_2、t_3の操作はいずれも、ふたつの数の「互換」つまり入れ替えをおこなう一方、三つめの数はそのまま残す。さらに、ふたつの操作s_1とs_2は双方とも「巡回」置換で、数をぐるりと一巡させる。

さて、ふたつの置換操作を続けておこなうとどうなるか見てみよう。どの数がどの数に置き換わるかが問題であって、書かれた順番は関係ないことを思い出してほしい。t_1に続けてs_1というケースを例にとろう。操作t_1によって1は自分自身に変換され、その後のs_1で1が2に変わる。したがって正味の結果は1→2の変換になる。また、t_1によって2は3に置き換わり、その後のs_1で3が1に変わるため、正味の結果は2→1となる。最後に、3は操作t_1によって2に変換され、それから操作s_1によって3に戻る。すると、t_1に続けてs_1をするのはこんな置換になる。

$\begin{pmatrix}123\\213\end{pmatrix}$

これはまさしく操作t_3だ。要するに、記号。が「〜に続けて〜」を表すとすれば、$s_1 \circ t_1 = t_3$ となることがわかったのである（先におこなう操作を必ず右に書くことを思い出してもらおう）。

六種類の置換の組み合わせを網羅した「乗積表」（掛け算表）は左のようになる。

$\circ$	$\boldsymbol{I}$	$\boldsymbol{s_1}$	$\boldsymbol{s_2}$	$\boldsymbol{t_1}$	$\boldsymbol{t_2}$	$\boldsymbol{t_3}$
$\boldsymbol{I}$	I	s_1	s_2	t_1	t_2	t_3
$\boldsymbol{s_1}$	s_1	s_2	I	t_3	t_1	t_2
$\boldsymbol{s_2}$	s_2	I	s_1	t_2	t_3	t_1
$\boldsymbol{t_1}$	t_1	t_2	t_3	I	s_1	s_2
$\boldsymbol{t_2}$	t_2	t_3	t_1	s_2	I	s_1
$\boldsymbol{t_3}$	t_3	t_1	t_2	s_1	s_2	I

ここでたとえば行s_2と列t_3にあたる欄は、$s_2 \circ t_3$ の結果でt_1となる。一見したところ、この表はランダムに見えるかもしれないが、よく見ると重要な事実が明らかになる。「三つの対象の置換をすべて集めたものは群になる」のだ。[8] 表からは、閉包（三つの対象でどのように置換をふたつ組み合わせても、やはり三つの対象の置換になる）も、どの置換にも逆の操作——初めにした置換の効果を「帳消しにする」操作——があることも、見て取れる。ここでは、s_1とs_2が互いの逆元であることが確かめられる。一方のあとに他方の操作をすると、もとの順序に戻るのだ（$s_1 \circ s_2 = I$; $s_2 \circ s_1 = I$）。また、操作t_1、t_2、t_3はどれも自分自身の逆元になる。つまり、これらのどの操作を二回しても現状維持になるのである（$t_1 \circ t_1 = I$; $t_2 \circ t_2 = I$; $t_3 \circ t_3 = I$）。n種類の対象でおこなう$n!$個すべての置換からなる群は、一般にS_nと表される。群に含まれる元《げん》の数を、群の「位数《いすう》」という。三つの対象による置換の群S_3の位数は6に

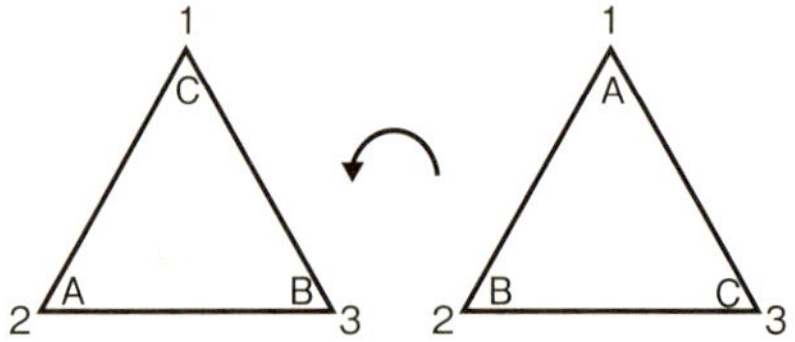

図 77

なる。そうした置換は全部で六個あるからだ。

置換が群になるかどうかをなぜ気にしなければならないのだろう？　それは、歴史的に見てそもそも群の概念を生んだのが置換であるばかりか、置換の群がある意味で群論の中心に位置するものだからである。

置換群が果たす特別な役割を明らかにするために、ふたたび正三角形の対称性を調べてみよう。正三角形を変化させないような対称性が六つあり、それらが恒等変換、一二〇度の回転、二四〇度の回転、三本の軸（二九ページ図9参照）に対する鏡映に対応することを覚えているだろうか。また第2章では、任意の対象がもつ対称性の集合が群になることを見出した。正三角形の対称性の群（対称群）には、三つの対象でおこなう置換の群（置換群）と同数の元がある——どちらも位数が6——ので、これらふたつの群になんらかのつながりがあるのではないかと考えるのももっともだ。しかし、正三角形を反時計回りに一二〇度回転するというのは、実のところ何をしていることになるのか（図77）？　まず頂点Aを位置1から位置2へ移動させている。同時に、頂点Bを位置2から位置3へ、頂点Cを位置3から位置1へ、それぞれ動かしている。結局、この回転は、回転する三角形の頂点にかんする、位置1、2、3の置換に $\begin{pmatrix}1&2&3\\2&1&3\end{pmatrix}$ すぎないと見ることができる。

同じように、残りの五つの対称性はいずれもほかの置換のどれかに対応する——ふたつの群の構造はそっくり同じなのだ！　こうして、群論によって、対称性と置換のあいだに意外にも緊密な結びつきができあがる。この認識が、一八七八年にイギリスの数学者アーサー・ケーリー（一八二一〜九五）が証明した重要な定理の土台をなしている。簡単に言えば、この定理はこんな驚くべき事実を示している。「いかなる群も置換群と同じ型になる」[9]。つまるところ、途方もなく広範なものが群として定義できるが、任意の群と事実上同一の置換群が必ず存在するわけである。数学用語では、三つの対象の置換群と正三角形の対称群のように、同じ構造すなわち同じ「乗積表」をもつふたつの群を、「同型」という。もうひとつ例を示すために、第2章で、人間の容姿《ようし》がもつ対称性の群にはふたつの元がある——恒等《こうとう》変換と鉛直《えんちょく》面に対する鏡映《きょうえい》（後者は左右対称性のこと）——という話をしたのを思い出そう。「〜に続けて〜」という操作に対するこの群の「乗積表」は、（Iが恒等変換、rが鏡映を表すとして）左の（1）のような形をとる（鏡映を二度おこなうともとの姿に戻る）。

ここで、ふたつの数1と−1からなる単純な群を、ふつうの掛け算の操作について調べてみる。この群の乗積表（今度は文字どおり）は上の（2）のようになる。

∘	***I***	***r***
I	I	r
r	r	I

（1）

×	**1**	**−1**
1	1	−1
−1	−1	1

（2）

これらふたつの表をよく見れば、$I \leftrightarrow 1$、$r \leftrightarrow -1$ と対応づけるとまったく同じ構造になることがすぐにわかる。人体の対称性の群は、この二元の掛け算の群と「同型」なのである。

ガロアが「一般的な五次方程式（およびそれより高次の方程式）は公式では解けない」ことの証明に乗り出すためには、置換群の基本概念のほかに、もうひとつ巧みな数学のツールが必要だった。それは「部分群」の概念だ。政党の派閥が時として独立した党になるように、群の元《げん》の部分集合も、それ自体で群となる四つの必要条件（閉包、結合法則、単位元の存在、逆元の存在）をすべて満たすことがある。その場合、この部分集合が部分群と言われる。たとえば二二六ページの置換 I と t_3 は、三つの対象の置換群 S_3 の部分群となる。$I \circ t_3 = t_3$ および $t_3 \circ t_3 = I$（二二七ページの表を参照）であり、これは閉包を意味すると同時に、t_3 も I も自分自身の逆元になるからだ。母群の位数（元の数で、S_3 なら6）を部分群の位数（前記の部分群なら2）で割ると、「組成因子《そせいいんし》」が得られる。今の例では、組成因子は6÷2＝3となる。自然数になるのは偶然ではない。「有限の母群の位数は有限の部分群の位数でちょうど割り切れる」というラグランジュの手になる重要な定理が、必ずそうなることを保証しているのだ。位数12の群に、位数5や7や8の部分群は存在せず、位数2、3、4、6の部分群なら存在する可能性がある。

こうしてガロアは、証明に必要だと思ったすべてのツールを手に入れたが、これらの要素を組み合わせて筋の通った説明を生み出すには、まだ大いなる発想の飛躍が必要だった。そしてこのとき、数学の歴史が刻まれようとしていたのだ。

ガロアの鮮やかな証明

有名なシドニー・ハリスの漫画に、ふたりの科学者が方程式で埋め尽くされた黒板のそばに立っているものがある。ひとりは二本の複雑な方程式のあいだに書かれた「ここで奇跡が起きる」という語句を指差し、絵の下に「この第二段階をもう少しはっきりさせるべきだと思うよ」というキャプションがついている。ガロアの洞察はまさにその奇跡だった。科学の歴史においては、偉大な発見も、たいていは、もとをたどると当時「取り沙汰されていた」問題に行き当たる。そうしたアイデアは機が熟していたのである。たとえばおおかたの物理学者は、有名な式 $E=mc^2$ を導き出した特殊相対性理論をアインシュタインが提案しなかったとしても、そのうちにだれかが同じアイデアを思いついていたとの考えに賛同するだろう。一方、ほとんど「取り沙汰されていた」問題がない――同じ雄大なビジョンはずっとあとでないと現れなかったはずの――顕著な例外は、アインシュタインの一般相対性理論だ。これは、重力が時空の幾何学を反映したものにすぎないとする考えである。質量をもつ物体は、周囲の時空を歪《ゆが》ませる。重いボウリングの球がトランポリンをたわませるのと同じように。太陽のまわりを運動する惑星はカーブした軌道を描くが、これは摩訶不思議な引力によるのではなく、この歪みのためなのだ。このアイデアは宇宙の構造の認識に大革命を起こしたので、アメリカの有名な物理学者リチャード・ファインマン（一九一八～八八）はかつてこう語っている。「いまだに彼がどうやって思いついたのかわからない」。一般相対性理論の最初の論文が出てから九〇年経った今でも、アインシュタインの直感は驚異と言える（一般相対性理論の話は第7章でまたしよう）。

　多くの数学者は、ガロアのことを考えるときに、これと同じような畏敬の念を覚える。イリノイ大学のジョーゼフ・ロットマンは私にこう言った。「ガロアが群の概念を編み出したのは、天才的なひらめきだ。なにしろ、同じころ累乗根《るいじょうこん》によって可《か》解性《かいせい》の問題に取り組んでいた大数学者アーベルも、群論は思いつかなかったのだから。じっさいコーシーだけが、一八四〇年代にフランスへ戻ってからガロアの業績の真価を認めたらしく、コーシーが熱心に群論を研究したおかげで、群論はほかの数学の分野にも使われるようになった」さらにオックスフォード大学の代数学者ピーター・ニューマンは、こんな話をしてくれた。「ガロアは群そのものの理解に素晴らしい洞察を与えたが、それに劣らず素晴らしかったのは、群を方程式論に応用する手だてを明らかにしたことだ——これが最終的に、現在ガロア理論と呼んでいるもの（つまりは現代の方程式論）を生み出した」

では、ガロアはどのように自分の考案した命題を証明したのだろうか？ その証明の要点だけでもやや専門性が高いが、彼のもつ抜群の創造性を垣間《かいま》見《み》るまたとない機会となるので、理解に努める価値は間違いなくあるだろう。この証明の論理的なステップをたどるのは、交響曲を作曲しているさなかのモーツァルトの心の迷宮をたどるのにも似ている。

その証明には重要な要素が三つあり、どれも独創性と想像力がずば抜けている。[10] ガロアはまず、どんな方程式にも「対称性の横顔」——その方程式の対称性を表す置換群（今はガロア群という）——があることを明らかにした。このステップの重要性はどれほど強調してもいいだろう。ガロア以前、方程式は、二次や三次や五次など、つねに次数だけで分類されていた。ところがガロアは、対称性がもっと重要な特性であることを見出した。方程式を次数で分類するのは、おもちゃ箱に入った積み木のブロックを大きさで分けるようなものだ。対称性にもとづくガロアの分類は、ブロックの形——丸、四角、三角など——がもっと重要だと気づくのに近い。具体的に言うと、方程式のガロア群は、想定される解について、ある種の組み合わせの値を変えない最大の置換群を指す。ふたつの対象の置換群を例にとろう。この群はふたつの元からなる——恒等変換と、ふたつの対象を入れ替える操作だ。ここで二次方程式を調べてみよう。そのふたつの想定される解を、x_1、x_2と表せる。すると明らかに、ふたつの解の和となる組み合わせ x_1+x_2 は、ふたつの対象の置換群におけるどちらの元《げん》の操作をしても変わらない。[11] 恒等変換ではx_1もx_2もそのままであり、x_1とx_2を入れ替えても x_1+x_2 が x_2+x_1 になるだけで、値は変わらないのだ。n次方程式では、ガウスの代数学の基本定理から、n個の解があることがわかっている。n個の解で考えられる置換の最大数は$n!$であり、この置換のすべてを含む群が、前にS_nとして紹介した群だ。ガロアは、任意の次数nに対し、ガロア群がS_nそのものになるような方程式が必ず見つかることを証明した。言い換えれば、任意の次数で、存在しうる最大の対称性をもつ方程式があることを明らかにしたのである。たとえば、ガロア群がS_5となる五次方程式はあるのだ。

ガロアの証明に見られるふたつめの要素は、またしても新機軸だった。すでに部分群の概念を導入していたガロアだったが、今度は「正規部分群」というものを定義して、その概念にひと工夫加えたのである。三つの対象による六種類の置換からなる群S_3を例にとろう。三つの操作I、s_1、s_2（二二六ページ参照）からなる部分集合がS_3の部分群を形成することは、簡単に確かめられる。$s_1 \circ s_1 = s_2$、$s_2 \circ s_2 = s_1$であり、またs_1とs_2は互いの逆元である（$s_1 \circ s_2 = I$）ことから（二二七ページの乗積表を参照）、閉包が成り立つのだ。この三つの元からなる部分群をTと表記しよう。そして、Tの任意の元（たとえばs_1）に、左から母群S_3の元（たとえばt_1）、右からその逆元（t_1は自分自身の逆元なので、たまたまこちらもt_1になる）を「掛ける」とする。つまり、$t_1 \circ s_1 \circ t_1$という一連の操作ができるわけだ。二二七ページの「乗積表」を使うと、$s_1 \circ t_1 = t_3$で、$t_1 \circ t_3 = s_2$であるのがわかる。要するに、$t_1 \circ s_1 \circ t_1 = s_2$となり、この$s_2$自体がまた部分群$T$の元なのである。部分群の任意の元がこの性質（左から母群の元、右からその逆元を掛けると、部分群の元が得られる）を満たす場合、その部分群を「正規部分群」という。実際にTがS_3の正規部分群であることは容易に検証できる。それどころか、TはS_3の最大の（位数が最高の）正規部分群になる。一般に、群に（その群自体は別にして）正規部分群があれば、そのうちのどれかひとつが最大になるだろう。次にまた、この最大の部分群も、それ自身の正規部分群を（子どもとして）もちうる。そのうちのひとつがやはり最高の位数になる。このようにして、最大正規部分群の系統がたどれる。こうした部分群の系図を用いると、一連の「組成因子」

（母群の位数を最大正規部分群の位数で割った値）が得られる。S_3とTの場合なら、組成因子は6÷3＝2だ。Tがもつ正規部分群は、最も単純な（自明な）群――恒等変換Iだけからなる群――しかない。この群の位数は1である。そのため、Tとその正規部分群のあいだの組成因子は、3÷1＝3になる。したがって、「S_3」、「T」、それに「Iだけからなる群」という階層的な世代から、2、3という組成因子の連なりが与えられることになる。

ガロアの非凡な才能が最高の輝きを見せたのは、証明の第三のステップにおいてだ。ここで彼は、みずからの想像力の産物を総動員した。あの偉大なアーベルさえ解決できなかった問題――方程式が一個の公式で解けるためには何が必要か？――に、答えが出ようとしていた。ガロアは、公式で解を求める贅沢を味わうには、方程式がきわめて特殊なガロア群をもつ必要があることを明らかにした。詳しく言うと、群から入れ子状に生まれる一連の最大正規部分群によって得られる組成因子が、どれも素数（1とそれ自身でしか割り切れない数）になるとき、ガロアはそれを「可解」群と呼んだ。こうして彼は、「方程式が公式で解けるためには、そのガロア群が可解でなければならない」ことを証明し、「可解」という名がまったくもってふさわしいと示してみせた。結局のところガロアは、方程式のガロア群が可解であれば、方程式の解を求めるプロセスはいくつかの単純なプロセスに分けられ、それぞれのプロセスはもとの方程式より低次の方程式の解にだけ関係することを明らかにしたのである。

この定理は実際にどう利用できるのだろうか？　一般的な三次方程式の場合、そのガロア群がS_3（三つの解によるすべての置換からなる群）のときに式は最も対称性が高くなる。一方、S_3は明らかに可解である――先ほど見たように、組成因子2も3も素数だからだ。そのため、一般的な三次方程式は、ダル・フェロやタルターリャやカルダーノが示したように、確かに公式で解ける。これに対し、一般的な五次方程式でも、ガロアは同じように、まずガロア群が五つの解の置換群S_5となるような方程式があることを示した。だがここで意外な落ちが待っていた。ガロアは、S_5が群として可解でないことを明らかにしたのである（組成因子のひとつが60になり、これは素数ではないから）。したがって五次方程式のガロア群は、可解性に対して不適当なタイプだった。こうして、一般的な五次方程式（また同様に、それより高次の任意の一般的な方程式）は公式で解けないという事実の証明が完成した。数学史上なにより興味深い問題のひとつが、ついにすっぱりと解決されたのだ。しかしガロアは、この超人的な偉業をなし遂げるにあたり、華々しいアイデアを思いつかなければならなかったばかりか、まったく新しい数学の分野を生み出し、対称性を方程式の本質的な性質の根源とみなす必要があった。

五次方程式が公式で解けないと言い切ると、一見失望ものの結果に思えるかもしれないが、その「失望」はいくつもの宝物へ導いた。ここでサウル王にまつわる聖書の話が思い出される。サウルの父キシュの驢馬《ろば》が何頭か行方不明になったとき、キシュは息子に言った。「若い者をひとり連れて、驢馬を探しに行け」こうして驢馬を探すことによって、サウルは預言者サムエルのもとへ導かれ、サムエルはサウルを聖油で清めてイスラエルの最初の王とした。ガロアも五次方程式の解を探すことによって、「数学的抽象化の最たる技法」――群論――を生み出したのである。

恋愛ゲーム

そんなに大々的な意図をもって生み出されたのではなくても、群論はあらゆる対称性についての「公用」語となった。置換が群論で目立った役割を果たしていることは、一見したところちょっと驚きかもしれない。なにしろ、われわれは対称性ならよく知っているが、置換と聞いても日常生活で目

1234	2134	3124	4123
1243	2143	3142	4132
1324	2314	3214	4213
1342	2341	3241	4231
1423	2413	3412	4312
1432	2431	3421	4321

につくようには思えないのだから。だが置換は、ときに予想だにしない場所に、ひそかにではあっても、確かに現れている。

結婚相手を探すという非常に重要な問題を考えよう。[12] 偶然の出会いを次々と重ねながら、人は本当に気の合った相手を探し求める。しかし、だれかが望みの相手だとどうしてわかるのだろう？（映画のように）その人を見たとたんに自分には全世界でこの人しかいないとわかってしまうのか？ あるいは、映画『セレンディピティ』の登場人物の言葉を借りれば、理想の相手を探すのをやめて、「今の時点で十分にいい相手」で満足したときがそうなのか？ この人生を変えるような問題をもっと扱いやすくするには、いくつか単純化した仮定をすればいい。平均的な男女が人生のしかるべき期間に、配偶者となりうる四人の候補に出会うものとしよう（候補の数を変えた場合についてはあとでまた論じる）。さらに、結婚相手を探す人が四人の候補を吟味できたとして、最低（1で表す）から一番ぴったり（4で表す）まで、同じランクが重ならないように格付けしたとする。そしてふつう、候補全員に同時に出会うような贅沢な状況はありえない。おまけに、社会のしきたりと一般常識が、前に拒否した相手のもとへ戻ることを通常は許さない。むしろ、人生の流れに沿って、人はランダムな順序で起きる出会いを経験するのである。結局、候補が四人の場合、右上の表に挙げる出会いの順序にかんする$4! = 24$通りの置換はどれも同じ確率になる。

たとえば順列３１４２は、最初に上から二番めの候補、次に最低の候補、三人めに最高の候補、最後に下から二番めの候補に出会うという意味だ。この場合、理想の相手は最後に現れるものだとして待つと、一番望ましい結果にはならない。それどころか、待ちすぎるとランクが下がることにもなる。では、悩み多き若者は（あるいはそれほど若くない人でも）どうしたらいいのだろう？　もっと具体的に言えば、パートナー（配偶者）を探している人は、どうしたら最良の相手を見つける可能性をなるべく高くできるだろうのか？

最初に気づくのは、まさにそうした（見るからに単純化された）問題に取り組む一般的戦略が確かに存在するということだ。候補が四人の場合、まず1から4までのどれかの数――これをkとする――を選ぶ。そして、$k-1$人の候補に会って相性を吟味してから、それまでの全員よりも良い相手としてそのあと最初に現れる人を選ぶことにする（該当者がいなければ、最後の人を選ぶ）。たとえば$k=2$なら、最初の候補（$k-1=1$）をよく吟味してから、すでに調べたその人よりも良い相手として次に現れる候補を選ぶのだ（ここで過去の相手には戻れないという前提を思い出してもらおう）。この戦略の背後にある論理は単純だ――すでに集めた情報を駆使しながら、将来が未知という事実もフルに活用しているのである。しかし、この一般的戦略では、どのkの値を選ぶべきかはわからない。それを決定するには、どのkの値で、最良の候補（ランク4）を選ぶ確率が最大になるかを明らかにする必要がある。$k=1$（$k-1=0$）の場合、最初の候補が選ばれて終わる。この選択が最良になるのは、出会いの順で4が最初に現れるような六種類の置換で、「4321、4312、4231、4213、4132、4123」になる。当たり前だが、全部で二四種類ある可能性のうち、これら六種類の置換のどれかに当たる確率は、四分の一である。これは納得しやすい。パートナーを探す人がまだ候補者のだれにも会っていなければ、最初の出会いで最良の相手を見つける確率は四分の一なのだ。$k=4$でも同じことが言える。この場合（$k-1=3$）、最後の四番めの候補がそれまでの三人のだれよりも良いという可能性に賭けることになる。これは、出会いの順にかんして「３２１４、３１２４、２３１４、２１３４、１３２４、１２３４」という六種類の置換にあたり、それらになる確率はやはり四分の一だ。$k=3$（$k-1=2$）の場合、パートナーを探す人は、ふたりの候補に会ってから、そのふたりよりも良い相手としてそのあと最初に現れる人を選ぶ。その結果が最良の選択（ランク４）となるような置換は、「３２４１、３２１４、３１４２、３１２４、２３４１、２３１４、２１４３、１３４２、１３２４、１２４３」だ。出会いの順が３２４１なら、まずランク３と２の候補に会うが、４はそのふたりよりも良いので、４が選ばれることになる。また順序が３２１４だと、三番めの候補（ランク１）は前のふたりに比べて劣るので、パートナー探しは続いてランク４の人に行き当たる。今挙げた（$k=3$の）リストは、最良の選択になる置換が一〇種類であることを示している。すると成功率は、$10 \div 24$で約四二パーセントになる。この場合、最後に$k=2$（$k-1=1$）では、最初に会った人よりも良い相手として次に現れる候補を選ぶ。この場合、ランク４の候補を結果的に「ものにする」置換は「３４２１、３４１２、３２４１、３２１４、３１４２、３１２４、２４３１、２４１３、２１４３、１４３２、１４２３」であると確かめられる。たとえば順序が３４１２のときには、二番めの候補がすでに最初よりも良いので、この候補が選ばれる。一方、３２１４の順序では、パートナーを探す人は二番めと三番めの候補を退ける。どちらも最初より劣っているからだ。そのため、より良い相手を見つけるのに最後の候補まで待たなければならない。$k=2$では、二四のケースのうち一一で望ましい結果が得られ、成功率は約四六パーセントになるから、これがベストの戦略となる。同様の計算から、パートナーの候補の人数が五、六、七、あるいは八だと、$k=3$が最大の確率を与えることもわかる。候補が九人か一〇人では、$k=4$で確率が最大になる。

もちろん、人生はこんな極端に単純化したモデルよりはるかに複雑で、とくに心の問題となるとそうだ。結婚相手を選ぶのは大真面目なことなので、ただの置換の検討には還元できない。それでも、思いも寄らないところに置換が現れる場合があるのは事実だ。ちなみに、先ほど簡単に語った一般的戦略は、中古車選びから、かかりつけの歯医者の選択まで、さまざまな（とくに結婚ほど重大ではない）状況にも応用できる。とりうる選択肢の数が非常に多い（三〇以上とか）ときには、「三七パーセント・ルール」が最高の成功率を生むことが数学的に証明できる。つまり、車やレストランやかかりつけの医者の候補の三七パーセントを調べてから、そのなかのどれよりも良いものとして最初に出くわす候補を選ぶというルールである（三七パーセントという妙な数の出どころを知りたい数学好きの読者のために、それがおおよそ $1 \div e$ に等しい——eは自然対数の底《てい》——と触れておこう）。

ステアせずにシェイクで*

置換が脚光を浴びるプロセスは、数学によって愛の相手を見つける場合だけではない。くじ引きはよくそうした状況を生み、とくにベトナム戦争当時、一九七〇年におこなわれた徴兵の抽選に最高に華々しく現れている。

一九六九年一一月二六日、アメリカ大統領リチャード・ニクソンは、徴兵にランダムな選択順を採用する選抜徴兵を命じる大統領令に署名した。大統領令には、抽選は誕生日にもとづくものと明記されていたが、日付をくじ引きする具体的な方法についてはとくに指示がなかった。

徴兵がなんらかのくじ引きによってなされたのは、これが歴史上初めてではない。士師《しし》（古代イス

*訳注：映画007シリーズでジェームズ・ボンドがマティーニを頼むときに言った有名な台詞で、ここでは後述の抽選での「かき混ぜなかった（not stirred）」を念頭に置いた洒脱な言葉。

ラエルの指導者）ギデオンにかんする聖書の話はとくに興味深い。(13) 神はまずギデオンに言った。「おまえとともにいる民《たみ》の数は多すぎるので、ミディアン人をおまえの手に渡すことはできない。イスラエルはその手柄を我がものにして、『自分の手で自分を救ったのだ』と言ってしまうだろうから。そこで今、民の聞いている前でこう宣言せよ。『恐れおののいている者は帰れ』」こうしてギデオンは民をふるいにかけ、二万二〇〇〇人が帰り、一万人が残った。

　さらに次の「抽選」の段階で、神はギデオンに第二の選択基準を示した。ギデオンに、民を水辺に行かせ、水を「手にすくって」すすった三〇〇人だけを選び、「犬がすするように」地べたに「ひざまずいて」直接水を飲んだ残りの全員を解放するように言ったのだ。もちろん、ギデオンの「抽選」はランダムな選択などでは決してない――候補者の一団で可能なすべての組み合わせが公平に扱われていないからだ。第二の選択基準が奇妙なことについては、さまざまな解釈が提示されている。最も単純な解釈は、全体のやり方が、単に少数の人を選ぶことを目的とし、結果的に奇跡的な勝利の印象を強めようとしていたというものだ。もう少し手の込んだ説明では、ひざまずく行為をほかの神の崇拝と結びつけたり、（川に口をつけて直接飲むのでなく）手を使うという行為を思慮深く強欲でないことの証《あか》しだとしたりしている。

　おかしなことに、それから何千年もあとにおこなわれた一九七〇年の徴兵抽選にも、ランダムさに問題があった。(14)

　手続きそのものは実に単純だった。役人がまず、一年の（二月二九日も含めて）三六六日の日付を書いた紙切れを、別々のカプセルに詰め込む。そして一九六九年一二月一日に、器《うつわ》からこのカプセルをひとつずつ抜き出したのだ。一九四四年から四八年までに生まれた男は全員、各自の誕生日が選ばれた順番に対応する徴兵番号を割り当てられた。たとえば最初に引き当てられた日付は九月一四日で、その日に生まれた男は皆1番を与えられていた。六月八日（最後に引き当てられたカプセル）生まれの男は366番だった。当然だが、この抽選は、三六六日の並び順をランダムに置換したものになる。徴兵番号が小さい人ほど、実際に徴兵される可能性が高い。次の表は、一九七〇年の抽選における誕生月ごとの平均の番号を示している。

誕生月	**平均の番号**	**誕生月**	**平均の番号**
一月	201	七月	182
二月	203	八月	174
三月	226	九月	157
四月	204	一〇月	183
五月	208	一一月	149
六月	196	一二月	122

経験豊富な統計学者でなくても、これらの数に明確な傾向を見て取れる。一月から五月までの平均の番号はまあまあ一定だが、六月から一二月までに対応する番号は、明らかに、ほぼ定率で減少している。なかでも一一月と一二月は、一～五月に比べて平均の番号が相当小さい。その影響は穏やかならざるものだった――年の終わりに近い月に生まれた男は、困難な戦争に徴兵される可能性がかなり高かったのである。

真にランダムな抽選なら、とりうる日付の配列はどれも確率が等しく、366!（ありうる置換の数）分の1だ。すると、月が違っても平均の番号はおおよそ同じで、183～184あたりになるはずだろう。ところが、データは、前半の六ヵ月はいずれもこれより大きく、後半の六ヵ月はいずれもこれより小さいことを示している。統計学者が明らかにしたところによると、先ほどの表にあるようなパターンが真にランダムな選択で生じる確率は、五万分の一未満でしかない。こんなことがどうして起きたのだろう？

抽選を準備した手順の記述に、かなり重要な手がかりがある。

彼らは三一個のカプセルをかぞえあげ、それぞれに一月の日付を書いた紙を入れた。それからこれら一月のカプセルを、大きな四角い木箱に入れ、ボール紙の仕切りで一方に寄せて、残りの箱の部分を空っぽにした。次に、二月の二九個のカプセルを箱の空っぽの部分へ放り込み、もう一度かぞえてから、仕切りで一月のカプセルのほうへかき寄せる。こうして、パスコー大尉［選抜徴兵制度の広報課長］によれば、一月と二月のカプセルは十分に混ぜられた。同じ手順がその後の各月でも続けられ、カプセルをかぞえては箱の空っぽの側へ入れ、仕切りでそれまでの月のカプセルのほうへ寄せる。結局、一月のカプセルはほかのカプセルと一一回混ぜられ、二月のカプセルは一〇回、と次第に減っていき、一一月のカプセルは二回、一二月は一回しかほかと混ぜ合わされなかった。……公《おおやけ》の場で、カプセルを黒い箱から深さ六〇センチの器へ空け、そのままかき混ぜなかった。……カプセルのくじを引いた者は……たいてい上から取り上げたが、時たま器の中ほどや底のほうまで手を伸ばしていた。

この詳細な記述から、カプセルを月ごとに分けて入れたために不十分な混ぜ方になり、結果的にランダムでなくなるリスクをもたらしたのはほぼ疑いの余地がない。世論の批判を受けて、一九七一年の徴兵抽選では手続きが修正された。実のところ、完全にランダムにするのは、思いのほか難しいかもしれない。一例として、難しい二者択一をランダムにおこなうために考えられた、最も公正とされている方法を取り上げよう――コイン投げだ。表と裏の出る確率が等しいというのは本当だろうか？完全にはそうと言えない。スタンフォード大学のパーシ・ダイアコニスとスーザン・ホームズ、カリフォルニア大学サンタクルス校のリチャード・モンゴメリーといった統計学者は、最近の研究で、不十分な投げ上げ方（コインがまったく回転しなくなることもある）によってコインが最初と同じ面を見せて手に乗りやすくなることを明らかにしている。(15) その偏《かたよ》りは大きくはない――およそ五一パーセントの確率で最初と同じ面になる――が、コインの表裏は等確率といった単純なことがらも当然と見なせないのがわかる。何かがランダムか否かについて調べる力を、ダイアコニス以上に備えている人はいない。ダイアコニスは統計学者として、トランプのカードの順序をランダムにするのに、平均で七回以上シャッフルする必要があることを証明した。彼はまた、さまざまな「心霊」現象の正体を暴《あば》いてみせたことでも知られている。ダイアコニスがコインで徹底的におこなった実験から、テーブルに一セント銅貨を立て、コマのように回して重要な決定をしてはいけないというのもわかっている。表の面のほうが若干重いため、一セント銅貨は表より裏を上に向けてテーブルに倒れる頻度が高いのだ。

しかし、非常に重要なことだが、置換だけでは群論の全体像はとうてい語り尽くせない――群ははるかに大きな広がりをもつ抽象化へ導くのである。とくに、別個に見えるふたつの問題が互いに同型（同じ構造をもつ）なら、ふたつの問題が思いのほか密接に結びついている可能性を大いにほのめかしている。

抽象化という至高《しこう》の芸術

一八七〇年に出版された『通商の博物誌』という本で、ジョン・イェーツはこう書いている。「抽象的な推理がわれわれを鉄の性質や用途の発見に導いたのではない」きっとその通りだろう。しかし、抽象化はまさに、さまざまな数学的構造に応用性を与えた立役者だ。数学的構造は、分野の垣根を越え、概念のカテゴリーも越えて、応用できるのである。

ケーリーの定理——いかなる群も、その元《げん》によらず、また元から元への変換操作にもよらず、本質的になんらかの置換群とそっくり同じ（同型）であるという定理——は、群を抽象的なものとして理解するための土台を提供した。ケーリー自身の成果と、それに続いてカミーユ・ジョルダン、フェリックス・クライン、ヴァルター・フォン・ディックなどの数学者がなし遂げた画期的な進歩は、事実上どんな群から始めても、その大半の性質をそぎ取って最低限必要なものだけ残せることを明らかにした。そんなむき出しの骨格でも、十分に群の構造や重要な性質をひととおりとらえられる。これとよく似たものとして必ず思い浮かぶのは、ミニマリズム（ミニマル・アート）という二〇世紀の美術様式だ。ここでも、カール・アンドレ、ドナルド・ジャッド、ロバート・モリスなどの芸術家の目標は、最も基本的な要素に注目し、目に見える形を極限まで単純にするということだった。本質的に、ミニマル・アートの、それどころか数学の真価を味わうというのは、主に直感ではなく、知性——ひいては学習——の賜物《たまもの》だったのである。

置換群（当時唯一知られていたタイプの群）をきっかけに、ケーリーは大きな飛躍をなし遂げ、早くも一八五四年、抽象的な群の概念について最初に抱いた直感を定式化した。しかしガロアの場合と同様、ケーリーが最初に考えたアイデアは、時代を先駆けすぎていたため注目を集めなかった。歴史家で数学教育の批評家でもあったモリス・クラインもかつて言っている。「早すぎた抽象化に、数学者であれ、学生であれ、だれも耳を貸す者はいなかった」[16] そのため知の面では、ケーリー（図78）はガロアとりわけつながりの深い継承者のひとりと見なせた。ところがケーリーの人生は、ロマンチシズムの色濃い悲運のフランス人のそれとは明らかな対照をなしている。[17] ロンドン大学キングズカレッジの教員たちは、すぐにアーサー・ケーリーの非凡な数学的才能に気づいた。ケーリーが続けてケンブリッジでも学んだとき、大学の審査主任は彼を「首席以上」と評した。そしてこの若者は教員たちの期待に応えた。二五歳にもならないうちに、すでに二ダースもの数学論文を自分の名で書いていたのだ。多様な分野で多くの成果を上げたという点で彼に張り合えるのは、コーシーとオイラーぐらいしかいない。ガロアの人生が激しい浮き沈みの連続だった（多くは沈むほうだったが！）のとは違い、ケーリーの人生は順風満帆《じゅんぷうまんぱん》だった。一八五四年に洞察に富みながらあまり注目されずに終わった論文を発表してのち、ケーリーはほかの重要な数学のトピックに関心を移したが、一八七八年にいきなり群論へ立ち返った。四本の独創的な論文で、群論を数学研究のまさしく中心に引きずり出してみせたのである。じっさい、ケーリーの成果が出てから、群論の抽象的かつ明白な定義が現れるまで、四年しかかかっていない。

図78

　数学者のジェームズ・R・ニューマンは、大部《たいぶ》の編著『数学の世界』に「群論は、何かに対してあることをし、その結果を、別の何かに対して同じことをしたり、同じ何かに対して別のことをしたりして

∘	***I***	***X***	***Y***	***Z***
I	*I*	*X*	*Y*	*Z*
X	*X*	*I*	*Z*	*Y*
Y	*Y*	*Z*	*I*	*X*
Z	*Z*	*Y*	*X*	*I*

得られる結果と比べるような、数学の分野だ」と書いている。人を煙《けむ》に巻くようなこの言葉は、辞書ではとうてい認めがたい定義だが、群論のトレードマークとなった抽象化の程度をうまくとらえている。いくつか数学以外の例を使って、この概念を説明してみよう。

同じ趣旨のジョークが、異なる文脈や状況に対して別の言い方で語られることがある。だれかの知能をけなしたがっている（本気でけなすつもりはなくても……）物理学者なら、「あいつは鈍重〔訳注：原語はdenseで、「高密度」と「愚鈍」の両方の意味がある〕だから、光もそばを通ると曲がっちまうよ」と言うかもしれない。インターネット時代に育った人間は、同じ趣旨のことを言うのに、こんなたとえを利用する可能性もある。「あいつのＵＲＬは外部からアクセスできそうにないね」。税務顧問なら「脳味噌が課税されたとしても、奴は払い戻しを受ける」と言うかもしれず、化学者なら「あいつのＩＱは室温程度だ」なんて言い方をすることもあろう。これと同じように、アーメス・パピルスと、フィボナッチの本と、『マザーグース』に、何世紀も離れて登場する7の累乗にかんする謎かけ（第3章）は、文言《もんごん》こそ違うが基本的に同じだ。さらに、「白雪姫」と「シンデレラ」など、いろいろな童話が、見かけは違うが実は同じストーリーだと言える。意地悪な継母《ままはは》にいじめられていた娘が、やがてハンサムな王子に救われて王女になるという流れは同じなのだ。群もそのような抽象化を可能にする。ひとつの群の構造で、まったく異なる概念に思えるものを記述できるのである。では、群がもつそうした統合の力を、いくつか比較的単純な例を挙げて示そう。

まず、ジーパンに対しておこなう四種類の操作を考える[18]。Xは、「そのズボンの前後を逆にする」（穿《は》いていないときに！）操作を指す。Yは、「ズボンの表裏を逆にする」操作を表す。そしてZは「ズボンの前後と表裏を逆にする」操作のことで、Iは恒等変換、つまり何もしない操作だ。ふたつの操作の合成（「$\circ$」と表記）は、単に「〜に続けて〜」によってなし遂げられる。以上の操作が群を形成することは、容易に確かめられる。具体的に言うと、どの操作もそれ自身の逆元――$X \circ X = I$（前後を逆にする操作を二度やるともとの状態に戻る）、$Y \circ Y = I$（表裏を逆にする操作を二度やるともとの状態に戻る）――であり、任意のふたつの操作を組み合わせると、三つめの操作になる。たとえば$Z \circ Y = X$になるのは、「表裏を逆にする」に続けて「前後と表裏を逆にする」と、単に「前後を逆にする」になるからである。したがって、この群の「乗積表」は右ページのような形をとる（行Xかつ列Yに当たるところが$X \circ Y$で、Yに続けてXを意味することを思い出してもらおう）。

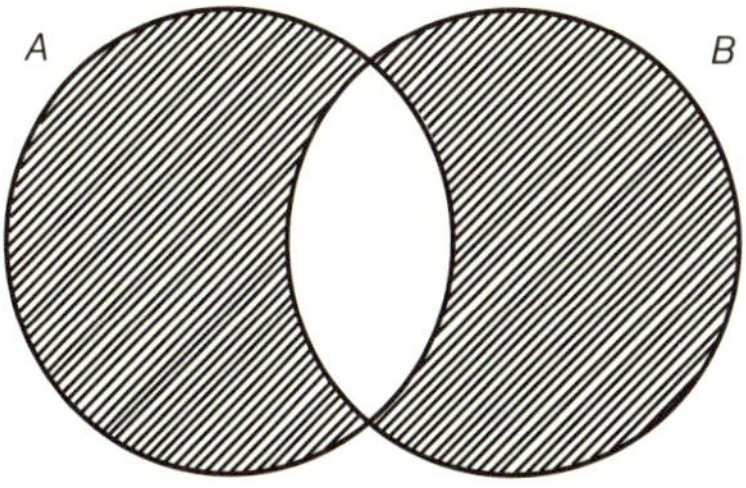

図79

次に、一般にΔという記号で表される操作を考える。この操作で、任意のふたつの集合を（あるやり方で）組み合わせることができる。集合Aが毛皮に黒いぶちをもつネコからなり、集合Bが毛皮に白い部分があるネコからなるとした場合、$A \Delta B$は、毛皮に黒か白のどちらかのぶちをもつが、両方はないようなネコの集合となる。図で表せば、AとBを図79の円のエリアとすると、$A \Delta B$は影をつけたエリアに相当する――Δは、ふたつの集合を合わせて重なりを除外する操作なのだ。ここで次の四つの単純な集合を取り上げよう。集合Xには、ニワトリというひとつの元《げん》しか存在しない。集合Yには、ウシというひとつの元しかない。集合Zは、ウシとニワトリというふたつの元からなる。そして集合Iは空集合で、いっさい元がない（この集合の機能は、数の足し算でゼロが果たしている役割とそっくりだ）。では、操作Δを使って、このうち任意のふたつの集合を組み合わせてみよう。たとえば$X \Delta Z = Y$だが、これは、XかZにあって両方にはない元の集合が、ウシだけ含む集合になるからだ。同様に$Y \Delta I = Y$になるのは、Yにはウシがいるが、空集合Iには明らかにそれが存在しないためである。X、Y、Zはどれも自分自身の逆元になっている。XとXのどちらかにあって両方にはない元の集合は、明らかに空集合だから、$X \Delta X = I$なのだ。集合X、Y、Z、Iが操作Δによって結びつけられて群になることは簡単に検証でき、その乗積表は上のようになる。

Δ	$\boldsymbol{I}$	$\boldsymbol{X}$	$\boldsymbol{Y}$	$\boldsymbol{Z}$
$\boldsymbol{I}$	I	X	Y	Z
$\boldsymbol{X}$	X	I	Z	Y
$\boldsymbol{Y}$	Y	Z	I	X
$\boldsymbol{Z}$	Z	Y	X	I

ところがこれは、今しがたジーパンの変換で得たのとまったく同じ表ではないか！　ふたつのケースで群の元も操作もまるっきり違っていながら、ふたつの群はそっくり同じ構造をもっている——互いに同型なのである。これは単に、選んだふたつの群が特別だったからなのだろうか？　そうではないことを確かめるべく、回転にかんする一般的な群を考えよう。これからおこなう変換を視覚的にとらえやすくするために、マッチ箱や分厚い本のように、面ごとに違う模様の入った直方体の箱を使ってもいい。次の四つの操作を検討しよう（図80）。

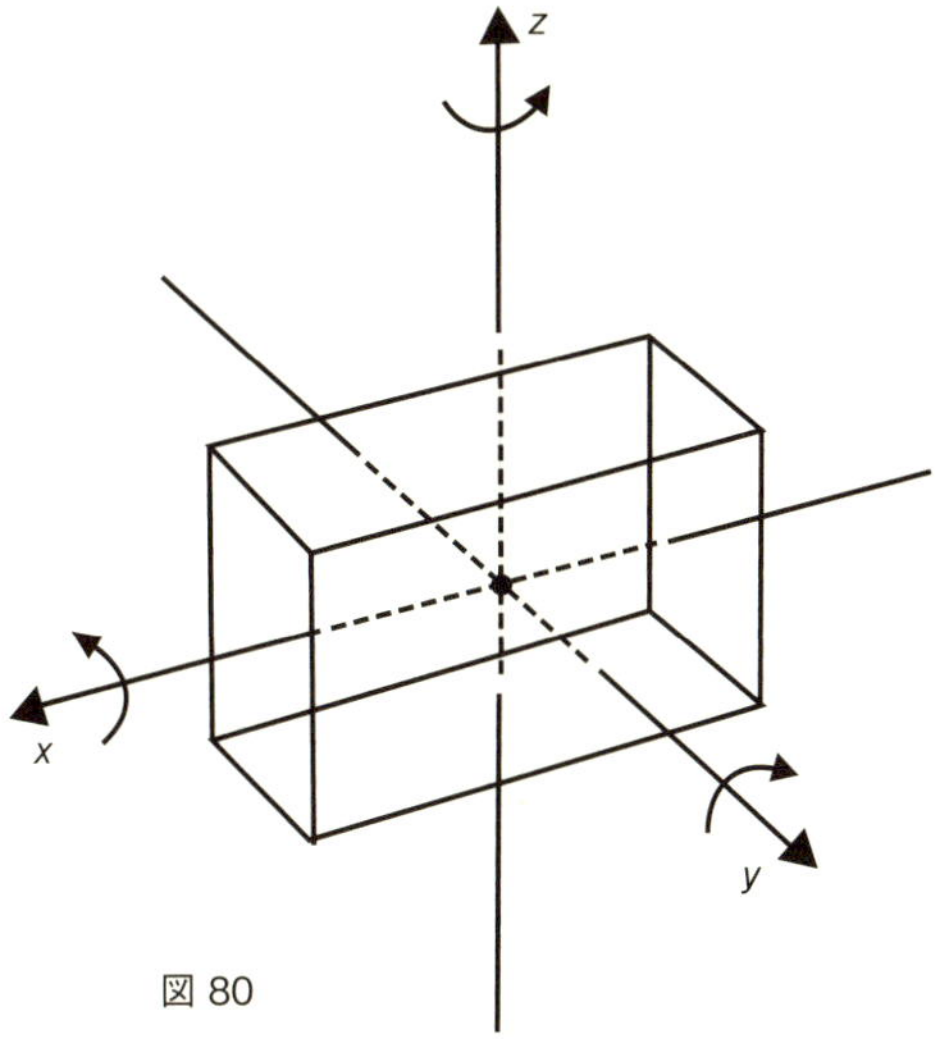

図80

X――xと表示した軸のまわりに半回転する。
Y――yと表示した軸のまわりに半回転する。
Z――zと表示した軸のまわりに半回転する。
I――箱を「そのまま」変えない恒等変換。

ちょっと試してみれば、たとえばXに続けてYをおこなうと、操作Zをおこなったのと同じ結果が得られることはわかるだろう。また、X、Y、Zのどの操作を二度おこなっても、最初の配置（恒等変換）に戻る。だからこの群の乗積表も、やはり前のふたつの表とそっくり同じになる――この幾何学的な群《ぐん》も、ジーパンの群やニワトリ・ウシの群と同型なのである。

群論を応用するのに、人類学ほど意外な領域もないかもしれない。オーストラリアの先住民の一部族カリエラで見つかった非常に複雑な親族‐婚姻システムは、人類学者を困惑させた[19]。カリエラ族の各人は、バナカ、カリメラ、ブルング、パリエリという四つのクラスすなわち氏族のひとつに属している。ここで、婚姻関係と、子とクラスとのつながりは、以下の厳密なルールに従うことがわかっている。

（1）バナカはブルングとしか結婚できない。
（2）カリメラはパリエリとしか結婚できない。
（3）バナカの男とブルングの女のあいだに生まれた子はパリエリ。
（4）ブルングの男とバナカの女のあいだに生まれた子はカリメラ。
（5）カリメラの男とパリエリの女のあいだに生まれた子はブルング。
（6）パリエリの男とカリメラの女のあいだに生まれた子はバナカ。

フランスの有名な人類学者クロード・レヴィ＝ストロース（一九〇八～　）は、この奇妙なシステムに面食らい、一九四〇年代、何か指針となるパターンを見つけてくれるのではないかと願って、先述のルールを同じフランスの数学者アンドレ・ヴェイユ（一九〇六～九八）に語った。ヴェイユは、助けを求めるのにうってつけの人間だった。数学の能力に長《た》けていたばかりか、言語と言語学にも取りつかれていたからだ。サンスクリット語への情熱と、宗教叙事詩『マハーバーラタ』などの古文書にかんする知識のために、最初にポストに就《つ》いたのがインドのアリガル・ムスリム大学だったほどである。しばらく考えて、ヴェイユは見事にカリエラ族のシステムを群論の言語に翻訳してみせた。彼の説明をここに再現するため、四つのクラスをこう表記しよう。

バナカ　――*A*
カリメラ――*B*

ブルング――C
パリエリ――D

婚姻のルール（1）と（2）――つまりAはCとしか結婚できず（AとCが逆でも同じ）、BはDとしか結婚できない――は、次のような「家族」対応（「家族（family）」なので略して「f」と表記する）によって表せる。

$$f=\begin{pmatrix}ABCD\\CDAB\end{pmatrix}$$

この置換を二度おこなうと、もとの順序に戻る点に注意しよう――$f \circ f = I$（ただしIは恒等変換。fはAをCにし、CをAにするので、fを二回続けるとAは自分自身に戻り、ほかの文字も同様）。また、子のルール（3）〜（6）によれば、子の属するクラスは、父親か母親によって決定できる（父親なら、たとえば「バナカの男」の子はつねにパリエリ。母親なら、たとえば「バナカの女」の子はつねにカリメラ）。クラスの記号と、父方（paternal）、母方（maternal）のルールをそれぞれ示すp、mを用いると、これはふたつの置換で表現できる。

$$p=\begin{pmatrix}ABCD\\DCBA\end{pmatrix}\quad m=\begin{pmatrix}ABCD\\BADC\end{pmatrix}$$

ここでまた、$p \circ p = I$で、$m \circ m = I$である。さらに、置換f、p、mのうち、どのふたつを続けておこなっても、三つめの置換になる（たとえば$f \circ p = m$）。こうして、四つの置換I、f、p、mによる「乗積表」が完成できる。

∘	**I**	**f**	**p**	**m**
I	I	f	p	m
f	f	I	m	p
p	p	m	I	f
m	m	p	f	I

これにより、カリエラ族の婚姻‐親族関係のルールが群を形成するばかりか、乗積表をよく見ると、この群もジーパンやニワトリ・ウシや回転の群と同型だとわかるだろう！　それどころか、この表は、三つの元X、Y、Zがどれも自分自身の逆元で、どのふたつを結合しても残りのひとつになるような、任意の抽象的な群を記述するものと考えられる。

ところで、カリエラ族の複雑な親族関係のルールを西洋文明の状況に置き換えられないかと思う人がいるかもしれない。実は可能だ。スミスとジョーンズというふたつの家族があるとしよう。どちらの家族も、ニューヨークとロサンジェルスに所帯をもっている。すると四つのクラスが規定できる。ニューヨークに住むスミス家のメンバー、ロサンジェルスに住むスミス家のメンバー、ニューヨークに住むジョーンズ家のメンバー、ロサンジェルスに住むジョーンズ家のメンバーだ。ルールは次のように表現できる。スミス家のメンバーはジョーンズ家のメンバーとしか結婚できず（逆も言える）、ニューヨークの住人はロサンジェルスの住人としか結婚できない（逆も言える）。子どもは母親の居住地（ニューヨークかロサンジェルス）に住むが、父親の姓を名乗る。こうした（明らかに人為的な）親族関係のルールは、カリエラ族の場合とまったく同じ構造を生み出す。

もちろん、カリエラ族が群論を知っていたとはだれも思わないだろう。人類学の研究では、彼らの婚姻のルールを群論で説明する必要さえなかったかもしれない。それでも、このように分析すると、そうでなければ気づきにくかったり完全に見逃すおそれがあったりする基本的な構造を明らかにできる。さまざまな分野に見られる群から肉をそぎ取って骨だけにしてしまうのは、さまざまな言語の構造を分析するのと大いに似ている。たとえばインド＝ヨーロッパ語のなかの各言語のつながりも、似たようなやり方で理解できる。そのため、クロード・レヴィ＝ストロースが社会人類学の領域でおこない、著書『親族の基本構造』［邦訳は福井和美訳、青弓社など］で示した詳細な分析は、現代の構造主義――基本的な構成要素と、それらを結びつけるルールの探究――を推《お》し進める原動力になったと一般に見なされている。(20)

構造主義は、スイスの言語学者フェルディナン・ド・ソシュール（一八五七～一九一三）の研究成果から着想を得て、体系化の原理を与えられた。ソシュールは、言語に対し、主に歴史的・哲学的研究にもとづく従来のアプローチを捨て去り、構造の分析をおこなった。レゴで作られた飛行機を構造主義者が検討するとしたら、その模型が実際に飛ぶかどうかはあまり気にしないだろう。むしろ、群論の研究者と同様、構成するブロックがいろいろあり、そうした基本単位が特定のルールにしたがって結合していることに注目する。言語の場合、基本単位はあらゆる音声を構成する音素（英語では三一種類）になり、ルールは語順を決める文法になる。じっさい、数少ない文法ルールと限られた量の音素や語句によって、人間は、シェイクスピアの戯曲、ダンテの『神曲』、『ブリタニカ大百科事典』などといった素晴らしい著作の数々を生み出してきた。よちよち歩きの子どもさえ、これまでだれも言ったことのないフレーズを発することができる。子どもが驚くべき速さで言語を習得でき、その習得プロセスや子どものよく犯す間違いが世界じゅうで似ている事実は、普遍文法という概念へ導いた。[21] あらゆる対称性の根底に群論の原理があるように、普遍文法の理論は、あらゆる言語に、全人類が生まれながらにもつ文法の基本原理があることを前提としている。ある意味、普遍文法は本当の文法ではなく、全人類がもつ言語能力の初期条件なのである。すべての言語が同じ文法をもつわけではなく、共通かつ不変の基本的なルールがあるだけのことなのだ。[22] 一部は構造主義から得られるこの種の洞察は、MITの有名な研究者ノーム・チョムスキーによる言語学理論と認知心理学の両方に利用されている。イタリアでは小説家で哲学者のウンベルト・エーコが、社会的・文学的文脈における記号の意味の領域（記号論）で、詳細な構造主義的分析をおこなっている。[23]

群論と言語学の哲学的な類似性を考えると、ソシュールが言語学に革命を起こしたのとほぼ同じころ、ノルウェーの数学者アクサル・トゥエ（一八六三〜一九二二）が形式言語——いくつかの形式的な文法（厳密に規定されたルールの一群）で記述できる語群（なんらかのアルファベットで構成された文字列）——の概念を導入したのも意外ではないはずだ。形式言語のきわめて単純な例として、g と l で構成された文字列を考えよう。その「文法」をたとえば次のようなルールで規定する。

1 最初は g。
2 語中で文字 g に出くわすたびに、それを gl に置き換える。
3 文字 l に出くわすたびに、それを lg に置き換える。

この言語には、$g, gl, gllg, gllglggl$ などの語が存在することが確かめられる。形式言語は、コンピュータ科学や計算量理論（計算の本質的な複雑さにかんする理論）でも重要な役割を演じている。トゥエによる形式言語の定義が群論の元《げん》や定義を彷彿とさせるように思えても、それは偶然ではない。このふたつのトピックは、とくに「語問題」という重要な問題――「文法で許される置換によって、任意のふたつの語が相互に変わりうるかどうか」を決定するもの――によって深く結びついている。

以上の例からどんな結論が導かれるのだろうか？　群は、ふつうならただの数にしか結びつけないようなレベルの抽象化を達成できる。七人の侍、豊作の七年［訳注：聖書の創世記で、エジプトのファラオの夢から豊作の七年のあとに飢饉の七年が訪れると予言されたくだりがある］、一週間の七日、七人の兄弟と七人の花嫁［訳注：このタイトルで一九五四年に公開されたアメリカのミュージカル映画があり、邦題は『掠奪された七人の花嫁』］、あるいは七人の政治家（これについては語りたい人がいるかどうかわからないが）といった場合、どれも同じ抽象的存在――数7――を表している。これと同じように、今しがた紹介した四つの群（ジーパンの変換、カリエラ族の関係など）もすべて、まったく同じ抽象的な群を具体的に表したものなのだ。思いもよらず、置換群の形成によって、カリエラ族のルールはケーリーの定理のさらに別の形の表現となっている――じっさい、ほかの三つの群と構造上そっくり同じ置換群が存在するのである。

一般に数学者は、相互に同型である複数の群を、たったひとつの群でしかないように扱う。ジーパンやカリエラ族のルールによって具体化されるタイプの群を、ドイツの数学者フェリックス・クリスティアン・クライン（一八四九～一九二五）にちなんで「クラインの四元群」という。クラインは、群論の応用において大きな突破口を切り開いた――幾何学と対称性と群論が必然的に結びついていることに気づいたのだ。つまり、多くの点で幾何学は群論になることを明らかにしたのである。この驚くべき言明は、幾何学に対する伝統的な見方からの脱却を意味していたので、もう少し詳しく語る必要があろう。

幾何学とは何か?

紀元前三〇〇年ごろ、ギリシャの数学者ユークリッドが、全時代を通じてベストセラーの数学書となるものを世に出した——『原論』〔邦訳:『ユークリッド原論』(中村幸四郎ほか訳、共立出版)〕である。この全一三巻の著作で、彼は現在学校で教わるユークリッド幾何学の基礎を築き、一九世紀まで、幾何学といえばこれしか知られていなかった。ユークリッドは、幾何学のすべての理論を確固たる論理的土台の上に築こうとした。そこで、まずたった五つの仮定すなわち「公準」が真であるとし、その仮定をもとに、ほかのすべての命題を論理的推理によって証明しようとした。公準はゲームのルールのようなもので、その「正しさ」を疑うことはできない。公準を変えたければ、別のゲームをすることになるのだ。たとえば第一公準にはこうある。「任意の二点間で一本の直線が引ける」。ユークリッド幾何学では、これらの公準が成り立つ場合に真と推理できる命題が記述される。第二、第三、第四公準もやはり簡潔だが、第五公準だけは違って、表現がもう少し複雑なので、これには込み入った歴史がある。ユークリッド自身も、第五公準に完全には満足がいかなかったにちがいない。できるだけ使うのを避けようとしていたのだ——『原論』に登場する最初の二八個の命題では、証明に第五公準は使われていない。第五公準のひとつの言い方で「平行線公準」として知られるものは、スコットランドの数学者ジョン・プレイフェア(一七四八~一八一九)にちなんでプレイフェアの公理ともいうが、最初に登場したのは、五世紀にギリシャの数学者プロクロスが記した注釈のなかである。この公準は次のように書ける。「任意の直線とその線上にない任意の点が与えられたとき、この点を通ってその直線と平行な直線はちょうど一本引ける」。何世紀にもわたり、満足のいかない多くの幾何学者が、もっと簡潔な幾何学を打ち立てるべく、最初の四つから第五公準を証明しようとしたが失敗に終わった。だが、そうした努力はまったくの無駄ではなかった。新たな知見《ちけん》を提供してくれたからである。とくに、第五公準はほかの形にすることが可能で、どの形も互いに等価であるという理解へ導いた。そして最終的に、この紆余曲折《うよきょくせつ》が新たな非ユークリッド幾何学の考案へ道を開いたのだ。

自分では気づいていなかったが、非ユークリッド幾何学へ向けて大きな前進をなし遂げた最初の人物は、イエズス会士のジョヴァンニ・ジローラモ・サッケーリ（一六六七～一七三三）だ[24]。当時として驚くべき著作だった『ユークリッドのすべての欠点を取り除く（*Euclides ab omni naevo vindicatus*）』のなかで、サッケーリは興味深い「もし～だったら」という疑問を検討している――もし三角形の内角の和が（ユークリッド幾何学で習うような）一八〇度でなく、それより大きかったり小さかったりしたらどうだろう？　それでも論理的に矛盾のない幾何学を打ち立てられるだろうか？　およそ一世紀後、ルジャンドルがサッケーリのやり残したところを見つけ、（ガロアも学んだ）有名な幾何学書において、三角形の内角の和が一八〇度に等しいという言明がユークリッドの第五公準と完全に等価である（つまり、このふたつのどちらを正しいと仮定しても、もう片方を証明できる）ことを明らかにした。しかしサッケーリもルジャンドルも、「もし～だったら」でいくつか考えられる可能性の意味を十分に理解できず、誤った矛盾を導き出して結局行き詰まってしまった。それでも、こうした成果と、（当時ドイツ領だった）アルザス地方の数学者ヨハン・ハインリッヒ・ランベルト（一七二八～七七）がそれらを補完した研究によって、「平行線公準」は注目を浴びるようになり、一七六七年になるころには、フランスの数学者ジャン・ダランベールがこれを「初等幾何学の汚点」と呼んでいた。やがて、三つの国の四人の数学者――ガウス、ボヤイ、ロバチェフスキー、リーマン――が、初めて非ユークリッド幾何学を正しく定式化した。非ユークリッド幾何学では第五公準が、それを否定して得られる公準、すなわち、「直線上にない一点を通って、その直線に平行な直線は、二本以上存在する（あるいは一本も存在しない）」のどちらかと差し替えられる。(25) ちなみにこの新たな公準は、三角形の内角の和は一八〇度より大きい（あるいは一八〇度より小さい）とも言い換えられる。

　このような幾何学を具体的に視覚化するのは、難しくはない。図81に描いた三種の面を調べてみよう。ユークリッド幾何学は、机の面で見られるタイプの、平坦な空間の幾何学だ。この幾何学では、（無限に延びると仮定された）平行線は決して交わらず、どんな三角形の内角の和も一八〇度になる。一方、馬の鞍《くら》のような形をした面では、三角形の内角の和はつねに一八〇度より小さい。逆に、地球の表面のような球面では、三角形の内角の和は一八〇度を超える（図に示したケースでは、和は二七

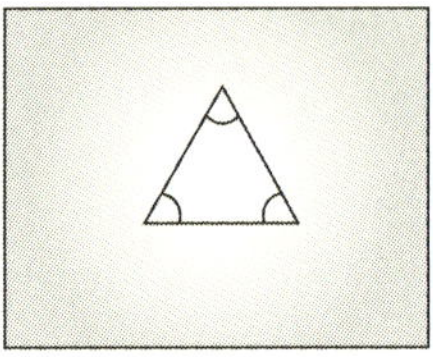

内角の和＝180°

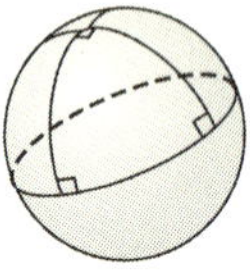

内角の和は180°より大きい

内角の和は180°より小さい

図 81

〇度)。馬の鞍形の幾何学は、今では「双曲《そうきょく》幾何学」という。一八二四年までに、ハンガリーの若き数学者ヤーノシュ・ボヤイ(一八〇二〜六〇)はこの幾何学がもつ特徴の多くを解明した。[26] 父ファルカシュ・ボヤイ(やはり数学者)に宛てた手紙で、ヤーノシュは発見の興奮を抑えきれずに「僕は、何もないところから奇妙な新世界を作ってしまいました」と述べている。一八三一年になるころには、意気盛んな彼は、自分の見つけた新しい幾何学について詳細な記述を完成させていた。ちょうど父親が、幾何学と代数学と解析学の基礎にかんする大部の学術書(『テンタメン〔試論〕』)を出版しようとしていたので、ヤーノシュは父親の本の付録という形で論文をしたためた。だが、精査してもらおうとしてそれを送った相手ガウスからの手紙が、ボヤイの熱意を一気にそいでしまう。ガウスはまず論文のアイデアを称賛したが、すぐにこうも指摘したのだ。「論文のすべての内容は……これまで三〇〜三五年ほど私自身が頭のなかで考えていたこととほぼ完全に一致しています」ガウスが、ボヤイの出した結果の全部とは言わないまでも大半を、先に独力で得ていたことは疑いないが、彼はそれを公表していなかった(まったく新しい幾何学が哲学的に異端と見なされるのを恐れてのことだったらしい)。ボヤイは、自分がそのアイデアを最初に見つけたのでないと知ってショックを受けた。そしてあまりにもがっかりしたため、その後の彼の数学的成果は、双曲幾何学のような想像力を欠いている。

ボヤイもガウスも知らなかったが、ロシアの数学者ニコライ・イヴァーノヴィチ・ロバチェフスキー(一七九二〜一八五六)は、一八二九年、ユークリッド幾何学に代わる双曲幾何学の先駆けとなる論文を公表していた。[27] だが、その論文は《カザン大学学報》という無名の雑誌に載ったため、一八三七年にフランス語版が《クレレ》誌に掲載されるまですっかり見過ごされていた。やがて一八六八年、イタリアのエウジェニオ・ベルトラーミ(一八三五〜一九〇〇)がついにボヤイ - ロバチェフスキー

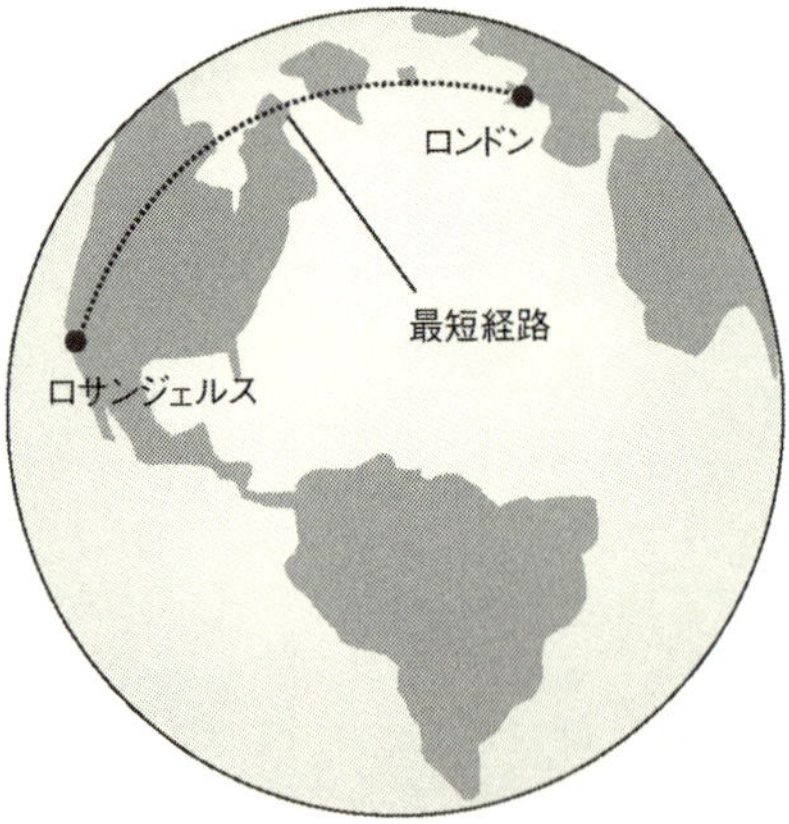

図 82

幾何学をユークリッド幾何学と同じ土台に乗せた。[28]

ガウスの優秀な教え子ゲオルク・フリードリヒ・ベルンハルト・リーマン（一八二六～六六）は、球面上で最も単純な形として現れるような「楕円幾何学」を、一八五四年六月一〇日におこなった名高い講演で初めて論じた。[29] 楕円幾何学がユークリッド幾何学と大きく違う点のひとつは、球面上で二点間の最短距離が直線にならないということだ。そうでなく大円――中心が球の中心と一致する円――になる（地球の赤道や経線のように）。ロサンジェルスからロンドンまでのフライトはこの事実を利用しており、平坦な地図上で直線に見える経路はたどらず、ロサンジェルスから北へ向から大円をたどる（図82）。任意のふたつの大円が、直径のぶんだけ離れた二点で交わることは、容易に確かめられる（たとえば赤道において平行な二本の経線は、南北両極で交わる）。結果的に、この幾何学では互いに平行な直線が存在しない。リーマンは、非ユークリッド幾何学の抽象的な概念をさらに推し進め、三次元やそれ以上の高次元で曲がった空間を導入した。なかには、幾何学が場所によって異なり、ある領域では楕円幾何学、ほかの領域では双曲幾何学になるような空間も考えられた。リーマンの成果が、先達《せんだつ》（偉大なガウスも含めて）のだれのものとも決定的に違うところは、視座の変化だ。ガウスは、二次元の曲がった面を分析した際、地球の表面を――外部の三次元の視座から――眺めるように見ていた。これに対しリーマンは、同じ地球の表面を、その表面上に描かれた点の視座から検討したのである。

非ユークリッド幾何学は、想像力のありすぎる数学者による、独創的ではあるが無駄な発明にすぎないと思えるかもしれない。しかし、次の章でわかるように、時空の構造を記述するアインシュタインの方程式を解くには、意外にもまさに今述べたような幾何学が必要になった。対象となる曲がった空間のどこかにいることを前提とするリーマンの視座は、現代の宇宙論——宇宙全体にかんする研究——の礎《いしずえ》をなしている。ちょっと考えてみると、これはまったくもって驚くべき事実だ。サッケーリがユークリッドの第五公準に対して発した、一見なんでもなさそうな「もし〜だったら」という疑問は、アインシュタインが宇宙の構造を説明するのに必要とした道具を与えるような幾何学の考察にまで導いた。ガロアの群論が対称性の言語となり、非ユークリッド幾何学が宇宙論の言語となったように、数学者がのちの世代の物理学者のニーズを「先取り」することは、科学史を通じて何度となく繰り返されてきた。

幾何学の一般化や抽象化は喜ばしい進歩だったが、一八七〇年を迎えるころには、幾何学が増えすぎて収拾がつかなくなってしまったように見えた。先述の非ユークリッド幾何学のほかに、「射影幾何学」（セルロイドのフィルムに描かれた像が映画館のスクリーンに投影されるときのように、射影のもとでの幾何学図形の性質を扱う）、「共形幾何学」（角度を維持したままでの空間のコンパクト化を扱う）、「微分幾何学」（微積分を使った幾何学の研究）などといった、多種多様な幾何学が登場していたのである。プラトンが考えたように「神は幾何学者」なら、これらのうちどの幾何学を神は認めるのだろうか？ ここで、二三歳のフェリックス・クライン（図83はもっと年をとってからの写真）が群論を使ったアプローチで助け船を出し、混沌から秩序が現れだした。

図83

一八七二年にエルランゲン大学でおこなった「最近の幾何学研究にかんする比較検討」という有名な講演において、クラインは大胆にも対称性と幾何学の役割をひっくり返した[30]。彼はこう言っている。「空間の変換には、図形の幾何学的性質をいっさい変えないものがある。本質的に、そうした性質は、対象となる図形が空間に占める位置や、絶対的な大きさや、向きによって変わらない」クライン以前の数学者は、円や三角形や立体など、主に幾何学的物体によって幾何学を考えていた。ところがクラインは、講演内容をまとめたいわゆるエルランゲン・プログラムのなかで、幾何学そのものは、物体によってではなく、物体を不変のままにする変換群によって、記述され定義されると提言した。剛体《ごうたい》運動——距離と角度を維持する運動で、結果的に形状も維持される——の群《ぐん》を例に挙げてみよう。そうした運動はユークリッド幾何学の基本なので、ユークリッド幾何学は、剛体運動の群に属するどんな変換のもとでも不変であるような幾何学と定義できる。なんらかの半径をもつ円は、どれだけ回転させても同じ円のままだ。ふたつのぴったり重なり合った（そしてユークリッド幾何学で多くの定理の対象となって、いつも中高生の頭を悩ませている）三角形は、並進《へいしん》、回転、あるいは鏡映《きょうえい》の変換をおこなっても合同のままである。しかしクラインの斬新なアイデアは、はるかに多様な幾何学の存在を許すこととなった。物体をねじったり伸ばしたりするような他の変換で、新たな幾何学が定義できたのだ。結局、あらゆる幾何学の根幹をなす共通概念は「対称群」ということになる。さまざまな幾何学がそれぞれ違う変換群にもとづくとしても、すべての幾何学の基本的な青写真は同じなのである。射影幾何学では、距離は確かに不変ではない。映画の『キング・コング』第一作で撮影に使われた模型の身長はわずか四五センチほどで、スクリーンでの一五メートルというイメージとはまるで違っていた。このように射影幾何学は、ユークリッド幾何学とは異なる対称変換の群によって記述される（「六角形」や「楕円」といった概念は射影でも維持される）。クラインによれば、なんらかの幾何学を定義するために数学者がしなければならないのは、変換の群を与え、それらの変換によって変わらない要素の集合を明らかにすることなのだ。こうした考えは、その後ふたりの数学の巨人によって、さらに詳しく語られ、深みが与えられた。[31] そのふたりとは、ノルウェーの群論学者ソフス・リー（一八四二〜九九）と、一九世紀後半の数学界に高々とそびえる人物——フランスのアンリ・ポアンカレ（一八五四〜一九一二）——である。

クラインによる革新的なエルランゲン・プログラム、ケーリーによる群の抽象化、リーによる組織的思考、それにポアンカレによる総合的な数学のおかげで、対称性と群論が数学の多くの領域に土台を提供することが明らかになりだした。それどころか、ポアンカレいわく、「どんな数学も群の問題」だった。代数方程式、各種幾何学、さらには（オイラーとガウスの独創的な成果を通じて）数論など、それまでまったく関係なさそうに見えた分野が、突然ひとつの基本構造によって結びつけられたのである。クラインは、当時の（ずいぶん尊大な）ベルリンの数学者の一部からは「真の手柄のないエセ数学者」と見なされていたが、それでもほかに素晴らしい成果を出している。群論でなし遂げたある快挙により、代数学を幾何学と組み合わせ、それを——なんと——さかのぼって五次方程式にかんするガロアの研究に結びつけたのだ。とはいえ、これはワンマンショーではない。プロイセンのレオポルト・クロネッカーとフランスのシャルル・エルミートが、この深いつながりに道をつけたのである。

五次方程式の再来

レオポルト・クロネッカー（一八二三〜九一）は、才気煥発《さいきかんぱつ》な数学者と成功した実業家という組み合わせの、実に珍しい人物のひとりだ[32]。財界や数学界で大物になる人を見分け、すぐにその人と親しくなる非凡な才能は、彼自身の立身のためにも非常に役立った。クロネッカーが数学で残した主な業績のなかには、楕円関数（アーベルが有名な一一五ページの論文を書いたテーマ）や「代数的数」（なんらかの代数方程式の解であるような数）の理論がある。

一八四五年、クロネッカーの母方のおじが亡くなった。おじは裕福な銀行家で、農場経営会社の重役でもあった。彼の仕事は、その年の八月一四日に博士論文の口頭試問に合格したばかりの、うら若き数学者に背負わされた。クロネッカーは、大変な精力と妥協のない完璧さをもってその責任を引き受けた。仕事は苛酷でその後八年間は実業家として働かざるをえなかったが、それでも数学をなおざりにすることはなかった。ほかの人間が彼の立場にいれば、もっと簡単な題材を選んで余暇を過ごしていただろうが、クロネッカーは、ガロアの理論について、一八四〇年代後半の数学者のなかでもおそらくは最も深い理解に到達しようと努めていた（ここで、ガロアの論文が一八四六年にリウヴィルによって公表されたことを思い出してもらおう）。その成果は、一八五三年に、方程式の可解性にかんするきわめて明快な論文として発表された。数学史家のE・T・ベルは、自著のなかで惜しみなくこう称賛している。「クロネッカーは、先人の精錬した金《きん》を手にとり、インスピレーションのわいた宝石職人のように精力的に働き、自分自身の宝石をそれに加えて、貴重な原材料から、みずからの芸術的個性の明白なしるしを刻みつけた完璧な芸術作品を作りあげた」。再び数学の研究に没頭できるようになると、クロネッカーはまず五年間、五次方程式に正面から取り組んだ。前にも言ったとおり、アーベルとガロアが証明したのは、一般的な五次方程式が係数の単純な演算をおこなう「公式」では解けないことであって、五次方程式がそもそも解けないということではない。とはいえ、実際の解法はどうにもわからなかった。機が熟してなされる科学の発見にはよくある話だが、クロネッカーがついに五次方程式を解こうとしていたとき、フランスの数学者もまさに同じことにせっせと取り組んでいた。

　シャルル・エルミート（一八二二～一九〇一）は、フェルディナン・エルミートとマドレーヌ・ラルマンのあいだに、男五人、女ふたりのきょうだいの六番めに生まれた。[33] シャルルが子どものころ、家業の織物屋が繁盛して、一家はフランス北東部の小さな町ディユーズから大都市ナンシーへ移った。ナンシーで小学校を出たエルミートは、パリのアンリ四世高等中学校を経て、ガロアが出た一一年ほどあとにルイ・ル・グランに入った。そこでの数学の教師は、そう、ガロアに教えたあのルイ・リシャールだった。この有能な教師はまたもやすぐにエルミートの才能を見抜き、「若きラグランジュ」と認めた。歴史は往々にして繰り返すというのを疑ったことがあれば、これを考えてみてほしい。ルイ・ル・グランにいたあいだに、エルミートはふたつの数学論文を公表した。ひとつは『五次方程式の代数的解にかんする検討』と題されていた。これは、ラグランジュの解法（第3章）ではうまくいかないことを明らかにする興味深い論文だった。だが、論文のタイトルと中身は、少なくとも二〇歳の時点で、エルミートがまだアーベルやガロアの研究について何も知らなかったことを示していた（当時ガロアの研究を数学界でだれも知らなかったというわけではない）。エルミートとガロアの学校での経験が似ているといえば、さらにもうひとつ、エルミートも理工科学校《エコール・ポリテクニーク》を受験した。不幸なガロアと違って彼は入学試験に合格したものの、順位は六八番だった。しかも、さらにひどいことに、ポリテクニークには一年いただけで、右足の奇形という身体障害を理由に退学させられた。

エルミートは一八五〇年代後半に五次方程式の問題に立ち返り、このテーマの論文を一八五八年に発表した――同じ年、クロネッカーもまったく同じタイトル（『一般的な五次方程式の解について』）で論文を公表している。エルミートの成果は素晴らしかった。特殊な楕円関数を用いて、初めて一般的な五次方程式を解くことに成功したのである。何世紀も続けられた挑戦が、ついに報われたのだった。

クロネッカーはさらにもう一歩先へ進んだ。まず、彼はエルミートと事実上同じ解を手に入れたが、使った手段は違い、思考の道筋はガロアに近かった。さらに、一八六一年に公表した次の論文では、彼の採用した方法が成功した根本的な理由まで掘り下げた。つまり、アーベルとガロアは一般的な五次方程式が公式では解けないことを証明したのだが、クロネッカーはそれが楕円関数で解ける理由を把握しようとしたのである。クロネッカーのなし遂げたもうひとつの業績は、アーベルの証明を簡潔にまとめて出版したことだ（一八七九年）。彼はまた、もとのかなり長い証明に小さなミスを見つけて直しもした（幸い、結果には影響がなかった）。こうして、フェリックス・クラインによる決定的な一打の準備が整った。

クラインによる探究の背後にある考え方は、実はかなり単純だ[34]。この章ですでに、正三角形の対称群でよく知られた性質と、三つの元《げん》による置換群でなじみ深い性質をもとに、ふたつの群が本当はそっくり同じ（同型）であることを明らかにした。クラインはこの論理を逆転したのだ。彼は、一見ばらばらに思えるふたつの群が同型であることを示してから、この事実を利用して意外なつながりの理由を暴き出した。クラインの知見は、一八八四年、『正二十面体と五次方程式の解についての講義』

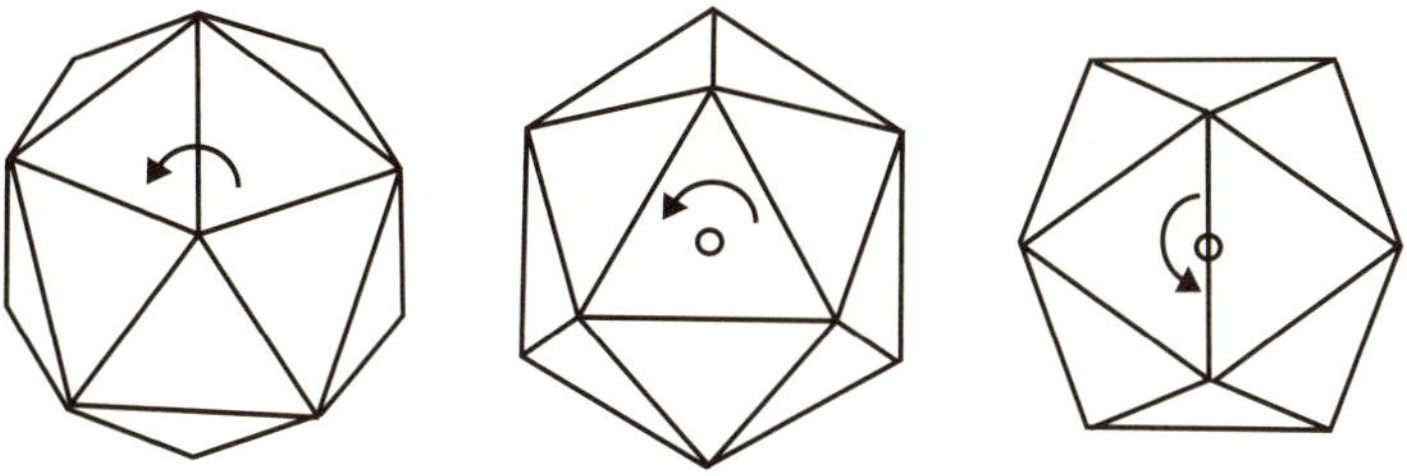

図 84

［邦訳は『正20面体と5次方程式』（関口次郎・前田博信訳、シュプリンガー・フェアラーク東京）］という風変わりなタイトルのついた大部の論説のなかで公表された。タイトルにあるふたつのトピックは、どう関係しているのだろうか？　クラインは正二十面体（図84）という立体の簡単な検討から入った。プラトンはこの美しい立体を、宇宙の基本的な構成要素のひとつと見なしていた（残りは正四面体、立方体、正八面体、正十二面体で、全部まとめて「プラトン立体」と呼ばれる）。正二十面体は、二〇個の頂点と、二〇個の面（どれも正三角形）と、三〇個の稜《りょう》（ふたつの面が接する線）をもつ。クラインはまず、正二十面体を不変のまま残す回転がちょうど六〇種類あることを明らかにした。その回転とは（図84）、相《あい》対する頂点を結ぶ直線を軸にした七二度の倍数――それゆえ四通り――の回転（全部で二四種類）、相対する面の中心同士を結ぶ直線を軸にした一二〇度の倍数――二通り――の回転（全部で二〇種類）、相対する稜の中点同士を結ぶ直線を軸にした一八〇度の回転（全部で一五種類）、そして「そのまま」何もしない恒等変換である。そのうえでクラインは、これらの回転がひとつの群になることを証明した。次に彼は、五次方程式の五つの解とされるものによる特定の置換群を検討した。もっと具体的に言うと、偶置換（偶数個の互換を含む置換）だけを検討したのである。五つの元では全部で $5! = 120$ 通りの置換があるから、偶置換はちょうど六〇個ある（奇置換も六〇個）。ついに解決の時が来

た。クラインは、「正二十面体の回転群と五次方程式の解の置換群が同型である」のを証明したのだ。しかし、方程式の可解性にかんするガロアの証明が、解の置換の対称性にもとづく方程式の分類を利用していたことを思い出してもらおう。置換と正二十面体の回転とのあいだに意外な結びつきを見つけたために、クラインは、五次方程式と回転の群と楕円関数が絡《から》みあった壮大なタペストリーを編みあげることができた。ジグソーパズルが完成して全体の絵がわかるように、クラインの見出した根本的なつながりは、五次方程式が楕円関数によって解ける理由について、決定的な答えを出してくれたのである。

群論がさまざまなものをまとめる力は圧倒的だったので、すでに一九世紀の末ごろには、その適用範囲が純粋数学の枠《わく》をはみだしていた。とくに物理学者が注目しだし、まずアインシュタインの一般相対性理論によって、幾何学が、宇宙全体を記述する重要な性質と認められた。続いて対称性が、あらゆる自然法則を生み出す究極の根源と見なされるようになる。このふたつの単純な真理によって、宇宙の網羅的な理論の探究がおおむねその根底をなす群の探究になることは、ほぼ確実になった。

7　対称性は世界を支配する

自然はわれわれに寛大だった。適用範囲の狭い規則でなく普遍的な法則に支配されているため、その大いなる設計を読み解くチャンスをわれわれに与えてくれていたのである。（とにかく場所がすべての）不動産ビジネスとは違って、われわれが空間的にどの場所にいようと、あるいは地球や太陽や他の恒星に対してどんな配置にあろうと、導き出される自然法則は何も変わらない。このように自然法則が並進《へいしん》や回転にかんして対称でなかったら、科学実験は世界じゅうのあらゆる実験室で繰り返さなければならず、宇宙の遠く離れた場所を理解できる望みは永遠に失われてしまうだろう。これは圧倒的な考え方だ。ニュートンが、さまざまな天体の力学は数式で記述でき、しかもその数式が普遍的な法則を表すと初めて提唱したとき、ヨーロッパじゅうで当然の反応が起きた。リンゴが落ちることの説明は、大騒ぎを起こすほどのものではなかっただろう。ところが惑星の運動は、それまでつねに、まぎれもなく神の導きの手のしわざだと見なされていた。一八世紀の詩人アレグザンダー・ポープが書いた次のようなくだりは、多くの人の気持ちを表していたにちがいない。

自然とその法則は、かつて闇のなかにあった

「ニュートンあれ！」と神は言い、
あたりに光が満ちた(1)

ニュートン自身は信心深い人間で、神の遍在《へんざい》性を疑問視するつもりはなかった。科学史上の傑作『プリンキピア』（図85はその本の扉）〔邦訳は『プリンシピア――自然哲学の数学的原理』（中野猿人訳、講談社）など〕のなかで、彼はこう書いている。「太陽と惑星と彗星の絶美なるシステムは、大いなる知能と力をもつ神の意図や統制によってしか生まれえないだろう。そしてもし恒星がこれと似たシステムの中心なら、やはり思慮深い意図によって形成されており、すべて神の統制を受けているにちがいない(2)」それにもかかわらず、宇宙をなんらかの機械とする考えは、当時の芸術作品の一部にまで浸透した。たとえばダービーのジョーゼフ・ライトの描いた印象的な絵『太陽系儀について講義する哲学者』（図86）がそうだ。この傾向は、宇宙を生物として扱った古代ギリシャの有機体的宇宙から機械論的宇宙へという、変容の一面を表していた。

われわれをとりまく世界は、雲のように流れゆくものに見える。人類、地球、太陽系、銀河系、さらには宇宙全体の歴史は、時間のスケールこそ違うが、絶え間ない、ときには激しい変化に彩られて

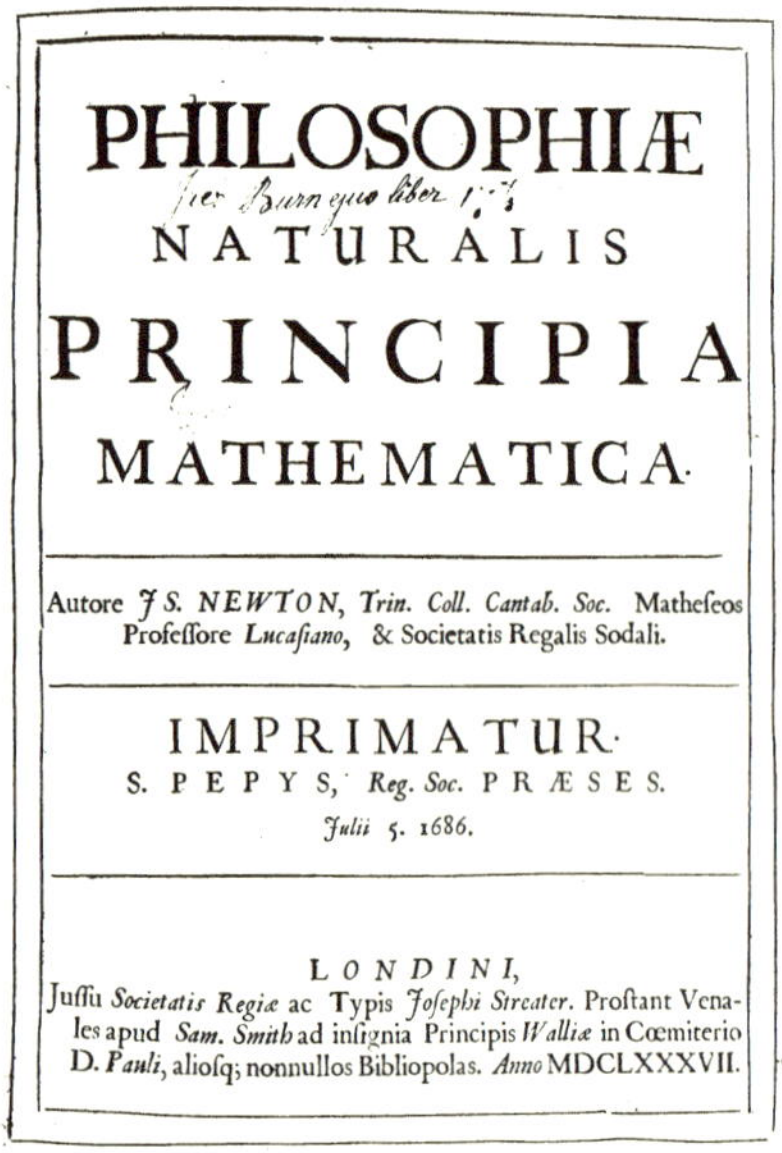
PHILOSOPHIÆ
NATURALIS
PRINCIPIA
MATHEMATICA.

Autore *J S. NEWTON*, *Trin. Coll. Cantab. Soc.* Matheſeos Profeſſore *Lucaſiano*, & Societatis Regalis Sodali.

IMPRIMATUR.
S. PEPYS, *Reg. Soc.* PRÆSES.
Julii 5. 1686.

LONDINI,
Juſſu *Societatis Regiæ* ac Typis *Joſephi Streater*. Proſtant Venales apud *Sam. Smith* ad inſignia Principis *Walliæ* in Cœmiterio D. *Pauli*, alioſq; nonnullos Bibliopolas. *Anno* MDCLXXXVII.

図85

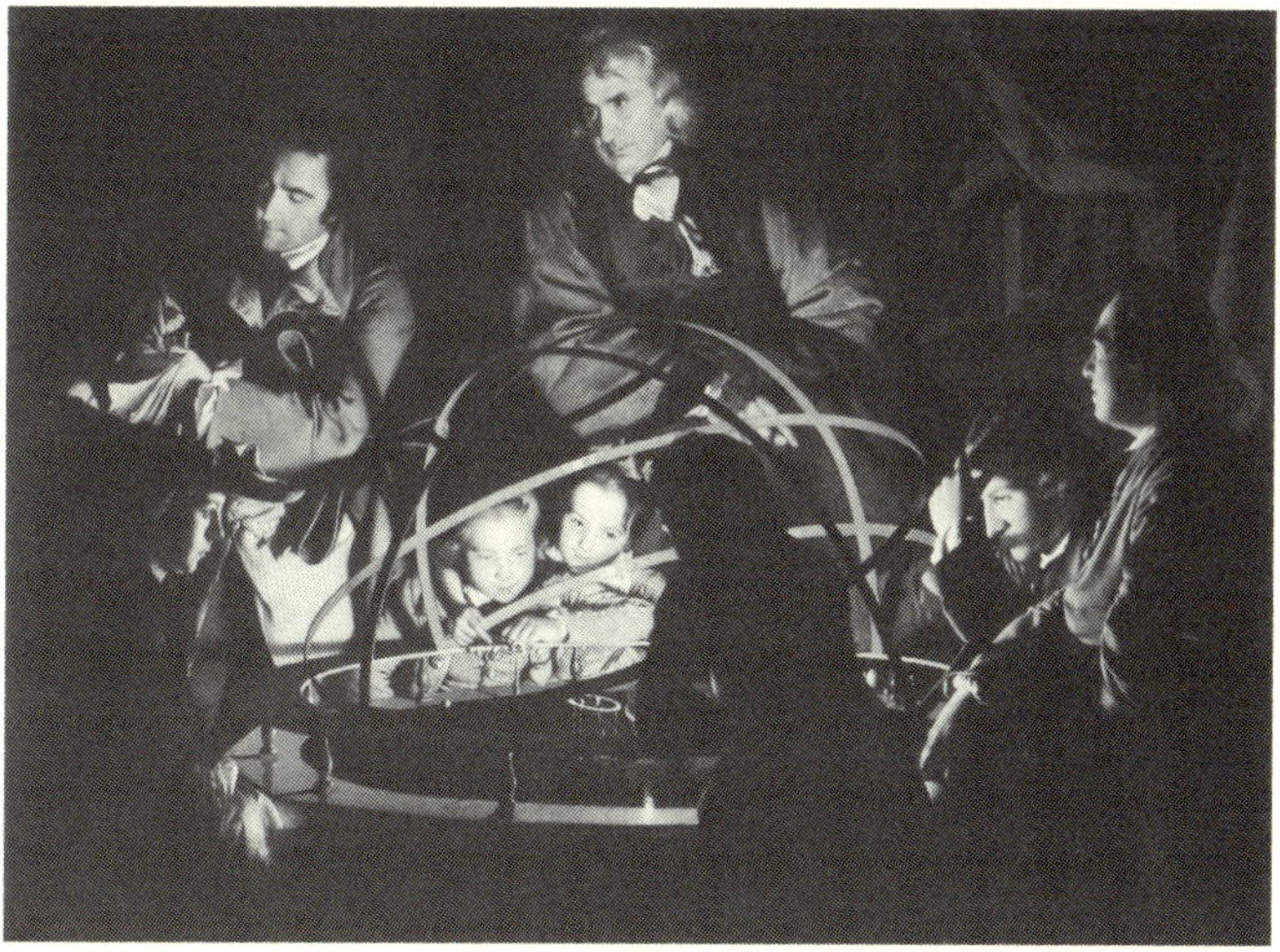

図 86

いる。だが幸い、自然法則は移ろいやすくはない。天文学者が一〇億光年離れた銀河を観測するとき、その瞬間に望遠鏡の開口部に入る光は、一〇億年かけてやってきたものだ。つまり、望遠鏡はまさしくタイムマシンなのである――宇宙の遠い過去を垣間見《かいまみ》せてくれるのだから。われわれの知るかぎり、母なる自然はみずからの掟《おきて》に修正を許さない。自然法則は、少なくとも宇宙が生まれてわずか一秒後からは、それとわかるような変化を見せていないのだ。法則がもっと変わりやすいものだったら、物理学者（そんな世界に存在していたとして）が宇宙の歴史を明らかにするのは非常に難しかったにちがいない。

時空

自然法則の対称性は、並進や回転のほかにも広く及んでいる。たとえばこの法則は、われわれがどんな速さでどの方向へ動いていても変わらない。あなたも鉄道の駅で、これを非常に単純な形で経験したことがあるにちがいない。あなたの乗っている列車が動いているのか、それとも隣の線路の列車が動いているのか、ほとんど区別がつかなくなることがあるはずだから。一定の速度で動いている（つまり、運動の速さも向きも変わらない）ふたりの観測者には、自然がまったく同じ法則に従うように感じられるだろう。ひとりが未来のロケットに乗って光の九九パーセントの速度で飛んでいて、もうひとりは大きな亀の背中にのんびり座っていたとしても。ガリレオとニュートンはすでに、この一定の速度で運動する観測者間に見られる重要な対称性に気づいていたが、アインシュタインは、みずからの特殊相対性理論においてそれを大いに強調し、そのうえ予想外のひねりも加えた。この対称性は、ある部分については比較的単純だ。「ニューヨークはいつこの列車に停まるの？」という質問は、シュールな表現かもしれないが、実はニュートン物理学でもまったく問題なく成り立つ。列車に乗っている人は、確かにその列車が止まっていて外の世界が動いていると見なすことができるのだ。しかしアインシュタインは、「光源や観測者がどのように動いていても、光速はつねに同じになる」という意外な実験結果と合うように、この対称性を定式化した。(3) 言い方を変えれば、一様な運動をしているすべての観測者にとって物理法則（電磁気や光の法則も含めて）が同じに見えることを要請する対称性に、彼はもうひとつ「光速はすべての観測者にとってまったく同じになる」という対称性を加えたのである。

光の絶対速度が一定であることは、マクスウェルの方程式（電磁理論）にも暗に示されているが、一見したところ、まったく直感に反しているように思える。それどころか、物事の振る舞いについての常識を大きくねじ曲げる。オープンカーを運転しながらリンゴを前に投げると（ありがたいことに、そんなことをするドライバーはあまりいないが）、地面に対するリンゴの速度は、車の速度とリンゴを投げた速度の和になる。同じように、オープンカーがわれわれのほうへ向かってきている場合、われわれの観測するヘッドライトの光の速度は、光速（およそ時速一〇億八〇〇〇万キロメートル、すなわち秒速三〇万キロメートル）と車の速度の和になるだろうと考えられる。ところがアインシュタインは、そうはならないとわれわれに教え、数限りない実験もそれを裏付けている。たとえ車が光速の九九・九九パーセントという途方もない速度で走っていても、われわれが測定するヘッドライトの光の速度は変わらず、時速一〇億八〇〇〇万キロメートルのままになるのだ。さらに、車が光速に近い速度で遠ざかっていくときにテールライトの光の速度を測っても、同じことが言える。この重大な知見《ちけん》の意味を詮索する前に、光源の速度が光速に加わったら（あるいは光速から差し引かれたら）どうなるか、ちょっと考えてみよう。図87は、ある空港の交差する滑走路を示している。今ちょうど、飛行機が南向きに高速で着陸してきた。そしてまさに交差点にさしかかろうというとき、パイロットは手荷物のカート（運搬車）が西から交差点に向かっているのに気づく。パイロットは衝突を避けようとただちに進路をそらす。ここで、ある観測者が、この出来事を交差点の南側の滑走路で見ているとする。問題をよりはっきりさせるため、着陸する飛行機が光速にきわめて近い速度で動いていると仮定しよう。光速が一定でなかったら、観測者には、飛行機で反射された光が、光速の二倍に近い速度（飛行機の速

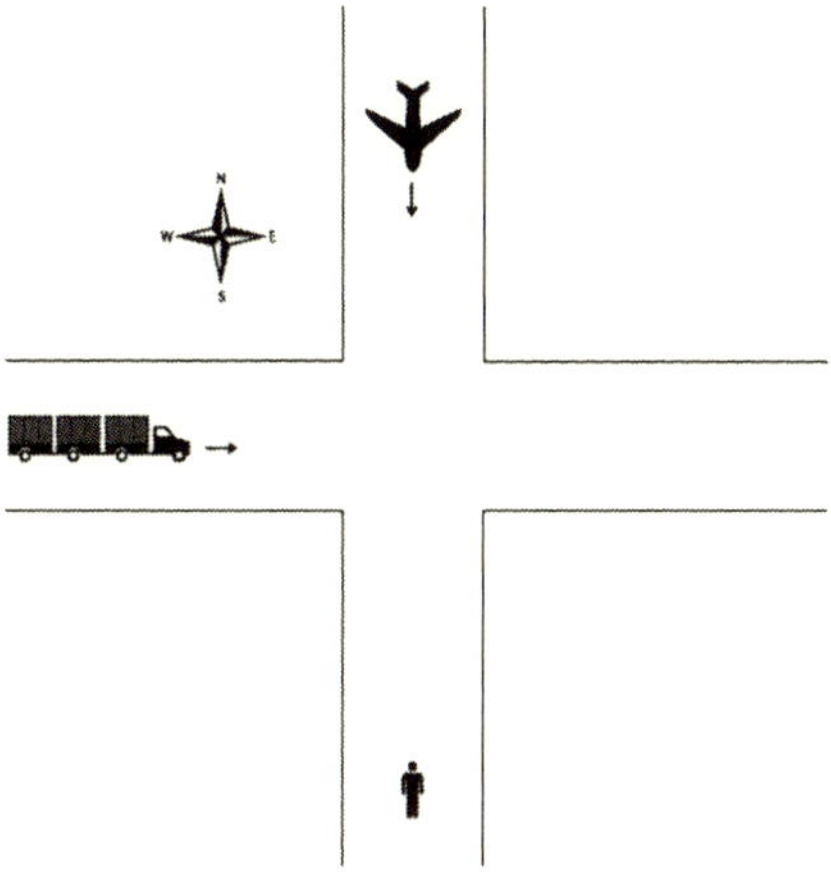

図 87

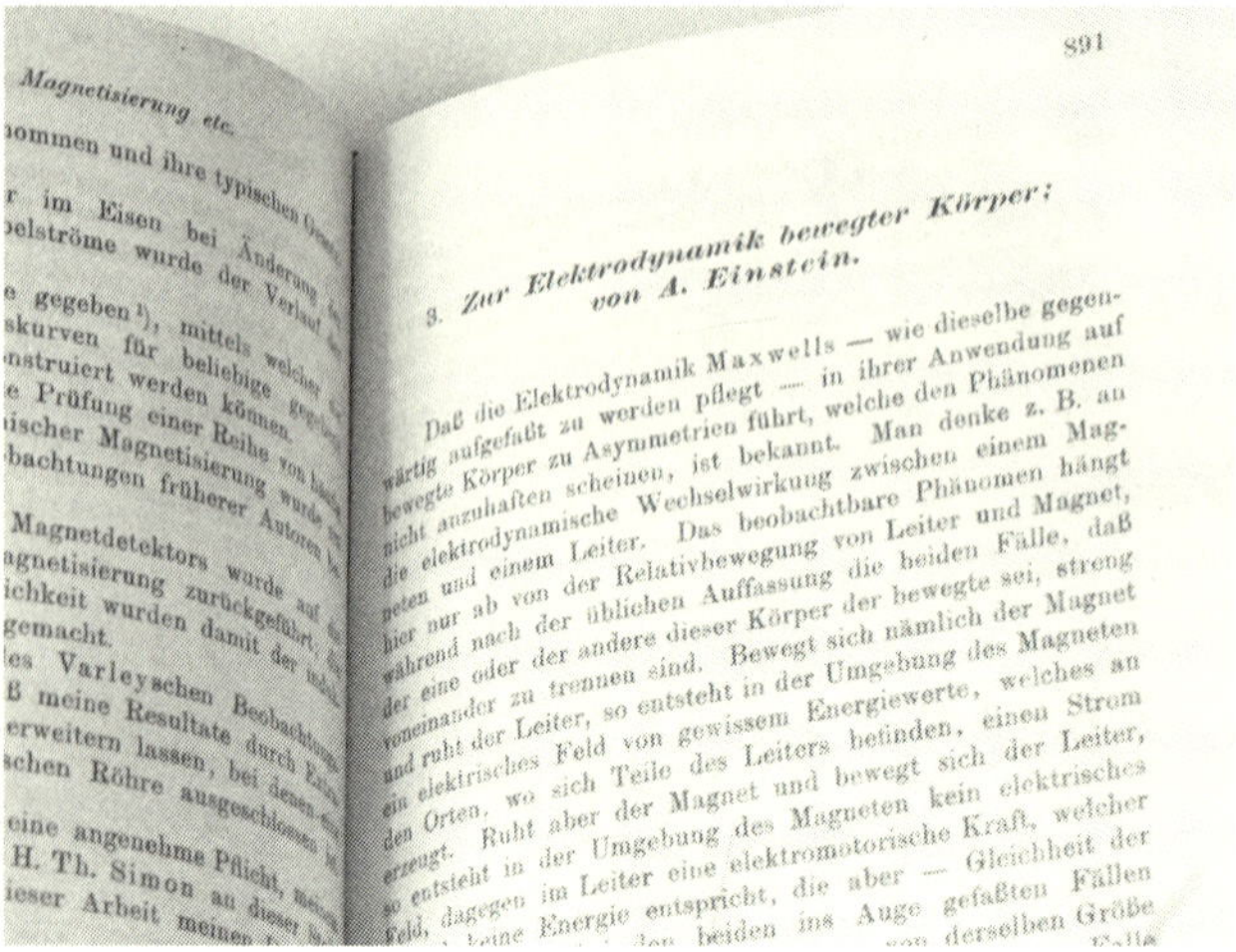

Magnetisierung etc.

891

3. Zur Elektrodynamik bewegter Körper;
von A. Einstein.

Daß die Elektrodynamik Maxwells — wie dieselbe gegenwärtig aufgefaßt zu werden pflegt — in ihrer Anwendung auf bewegte Körper zu Asymmetrien führt, welche den Phänomenen nicht anzuhaften scheinen, ist bekannt. Man denke z. B. an die elektrodynamische Wechselwirkung zwischen einem Magneten und einem Leiter. Das beobachtbare Phänomen hängt hier nur ab von der Relativbewegung von Leiter und Magnet, während nach der üblichen Auffassung die beiden Fälle, daß der eine oder der andere dieser Körper der bewegte sei, streng voneinander zu trennen sind. Bewegt sich nämlich der Magnet und ruht der Leiter, so entsteht in der Umgebung des Magneten ein elektrisches Feld von gewissem Energiewerte, welches an den Orten, wo sich Teile des Leiters befinden, einen Strom erzeugt. Ruht aber der Magnet und bewegt sich der Leiter, so entsteht in der Umgebung des Magneten kein elektrisches Feld, dagegen im Leiter eine elektromotorische Kraft, welcher keine Energie entspricht, die aber — Gleichheit der ... in den beiden ins Auge gefaßten Fällen ... von derselben Größe

図88

度と光速の和）で自分のほうへ向かってくるのが見えるはずだ。一方、のろのろ動くカートで反射された光は、光速で観測者へ向かう（進行方向に対して直角に反射されるから）。その結果、飛行機からの光はカートからの光よりずっと早く観測者に届くことになる。観測者には、飛行機が、理由らしきものが何もないのにいきなり向きを変えるように見えるのだ。どんな観測者にとっても光速が一定なら、こうした、結果が原因に先立つような矛盾はなくせる。

一様な運動をしている観測者にとって物理法則が対称であることと、光速が不変であることを裏付けるために、特殊相対性理論は代価を払う必要があった。アインシュタインは、空間と時間を別個のものとしては扱えないことを明らかにしたのである。むしろ両者は、対称性によって分かちがたくつながっている。特殊相対性理論にかんするアインシュタインの原論文には、『運動する物体の電気力学について』（図88はその最初のページ）という控えめなタイトルがついているが、次に挙げる例でわかるとおり、これは文字どおりわれわれの現実に対する認識を一変させた。

テーブルに置いたリンゴが古びて崩れていく様子を、数年間ビデオに収めるとしよう。この（とても面白いとは言えない）ビデオがとらえているのは、リンゴの時間的な「運動」であって空間的な運動ではない。時間は、特殊相対性理論によれば、おなじみの空間の三次元に加えるべき四つめの次元になる。リンゴをある速度で動かせば、必然的に四次元のすべてで移動させることになる。リンゴが空間を動きまわるあいだに、時間も進んでいるからだ。では、動いているリンゴは、止まっているリンゴと同じ速さで古びていくのだろうか？　特殊相対性理論は意外にも、そうはならないという答えを出す。リンゴが空間を速く移動するほど、リンゴの「時計」の刻《きざ》みは、静止した観測者から見て遅くなるのだ。リンゴの速度が光速に近づくと、（静止した観測者から見た）リンゴの時間は遅々《ちち》としたものになる。多くの実験ではっきり確かめられなかったなら、これはまったく信じられない話だったかもしれない。ミュー粒子という素粒子は、地球の上層大気に宇宙線と呼ばれる高エネルギー粒子が衝突してたえず生まれている。このミュー粒子が大気中を数十キロメートルも移動できるのは、ミュー粒子内部の「時計」が相対論的効果で遅れるためにほかならない。静止状態では、ミュー粒子はわずか一〇〇万分の二秒ほどでもっと軽い粒子に崩壊してしまう。そんなに短い寿命では、空間を光速で飛んだとしても、大気中を数十キロメートル移動する時間はミュー粒子の寿命の一〇倍以上になる（相対論的効果がなければ）。一九四一年、ニューハンプシャー州（アメリカ）のワシントン山において、頂上と麓《ふもと》で観測してミュー粒子の数と移動時間を調べた研究者たちは、移動するミュー粒子の寿命が、まさに特殊相対性理論の予言どおりに長くなることを確かめた。(4) さらに一九七五年の実験では、ミュー粒子を光速の九九・九四パーセントまで加速して、そうした特急ミュー粒子の寿命が、静止状態の場合に比べて二九倍も長いことが明らかになっている。やはりこれも、特殊相対性理論の予測と完全に一致していた。

それはいいが、ミュー粒子は特異な素粒子で、通常の時計とは違うじゃないかと思うかもしれない。われわれの動く速度が光速に近づくと、腕時計の進み方や心臓の鼓動もゆっくりになるのだろうか？ そこで、一九七一年の実験では実際の時計が使われた。物理学者のジョーゼフ・カール・ハーフェレとリチャード・キーティングが、パンアメリカン航空の二機の互いに逆向きに飛ぶ旅客機に乗って、地球を回ったのだ。(5) ふたりが持ち込んだ四台の原子時計は、初めにワシントン・D・Cで、静止した時計と正確に合わせてあった。旅を終えると、東向きに飛んだ（したがって地球の自転より速く飛んだ）時計は予測どおり一〇億分の五九秒だけ遅れ、西向きに飛んだ（結果的にワシントンの時計よりゆっくり飛んだ）時計は一〇億分の二七三秒だけ進んでいた。

特殊相対性理論の重要な予言のひとつに、空間・時間次元を移動する物体の速度は、つねに全次元で合成するとぴったり光速になるというものがある。たとえば静止状態のミュー粒子は、時間次元でしか「移動」しないので、そのすべての「速度」が時間次元になっている。一方、動いているミュー粒子では、その速度の空間成分が大きいほど、「古びる」スピードがゆっくりになり、ミュー粒子の速度が光速に近づくと時間は（静止した観測者から見て）ほぼ停止する。ところが光は、つねに三次元空間をぴったり光速で移動する。特殊相対性理論によれば、光はどこでも光速以外の速度で移動することはないし、光には決して追いつくことができない——光はじっとしないのである。この意味で、光を知覚するのは、映画で動きを知覚するのにちょっと似ている。フィルムのコマはひとつずつ少し違うシーンをとらえており、それらのコマを次々とすばやく見せられると、われわれには動いているように見えるのだ。フィルムが止まったら、動きも消える。光も光速で動いているときにだけ見えるのである。

不思議なことに、物理学では驚くべき直感と深い洞察を示したアインシュタインだが、純粋数学に対する態度は当初ずいぶん不熱心だった。(6) チューリヒでの学生時代、数学者ヘルマン・ミンコフスキー（一八六四～一九〇九）の数学の講義に欠席してばかりいた彼は、「怠《なま》け犬」と呼ばれていた。歴史の皮肉なめぐり合わせだが、アインシュタインが特殊相対性理論を公表したとき、対称性を使って理論に堅固な数学的土台を据えたのは、ほかならぬミンコフスキーだった。ミンコフスキーは、ちょうど球が三次元空間で回転できるように、空間と時間が四次元の実体として「回転」できると明らかにしたのである。さらに重要なことに、球がその中心を通るどんな軸のまわりにどれだけの角度回転しても対称（つまり不変）なのと同様、アインシュタインの特殊相対性理論の方程式は、時空の回転に対して対称（物理学用語では「共変《きょうへん》」）になる。こうした方程式の見事な対称性は、この回転による変換を一九〇四年に初めて記述したオランダの物理学者ヘンドリック・アントーン・ローレンツ（一八五三～一九二八）にちなんで、「ローレンツ共変性」として知られるようになった。このミンコフスキー時空におけるすべての対称変換の集合が、三次元における通常の回転や並進のように群《ぐん》を形成すると聞いても、もうそんなに驚かないだろう。この群は、特殊相対性理論の数学的基盤を改良したフランスの大数学者の名をとって、「ポアンカレ群」と呼ばれている。

初めは懐疑的な態度を見せていたアインシュタインも（「相対性理論に数学者が踏み込んできてから、私にもこの理論がわからなくなってしまった」）、次第に対称性のもつ途方もない威力を理解しだした。動いている観測者から見て自然法則が変わらなければ、その法則を記述する方程式がローレンツ共変性に必ず従うばかりか、法則自体が対称性の要件から導き出せるのである。この深遠な認識は、アインシュタイン（と彼のあとを追った多くの物理学者）が自然法則を定式化する際に採用していた論理の流れを文字どおり逆転させた。まずたくさんの実験結果や観測事実を集め、理論を構築してか

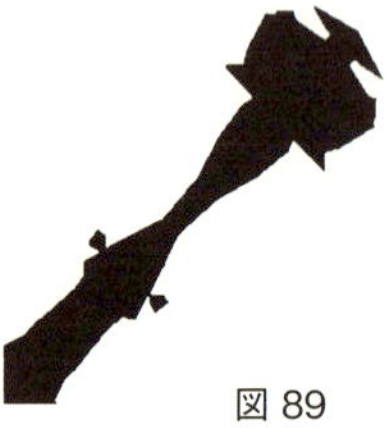
図 89

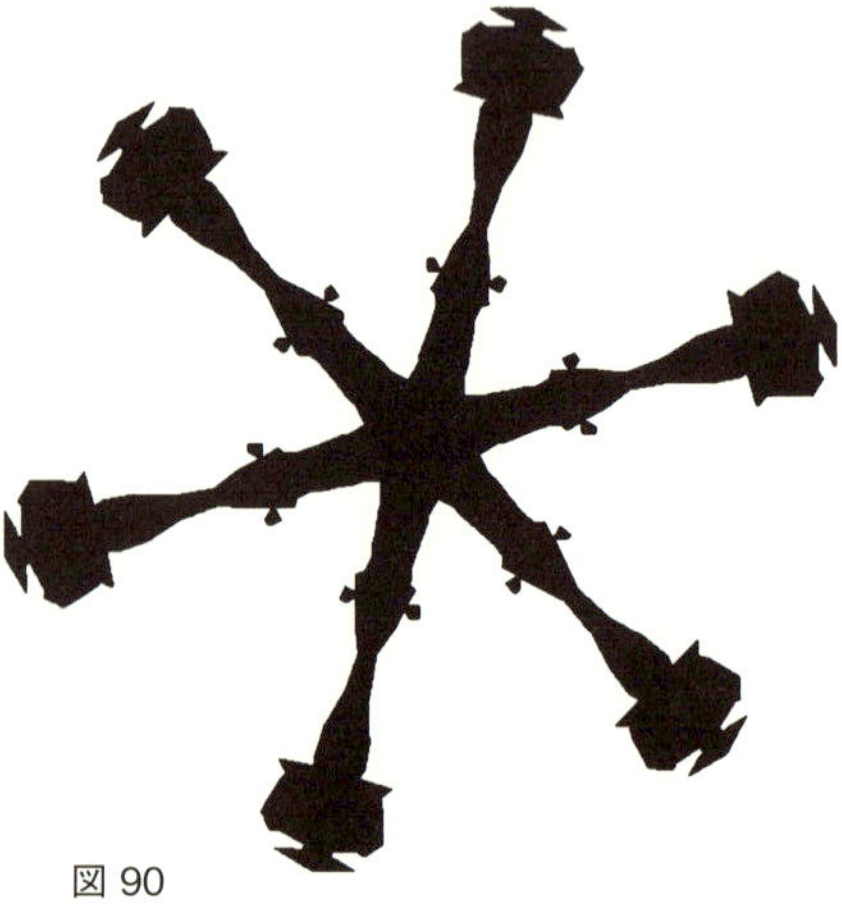
図 90

ら、その理論がなんらかの対称性の原理に従うかどうか確かめるのではなく、対称性の要件が先にあって、そこから自然の従うべき法則を決められることに、アインシュタインは気づいたのだ。このようなインプットとアウトプットの逆転について、いくつか簡単なたとえを用いて示してみよう。

　雪の結晶を見たことがないのに、そのおおまかな形を当ててみろと言われたとしよう。もちろん、多少でも情報がなければ何も始められない。雪の結晶の放射状に出ている輻《や》（図89）が一本だけ描かれていても、たいして助けにならない——ゾウのしっぽから全体の姿の見当はつけられないのだ。だがここで、ほかにいくつかの事実が与えられたとする——おおまかな形が、中心のまわりに六〇度回転しても対称だと教わったとしたらどうなるか。この指示によって、ただちに形の可能性は、六角形、十二角形、十八角形……に制限される。自然はたいてい最も単純で経済的な答えを採用するから、（図90のような）六角形の結晶が見事に当たりとなる。対称性は非常に厳しい制約を課すので、理論からほぼ必然的に真理が導かれるのである。

もう少し複雑な例として、どこかの恒星系の生物学者たちが、自分たちの惑星に棲む全生物の「DNA」構造を調査するとしよう。彼らは長年かけて、生命が、図91のような七種類の配置をもつ非常に長い「DNA」鎖で成り立っているのを発見する。そしてそれぞれの鎖の「デザイン」を注意深く調べたところ、どの鎖も基本の記号bにかんする対称操作か、対称操作の組み合わせで得られることが明らかになる。第一の鎖には、並進対称性しか関わっていない——ひとつのモチーフが何度もずらされているだけなのだ。第二の鎖は、「映進」を表している。これは第1章で述べたとおり、鏡映《きょうえい》によってできる像のペアを並進させる操作だ。さらに第四の鎖は、並進と、横置きの鏡に対する鏡映によって得られる。第六の「DNA」パターンは、何種類かの方法によってできる——たとえば四つの記号の並進を続けてもいいし、鏡映をおこなってできた記号のペアを立てつづけに映進させてもいい。

(i) b b b b b b b b b b b …
(ii) b p b p b p b p b p b …
(iii) b d b d b d b d b d b …
(iv) b b b b b b b b b b b …
p p p p p p p p p p p …
(v) b q b q b q b q b q b …
(vi) b q b q b q b q b q b …
(vii) b d b d b d b d b d b …
p q p q p q p q p q p …

図 91

こうした知見を法則の言葉にまとめようとして、異星の生物学者たちは、どんなDNA鎖も並進、回転、鏡映、映進の組み合わせに対して対称なパターンで配置されていると結論するのではないか。一方、この生物学者たちが、DNA鎖は数種の対称性に従わなければならないと最初に（いくつかの鎖が発見されたあとかもしれないが）直感したとしてみよう。すると彼らは、問題に反対側からアプローチし、DNA鎖が対称になるとまず定めることができる。もちろん、基本のモチーフの見当はつけようがない——b、星形、あるいは生命保険会社アフラックのアヒルのようなものの可能性だってあるのだ。しかし、いったんモチーフが明らかになったら、群論を使って、先述の四つの対称操作の組み合わせでできる鎖のパターンは七種類しかないことが証明できる。[7] ほかのパターンはすべて、いわばこの七種類のメロディーを変奏したものでしかない。つまりこの場合、対称性の要件が、DNAというフリーズ（装飾帯）の存在するパターンの数をはっきり決めているのである。プリンストン大学の数学者ジョン・ホートン・コンウェイは、鎖の七種類のパターンに愉快な名前をつけている。その名前は、ホップ、ステップ、カニ歩き、ジャンプ、回転するホップ、回転するカニ歩き、回転するジャンプで、それぞれの行為を繰り返したときにできる足跡のパターンが先ほどの七種類の鎖に対応しているわけだ。

並進や回転や一様な運動に対する物理法則の対称性（光速の不変性など）は、時間と空間の理解には絶対に欠かせないものだが、それ自体は新しい力や粒子の存在を要請するわけではない。だがまもなく論じるように、重力を理解し、自然の基本的な力をすべて統一しようとした結果、対称性の原理は一段と重要な意味をもつことになった――対称性が力の「源《みなもと》」となったのである。

重力を加味した対称性

特殊相対性理論は、物理法則の対称性の範囲を、一様な運動をしているすべての観測者にまで押し広げた。しかし、加速度運動をしている観測者ではどうなのかと思う人もいるだろう。一般に、身のまわりで観測される運動の大半は、一様ではない――静止状態から始まり、静止状態で終わり、方向がずれたり、曲がったり、回転したりするのだ。打ち上げられ加速していくロケットのなかで、たとえば電磁気の法則が破綻《はたん》するか、あるいはかなり変わるだけでも、宇宙へ人を送り込めなくなってしまうだろう。実際には、観測者の動き方によって法則が左右されることなどあろうはずがない。しかも、加速度運動は——太陽をめぐる惑星の運動から、短距離走者の走りまで——いたるところで見られるから、加速度を論じない理論はどうしようもなく不十分だ。特殊相対性理論にはもうひとつ、重力を完全に無視しているという明らかな欠陥があった。だが重力はどこにでもあるし、電磁力が遮蔽できるのと違って、重力の束縛から逃れることはできない。そのため、アインシュタインの大きな目標のひとつは、対称性の適用範囲のさらなる拡大となる。とくに彼は、等速度運動をしている観測者のみならず、あらゆる観測者――直線上を加速している実験室にいようが、メリーゴーラウンドに乗って回っていようが、とにかくどんなふうに動いていても――にとって、自然法則がまったく同じに見えなければならないと考えた。前のセクションに登場した架空の生物学者たちが、対称性の原理から七種類の鎖のパターンを導き出せたように、アインシュタインも対称性を起点に据えようとした。

そこで、特殊相対性理論のローレンツ共変性（時空の回転によって方程式が変化しないこと）にヒントを得て、空間・時間座標のどんな変化に対しても自然法則――それが何であろうと――が対称であるという一般共変性を条件として求めたのである。これは自明な条件ではなかった。なにしろ、アメリカだけでも年間約一〇〇万例も見られるむち打ち症が、確かに急激な加速度を感じることを実証しているのだから。車で急ハンドルを切るたびに、遠心力で体が横へ押されるのを感じるし、飛行機がエアポケットに入ると、胃が物理的にのどへ向けて突き上がる。一様な運動と加速度運動のあいだには、明白な違いがありそうに見えるのだ。等速度運動をしている列車やエレベーターに乗っていたら、動きは感じない。このときあなたの視点――あなたが静止していて、周囲が動いているとする――は、ホームでさよならの手を振っている人やホテルのロビーでじっと待っている人の視点と同じぐらい確かに思える。ところが、宇宙飛行士は、ロケット打ち上げの際に頬が強く後ろへ引っ張られるとき、間違いなく加速度を感じている。ならば、どうして物理法則は加速する座標系でも変わらないと言えるのだろう？　加わる力はどうなるのだろうか？　この謎に対する最終的な解答は、アインシュタインがなし遂げた最高の業績であり、思いつくのに長い年月を要した。では、対称性を物理法則の源として確立しようとした彼の思考過程を追ってみることにしよう。

加速する有蓋《ゆうがい》貨車のなかで暮らしていると考える（図92）。この貨車が右方向へ一定の加速度で進んでいる場合、ふだんの経験から、すべてのものが後方へ（図では左方向へ）押し流されることがわかる。たとえば天井から吊られた電灯は、鉛直《えんちょく》方向から傾く。床に向かう物体はすべて角度をつけて落ち、前方を向いて椅子に座っている人は下の座面と後ろの背もたれの両方から力を感じる。これは非常にわかりやすい。中の人が鍵束を落とすとすると、鍵束の水平方向の速度［訳注：ここでは外部の観測者から見た速度の話］は変わらず（空気抵抗によるわずかな変化以外は）、落とす瞬間に鍵束がもっていた速度に等しい。だが同時に、貨車そのものはつねに加速して速度を上げている。そのため鍵束は取り残され、結果的に落下経路は後方へ傾く。しかしここで、重大な認識に至る。加速する有蓋貨車に乗っている人の経験は、重力そのものが、まっすぐ下向きではなく、傾いた向きにもっと強く作用する場合に味わう経験とまったく変わらないのだ。別の言い方をすれば、重力は、加速度運動で観測されるのとそっくり同じ現象を生み出すことになる。

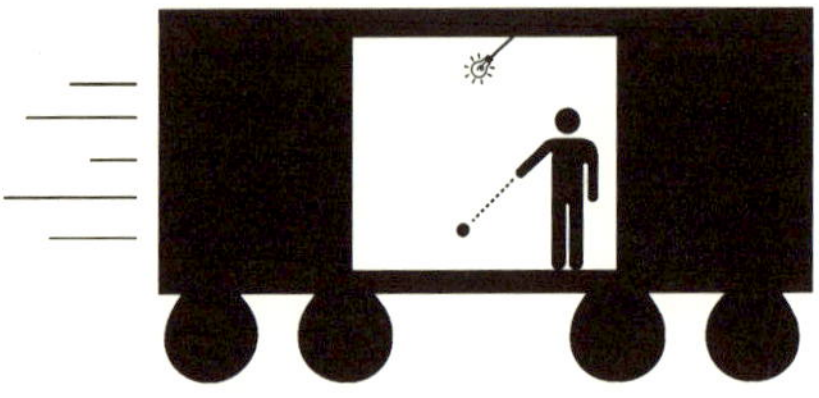

図92

別の状況を考えよう。上向きに加速するエレベーターのなかで体重計に乗ると、実際より重い値が表示される（体重計に足がより大きな力を加えるため）——まるで重力が強まったかのように。反対に、下向きに加速するエレベーターでは、重力が弱まるように感じる。エレベーターのケーブルが切れるという極端なケースを考えると、中の人と体重計は一緒に自由落下するので、体重計の表示はゼロになる（だがこれは、減量法としてはお勧めしない――エレベーターがシャフトの床にぶつかるときに、どんな値を指すか考えてみるといい！）。また、宇宙ステーションのなかにいる人が「重さのない」状態で浮かぶのは、地球の重力が届かないためではなく、ステーションと人が地球の中心へ向かって同じ加速度を受けるためだ――両方が自由落下しているのである。

この手の思考実験をあれこれするうちに、アインシュタインは一九〇七年、ついにあっと驚く結論に至った。重力と、加速度がもたらす力は、実は同じものなのだ[8]。この見事なまでの統合性は、「等価原理」と名づけられた。加速度と重力は、ひとつの力がもつふたつの側面というわけで、つまり等価なのである。自由落下するエレベーターのなかにいるかぎり、自分の重さがなくなるのは、エレベーターが下向きに加速しているためなのか、重力が超自然的な作用で「オフになった」ためなのかはわからない。アインシュタインは、一九〇七年に訪れたひらめきの瞬間について、一九二二年に京都でおこなった講演で語っている。「特許局の自分の席に座っていて、突然ある考えがひらめきました――自由落下している人は、自分の体重を感じないだろう。私ははっとしました。この単純な考えが私の心に深く刻み込まれました。そこから重力理論へと駆り立てられたのです[9]」病院の臨床検査室では、いつでもこの等価原理が利用されている。遠心分離機を使って液体サンプルを高速で回転し、比重の異なる物質に分けているからだ。遠心分離機は、人工重力を生み出すマシンの役目を果たしているのである。回転運動を加速すると、重力を増大したのと同じことになる。

この等価原理とともに、実に広範な対称性について語れるようになった。物理法則は、アインシュタインの一般相対性理論の方程式が示すとおり、加速度系も含めてあらゆる系でそっくり同じになるのだ。要するに、物理法則は時空座標がどう変化しても対称なのである。では、たとえばメリーゴーラウンドと静止した実験室とで、観測されることが違うように思えるのはなぜなのだろう？　一般相対性理論によれば、これは「環境」の違いにすぎず、法則そのものの違いではない。地球上で（回転に対して法則は対称なのに）上下が違って見えるのは、地球がもつ重力のためだが、メリーゴーラウンドに乗っている観測者も、重力と等価の遠心力を感じる。言い換えると、加速度系も含めてあらゆる座標系に対する対称性が、重力の存在を「要請」しているのだ。加速する貨車やエレベーターの例で示したとおり、加速度系での物理法則は、重力を受ける系での物理法則と区別がつかない。

等価原理による素晴らしい知見を手にしたアインシュタインは、ニュートンの重力理論でまったく答えられずにいたふたつの非常に興味深い問題に、ついに取り組めるようになった。まず第一に、こんな「どうやって」の超難問だ。「重力はどうやってそんな芸当をしてみせるのか？」あるいはこうも言える。「地球から一億五〇〇〇万キロメートルも離れている太陽は、どうやって逃れられない重力を及ぼし、地球をその公転軌道にとどめているのか？」

ニュートンは、自分がそれに答えていないことを十分知っていた。(10)

ここまで、天空や海洋の現象を重力によって説明してきたが、この力の要因をまだ特定していない［傍点は筆者］。確かに重力が、太陽や惑星の中心まで少しも弱まらずに突き抜け……その効力を、つねに距離の二乗に反比例して減少させながら、全方向に莫大な距離まで伝えるような要因から生まれるのは間違いない。……だが私は、これまでにこうした重力の性質をもたらす要因を現象から見出せておらず、ゆえに仮説は立てない。

第二に、特殊相対性理論とニュートンの重力理論とのあいだに、厄介な矛盾があった。前者はどんな質量やエネルギーや情報も光より速くは伝わらないと明言しているが、ニュートンは重力を、瞬時に広大な空間を超えて作用する力と見なした。そのように「スピーディー」な重力は、実に奇妙で好ましくない現象をもたらす可能性があった。たとえば太陽が突然なくなったら、太陽系の全惑星がただちにほぼ直線状の運動をしだすはずだ。惑星を楕円軌道にとどめる力が消滅してしまうのだから。しかし、実際に太陽が地球上の人々から見えなくなるのは約八分後になる。光が太陽‐地球間の距離を通過するのにそれだけかかるためである。海王星の住民がいたとしたら、太陽が見えなくなる丸四時間も前に、彼らは荒涼たる宇宙への旅を始めているだろう。そんな因果関係の逆転があると、われわれの現実認識は荒唐無稽な悪夢となってしまう。特殊相対性理論と等価原理のどちらも正しいと固く信じていたアインシュタインは、ニュートンの重力理論の徹底的な見直しをすべきときが来たことに気づいた。

時空の歪《ゆが》みという可能性は、別の興味深い思考実験によって、初めてほのかにアインシュタインの頭に浮かんだようだ。この思考実験は、もともと物理学者のパウル・エーレンフェスト（一八八〇～一九三三）が提案していたため、のちに「エーレンフェストのパラドックス」と呼ばれるようになった[11]。特殊相対性理論で知られている結果のひとつに、運動する物体の長さは、静止した観測者が測った場合、運動の方向に沿って縮むというものがある。運動の速度が大きいほど、その縮み方も大きい。これは錯覚ではない——動いている棒は、静止しているときには収まらないスペースに一瞬入るのだ。コンパクトディスク（CD）のような平たい物体が、非常に速く回ったらどうなるかを考えよう。円周は内側より速く回るので、縮み方が大きくなる。その結果、ディスクの形状は歪んでしまうだろう。加速度が歪みをもたらすという考えをいったん採り入れると、アインシュタインはそれを手放そうとしなかった。そして、加速度がまさしく時空の生地を歪めると結論づけたのである。さらに、等価原理によれば、加速度が空間を曲げるのなら、重力も同じことをする可能性があった。これが一般相対性理論の核心となる——サーカスで空中ぶらんこの芸をする人が飛び降りて安全ネットをたわませるように、重力は時空を歪め、たわませるのだ。重い物体ほどトランポリンを大きく変形させるのと同じで、物体の質量が大きいほど、その近傍《きんぼう》での時空の歪みは大きくなる。サハラの砂丘地帯を抜けるジープのルートは、地形の起伏によって決まる。同じように、太陽をめぐる惑星のたどるルートは、太陽が時空に生み出す湾曲で決まる。惑星はただ最短ルートを追求するにすぎず、軌道の形状が、曲がった時空の幾何学を明らかにするのである。歪んだ時空という枠組みのなかでは、重力の影響は決して瞬時には起きない。アインシュタインは、時空の形状の乱れが池にできた波紋のように伝わり、その速度がちょうど光速になると算出した。太陽が超自然的な作用で消えたら、重力の影響の消失が地球に届くのは八分後——視覚的に消滅するのと同時——になる。この納得できる結果によって、ニュートン物理学に最後まで残っていた問題が排除された。

　アインシュタインが曲がった時空を宇宙にかんするみずからの新理論の礎《いしずえ》にした結果、そうした時空を記述する数学的ツールが必要になった。ここで彼に、学生時代に数学の講義を欠席したつけが回ってきたのである。だが幸い、かつて数学に懐疑的な態度を見せていたこの男には、頼りになる人物がいた。アインシュタインの元クラスメートで、優秀な数学者のマルセル・グロスマン（一八七八〜一九三六）である。彼らしくない情けない口調で、アインシュタインはこう悔やんでいる。「私は数学を大いに尊重するようになりましたが、その難解なところを以前は単なる贅沢と見ていたのです！」[12] いつでも頼りになるグロスマンは、期待を裏切らなかった。リーマンの非ユークリッド幾何学と、エルヴィン・クリストッフェル、グレゴリオ・リッチ＝クルバストロ、トゥーリオ・レヴィ＝チヴィタという数学者たちの考案した数学的手法について、アインシュタインに教えてくれたのだ。リーマンが、まさしくアインシュタインが必要とした道具――任意の次元における曲がった空間の幾何学――を「見越していた」ことを思い出してもらおう。「微分幾何学」という分野によって幾何学に微積分が導入され、「テンソル解析」が考案されると、さらに厳密な計算ができるようになった（テンソルは「四角く並べた数」のことで、任意の次元における空間を表せる）。一九一二〜一五年に何度か行き詰まってから、アインシュタインは、最大の指針に従うことにした。その指針とは、一般共変性の原理が示唆する、全座標系に対する対称性である。彼の直感は見事に当たり、一九一五年の終わりに、一般相対性理論――時空と重力を網羅する理論――が誕生した（図93はその論文冊子の扉）。理論物理学者アルノルト・ゾンマーフェルトに宛てた手紙で、アインシュタインは興奮を隠しきれずにこう記している。「これ［一般相対性理論の方程式］を必ずよく見てください。私の生涯で最高に価値のある発見ですから」

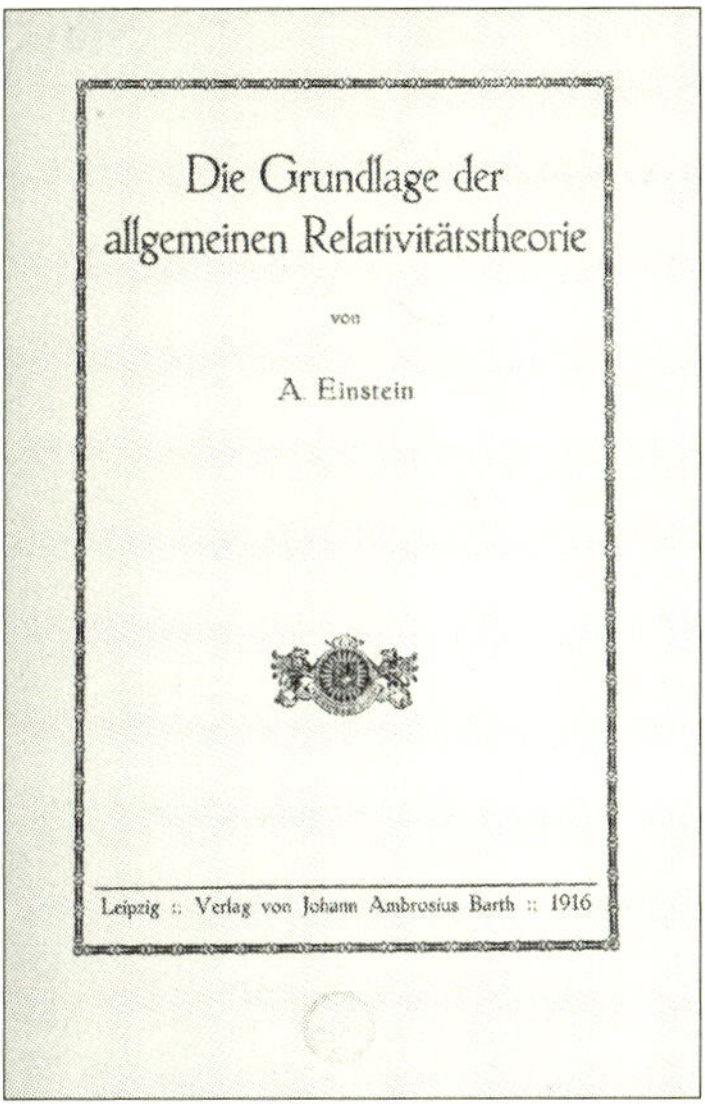
Die Grundlage der
allgemeinen Relativitätstheorie

von

A. Einstein

Leipzig :: Verlag von Johann Ambrosius Barth :: 1916

図93

　アインシュタインは、数学に恩義があることを率先して認めている。一九二一年にプロイセン学士院でおこなった講演で、じっさいこう宣言した。「実のところ、［幾何学は］物理学の最古の分野と見なせるかもしれません……それがなければ、私も相対性理論を打

THE TIMES, FRIDAY, NOVEMBER 7, 1919.

DEARER MONEY.
RISE IN BANK RATE.
CAUSES AND EFFECTS.

LABOUR DISPUTES COURTS.
SECOND READING OF THE BILL.
COMPULSION CLAUSES DROPPED.
(By a Student of Politics.)

COAL OUTPUT AND PRICE.
MINERS TO MEET MINISTERS.
SCOPE OF THE INQUIRY.
(By Our Parliamentary Correspondent.)

REVOLUTION IN SCIENCE.
NEW THEORY OF THE UNIVERSE.
NEWTONIAN IDEAS OVERTHROWN.

図94

ち立てることはできなかったでしょう」(13) 一九三三年の講義では、さらに「[科学の]独創的な原理は数学に潜んでいます」とも言っている。

ほとんど最初に登場したその日から、一般相対性理論の根底にある対称性と論理的な単純さは、当時の第一級の物理学者から多くの称賛を得た。アーネスト・ラザフォード（原子核の発見者）とマックス・ボルン（量子力学のパイオニア）は、のちにこの理論を芸術作品になぞらえている。

一般相対性理論の正否の鍵を握る予言のひとつに、重力の影響下における光の屈曲《くっきょく》があった。たとえば太陽は、その背後にある遠くの星の光を曲げると予言された。だが太陽光が遠くの星の光をかき消さないようにするには、月が太陽光を遮る皆既《かいき》日食のときに観測する必要があった。観測の基本的なアイデアは単純だ。日食のときに撮った写真を、星の光が曲がらないときに同じ空の領域を撮った写真と比べれば、光の屈曲が見かけの星の位置にもたらすわずかなずれを測定できるのである。

観測は、イギリスの二チームによって、一九一九年五月二九日の日食のときになされたが、アインシュタインが最終的に確定した結果を受け取ったのは、九月二二日だった。二チーム――このうちひとつをイギリスの有名な天体物理学者アーサー・エディントン（一八八二〜一九四四）が率いていた――が明らかにした屈曲の平均角度は一・七九秒で、これは一般相対性理論の予言とぴったり一致していた（予想される実験誤差の範囲内）。すっかり舞い上がったアインシュタインは、すぐさま母親にそのことを報告した。一般相対性理論の実証は、公式には一九一九年一一月六日、ロンドンで開催された王立協会と王立天文協会の合同会議において発表され、いみじくも「人類の思想史上、最大級の偉業」と宣言された。翌日、全世界が「科学の革命」のニュースで目覚め（図94は一九一九年一一月七日の《ロンドン・タイムズ》の記事）、とたんにアインシュタインは思いがけずメディアのスターの地位に押し上げられた。けれども、だれもがその新理論の意味を完全に理解していたわけではない。こんな有名な逸話がある。ある記者が、相対性理論はややこしすぎて、アインシュタイン以外に世界でふたりしかちゃんと理解していないというのは本当ですか、とエディントンに訊いた。エディントンはしばらく黙っていた。そんなに謙遜しないでと返事をうながす記者に、彼はこう答えたらしい。「そうじゃない、残りのひとりはだれだろうと考えていたんだ」

今日《こんにち》でも私は、次のような驚くべきアイデアの連鎖と相関にすっかり圧倒されている。対称性の原理に終始導かれて、アインシュタインは、加速度と重力が一枚のコインの両面であることを初めて明らかにした。続いてその考えを敷衍《ふえん》し、重力が時空の幾何学を反映したものにすぎないと証明した。理論を考え出すのに用いた道具は、リーマンの非ユークリッド幾何学だった。幾何学が実は群論を具体的に表現したものである（どんな幾何学図形も対称性――その図形をそのまま変えないような操作――によって定義できるから）ことを示すために、フェリックス・クラインが用いたのとまったく同じ幾何学だ。これは驚きではなかろうか？

自分の考えた群論のアイデアがどう応用できるかについて、ガロアがよくわかっていなかったことを思い出してほしい。クライン、リー、リーマン、ミンコフスキー、ポアンカレ、ヒルベルトといった数学者の想像力が組み合わさり、それが物理学にかかわるアインシュタインの抜群の直感と「あいまって」、対称性と群論は時空と重力を最も根本的に説明するものとなったのである。

量子の世界へ

対称性は時空や重力を記述する法則にとって重要だが、その重要性は素粒子の世界ではなおさら高まる。古典物理学で「粒子」と言うと、ふつう小さなビリヤード球《だま》のようなものが思い浮かぶ。これと違って量子論――素粒子物理学で用いられる理論の枠組み――では、粒子は波としても振る舞うことになる。ここで、任意の系《けい》の状態とその時間的変化を記述できる道具が、「波動関数」というものだ。電子の波動関数は確率の波であり、その電子がある場所に特定の向きのスピン（第1章参照）をもって見つかる確率を決定するのに使える。宇宙に存在する電子はどれもそっくりなので、もっているエネルギーや運動量（古典物理学では質量と速度の積）やスピンで見分けるしかない。これらの基本的な量は、量子力学では、時空における各種対称変換に対する波動関数の応答によって決まる。たとえばエネルギーは、時間座標のずれ（時計の調整に相当する）によって生じる波動関数の変化を表す(14)。この概念を簡単に説明しよう。ふたりの写真家が、池に小石を投げ込んで水面に広がる円形の波を撮影したとする。どちらのカメラのフラッシュも、きっかり午前八時にたかれるようにセットされている。だが、フラッシュを制御する時計の片方が、あいにく一秒狂っている。すると、二台のカメラが記録する波は同じだが、位相《いそう》がわずかに異なる。片方の写真で波の山となっているところが、もう片方の写真では谷になっているかもしれず、あるいは逆も考えられるのだ。量子力学では、電子などの系のエネルギーは、時計を一秒ずらしたときに波動関数の位相（波の周期を単位として測られる）に生じる変化によって定義される。同様に、電子の運動量は、空間上でわずかに並進《へいしん》が起きた場合に波動関数の位相に生じる変化を表している。こうした定義は、基本となる物理的性質を対称変換に結びつけるものだが、なんとも抽象的に思えるにちがいない。高校で物理を習った人なら、エネルギーや運動量といった量が、一般にこれとずいぶん違う概念――「保存則《ほぞんそく》」――に結びつけられることを覚えているだろう。保存則は、なんらかの量が生み出されも失われもしないことを示している――今日測っても、明日測っても、あるいは一〇〇万年後に測っても、同じ値になるのである。エネルギーの保存は、「この世にタダのものはない」という決まり文句を物理学で言い換えたものだ。無からエネルギーが得られたら、石油の生産量が減るたびにガソリン価格が上がることなどないだろう。運動量の保存は、ビリヤード球がぶつかるのを見たことのある人にはおなじみの原理だ。このとき、ぶつかった球がふたつとも手前に（プレーヤーのほうへ）転がることはないだろう。ふたつの球の運動量の総和は、最初の手球《てだま》の運動量に等しくなければならない。保存則は、物理学者にとっては朝昼晩の食事みたいなものだ。素粒子の実験をおこなう物理学者は、大型加速器を使って粒子同士を衝突させる。そうした加速器は巨大な建造物で（スイスのジュネーヴにあるものは全周二七キロメートルの円形のトンネルを利用している）、素粒子を加速して超高エネルギーにしている。実験の目標は、非常に短い距離で働く基本的な力を探り、理論的に存在が予言されている重い粒子を作り出すことにある。この実験をする人は、衝突生成物の総エネルギーと総運動量が、入射粒子と標的粒子のそれらに等しい（保存則のため）という事実を利用して、実験装置で直接検出できない粒子の特性まで決定している。

こうして見ると、まるでふたつの無関係の定義があるかのようだ。一方では、エネルギーや運動量といった基本的な量が、対称変換に対する波動関数の応答によって定義されている。しかし他方では、同じ量が保存則と結びつけられている。物理法則の対称性と保存則のあいだに、どんな厳密な関係があるのだろう？　その意外な答えはドイツの数学者エミー・ネーター（一八八二〜一九三五）によって与えられ、今では一般に「ネーターの定理」と呼ばれている。だがそれを説明する前に、この並外れた女性の生涯についてごく簡単に語っておきたい。男性優位の数学界で、女性がこんな困難を味わうのだと知ってもらうために。

エミー・ネーターは、ドイツのエルランゲンで生まれ、父親はその地で数学の教授を務めていた。[15]当初エミーは、フランス語と英語の教師になるつもりだったが、一八歳のとき、それをやめて数学を学ぶことに決めた。だがそれは、言うは易《やす》し行《おこな》うは難《かた》しだった。フランスでは一八六一年から女性も大学へ入れるようになっていたが、保守的なドイツでは一九〇〇年になってもまだ公式に認められていなかった。エルランゲン大学の理事会は、一八九八年、女子学生の認可は「学界の秩序を崩壊させる」とまで公言している。それでもエミーは、いくつかの講座に出席する特別な許可だけはもらえた。それからニュルンベルクとゲッティンゲンとエルランゲンの各大学で試験に合格し、性差別もゆっくりとだが次第に改善されたおかげで、彼女は一九〇七年についに数学の博士号を授かった。ところが、これでドイツの学界との戦いが終わったわけではない。一九一五年にネーターがダーフィト・ヒルベルトとフェリックス・クラインからゲッティンゲンの学部に招かれても、彼女に正式に教職の許可が下りるまで、このふたりの高名な数学者は四年間も大学当局と戦わなければならなかった。当局と手紙をやりとりしたり口論したりするあいだ、ヒルベルトは役人たちを騙し、自分の名前で募集した講座でエミーに講師をやらせていた。

ネーターは、一九一五年にゲッティンゲンへ来てまもなく、自分の名がつく定理を証明している。[16]まず彼女は、連続対称性の検討から入った。連続対称性とは、連続的に——つまり、とびとびではなく滑らかに——変えられる変換に対する対称性のことで、そうした変換として回転などがある（回転角を連続的に変えられる）。たとえば球の対称性は、どんなわずかな回転でも成り立ち、雪の結晶がもつ不連続な対称性とは異なる。雪の結晶は、六〇度の倍数の回転でしか対称にならないのだから。ネーターが導き出した結論は見事なものだった。「物理法則の任意の連続対称性について、それに対応する保存則があり、その逆も成り立つ」ことを明らかにしたのだ。具体的に言えば、並進に対する法則の対称性は運動量の保存に対応し、時間の経過に対する対称性（時間とともに法則が変わらないこと）はエネルギーの保存を示し、回転に対する対称性は角運動量の保存をもたらす。角運動量は、物体や系がもつ回転の強さを表す量だ（点状の物体なら、回転軸からの距離と運動量の積になる）。角運動量の保存は、フィギュアスケートにおいて、わかりやすい形で現れる。氷上のスケーターが手を体のほうへ引きつけると、回転は速くなるのである。

ネーターの定理は、対称性と保存則をひとつに融合させた——この物理学の巨大な二本柱は、実を言うと同じ基本的性質がもつふたつの側面にすぎないのだ。

ナチスが台頭して権力を握ると、両親ともユダヤ人だったネーターはドイツを離れざるをえなくなり、アメリカのブリン・マー・カレッジへ移った。そしてブリン・マー・カレッジとプリンストン大学で講義を続けたが、一九三五年、手術を受けたあとに急死した。数理物理学者のヘルマン・ワイルは、弔辞のなかで、エミー・ネーターが女性であるがゆえに耐え抜かなければならなかった戦いについて触れている。「ゲッティンゲンでは、よく彼女をからかい半分で『(男性の冠詞をつけて) デア・ネーター』と呼んでいましたが、そう呼んだのは、性差の壁を打ち破った独創的な理論家である彼女の能力に、敬意をもっていたためでもありました」

これまで見てきた対称性のほとんどは、時空における視点の変化と関係していた。だが、素粒子や自然界の基本的な力の根底にある対称性の多くは、それとはタイプが違う——粒子そのものに対する見方を変えるのだ。これにはびっくりするかもしれない。電子はいつでも電子のはずではないのか？量子の世界のあいまいさを考えると、実はそうではない。

量子力学でただひとつ確かなのはすべてが不確かなことだ、という話を思い出してもらおう。本当の意味で決定できるのは、確率だけなのだ。電子は、明確にどちらかの向きのスピンをもつ状態にはない。むしろ、時計回りのスピンと反時計回りのスピンが混じり合った状態にある。さらに驚いたことに、電子は、ニュートリノという別の素粒子と混じり合った状態もとる。ニュートリノは質量がほぼゼロの粒子で、電荷はもたない。月が満月と新月とそのあいだのどんな状態もとるように、粒子も、はっきり区別できる測定（電荷の測定など）をするまでは、「電子」とも、「ニュートリノ」とも、あるいは両方の混ぜ合わせとも言える。このように粒子が異なる状態のあいだで変わりうるという認識は、物理学者にとって、自然界にあるすべての力の統一へ向けた大きな一歩となった。

力の統一の概念を初めて持ちだしたのは、ニュートンだった。彼は重力理論で、足を地面にとどめる力と、惑星を軌道にとどめる力を統一した。ニュートン以前、これら両方の要因がひとつの力なのではないかと思った人はいなかった。マイケル・ファラデーとジェームズ・クラーク・マクスウェルは、ふたつめの大きな統一を提起した。電気力と磁力が、見かけは違うけれども実は同じ力であることを明らかにしたのだ。じっさい、電場を変化させると磁場が生じ、磁場を変化させると電場が生じる。重力と電磁力のほかに、現在われわれは自然界でふたつの核力を区別している。ひとつは「強い核力」で、これは原子核のなかで陽子と中性子を固く結びつけている力だ。これがないと、陽子は相互の電磁的な反発によってばらばらになってしまうため、水素（陽子が一個しかない）以外の原子は形成できなかったろう。もうひとつの「弱い核力」は、ウランの放射性崩壊をもたらす要因で、中性子を陽子に変え、その過程で電子と反ニュートリノ（ニュートリノの「反粒子」）を生み出す。こうした放射性崩壊は一八九六年に初めて実験で見つかったが、それに弱い核力が関わっていることは一九三〇年代にようやく判明した。

一九六〇年代後半、物理学者のスティーヴン・ワインバーグとアブダス・サラムとシェルダン・グラショウが、次なる統一のフロンティアを征服した。驚くべき研究成果において、電磁力と弱い核力が、その後「電弱力」と名づけられるひとつの力が見せる違う側面にすぎないことを明らかにしたのだ。この新理論から、とんでもない予言もなされた。電磁力は、電荷をもつ粒子が「光子」というエネルギーのかたまりを互いにやりとりするときに生み出される。したがって光子は、電磁力のメッセンジャーと言える。そこで電弱理論は、弱い核力のメッセンジャーとなる、光子の親類の存在を予言したのである。そうした未発見の粒子は、光子の約九〇倍も重く、電荷をもつタイプ（W）と中性のタイプ（Z）があると予想された。そして、ジュネーヴの欧州原子核共同研究機関（ＣＥＲＮ）でおこなわれた実験によって、一九八三年にW粒子、一九八四年にZ粒子が見つかった（ちなみに、ダン・ブラウンのベストセラー小説『天使と悪魔』〔越前敏弥訳、角川書店〕のおかげで、ＣＥＲＮの研究は数百万人の読者の注目を浴びることとなった）。

W粒子とZ粒子は、理論で予言されたとおり、陽子の（それぞれ）八六倍、九七倍の質量をもつ。これは間違いなく、対称性がとりわけ大きな成功を収めたエピソードのひとつにかぞえられる。グラショウとワインバーグとサラムは、電磁力と弱い核力の強さの変化（電磁力は原子核のなかではおよそ一〇万倍も強くなる）やメッセンジャー粒子（伝達粒子）の質量差を検討し、その土台に驚くべき対称性があることに気づき、これらふたつの力の正体をなんとか暴《あば》き出した。電子がニュートリノと、あるいはこのふたつの任意の混合体と交換できれば、自然界の力はどれも同じ形をとる。光子がW粒子やZ粒子といった「力のメッセンジャー」と交換できても、同じことが言える。場所や時間によって混合体が変わるとしても、対称性が保たれるからだ。時空で局所的になされるそうした変換に対して法則が不変であることは、「ゲージ対称性」として知られるようになった。専門用語で「ゲージ変換」とは、直接観測できるような影響のない理論を自由に打ち立てることをいう――言い換えれば、物理的解釈に影響をもたらさないような変換なのである。時空座標の任意の変化に対する自然法則の対称性が、重力の存在を要請するのと同様、電子とニュートリノのあいだのゲージ対称性は、光子とWおよびZのメッセンジャー粒子の存在を要請する。またしても、対称性を起点に据えて、法則がほとんどひとりでにできるのである。同じように、強い核力についても、対称性が新しい粒子の場の存在を要請するという現象が見られる。

クォーク、クォーク、群

原子核を構成する陽子や中性子といった粒子は、実は素粒子、つまり「基本」粒子ではない。これらは「クォーク」という基本的な構成要素でできている。[17]「クォーク（quark）」という名前は、素粒子物理学者のマレー・ゲル＝マンが一九六三年につけた。この言葉は、犬の吠《ほ》える声（bark）とカモメの鳴き声（squawk）の組み合わせで、アイルランドの有名な小説家ジェイムズ・ジョイスが『フィネガンズ・ウェイク』のなかでこしらえたものだ。

――マーク大将《たいしょう》のために三唱《さんしょう》せよ、くっくっクォーク！
なるほど彼《かれ》はたいしょうな唱声《しょうせい》ではなく
持物《もちもの》ときたらどれも当《あ》てにならなく

クォークには六つの「香り」（フレーバー）があり、アップ、ダウン、ストレンジ、チャーム、トップ、ボトムとずいぶん気まぐれな名前がついている。たとえば陽子はアップ・クォーク二個とダウン・クォーク一個からなり、中性子はダウン・クォーク二個とアップ・クォーク一個でできている。通常の電荷だけでなく、クォークには別のタイプの荷量もあり、目に見えるものとは何の関係もないのに勝手に「色」（カラー）と呼ばれている。電荷が電磁力のおおもとにあるのと同じように、色は強い核力を生み出している。クォークには、それぞれの香りに対して、習慣的に赤、緑、青と呼ばれる三種類の色がある。結果的に、一八種類のクォークが存在するわけだ。

自然界の力はいわば色盲である。無限の広さのチェス盤が、黒と白を入れ替えても同じに見えるように、緑のクォークと赤のクォークのあいだに働く力は、青のクォーク同士や、青のクォークと緑のクォークのあいだに働く力と同じになる。かりに量子力学の「絵の具」で、「単」色の状態を混合色の状態（たとえば「黄色」は赤と緑の混合色で、「シアン」は青と緑の混合色）に変えたとしても、自然法則は同じ形をとるだろう。法則はどんな色の変換に対しても対称なのである。さらに、色の対称性はゲージ対称性も示す――自然法則は、色やその組み合わせが場所や時間によって変わっても、意に介さないのだ。

電弱力を特徴づけるゲージ対称性――電子とニュートリノが自由に交換できること――が、電弱力のメッセンジャーとなる「場の粒子」（光子、W粒子、Z粒子）の存在を要請することは、すでに見たとおりだ。同様に、色のゲージ対称性は、「グルーオン」という八個の「場の粒子」の存在を要請する。グルーオンは、クォークを結合して陽子などの複合粒子を形成する強い核力のメッセンジャー

［『フィネガンズ・ウェイク』（柳瀬尚紀訳、河出書房新社）より引用］

にあたる。なお、陽子や中性子を構成する三個のクォークの色荷――色の「荷量」――はすべて異なっており（赤と青と緑）、全部足し合わせると色荷はゼロ、つまり「白」になる（電磁気では電気的に中性というのに相当）。クォーク間でグルーオンが媒介する力の根底には、色の対称性がある。そのため、そうした力の理論は「量子色力学」と呼ばれるようになった。そして、電弱理論（電磁力と弱い核力を記述する）と量子色力学（強い核力を記述する）が一緒になって生まれたのが、「標準模型」――素粒子とそれを支配する物理法則についての基本理論――である。

素粒子がこんなにいろいろあって頭がくらくらしてきたとしても、あなたひとりがそうなのではない。「最後の万能の科学者」（物理学の全分野に通じていたということで）とまで言われた有名な物理学者エンリコ・フェルミ（一九〇一〜五四）は、かつてこう言ったとされている。「この全部の粒子［当時はまだ今よりはるかに少ない数しか知られていなかった］の名前を覚えるくらいなら、私は植物学者になってたさ」素粒子が見せる風変わりな性質の一部は、大衆文化にまで登場している。物理学者で著作家のシンディ・シュウォーツは、ヴァッサー・カレッジの学生が書いた素粒子についての詩文を編纂した。[18] そんな詩のひとつが、ヴァネッサ・ペポイ作の『色力学』だ。

赤、緑、青は
三位一体の色
基本的で
組織的な
原理
一個の粒子に

収まると
白い光で
見えなくなる

ところで、ゲージ対称性にかかわる粒子が、近縁の一族（陽子と中性子など）を形成しそうなことに気づいた人もいるかもしれない。過去を振り返ると、陽子や中性子が、グルーオンを交換する三個のクォークでできていると提案される以前から、物理学者は、原子核内にあるこれらふたつの仲間が非常によく似ているのに気づいていた。両者は質量がきわめて近く、そればかりか、中性子同士、中性子‐陽子間、あるいは両者の任意の混合状態のあいだでも、働く強い核力は変わらない。一九五〇年代に高エネルギー粒子加速器が登場すると、多彩な新種の素粒子群が生まれたかのように見えた。急激に種類が増す素粒子を整理しようとして、マレー・ゲル＝マンとイスラエルの物理学者ユヴァル・ネーマンは、陽子と中性子が別の六つの粒子と非常によく似ていることに気づいた。そして、ほかにも八個か一〇個のメンバーからなるそうした「拡大家族」を見出している。ゲル＝マンは、この対称性を「八道説《はちどうせつ》」と呼んだ。苦しみを絶つための修行において、仏教徒が守るべき八原則をほのめかした名だ。対称性が素粒子の性質を理解するための鍵を握っていると気づくと、必然的にこんな疑問がわいた。自然法則に見られるこうした対称性をすべて決定する、うまい方法はあるのか？ あるいは、もっと具体的に言えば、粒子の組み合わせを連続的に変えて、観測される一族を生み出せるような変換を考えた場合、その基本理論はどんなものになるだろうか？ もうあなたにも答えの見当がついているだろう。本書で前に引き合いに出したフレーズが示す深遠な真理が、ここでふたたび明らかになる。「群が現れるか導入できるところでは必ず、混沌から単純さが結晶化した」一九六〇年代の

図95

物理学者は、数学者がすでに理論の道をつけていたことを知って色めき立った。五〇年前にアインシュタインがリーマンの用意していた幾何学のツールについて知ったように。ゲル＝マンとネーマンは、ソフス・リーによる見事な群論の成果に出くわした。リーのアイデアは高エネルギー物理学にとってきわめて重要なものとなったので、この傑出した数学者について少しばかり語っておいたほうがいいだろう。[19]

ソフス・リー（図95）は、やや回り道をして数学にたどり着いた。[20] クリスチャニア（現在のオスロ）大学では、アーベルとガロアの研究について学んだのは確かだが、数学にとくに熱中したわけではなく、非凡な才能も示さなかった。当時の教官の一員ルドヴィ・シロー（一八三二〜一九一八）は、自身も有名な数学者だが、若きリーが一九世紀を代表する数学者のひとりになるとは思いもしなかった、とのちに打ち明けている。だが、数年間迷ってから（そのあいだ何度か自殺の衝動に襲われた）、リーはどんどん数学に関心を向けるようになる。一八六八年にはついに「私のなかには数学者がひそんでいた」と断言している。

一八六九年と一八七〇年にベルリンとパリに滞在したとき、リーはフェリックス・クラインと会って親しくなった。パリではカミーユ・ジョルダン（一八三八〜一九二二）にも出会い、彼のおかげで、群論が幾何学の研究で重要な役割を果たしうると確信した。この領域でのリーとクラインの努力が合わさって、群論で幾何学が記述できると提言したクラインの有名なエルランゲン・プログラムのもとになった。

一八七〇年、政治的な出来事によって、このふたりの若い数学者は協力を続けるのが難しくなった。普仏戦争が勃発して、クラインはパリを出てベルリンに去らざるをえなくなった。リーはイタリアを目指して旅したが、フォンテーヌブローにたどり着いたところで捕まってしまう。フランス軍の士官にとっては、ノルウェー語の分厚い数学論文の束《たば》は、きっとプロイセン（ドイツ）のスパイの暗号文に見えたにちがいない。だが幸いにも、フランスの数学者ガストン・ダルブーの取りなしでリーは解放される。二年後、クリスチャニア大学は、アーベルで犯した過ちを繰り返さなかった。教職員がリーの非凡な才能を認め、数学教授の職を用意したのだ。その後もリーはときどきクラインと協力して研究しつづけたが、一八九二年、ふたりのあいだに醜い論争が起きた。それは一部には、エルランゲン・プログラムに対して自分の果たした役割が十分に認められていない、というリーの思いが関係していた。一八九三年、リーは公然とクラインを攻撃する声明を発表し、こう宣言した。「私はクラインの弟子ではないし、クラインが私の弟子なのでもないが、後者のほうが事実に近いだろう」クラインは、リーが一八八〇年代後半に精神障害を患《わずら》っていたことを指摘して（おそらくはリーの行動を「擁護」するために）、事態を悪化させた。こうした出来事があっても、リーが非凡な才能をもっていたことに何も変わりはない。

一九世紀後半のノルウェーを代表するふたりの巨人、リーとシローは、自分たちの知識がノルウェーの花形数学者――アーベル――に授かったものであることを十分に認めていた。そこで彼らは、八年がかりで、アーベルの全著作をそろえて刊行するという骨の折れる仕事をおこなった。同じころ、リーは連続変換（通常の空間での並進や回転など）の群にも取り組みだしていた。この企《たくら》みは、一八八八年から一八九三年にかけて、そうした群についての包括的な理論や詳細なリストの公表（ドイツの数学者フリードリヒ・エンゲルとの共同作業）によって最高潮に達した。リーが研究した連続タイプの群は、のちに「リー群」として知られるようになった。

　リー群は、新たに見つかった素粒子群にひそむパターンを明らかにするのに、まさにゲル＝マンとネーマンが必要としたツールだった。そしてこのふたりの物理学者は、ドイツの数学者ヴィルヘルム・キリング（一八四七〜一九二三）とフランスの数学者エリー＝ジョゼフ・カルタン（一八六九〜一九五一）が自分たちの仕事をさらに容易にしてくれていたことに気づき、大変喜んだ。方程式の可《か》解《かい》性《せい》を証明するために、ガロアが正規部分群という特殊な部分群をいくつか定義したのを思い出してもらおう（第6章）。正規部分群を（ふたつの自明な部分群――単位元のみからなる部分群と、もとの群自身――以外に）もたない群は、「単純」群と呼ばれる。素数（1とそれ自身でしか割り切れない数）がすべての整数を構成する基本要素であるのと同じような意味で、単純群は群論の基本的な構成要素だ。言い換えれば、すべての群は単純群から作れ、単純群そのものは同じプロセスではそれ以上分解できない。キリングは一八八八年に単純リー群の分類をおおまかに示し、カルタンがその分類を一八九四年に補足し完成させた。単純リー群には、四種の無限族というものと、それら四種の族のどれにも当てはまらない五つの例外型（あるいは「散在型」）単純群がある。ゲル＝マンとネーマンは、そうした単純リー群のひとつで「三次の特殊ユニタリ群」すなわちSU（3）というものが、「八道説」――素粒子が従っているとわかった族（系列）の構造――にとくによく合うことを発見した。SU（3）対称性の素晴らしさは、その予言の力によって最高に明らかになった。ゲル＝マンとネーマンは、もし理論が正しければ、九つの素粒子からなるある族で、未発見の一〇番めのメンバーが見つからないといけないと言った。この足りない素粒子の徹底的な捜索は、一九六四年、ロングアイランドのブルックヘブン国立研究所で加速器実験としておこなわれた。ユヴァル・ネーマンは、データの半分を調べても予想した粒子が見つかっていないと聞いたときは、物理学をすっかりやめようかと思っていた、と数年後に私に語っている。だが結局は対称性が勝利を収めた――足りない素粒子（オメガ・マイナス）が見つかり、それが厳密に理論の予想どおりの性質をもっていたのである。

標準模型を特徴づけるすべての対称性（クォーク同士の色の交換を示す対称性など）は、単純リー群の積で表せる。そうした物理的な対称性を初めて数学的に記述したのが、物理学者のチェンニン・ヤン（楊振寧）とロバート・ミルズで、一九五四年のことだ。いみじくも、弱い核力を記述する方程式はヤン－ミルズの方程式と呼ばれている（電磁気を記述するマクスウェル方程式と同じように）。そして、電弱理論にかんするワインバーグとグラショウとサラムの成果と、物理学者のデイヴィッド・グロスとデイヴィッド・ポリツァーとフランク・ウィルチェックが考案した量子色力学のエレガントな枠組みによって、標準模型を特徴づける群は、U（1）、SU（2）、SU（3）と表される三つのリー群の積になることが判明した。したがって、自然界の力の最終的な統一へ向かう道は、積U（1）×SU（2）×SU（3）を含む最適のリー群の発見を経なければならないとも言えるのだ。

特殊および一般相対性理論での経験と、素粒子の標準模型は、ただひとつの結論を示唆している。対称性と群論が、なぜだか物理学者を正しい道へ導いているのだ。これは一見したところちょっと意外かもしれない。対称性の要件は、かなり厳密な制約を課すからだ。すでに見たように、一方向へ無限に続くパターンが剛体運動の対称性にだけ従うと、帯状のパターンは七種類しかありえない（図91のところ）。二次元でも、「壁紙」の反復パターンは一七種類に限られることが証明できる[21]。同様の制約は、対称性を含むどんな理論にも課せられる。こうした制約は、さもなければ理論がもっていそうな自由を妨《さまた》げないのだろうか？　確かに妨げるが、それは結果的には望ましい。物理学者は宇宙を説明する「一個の」理論を求めているのであって、どれも同じぐらいうまく説明するような多くの理論を求めているのではない。第5章でガロアの死について、これまでの証拠とどれも完全に一致するような二三通りの考えを示していたら、あなたはどうも納得がいかなかっただろう。対称性は、最初の間違いや行き詰まりを防ぐだけでなく、最大の難所——選択のための「決断」の段階——を乗り越えるのにも役立つのだ。

聖書によれば、イスラエルの民《たみ》がエジプトを出たとき、荒れ野で「夜は火の柱に照らされて」導かれたという。(22) 対称性は、科学者にとっての火の柱として、一般相対性理論や標準模型へ導いた。では、このふたつの統合へも導いてくれるのだろうか？

ひものハーモニー

歴史家は、一部の社会革命を、あとから見ると間違いだったと指摘したがる。ところが、二〇世紀に起きたふたつの科学革命は、間違いなく大成功だった。一般相対性理論は、光の天体による屈曲と、ブラックホールというつぶれた物体の存在と、宇宙の膨張を予言し、どれも観測で確かめられている。また量子論は、電気力学によって驚くべき精度で確かめられており、その最高傑作——標準理論——は、既知の素粒子の性質をすべて見事にとらえて予言した。だがここで問題がある。かたや、非常に大きい天文学的スケール（星、銀河、宇宙）で大いに成功している理論があり、かたや、非常に小さい原子以下のスケール（原子、クォーク、光子）でまた成功している理論があるのだ。ふたつのスケールの世界が接することがなかったら、それで問題はないかもしれない。しかし「ビッグバン」——非常に小さく詰め込まれた灼熱の状態——から膨張しだした宇宙では、一般相対性理論と量子力学はどこかで必ず交わる。[23] 周期表の元素の成り立ちなど、多くの断片的な証拠が、大きなものもかつては小さかったことを示している。さらに、ブラックホールのように、天文と量子の両方の領域にわたるものもある。そのため、アインシュタインが一般相対性理論と電磁気を統一できずに終わったあと、多くの物理学者は、すべてを――一般相対性理論と量子力学を――統一しようとかつてなく躍起《やっき》になった。

さまざまな統一の試みに対し、従来より立ちはだかる最大の障害は、一般相対性理論と量子力学が両立しないように見えるという単純な事実だった。[24] 量子論の核心をなす考えに不確定性原理があるのを思い出してほしい。どんどん拡大率を上げて位置を突き止めようとすると、運動量（あるいは速度）の変動がどんどん大きくなる。そして「プランク長さ」という微小な長さを下回ると、滑《なめ》らかな時空という前提自体が失われてしまう。この長さ（小数第三三位に1があるとして、〇・〇〇〇……一センチ）によって、重力を量子力学的に扱わなければならないスケールが決まっている。これより小さなスケールでは、空間は一瞬たりとも変動をやめない「量子の泡」になる。しかし、一般相対性理論には、緩《ゆる》やかに曲がる時空の存在という根本的前提があった。要するに、「きわめて小さなスケールになると、一般相対性理論と量子力学の中心概念が相容《あいい》れずに衝突してしまう」のである。

（量子論と一般相対性理論を統合する）量子重力理論の現時点における最有力候補は、なんらかのタイプの「ひも理論」のようだ。この革命的な理論によれば、素粒子は、標準模型から考えられるような、内部構造をもたない点状の存在ではなく、振動するひもの微小なループになる。こうしたとてつもなく細い、輪ゴムのようなループは、あまりにも小さすぎて（プランク長さのオーダーで、陽子の約一〇〇〇億分の一しかない）、現在の実験による分解能では点にしか見えない。ひも理論の中心的考えの素晴らしさは、既知のすべての素粒子を、同じ基本的なひもが見せる振動モードの違いにすぎないとみなすところにある。バイオリンやギターの弦がはじき方によって違う倍音を出すように、基本的なひもがさまざまな振動パターンを生み出し、ひとつひとつのパターンは、電子やクォークなど、それぞれ違う物質粒子に対応する。同じことは、力の運び手にも言える。グルーオンやWおよびZ粒子のようなメッセンジャー粒子は、さらに別の倍音に相当する。簡単に言うと、標準模型のあらゆる物質粒子と力の粒子は、ひもが演奏できるレパートリーの一部なのだ。しかし圧巻なのは、ある形態をした振動するひもが、「グラビトン」（重力子）――重力のメッセンジャーと考えられるもの――と厳密に一致する性質をもつとわかったことである。これにより初めて、自然界の四つの基本的な力が、とりあえずはひとつ屋根の下に収められた。

これほど大きなこと――現代物理学の聖杯――をなし遂げたら、すぐに物理学界全体から喝采を浴びただろうと思ったかもしれない。だが、一九七〇年代半ばの反応はかなり違っていた。一般相対性理論と量子力学の統一を図ろうとして何年もうまくいかなかった経験が、分厚い疑念の壁を築く方向に働いたのだ。物理学者のジョン・シュウォーツ（カリフォルニア工科大学）とジョエル・シャーク（フランスの高等師範学校）は、ひも理論でついに重力と強い核力が統一できると主張したが、おおむね無視された。[25] そんな状況が一〇年ほど続き、そのあいだ、ほとんど一歩前へ進むたびに、すぐに厄介な問題が明らかになって九割あと戻りしていた。しかし一九八四年、ついに突破口が切り開かれた。物理学者のマイケル・グリーン（当時はクイーン・メアリーズ・カレッジにいた）とジョン・シュウォーツが、人々の求める究極の統一を、ひも理論でなし遂げられる可能性があることを示したのだ。[26] それからの動きは活発になり、第一級の理論家たちが、「万物の理論」――それ自身以外の物理学を築ける究極の土台――と思われるものの探索に取り組んだ。ところが、科学にはよくあることだが、爆発的なブーム（「第一次超ひも革命」と呼ばれる）の直後、挫折に満ちた重労働の段階を迎える。数学のツールがすべて用意され、物理学者に使われるのを待っていたSU（3）の場合と違って、ひも理論研究者は、研究を進めながらいくつかの数学的手段を考案しなければならなかった。それでも、次のセクションでわかるとおり、やはり群《ぐん》が、根底にひそむパターンを正しく記述する言語を提供してくれた。

　では、一般相対性理論の滑らかな幾何学と量子力学の激しい変動との根本的な矛盾を、ひも理論がどうやって解消しようとするのだろうか[27]？　それはこうだ。量子力学が粒子の位置と運動に与えるのと同じようなあいまいさを、時空にも多少与えてやるのである。

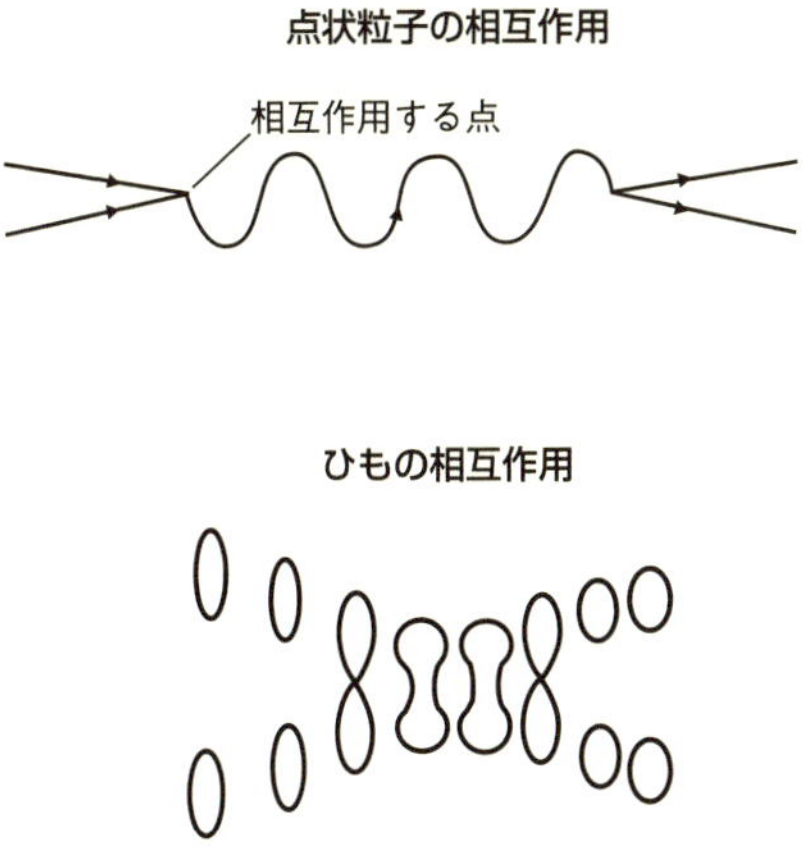

図 96

　雲の絵を描きたいとしよう。手本として空から選んだ雲がかなり遠く、地平線近くにあるものなら、見える形をかなり正確に模写できるだろう。一方、雲が比較的近くにあるものだと、小さなかけらの曲線のひとつひとつまでとらえるのは難しくなる。どんどん拡大して分子未満のスケールになると、とても模写などできそうになくなる。ひも理論によれば、素粒子や力のメッセンジャーを大きさのない点状の物体として扱うことによって、これまで物理学は、意味をなす限界未満のスケールで宇宙を探ろうとしていたという。言い換えると、宇宙の最も基本的な構成要素であるひもは、プランク長さのオーダーの大きさをもつ物体なので、プランク長さ未満の距離は物理学の領域から外れてしまうのだ。プランク長さを超えるスケールしか見なければ、激しい変動をなくして矛盾が解消できる。当然かもしれないが、ひも理論の枠組みのあいまいさは、時空における事象の性質を変える。標準模型では、二粒子間のどんな相互作用も、時空上で、どの観測者から見ても変わらない厳密に決まった点で起きるが、ひも理論では状況が異なる（図96）。ひもには大きさがあるため、ふたつのひもが、いつ、どこで相互作用するのかを厳密に示すことはできない。相互作用する位置も時間も「にじんでしまう」のである。この状況は、鳥の叉骨《さこつ》を両端から引きあったとき、いつ、どこで折れるのかを予言できないのと（うわべだけは）似ている［訳注：食事のあとにこれをやって長いほうをとった人の願いごとがかなうとされる］。

アインシュタインの相対性理論がもたらした時空の認識の革命をかろうじて克服したところで、物理学者は、ひもの革命がもたらす新概念に移行する必要に迫られた。だが幸い、おなじみの概念が、この革命を生き残ったばかりか、ひも理論によって最高の威力を発揮した。

ただの対称性ではない――超対称性

自然法則は、いつ、どこで、どんな見方で利用しても変わらない。並進や回転や時間の経過に対して対称なのである。そしてまた、どんな観測者にとっても同一で、等速度で動いていようが加速していようが関係ない。これは、アインシュタインによる一般共変性の原理の本質にあたる。一様な運動をしている観測者が、自分は止まっていてまわりが動いていると主張できるのと同じで、加速している観測者もそう主張できる。余分に感じる力は（等価原理に従って）重力場によるものだと言って、きちんと理屈をつけられるのだ。一九六七年までには、物理学者は、時空における視点の変化にのみ関わる対称性はもうほかに存在しない、と考えるようになっていた。じっさい、これが正しいことを証明するとした定理まで現れた。[28] だが多くの物理学者を驚かせたことに、続く四年間の熱心な研究によって、量子力学がもうひとつの対称性を見込んでいることが明らかになった。この思いも寄らぬ対称性は、「超対称性」と名づけられた。

超対称性は、スピンという量子力学的特性にもとづく深遠な対称性だ。[29] 電子のスピンが電荷と同じように固有の特性で、古典的な角運動量にどこか似ている——電子が自転しているかのようだから——ことを（第1章から）思い出してもらおう。とはいっても、独楽《こま》のようにくるくる回る古典的な物体では、回転速度は速かったり遅かったりいろいろな値をとりうるが、それと違って電子はつねに、たったひとつの決まったスピンしかもたない。このスピンを量子力学的に測る単位（「プランク定数」という）を基準にすると、電子は二分の一単位にあたり、「スピン1/2」の粒子となる。実のところ、標準模型のすべての物質粒子——電子、クォーク、ニュートリノ、そのほかミュー粒子とタウ粒子と呼ばれる二種類——は、「スピンが1/2」だ。このように半整数スピンをもつ粒子は「フェルミオン（フェルミ粒子）」と総称される（イタリア人物理学者エンリコ・フェルミにちなむ）。これに対し、力の運び手——光子、W粒子、Z粒子、グルーオン——はどれも一単位のスピンをもち、物理学用語で「スピン1」の粒子という。さらに重力の運び手——グラビトン——は「スピンが2」で、まさにこの特性を、振動するひものひとつがもつとわかった。このように整数スピンをもつ粒子は「ボソン」と総称される（インド人物理学者サティエンドラ・ボースにちなむ）。通常の時空が回転に対する対称性と結びつくように、量子力学的時空はスピンにもとづく超対称性と結びついている。

超対称性による予言は、本当にそのとおりなら、多大な影響力をもつ。超対称性に支配された宇宙では、宇宙にある既知のすべての粒子に、まだ見つかっていないパートナー（すなわち「超パートナー」）がなければならないのだ。電子やクォークのようにスピンが1/2の物質粒子には、スピンが０の超パートナーがないといけない。また、光子《フォトン》とグルーオン（スピンが１）には、それぞれ「フォティーノ」と「グルイーノ」というスピン1/2の超パートナーが必要になる。だがなにより重要なのは、すでに一九七〇年代に物理学者が、ひも理論にフェルミオンの振動パターンを含める（それゆえ物質の構成要素を説明できるようにする）には、その理論が超対称になるしかないと気づいていたことだ。超対称性を加味したひも理論では、ボソンとフェルミオンの振動パターンは必然的にペアを形成する。さらに、超対称性のひも理論では、当初の（超対称性をもたない）定式化での大きな頭痛の種《たね》――虚数質量をもつ粒子――も回避できた。負の数の平方根を虚数というのを覚えているだろうか。超対称性が提唱される前、ひも理論では、質量が虚数である（「タキオン」という）奇妙な振動パターンが生じていた。超対称性によってこの好ましからざる魔物がいなくなると、物理学者は安堵のため息をついた。

　言うまでもなく、現代の各種ひも理論の根底にあるすべての対称性やパターンは、群で表せる。たとえばあるタイプのひも理論には、「ヘテロタイプ $E_8 \times E_8$」という物々しい名前がついており、これは散在型リー群のひとつにもとづいている。

　ひも理論を立証あるいは反証するためには、次にもちろん、予言された超対称性粒子を見つけられるかどうかが問題になる。物理学者は、これがＣＥＲＮの大型ハドロン加速器（ＬＨＣ）で可能となるのを期待している。二〇〇七年ごろには、この世界最大の加速器で生み出せるエネルギーが、現在達成可能な量のほぼ八倍になるとされている。実際に超パートナーが見つかったら、その性質は、究極の理論がどんなものかについて重要な手がかりを与えてくれるだろう。逆に見つからなければ、理論がすっかり誤った方向へ向かっていることを示すと考えられる。

ひも理論はそんな途方もないペースで進んでいるので、日々携《たずさ》わっている人々以外には、きちんとついていくのが非常に難しいように思える。現在も最前線に立っている研究者として、プリンストン高等研究所のエドワード・ウィッテンと、ここで名前を挙げきれない多くの人々がいる。研究で使う数学も、どんどん高度になっている。通常の数が、「グラスマン数」(30)（プロイセンの数学者ヘルマン・グラスマンにちなむ）という拡張された数に置き換わり、さらに通常の幾何学は、フランスの数学者アラン・コンヌが考案した「非可換《ひかかん》幾何学」という特殊な分野に取って代わられた。

ひも理論は、最先端のツールを用いながら、実はまだ未熟な段階にある。ひも理論の先駆者のひとりである、イタリアの物理学者ダニエレ・アマーティは、この理論を「思いがけず二〇世紀に入り込んだ二一世紀の一部」と表現している。じっさい、目下の理論の内容には、われわれが理論の生まれたての段階に遭遇している事実を示すものが見受けられる。アインシュタインの相対性理論以来、あらゆる偉大なアイデアから学んだ教訓を思い出そう――「対称性を起点に据える」だ。対称性は力を生み出す。等価原理――どんな運動をしている観測者も同じ法則を導き出すという見込み――が、重力の存在を要請する。そしてゲージ対称性――法則が色を区別しなかったり、電子とニュートリノを区別しなかったりすること――は、強い核力と弱い核力のメッセンジャーの存在を決定するのである。だが超対称性は、ひも理論のアウトプットにあたる。ひも理論の存在の源ではなく、その理論の構造から導き出された結果なのだ。これは何を意味するのだろう？　多くのひも理論研究者は、この理論の存在を求めるもっと根本的な原理がまだ見つかっていないと考えている。歴史は繰り返すというのなら、この原理には、すべてを取り込むいっそう根源的な対称性が含まれることになりそうだが、現時点では、その原理がどんなものなのか、まるで手がかりがつかめていない。しかし、今は二一世紀に入ったばかりなので、アマーティの言葉はまだ驚くべき予言となる可能性がある。

この章で見てきたとおり、物理学者は、そのままでは途方に暮れてしまうほど複雑な宇宙を体系的に説明しようとして、対称性の地位を世界の中心概念にまで高めた。ここでいくつか気になる疑問が浮かぶ。まず、なぜ対称性はとても魅力的に感じられるのか？　次に、もっと難しい疑問かもしれないが、宇宙は本当に対称性をもとに群論で説明すべきなのか？　あるいは人間の脳が、なぜか宇宙の対称的な面にだけ興味をもつようにできているのだろうか？　対称性がわれわれを強く惹きつける理由を知るためには、それが人間の心にどんな影響を及ぼすのかを知らなければならない。

8　世界で一番対称なのはだれ？＊

図97のような男性と真面目な会話をしていたとしよう。ずれたメガネを見ていて怒らずに、どれだけ我慢していられるだろうか？　あるいは、だれかの家を訪ねたとき、壁にかかっている絵が次ページの図98のような「配置」になっていたとしよう。思わず、ひとつひとつ向きを直したくはならないだろうか？　この左右対称に対する欲求は、人間の心になぜ、どのようにして生まれるのか？　進化心理学の目標のひとつは、まさにこのような疑問に答えることにある。

図 97

進化心理学は、ふたつの分野――進化生物学と認知心理学――の優れたところを組み合わせようとする学問だ。[1] その見方によれば、人間の心は、特定の適応の問題を解決すべく、自然選択によって設計・形成された専用のモジュールが、無数に集まったものとなる。適応の問題とは、環境がもたらすさまざまな課題のことであり、二足歩行の動物として首尾よく生き延び子孫を残していくために、われわれの祖先の心はそうし

＊訳注：『白雪姫』の女王のせりふのパロディ。

図 98

た課題にうまく対処する必要があった。進化心理学のパイオニアであるレダ・コスミデスとジョン・トゥービーはこのことを、人間の心は用途の決まった「道具」をいろいろ備えたアーミーナイフのようなものだと表現している。進化心理学者は、心のなかにもっと汎用《はんよう》のプロセスがあるという考えを認めない。人類がこれまで立ち向かわざるを得なかった問題は、一般的というよりは具体的な性質のものばかりだった、と彼らは説得力のある主張をしている。

　生物学や人類学、考古学、古生物学といったさまざまな分野から得た手がかりが、とくに重要だったと思われる適応の問題をほのめかしている。主に、捕食者からの逃避、食べられるものの判別、協力できる仲間の形成、子孫や近親者の扶養、他の人間とのコミュニケーション、配偶者の選択、などが具体例として挙げられる。対称性はこれらすべてのどこに入り込んでいるのだろう？

ゆゆしき対称性《シンメトリー》*

寸言《すんげん》で争わせれば、オスカー・ワイルドにかなう者はまずいない。『ドリアン・グレイの画像』〔邦訳は同題の西村孝次訳、岩波書店など〕のなかで、彼は「敵を選ぶなら、いくら用心してもしすぎることはない」と言っている。真面目な話、進化の観点から見て、これは非常にいいところを突いている。遺伝子は、それをもつ生物が捕食者に食べられてしまっては、主な仕事のひとつ——みずからを次の世代にそのまま伝えること——を果たせない。だから、動物が捕食者から逃れるのに少しでも役立つ遺伝子なら、自然選択によって必ず受け継がれていくはずだ。そのような遺伝子は、進化の過程で心のなかに「捕食者回避モジュール」を形成するのにかかわっていくだろう。このモジュールの役割ははっきりしている。なによりもまず、捕食者の可能性があるものを見つけ出さなければならない。早く見つけないと、何の対処もできずに悲劇的な結末を迎えるおそれがあるからだ。ほかの機能——真の危険を偽りの警報と区別し、それに応じて反応を起こすこと——は、このあとの段階で働けばよい。したがって、捕食者回避モジュールはまず第一に捕食者検出装置でなければならないのだ。

　ミツバチやハトから人間まで、多くの動物の知覚システムは、左右対称性にきわめて敏感なことが、数えきれないほどの実験で明らかにされている。対称なパターンは、非対称のものに比べてすばやく検知されるうえ、覚えたり思い出したりするのも簡単だ。さまざまな種《しゅ》に共通するこの能力は、捕食者回避の欲求と何か関係があるのだろうか？　知覚のハードウェアやソフトウェアが解決しようとした適応の問題は、正確なところ何だったのか[2]？　別の形で質問したほうが、答えの糸口を見つけやすいかもしれない。教会、車、飛行機などの人工物がなければ、何が左右対称に見えるだろうか？　答えは明々白々——動物と人間である！　じっさい、ライオンは後ろから見ても左右対称だが、目立つ

＊訳注：ウィリアム・ブレイクの詩“The Tiger”の一節。

という点では前から見た対称性にはかなわない。要するに、左右対称性の検出によって、動物は「自分は見られている」とおおよそ解釈するのである。見る側の意図は、悪いものばかりとは限らない。ただ眺めているだけかもしれないし、配偶者を選ぼうとしているのかもしれない。だが、左右対称性の早期検出が、見られる側にとっては生きるか死ぬかの分かれ目になる可能性があることは間違いない。

ニューヨーク大学神経科学センターの神経学者ジョゼフ・ルドゥーは、感情を行動とは反対の純粋に生理学的な現象として研究する先駆者のひとりである。ルドゥーは、愛と衝動の入り混じった気持ちや、欲望と嫉妬の絡《から》み合いがもたらす意識の葛藤などといった複雑な感情には目を向けず、恐怖の感情を起こす脳の回路を研究している。(3)ルドゥーは、恐怖への反応が、「脳の高度な処理システム」の関与しない認知的無意識であることを発見した。わかりやすく言えば、脳の捕食者検出モジュールは、盗難警報システムの設計者が抱えるのと同じジレンマに直面するのである。設計者は、一方ではシステムがどんな侵入に対しても瞬時に応答できるようにしたいと望みながら、他方では偽りの警報も最小限にとどめたいと考える。だがすべてを考慮すると、応答の遅れは、偽りの警報がいくらかあるよりもはるかに犠牲や危険が大きくなるおそれがある。そのため当然かもしれないが、ルドゥーは脳が二系統の神経経路を利用していることを見出した。ひとつは短い「突貫工事の」ルートで、これにより動物は、危険な可能性のある刺激に対して脳が分析し終える前に反応することができる。もうひとつの「本道」は感覚皮質を通り、もっと大規模な処理ができるというメリットがある。（意識的ではない）反射的な恐怖の感情の要《かなめ》となるのが、「扁桃体《へんとうたい》」——前脳にある小さなアーモンド形の組織（扁桃体を指す英語 amygdala はラテン語でアーモンドの意味）——である。(4)ルドゥーは、化学物質を使ってニューロン（神経細胞）を着色し、ラットの脳神経回路をたどって、恐怖の感情が通るルートの正確な地図を作った。これは、従来の純粋に行動学的な研究に見られる「ラットから習性を引き出す」だけの手法を超える、大きな一歩と言える。ルドゥーは、一匹のラットが最初の警告を（甲高い鳴き声として）発すると、ほかのラットは受け取った信号を感覚視床《かんかくししょう》（感覚信号を中継するふたつの部分からなる灰白質《かいはくしつ》）から扁桃体に直接送ることを発見した。扁桃体は、この強い刺激を受けたとたん、防衛システムを起動させる。動きを止めたり（気付かれないようにするため）、心拍数を上げて血中に大量のホルモンを流したりといった反応が起きるのだ。このホルモンは、ラットが適切な行動をとる――生き延びるために逃げる、あるいは捕食者と戦う準備をする――のに役立つ。

扁桃体は、人間を含め、この組織を持つあらゆる動物種の恐怖反応を司《つかさど》っているらしい。扁桃体に障害を負った女性が、恐怖にかかわる表情の認識能力を完全になくしてしまったという調査報告もある。

もちろん、こうした「突貫工事の」メカニズムは、偽りの警報や無用のパニック発作を多く生み出しやすい。だが、視床はもっと正確な信号処理センター――感覚皮質――にも情報を送っている。この遅いほうの経路が、最終的に実際の刺激について信頼性の高い情報を扁桃体に送り、動物の過剰反応を阻止するのである。

このように、左右対称性を検出するだけで、（認知的無意識による）恐怖反応のメカニズムを起動するサイレンを鳴らす場合がある。左右対称性は、別の状況では、それだけで捕食者から身を守るメカニズムとして働くこともある。（「警告的動物」と総称される）多くの動物は、独特のにおい、音、色のパターンなどのさまざまな信号を使い、自分が危険な動物であることや食べてもまずいことを捕食者に喧伝《けんでん》する。たとえば、ふだんは見えないが捕食者とおぼしきものを発見すると見えるようになるという、大きくて派手な目玉模様をもつ蝶がいる。(5) ふたつの「目玉」が突然現れると、多くの捕食

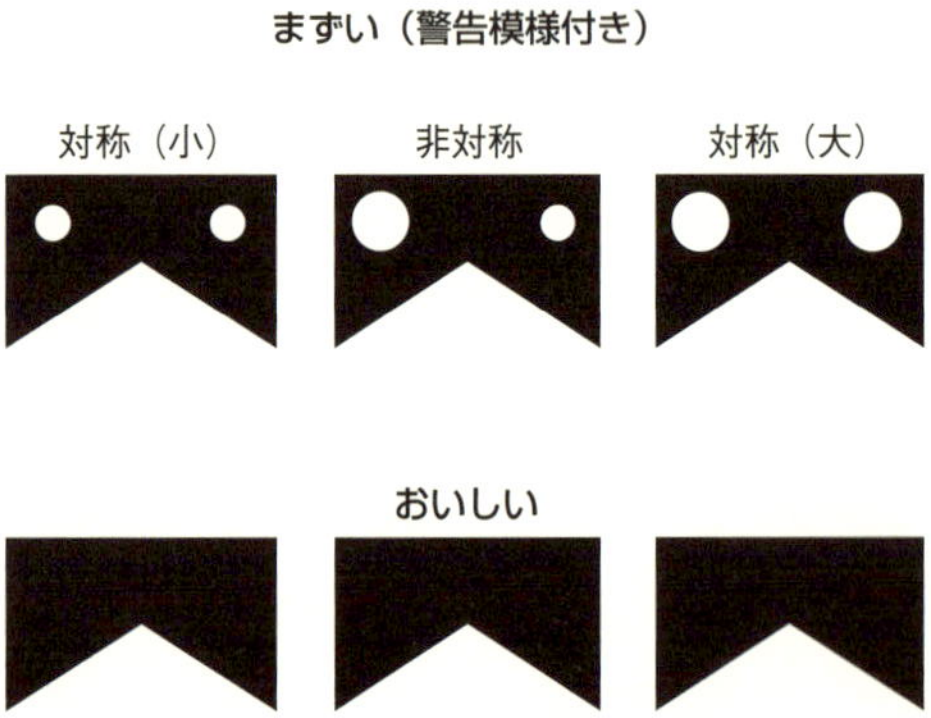

図 99

者は面食らい、蝶が逃げるだけのチャンスができる。警告的動物が使うさまざまな視覚的警告信号のなかでも、左右対称のものが最も効果的ということは証明済みである。具体的に言えば、紙製の「蝶」の羽にさまざまな模様をつけてひよこの捕食行動を調べる面白い実験から、そうした視覚的警告の防御効果が、大きくて対称なパターンによって高まることが明らかになっている。実験をおこなったスウェーデンの研究者は、プラスチックのシャーレの下に紙の蝶（図99）を貼り、パンくずをそれぞれのシャーレに入れた[6]。実験では毎回、おいしいパンくずの入った黒一色の蝶（のシャーレ）と、キニーネで処理したまずいパンくずの入った警告模様付きの蝶（のシャーレ）を、それぞれ四五個ずつ用意して床に置いた。蝶の警告模様には対称と非対称のものがあり、合計三種類（対称〔大〕、対称〔小〕、非対称）の「まずさを警告する」蝶には、それぞれ別のひよこの一群をあてがった。実験結果は、模様が非対称だと警告信号の効きめが悪くなることを示していた。この原因は、対称でなくなると神経の反応が弱くなり、ひよこが信号を検出したり、記憶したり、まずさと関連づけたりしにくくなるためにちがいないと研究者は結論した。この実験や似たような研究の結果をまとめると、次のような興味深い結論が得られる。警告色をもつ被食《ひしょく》動物は、模様の大きさと左右対称性による自然選択を受ける可能性がある。

イギリスの政治家・哲学者エドマンド・バーク(7)（一七二九〜九七）は、あるときこう語った。「恐怖ほど、心からその活動力と判断力を効果的に奪う感情はない」。この言葉は真理を突いていると思うが、往々にして対称性の検出が引き金となる、恐怖に対する無意識の認知反応は、捕食者から逃れるための唯一の対策となる場合がある。一方、発信の面から言えば、対称な警告信号をわざわざ出して、捕食者から身を守る盾《たて》としている場合もある。

対称性は、二種類の捕食者回避のメカニズム（検出と発信）にかかわっているが、その役割は消極的だ。重要な要因ではあるが、追い払う役を務めているだけだとも言える。もっと積極的に相手を惹きつけるような刺激を生み出すこともあるのだろうか？　実は、配偶者の選択ではそんなことがありえ、しかもあなたの期待以上かもしれない。

鳥だって、ミツバチだって、学のあるノミだってしているよ*

捕食者を回避し、食べられるものを食べることは、生存のためにとても重要なことだ。しかし遺伝子の観点から言えば、生存は目的を達成するための手段にすぎない。すべての人がコメディアンのジョージ・バーンズの本『一〇〇歳まで生きるには(8)』に書かれているアイデアを実行できたとしても、子も作ってくれなければ、遺伝子にとってはまったく役に立たない。生殖し、次の世代に遺伝子を渡すことこそ、遺伝子の真の目的なのだ。進化生物学者で著作家のリチャード・ドーキンスも言ってい

＊訳注：コール・ポーターの明るく性行為を称揚する歌『レッツ・ドゥ・イット』の一節。

る。「生物は、遺伝子がより多くの遺伝子を作るための手段にすぎない」

一部の生物種では、個体がひとりで生殖できる――自分がふたつに分かれ、それぞれが新しい個体になるのである。この無性生殖はつまらないと自然が判断したのは間違いない。地球上に一七〇万ほど存在する種《しゅ》の大部分が、有性生殖を営むからだ。さらに重要なことに、有性生殖は、生物が適応していくうえで有利に働いているにちがいない。そうでなければこんなには広まらないはずだ。有性と無性の明らかな違いは、有性生殖で生まれた子には両親の遺伝子の交換によるメリットがある点だ。新たに改良された遺伝子構成は、有害な変異によるダメージを抑え、子の適応度を高めることができる。だが、有性生殖の利点を最大限活用するためには、個体は最適の配偶者を選ぶ必要がある。遺伝子から見て「最適」とは、生き残って子を作る可能性が高まるような配偶者を意味する。これは、大きく次のふたつの特徴に言い換えられる。（適応度の点で）遺伝子の質が高いことと、子育ての能力が高いことである。対称性にとくに直接関係しているのは前者なので、ここでは前者の特徴に注目したい。

子は両親から半分ずつ遺伝子を受け継ぐ。したがって、「良い」遺伝子をもつ相手を配偶者とすることはきわめて重要となる。この点を最初に理解したのはダーウィンである。彼は、生存をかけた自然選択だけが進化を推《お》し進めたのではなく、配偶者選びを通じた性選択[9]も進化にかかわっていることに気づいた。しかし、ここで大きな謎が生じる。われわれの祖先はDNA検査キットなど当然もっていなかったのに、どうやって配偶者候補の遺伝子の適応度を評価できたのだろう？　現在のようにDNA検査ができるようになっても、たいていの人はそれを頼りに恋人を選ぶことはない。コクホウジャクやクジャクの雌が自分で相手を選ぶときも、こんな検査をあてにしないだろう［訳注：いずれも尾羽の長さや美しさが相手を選ぶ基準となっている］。配偶者選びの仕組みを完全に理解するには、少なくとも性的魅力の神秘をすべて解明する必要があるが、それは明らかに本書の守備範囲をはるかに超える。この問題には興味深い点が尽きないが、ここではとくに対称性に関係する点だけを議論しよう。

　では、配偶者はどのように選ばれるのだろうか？　基本的に、動物も人間も、適応度の指標として（数あるなかで）信頼できるものを探している。生物学的特徴のなかでもとくに適応度の指標となり、それがはっきりわかるように進化したものを探すのである。ただしこれは、適応度の指標が進化した期間に、感覚システムの能力もそれを検出・認識すべく進化したということでもある。つまり、ヒヒの燃えるように赤い尻は、配偶者候補の知覚システムが赤い尻を好むように進化しないのなら、進化の観点からは意味がないのである。雄の形質と雌の好みは、配偶に与えるメリットが反対方向に働く自然選択の力で打ち消されないかぎり、よりいっそう極端なものへと共進化していく。多くの研究結果は、適応度の指標としてとくに強力なもののひとつが左右対称性であることを示している。この考えをよく理解するために、具体的事例としてよく取り上げられるクジャクの尾羽の場合を見てみよう。大きくて完全に左右対称の尾羽は、「私の持ち主には寄生虫がなく、有害な変異もない」と周囲に知らせている。鳥の寄生虫は非常に多く、しかもすばやく変異するので、寄生虫に打ち勝ったことを示せれば、その鳥は非常に健康な遺伝子をもっていることになる。寄生虫にたかられたクジャクの尾は、くすんだ茶色で非対称になる。言い換えると、完全に対称なら、発育上の安定性がきわめて高いことを示せるのである。完全な対称性からの比較的小さなずれ（「変動非対称」という）だけで、ゲノムが環境にどの程度うまく合っているのかわかってしまうのだ。

　配偶者選びと遺伝子の質との結びつきは、生物学者のウィリアム・ハミルトンとマーリーン・ズークが一九八二年におこなった有名な研究によって大いに強まった。[10]彼らは、北米の鳥の血中に棲む寄生虫と顕著なディスプレイ（誇示特性）との関係を調べた。結果は、動物が、健康状態によって表れ方が異なる特性でふるいにかけることによって、遺伝的に病気に強い配偶者を実際に選んでいること[11]を示唆していた。そのほか、（スウェーデンの生物学者アンデシュ・メラーによる）ツバメや（イギリスの生物学者ジョン・スワドルとイネス・カットヒルによる）キンカチョウの研究からも、雌が配偶者を選ぶ基準として対称性を利用することが明らかになっている。[12]

一方、変動非対称を信号として受けとる側でも、それに応じて対称なパターンに対する感受性を発達させる必要があった。生物学者のランディ・ソーンヒルとアンドルー・ポミアンコウスキーらは、動物が対称性を好むように進化した理由はまさに、信号の対称性のレベルが発信者の質の指標となっている点にあると提唱した。対称性はごまかしがきかない。クジャクの尾羽のように大きくて扱いにくい装飾を、そもそもなぜ作らなければならないのだろう？　イスラエルの生物学者アモツ・ザハヴィは、「ハンディキャップ原理」という名で知られるようになった非常に有力な答えを提案した。[13]今考えてみれば、ザハヴィのアイデアは実に単純だ。性的装飾にかかるコストの高さ（作りあげたり扱ったりするのが難しいという点で）が、なによりもまず適応度と配偶者選びにおいて信頼できる指標となるというのである。だれかに電話で愛していると言われたら、それはとても素敵なことだが、その人がなけなしの金で航空券を買い、はるばる日本からアメリカまで会いに来るとしたら、もっと強い熱意を示している。コストが高く維持するのも大変な装飾が有効なのは、より大きな確信を配偶者候補に与えるような質を示すものとなるからだ。質の高い雄ほど、そんな贅沢なディスプレイにエネルギーを費《つい》やすだけのゆとりがあると考えられるのである。

対称性が好まれるのは、それが適応度の指標になるからだという考えに、だれもが賛同しているわけではない。『対称性と美と進化』というタイトルの興味深い論文で、スウェーデンの生物学者マグヌス・エンクヴィストとイギリスの工学者アントニー・アラクは、対称性が好まれるのは、対称なものが非対称なものに比べて向きによらず認識しやすいからにすぎないのではないかと言っている。[14]結局のところ、動物にとって問題なのは、視野のなかで物体をいろいろな向きや位置で認識しなければならないということなのだ。なにか知覚システムの役に立つのなら、それが評価されておそらくは選ばれ、結果として対称性が感覚的に好まれるようになるだろう。エンクヴィストとアラクは、認識システムのモデルとして人工のニューラル・ネットワーク（神経網）を使った。このニューラル・ネットワークは、脳の働きをおおまかに模したコンピュータ・システムで、経験から学習して行動を改善できるようになっている。ふたりの実験では、対称性に対する好みは感覚にとっての便宜《べんぎ》――信号を認識する必要性から生まれたもの――にちがいなく、遺伝子の良し悪《あ》しとは無関係だった。ケンブリッジ大学の生物学者ルーファス・ジョンストンも、人工のニューラル・ネットワークを使った別の実験で同じような結果を得ている。[15]やはりこれは、配偶者選びにおける対称性への嗜好が、配偶者を認識するための自然選択の副産物として進化したのであって、変動非対称の度合いと配偶者の質との関係に起因するものではないことを示唆していた。

だが、ここでの議論の観点からは、動物が配偶者を選ぶときに対称性を好むのが、質を求めた結果なのか、それとも認識を求めた結果なのかは、実は大した問題ではない。対称性への嗜好は、さまざまな要因によって進化を遂げてきたのかもしれない。ともあれ、肝心なのは、対称性が好まれている――対称性が動物の配偶者選びで重要な役割を果たしている――ことなのである。

愛の魔力

人間は大変複雑な動物だ。人間が何を魅力的と感じるかは、進化心理学、文化と民族性、各種信条、それに個人的な興味や性格が、渾然一体《こんぜんいったい》となって決まる。しかし、遺伝子の生殖に対する欲求も、人間の心の奥底にひそむ大きな要因のひとつだ。健康で生殖能力の高い配偶者を求めるという点で、われわれの心は、石器時代の祖先とまったく同じようにプログラムされている。何が美しいかは見る人の目によってさまざまだが、進化心理学者のデイヴィッド・バスも言うように、「その目やその奥にある心は、何百万年にもわたる人類の進化によって形成されてきた」[16]。魅力的なものについての感覚は、適応性のある意思決定メカニズムによって主に決定され、少なくともその一部は配偶者選びのために進化してきたのである。

魅力的かどうかは重要でないと思うなら、またこんなことを考えてもらおう。女子テニスプレーヤーのアンナ・クルニコワは、二〇〇三年の世界ランクがおおむね七〇位前後だったが、はるかに上のランクの選手より何百万ドルも多くのCM出演料を稼いでいた。なぜかと思うなら、ヒントを差し上げよう――彼女は男性誌《マキシム》の表紙も二回飾っている。アメリカABCテレビの報道番組《トゥエンティ・トゥエンティ》の制作者は、魅力的な男女がどの程度優遇されるかを評価する実験をおこなっている。アトランタで実施した実験では、似たような服装のふたりの女優に、それぞれガス欠になった車のそばにお手上げといった様子で立ってもらった。顔立ちが人並みに近いほうの女優の場合、歩行者が数人立ち止まり、一番近いガソリンスタンドの場所を教えただけだった。ところがより魅力的なほうの女優には、一〇台を超える車が止まり、六人のドライバーがなんと彼女のためにガソリンを取りに行った！

次の実験では、ふたりの男性に頼んで求職に応募させた。そのふたりは学歴も職歴も似たり寄ったりで、実際の履歴書にはあるわずかな違いも意図的になくした。だが、ふたりにはすぐにわかる違いがあった――ひとりは大変魅力的な顔立ちだが、もうひとりは比較的ふつうだった。信じがたい話かもしれないが、面接担当者は、魅力的なほうの男性には一日も早く体験入社を受けるよう熱心に勧めながら、平凡なほうの男性には「連絡はいただかなくて結構です。こちらからいたしますので」と言った。

美しさに反応する脳の部位もすでに突き止められている。[17] ハンス・ブレイター、ナンシー・エトコフ、イツハク・アハロンらは、MRI（磁気共鳴画像法）を使って、非常に魅力的な女性の写真を見せられたときに男性の脳がどのように活動するのかを調べた。この結果、美しさに反応する脳の部位は、（空腹時に）食べ物や（ギャンブルにのめり込んだ人がルーレットを見ているときなどに）中毒の対象に反応する部位と同じであることがわかった。

長いあいだ、美の基準は主に文化的な要因によって決まり、先天的というよりも後天的なものだと思われてきた。ところがテキサス大学オースティン校のジュディス・ラングロアは、もっと最近におこなった研究で、この従来の通念を根底から覆《くつがえ》した。[18] 彼女はまず、複数の白人・黒人女性の写真を成人に見せ、魅力の程度をランク付けさせた。次に、この写真を二枚ずつ（一枚はもう一枚より魅力のランクが高い）、ふたつの年齢層の子ども（生後二〜三カ月と六〜八カ月）に見せた。すると、どちらの年齢層の子どもも魅力のランクが高いほうの顔を長く見つめることがわかった。また、一歳児が人形と遊ぶ時間は、人形の顔が魅力的なほうがはるかに長いこともわかった。

文化による好みの違いを調べた研究もある。心理学者のマイケル・カニンガムは、さまざまな人種の男性にさまざまな人種の女性の顔を見せ、魅力の判断が驚くほど一致することを見出した。[19] 欧米メディアに受けた影響の違いを考慮しても、結果は変わらなかった。地理的・人種的な枠《わく》を超えて（たとえば中国、インド、南アフリカ、北米の男性で）おこなわれた研究でも、よく似た結果が出ている。[20]

総合的に見ると、こうした研究結果は、人を惹きつける美しさには確かに何か普遍的な基準があり、魅力的な顔には生後まもない赤ん坊にも文化を問わず広範に訴えかける力があることを示しているように思える。美しさの検出器は、完全には生まれつきのものではないとしても、人間の心には生まれつきの基本原則が備わっていて、それをもとに魅力の雛形《ひながた》ができているのかもしれない。

このように「容貌重視」の傾向はありそうだが、では男や女は何を魅力的と感じるのだろう？[21]　生物学者のランディ・ソーンヒル、心理学者のスティーヴ・ギャンジスタッド、動物行動学者のカール・グラマーは、膨大な証拠を集め、対称性が主な要因であることを明らかにしている。さらにソーンヒルとギャンジスタッドは、それぞれの同僚とともに、一〇〇〇人近い学生の顔立ち（目の両端、瞳、頬骨、口の両端などの配置）と体の特徴（足や手やひじの幅、耳の長さ、人差し指と小指の長さなど）の対称性を測定し、非対称性の総合的な指標を考案した。ふたりがこれらのデータと別途評価した魅力のランクとの相関を調べたところ、顔や体の対称性が低い人ほど魅力に欠けると見なされることがわかった。

別の研究で、グラマーと生物学者のアーニャ・リコウスキーは、対称性と魅力的な体臭の関係も見出した。[22]　研究は男性一六人と女性一九人を被験者とし、全員同じ条件のもとで、同じTシャツを着て三日間過ごさせた。その後すぐにTシャツは急速冷凍され、においを評価する直前に体温まで戻された。それぞれのTシャツのにおいは、本人とは異なる性別の一五人に七段階でセクシーさを評価された。一方、別の二二人の男女に被験者の顔写真の魅力を評価してもらい、被験者の対称性の指標についても七項目の特性をもとに算出した。その結果、顔の魅力と体臭のセクシーさは、女性については相関することがわかった。さらに、女性の体が対称なほど、男性はその女性のにおいをセクシーと感じていた。また面白いことに、女性が、対称な男性ほどにおいが魅力的と感じるのは、月経周期のなかで最も妊娠しやすい時期だけだった。

なにより驚かされるのは、ソーンヒルとギャンジスタッドが、対称性と女性のオルガスムス（性的絶頂）の関係を発見したことかもしれない。[23] ふたりは、女性のオルガスムスが子孫に健康な遺伝子を確保すべく適応してきたとすれば、相手の対称性が高いほど多くのオルガスムスを経験するはずだと推理した。そして八六組の異性の学生カップルで調査し、相手の対称性が際立っている女性は、オルガスムスを経験する頻度も飛び抜けて高いことを見出した。やや意外だったのは、セックスにおける女性のオルガスムスと、愛情の深さや男性の性体験とのあいだに、なんの相関もなかったことだ。これで女性の読者のだれかが対称な男を見つけに走ってしまう前に、ひとつ注意しておかないといけない。対称な男性ほど、交際に使う金が少なく、相手を裏切る頻度も高い。女性のオルガスムスは、立派な男性と契りを結ぶことより、相手の遺伝子の資質を石器時代と同じく冷静に評価することのほうを大切にしているようだ。

心理学者のトッド・シャッケルフォードとランディ・ラーセンは、別の研究で、人間の顔の対称性とほかの適応度の指標とのあいだに、生理的にも心理的にも密接な相関があることを示している。[24] 具体的に言うと、非対称な顔の男性は、鬱《うつ》、不安、頭痛、注意散漫、さらには胃病といった症状まで抱えている確率が高いことがわかった。非対称な顔の女性も、健康状態が悪かったり、情緒不安定や鬱になりやすかったりしていた。しかも、対称性は若さの目印でもある。人は年を重ねるほど、顔の対称性を失っていくからである。

ここで、非常に示唆に富む事実が浮かび上がってくる。動物界における配偶者選びで対称性が適応度の指標と見なされてきたように、人間においても、左右対称性が、発育の健全さや、若さや、さまざまな病原体に対する耐性の指標とされてきた。動物や人間を「惹きつける力」という点から言えば、結論は必然的にこうなる――「対称な」は「魅力的な」とほぼ同義になっているのである。

対称性だけが魅力の要因という印象を与えて話を終わらせたくはない。心理学者のジュディス・ラングロアらは、平均的な顔が一番魅力的だと力説している。ラングロアは、四人、八人、一六人、三二人の顔をコンピュータで合成した。[25] すると驚いたことに、合成に使用した個々の顔より、合成してできた顔のほうがおしなべて魅力的と判断された。四人、八人のものより一六人の合成画像が上位に評価され、三二人の合成画像は一番魅力的と見なされた。合成した顔は構成上対称にもなりがちだが、ラングロアは、対称性の効果を調整したあとでも、やはり平均的な顔が一番魅力的と見なされることを見出した。この知見は、平均が基本となる雛形《ひながた》と結びついている可能性を示唆しており、心のなかになんらかの原型があるという考えを支持している。

セント・アンドルーズ大学（スコットランド）の認知科学者デイヴィッド・ペレットは、魅力的と感じられる顔が、自分自身や両親の顔に似ているためにえてして惹かれることを明らかにした。[26] この結果に興味をそそられた私は、セント・アンドルーズを訪ねた折に彼に会い、なぜ適応による選択と考えたのかと訊いた。ペレットはまず、心が配偶者選びに手を貸すとすれば、それは学習システムになっていなければならないと主張し、さらにこうも言った。「とくに、対称性や平均のように、身近な環境に近いものに注目する能力が必要になります。［自分や親に］似た人を魅力的と思うのも当然かもしれませんね。自分の家族はこれまで進化の道のりを無事生き延びてきたのですから」

配偶者選びに影響を与える要素として、ほかに、生殖能力、資産、子育ての能力や意欲にかかわるものがある。たとえば心理学者デヴェンドラ・シンの研究によると、男性はほぼ全般に、ヒップに対するウエストの比が〇・七となるような、昔ながらの「砂時計」形の体型をした女性を好む。[27] こうした好みの背後には、この比が生殖能力の高さを示す指標になっているという適応上の理由があるのかもしれない。それと関係のありそうな好みが、乳房の均整（対称性）についても見つかっている。また別の調査で、女性は一般に自分よりやや年上の男性を好むことが分かっているが、これは女性が資産のある男性を選びたいからだろう。

進化心理学の成果やアイデアについて、この章で示した簡単な説明からも、こんな結論に至るのは必然のように見える。配偶者選び、認知、捕食者の回避、あるいはこれら三つの組み合わせのために、「われわれの心は対称性に惹かれ、それを見つけ出すようにうまく調整されている」のだ。そこで今度はこういう疑問が浮かんでくる。対称性は、本当に宇宙にとっての基本原理なのか、それとも単に人間が認識する宇宙にとってそうであるにすぎないのだろうか？

対称性は本当に世界の支配者なのか？

人間の目が青い光しか感じなかったらどうだったか想像してみよう。当然ながら、ほかの光の検出器を開発する前に、科学者は宇宙にあるすべてのものが青いと結論づけていただろう（考えただけで気分がブルーになるが）。あるいはまた、長さ八センチの箱型ネズミ捕りを作る害虫駆除会社は、どんなネズミも八センチ以下だと結論してしまうかもしれない。捕まるネズミはすべてそのサイズだからだ。これらは、観測「選択効果」――観測する方法や道具によって無意識に偏見が生じ、物理的現実が選別されてしまうこと――の単純な例である。何が宇宙の基本原理なのかを知るうえでも、対称性に対するわれわれの心の嗜好《しこう》が、これと同様の偏見を生んでいる可能性はないだろうか？

ここで改めて強調しておきたいが、私が注目しているのは、自然法則とその群論による表現に見られる対称性であって、自然界のなんらかの構造に見られる対称性ではない。完全な結晶は後者の例だ。それは、結晶内をいろいろな方向にある距離だけ動いてもまったく同じように見える。結晶学は、同じユニットが大量に集まってできたものの構造や特性を研究する科学である。ユニット自体を構成するものは、原子でも、分子でも、あるいはもっと抽象的に、コンピュータのコードの断片でもいい。

結晶学でふつう提起される疑問は、同じユニットを大量に空間に配置して、どのユニットからも同じ景色が「見える」ようにするにはどうしたらいいか、というものだ。そこで群論なしに結晶学は語れない――今の疑問に答えようとすると、空間の対称群は二三〇種類に限られる（帯状のパターンには七種類の対称群しかないのと同様［第7章参照］）ことを証明する結果になるのである。

　対称性の原理は、タンパク質の結晶やDNAからウイルスまで、生体分子や生物の構造にも頻繁に現れる。こうした対称性はどれも明らかに重要だ。というのも、安定した（エネルギーが極小の）系《けい》を意味し、それがまた鉱物や生物を形成しているからである。しかし、これも基本的な自然法則の根底にある対称性ではない。

　法則については、対称性と群論が非常に有効な概念となることは間違いない。素粒子物理学に対称性と群論が導入されなければ、素粒子とその相互作用の記述は悪夢のように複雑になっていただろう。体系化したりパターンを明らかにしたりするのに、群はほかのどんな数学の道具よりうってつけなのである。

　ハーヴァード大学の数学者アンドルー・グリーソンは、一九八五年に受けたインタビューでこう語っている。「数学が物理学に有効なのは当然です！　数学は、まさに物理学が直面する状況、つまり、なんらかの秩序がありそうな状況を論じるようにできているのですから。それを見つけてやろうじゃありませんか」[28] 対称性は有効なばかりでなく、実在の系や抽象的な系の記述から冗長《じょうちょう》さをなくせる。たとえばある系が、

XYZXYZXYZXYZXYZ

という文字列で記号的に表せるとしよう。記号の並進《へいしん》対称性を利用すれば、この記述の冗長さをなくして、5*(XYZ)――「部分列XYZを五回繰り返す」と読む――とはるかにすっきりした形にできる。

一方、

UVWXYZZYXWVU

という文字列の場合、鏡映対称を使って*SYM*(UVWXYZ)と簡素化できる。ちなみに演算子*SYM*は、この種の鏡映変換を示している。そこで問題となるのは、対称性は自然の構造に本当に組み込まれているのか、それとも、物理的現実に対処するのに便利な手段にすぎないのか、である。これは簡単な問題ではない。宇宙の究極理論へ向かう道の途上には、根本的に見える対称性とそうでない対称性がある。たとえば、相対性理論の礎《いしずえ》をなす、任意の観測者ふたりのあいだの基本的な対称性は、厳密な対称性で、確かに自然の仕組みを表していそうだ。一方、原子核の初期モデルのひとつである「エリオット模型」(29)は、対称性（とそれにかかわる群）を使って記述されていたが、その対称性はいまや近似にすぎないとわかっており、ほぼ間違いなく根本的なものではない。

　標準模型の根拠と見なされるゲージ対称性には、「対称性の破れ」の問題がある。この概念を簡単に説明しよう。

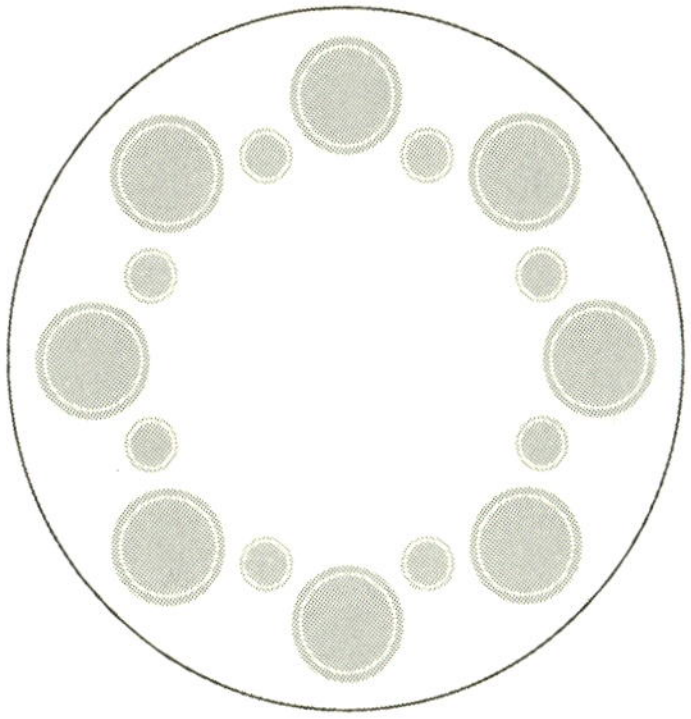

図100

図100はディナーテーブルを上から見た図で、小さな皿はパン皿だ。テーブルのまわりのイスはすべて同じもので、どの席に着いた人からも、左右に違いはない。したがってこの配置は、（四五度［360÷8＝45］の整数倍の）回転に対して対称であると同時に、（八つの軸にかんする）鏡映に対して対称でもある。だが、パンが運ばれてきて、最初のだれかが一枚の皿（左側、と私は教わった）にパンを置いた瞬間、対称性は「自発的に破れる」。左右の違いができて、回転不変性も失われるのだ。

電弱理論では、電磁力と弱い力は一枚のコインの裏表であることを思い出してもらおう（第7章）。力の運び手――光子、W粒子、Z粒子――が交換可能なのだ。ここですぐに思い浮かぶのは、ならばなぜ、このふたつの力は現在の宇宙でこんなにも違うのか（たとえば強さが一〇万倍も違う）という疑問だ。標準模型では、対称性の破れが原因だとしている。最も一般的なシナリオによると、われわれの宇宙が誕生した直後（この出来事を「ビッグバン」と呼んでいる）、電磁力と弱い力は完全に対称だった。この段階は超高温の状態で、光子とWおよびZ粒子はまったく区別できなかった。しかし、宇宙が膨張して冷えていくと、やがて――液体が凍るのにも似た――相転移《そうてんい》が生じ、その際に対称性の破れが起きた。これは、宇宙が生まれてまもないとき（およそ一〇のマイナス一二乗秒後）の出来事と考えられている。実はここで、液体のたとえをもう一歩先へ進められる。液体はどう回転させても同じように見える――決まった方向などないのだ。ところが、液体が凍るとこの対称性は失われる。凝固して生まれる結晶構造には、いくつか決まった軸があるからだ。宇宙の「凍結」でも、電磁力と弱い力のあいだで対称性の破れが起き、その結果、現在観測されるような違いができたと考えられる。W粒子とZ粒子には質量が与えられたが、光子は質量のないままとなったのである。また、弱い力は原子核オーダーの距離でしか働かないが、それは運び手の粒子が鈍重だからにほかならない。

物理に詳しくない人には、この説明は想像力豊かな作り話のように聞こえるかもしれない。そんな人は、自然界の基本的な力を説明してくれそうな対称性を素粒子物理学者が考え出し、現在の宇宙がその対称性に従っていないとわかると、今度は対称性の破れという大変都合のいいシナリオをでっちあげたと思うのではなかろうか。実は、この理論は先述の説明から考えられるよりずっと揺るぎないものなのだ。標準模型による多くの予言が、実験で見事に確かめられている（第7章）。さらに重要なのは、対称性の破れというアイデアそのものの検証がもうすぐ可能になろうとしていることだ。液体の凝固点が原子の質量と原子同士を結合するエネルギーから予測できるように、標準模型の既知のパラメータをもとに、対称性の破れが生じる時点でのエネルギーが予測できる。[30] そのエネルギーは、すでに大型粒子加速器――シカゴのフェルミ研究所にあるテバトロンなど――の射程内にあるか、二〇〇七年ごろにはCERNの大型ハドロン加速器（LHC）で達成できるだろう。少なくとも、対称性の破れというアイデアが妥当なのかどうかは、こうした実験でわかると期待できる。[31] 同じ実験で、超対称性の予言も検証できる。現実世界が超対称性に従っているのなら、発見の待たれる新粒子がたくさんあることを思い出してほしい。スピン1/2の電子にはスピン0のパートナー（「ス電子」という）、スピン1の光子にはスピン1/2の「フォティーノ」というパートナーがなければならず、標準模型におけるすべての素粒子に、このようなパートナーの存在が予言されるのである。

しかし厳密に言えば、対称性の破れや超対称性が実験で確認できても、対称性が有効なことは別にして、基本原理であるとはっきり証明できるわけではない。前に述べたように、超対称性は、ひも理論の源《みなもと》というよりは、まだひとつの要素にすぎない。理論の根底をなす原理はまだ明かされておらず、それが対称性の原理であるかどうかはわからないのだ。

対称性が宇宙の始まりと仕組みをもたらした原動力であり、群論はそれを記述する第一の言語であると安易に認めるべきではないというのには、もうひとつ理由がある。この理由の説明には、カリエラ族の親族‐婚姻関係のルールを例に挙げるのが一番わかりやすいかもしれない。前に述べたように、オーストラリア先住民に見られるこのルールは、有名なクラインの四元群と同じ構造の群を形成することが明らかになっている。だが、カリエラ族が自分たちのルールになんらかの数学的構造をもたせようとしたわけでないのは確かだ。ここでわれわれは、現実の事象を完璧に記述する数学的手法は突き止めたものの、その事象の真の原因はわからないという状況に直面する。この掟《おきて》をカリエラ族に選ばせた実際の動機は、われわれがそこに見出した秩序とはあまり関係なさそうだが、さらなる調査によって、こうしたルールが社会の安定をもたらすことが明らかになる可能性はあるだろう。

対称性は実のところどれほど基本的なものなのかと考えていたとき、私は世界でも有数の物理学者と数学者を相手にちょっとした調査をおこない、この問題に対する彼らの考えを知ろうとした。一九七九年にノーベル物理学賞を受賞したスティーヴン・ワインバーグは、標準模型の考案に寄与した重要人物のひとりだが、対称性は究極理論の最も基本的な概念ではないかもしれないという見方を支持した。そしてこう付け加えている。「最終的に、ただひとつの揺るぎない原理は、数学的に整合性のある原理になるのではないかと思う」。一九九〇年のフィールズ賞〔訳注：数学界のノーベル賞と言われるほど権威ある賞〕受賞者で、ひも理論に第二の革命をもたらしたエドワード・ウィッテンも、「ひも理論には、まだ欠けている未知の要素がある」と力説し、「一般相対性理論におけるリーマン幾何学のような概念が現れ、対称性よりも基本的なものとなる可能性がある」と言った。一九六六年にフィールズ賞、二〇〇四年にアーベル賞を受賞したサー・マイケル・アティヤは、人間の心による選択効果をこんな言葉でほのめかした。「自然を記述するとなると、どうしてもなんらかの色眼鏡をかけて見てしまう。(32)数学による記述は正確だが、もっといい方法があるのではないか。例外リー群の使用は、そんなわれわれの考え方の産物かもしれない」。最後の言葉から、私は有名な数学者・哲学者バートランド・ラッセル（一八七二～一九七〇）の名言も思い出した。「物理学が数学的なのは、われわれが物理学の世界をよく知っているからではなく、ほとんど知らないからである。われわれに見出せるのは、物理学の数学的特性だけなのだ」。要するにラッセルは、われわれが数学で宇宙を記述することも、危険なほど選択効果に近いと見ていたのである。量子電磁力学を発展させた主要人物のひとりで、一九八一年に物理学のウォルフ賞を受賞したフリーマン・ダイソンは、相変わらずユニークな見方を披露している。「宇宙がなぜ現在の姿になったかについての理解は、まだ入口にすら達していないと私は感じている」。それからちょっと考え込んで、こう続けた。「われわれは線が完全にまっすぐかどうか判断したり、円と楕円を見分けたりできるが、こんな単純なことさえまだ解明されていない」。対称性にかんして彼は、（電弱理論におけるゲージ対称性のように）それを力の源と呼ぶ場合、「基本的」という修飾語はあまり好きでなく、「実り多い」をよく使うと打ち明けている。さらに彼は、量子力学の登場以後、対称性と群論は圧倒的に強力な説明の道具になったとも言っている。

宇宙というタペストリーにおける対称性の役割について、こうした見解からどんな結論が下せるだろうか？　卑見《ひけん》では、対称性が宇宙の仕組みのなかで最も基本的な概念ということになるかどうかはまだわからない。長年のあいだに物理学者が発見したり議論したりしてきた対称性のなかには、あとになって偶然の一致や近似にすぎないとわかったものもある。一般相対性理論における一般共変性や標準模型におけるゲージ対称性のように、力や新しい粒子を咲かせる蕾《つぼみ》となった対称性もある。全体として見れば、対称性の原理は必ずと言っていいほど何か重要なことをわれわれに語ってくれるにちがいないと思うし、宇宙の根底にある原理が何であれ、それを明らかにして読み解くための最高の手がかりと知見《ちけん》を与えてくれる可能性もある。この意味で、対称性は確かに実り多い。

高名な物理学者リチャード・ファインマンは、一九六一～六二年の年度におこなった講義にもとづく本『ファインマン物理学』[33]［邦訳は岩波書店より五巻本として刊行されている］のなかで、対称性の議論を次のように締めくくっている。

> そこで問題は、対称性が何から生じたのかを説明することになる。なぜ自然はほとんど対称なのか？　それはだれにもわからない。ただひとつ、こんなヒントが考えられる。日本の日光に陽明門というものがある。これを日本じゅうで一番美しい門だと言う日本人もいる。中国美術の影響が色濃い時代に建てられ、大変凝《こ》った作りで、あまたの切妻《きりづま》を美しい彫刻が彩り、柱がいくつもあって、竜の頭や貴人が彫り込まれている。だがよく見ると、柱の一本の複雑精緻《ふくざつせいち》な模様が上下逆さまに彫られているのがわかる。これさえなければ、完全に対称だ。なぜかと訊くと、神が人間の完璧さを妬《ねた》まないようにそれだけ上下逆さまに彫ったのだという。つまり、嫉妬した神の逆《げき》鱗《りん》に触れないように、わざと欠陥を仕込んだのである。この見方を逆転して、自然がほとんど対称であることの本当の理由はこうだと考えてみたくもなる。神は、人間が神の完璧さを妬まないように、法則をほとんど対称にしたのだ！

ガロアの遺産から新しい見方が生まれ、今も生まれつづけている対象は、自然法則にかかわる対称性だけではない。音楽から現代の代数学にまで及ぶ幅広い芸術・学問で、いくつか簡単な例を調べてみると、この途方もない遺産を少しばかりは味わうことができる。

音楽で高めたり鎮めたりできない感情は？

このセクションのタイトルは、イギリスの有名な詩人・劇作家ジョン・ドライデン（一六三一～一

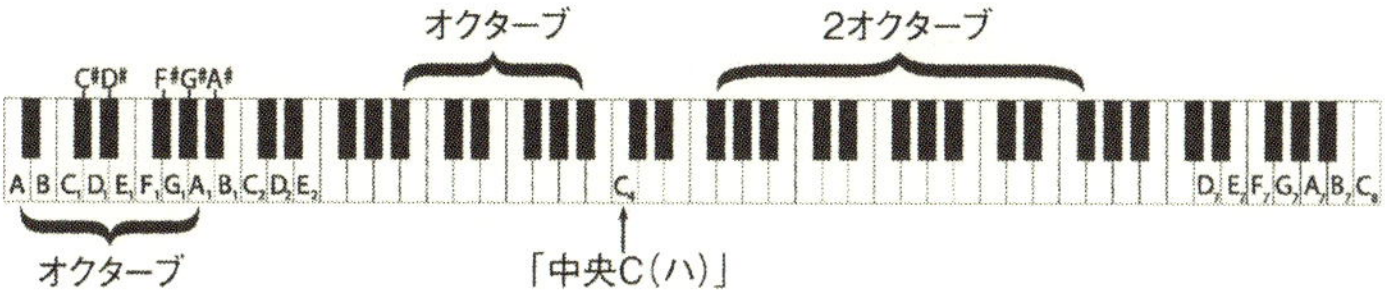

図 101

七〇〇）による詩『聖セシリアの祝日のためのオード』の一節からとった。聖セシリア祭（一一月二二日）は、この音楽の守護聖人がオルガンを発明したという伝説を祝う祭りである。この詩のテーマは、音楽の威力を称《たた》えることだ。確かに、音楽ほど人間の感情にも体のリズムにも結びつく芸術形式はない。われわれの呼吸や心臓の鼓動は、われわれの活動の程度や質、興奮や恐怖の強さと密接にかかわっている。音楽作品にはこうした生命のリズムを直接表現しているものがたくさんあるが、この点ではラヴェルの有名な『ボレロ』が一番かもしれない。じっさい、ブレイク・エドワーズによる一九七九年の映画『テン』は、『ボレロ』が愛を営む場面にぴったりのBGMであることを示している。すでに第1章で指摘したように、対称性が音楽で重要な役割を果たしていることは明らかだ。それゆえ、群論によって音楽の構造とパターンが見事に記述できるはずだとも当然予想できたのである。

　群と音楽の関係を示す最も単純な例は、ピアノの鍵盤が出す音である。音の高さは、（弦などが）一秒間に振動する回数、すなわち「振動数」によって決まる。振動数の単位はヘルツ（記号はHz）で、これはドイツの物理学者ハインリッヒ・ルドルフ・ヘルツにちなむ。たとえば、ピアノの中央C〔訳注：日本では中央ハというが、以下も含めここではイロハ……を欧米表記のABC……とする〕（図101）の音（長音階の「ド」）の振動数は約二六一・六Hzで、A_4（「ラ」）は四四〇Hzになる。「オクターブ」は、振動数の比がちょうど二になる音程と定義される。中央Cより一オクターブ高い音の振動数は 261.6×2＝2523.2Hz、一オ

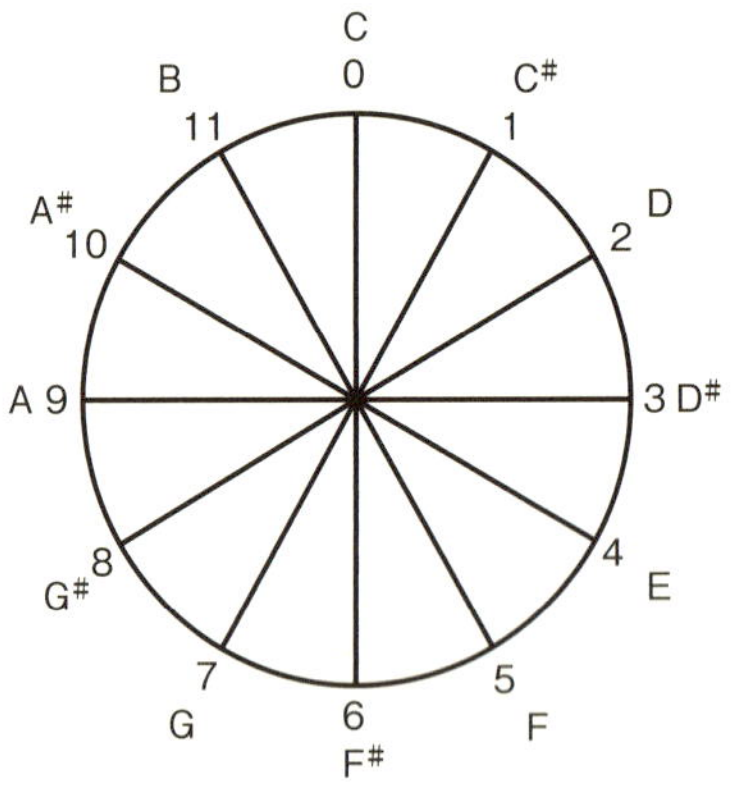

図 102

クターブ低い音の振動数は 261.6÷2＝130.8Hz だ。ちょうど整数倍のオクターブだけ離れている音はどれも同じ名前で呼ばれ、同じような音がする。バッハが素晴らしいプレリュードとフーガの曲集を作って世に広めた「平均律」では、すべての音が等間隔に並んでいる。隣りあう二音の振動数比の値はすべて一・〇五九四六になっているのだ。この数（二の一二乗根に等しい）は、一二乗すると（一オクターブには半音が一二個ある）二になる（一オクターブ高い音との周波数比に相当）という条件から単純に得られる。

古代ギリシャの数学者ピタゴラスは、ふたつの音の振動数比が単純な整数の比（3:2 など）となる場合に、それらの音が調和（「協和」）して心地よく響くことを発見したと言われている。たとえば完全五度は、振動数比が 3:2 で、半音七個分の差にあたる（一・〇五九四六の七乗はほぼ一・五となる）。完全四度は、振動数比が 4:3 で半音五個分の差だ。

一オクターブには半音が一二個あるので、図102のように時計の文字盤でうまい具合に表せる。こうすると、一日のなかで時間を計算するのとまったく同じ操作で、音から音への移動ができる。[34] 午後七時の九時間後が何時になるか知りたいとき、7＋9＝16＝4（12は0と見なせる）として午前四時という結果が得られる。このような足し算を数学用語で「12を法とする（略号 mod）加算」という。8＋7＝15＝3（mod 12), 10＋2＝12＝0（mod 12）といった具合である。平均律の半音もこれと同じルールに従う。$D^{\#}$（図102）より半音一〇個上がった音を知りたいときは、$3+10=13=1 \pmod{12}$ $=C^{\#}$と計算すればよい。数の集合$\{0, 1, 2, 3, 4, 5, 6, 7, 8, 9, 10, 11\}$あるいは音階でそれぞれに対応する音は、12を法とする加算という操作のもとで群を形成する。閉包《へいほう》——たとえば$9+4=13=1 \pmod{12}$——や結合法則が成り立つことは、容易に確認できる。単位元《げん》は数0で、すべての数には逆元がある。じっさい、$7+5=12=0 \pmod{12}$であることから、完全五度（半音七個に相当）は完全四度（半音五個に相当）の逆元（inverse）だ。これは、純粋に音楽の視点からも納得がいく。このふたつの音程を合わせると、振動数比は$3/2 \times 4/3=2$になり、これはちょうど一オクターブにあたる——つまり同じ音になる——からだ。それどころか、いみじくも音楽家は、ふたつの音程を合わせると一オクターブになる場合、一方をもう一方の「転回形（inversion）」と呼んでいる。このような転回形をもう一例挙げると（図103）、短三度（振動数比6:5、半音三個分）と長六度（振動数比5:3、半音九個分）であり、$3+9=12=0 \pmod{12}$になるためである。

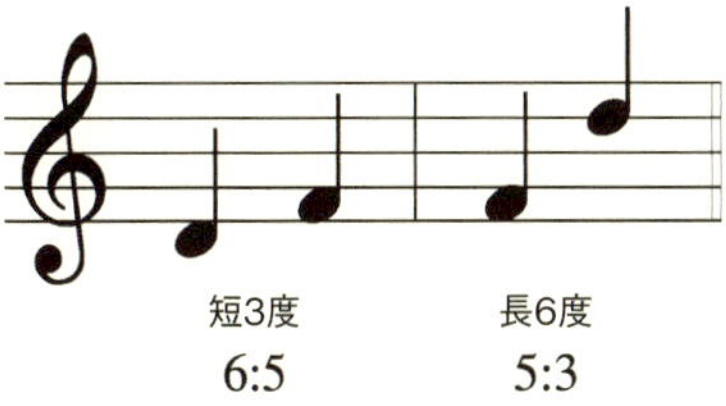

図 103

群は音階に現れるだけではない。音楽の形式によっては、構造に群が現れるものもある。一番単純な例は、輪唱——短いカノンの一種で、有名なフランス民謡『フレール・ジャック』〔訳注：日本では『かねがなる』（勝承夫作詞）として知られる〕（図104）のように、複数の声部が同じメロディーを順繰りに歌いはじめるもの——だ。

図104の四つの小節をそれぞれA、B、C、Dとすると、（各小節は繰り返されるので）曲の構造はAABBCCDDと表せ、四つの声部による輪唱は次のような形になる。

［訳注：最上段はフランス語の原曲の歌詞、下二段は『かねがなる』の日本語歌詞］

図 104

1 AABBCCDDAABBCCDDAABBCCDD
2 ——AABBCCDDAABBCCDDAABBCC
3 ————AABBCCDDAABBCCDDAABB
4 ——————AABBCCDDAABBCCDDAA

第五声部が入る場合は、単に第一声部と重なることになる。さらに言えば、どの声部についても、四つあとの声部がちょうどそれに重なる。ここで、「二小節あとに入る」という指示をaで表そう。これにより、ある声部から次の声部に移ることになる。記号では、a^2（つまり$a \circ a$）は「四小節あとに入る」、a^3（$a \circ a \circ a$）は「六小節あとに入る」を示す。また、a^4（「八小節あとに入る」）はその声部と重なるので単位元となる。四つの指示I、a、a^2、a^3（Iは単位元）が「掛け算」という操作のもとで群になっていることは、簡単に確かめられるだろう（たとえば、$a \circ a^3 = a^4 = I$なので、aとa^3は互いの逆元である）。

　バッハなど、昔のクラシック音楽の作曲家が曲を作る際には、群論はもちろん頭になかった。群論が音楽のパターンの記述にも当然のように持ち込まれていったのは、対称性の言語としての性質をもつからにほかならない。二〇世紀の作曲家のなかには、新ウィーン楽派のアルノルト・シェーンベルク[35]、アルバン・ベルク、アントン・ヴェーベルンをはじめ、数学を使った音楽にもっと意図的に手を染めたと言われる人たちもいる。ベルクの『抒情組曲』やシェーンベルクのピアノ協奏曲などの作品で使われた「十二音技法」は、「十二音列」――一二個の半音を一回ずつ使って並べた組み合わせのこと――をもとにすべての和音を作る。十二音列は、作曲家が最初に決めた順番のまま使うこともできるし、操作を加えて変形することもできる。新ウィーン楽派が使った基本的な操作の形は、「反行形」、「逆行形」、「反行逆行形」の三つだ。反行形では、下がる音程は上がる音程に、上がる音程は下がる音程に置き換える。たとえば、もとの音列がC（ハ音）で始まり、完全四度上がってF（ヘ音）になっていれば、反行形は完全四度下がってG（ト音）になる（図102）。逆行形は、メロディーの跳躍の順序を逆にする。もとの音列の最後の跳躍が長三度の上昇なら、これが新しく作る音列の最初の跳躍になる。最後の反行逆行形は、反行形と逆行形をいっぺんに組み合わせたものだ。これら三種類の変形と単位元（「なにもしない」）で、「～に続けて～」の操作にかんする群になることは、容易に確かめられる。とくにこの群では、すべての元《げん》は自分自身の逆元となっている。

多くの人は、たとえコンサートによく行く人でも、シェーンベルクの無調音楽[36]には、イーゴリ・ストラヴィンスキー、アーロン・コープランド、ピエール・ブーレーズ、ルチアーノ・ベリオなどの実験的な作品に感じるような不快感を覚える。こうした無調音楽が嫌いな人は、数学の使用が（意図的ではあっても）音楽の質を向上するうえで役立っていないと主張するだろう。だが、無調音楽について人がどう考えようが、シェーンベルクやそれを超えるヴェーベルンの「数学的」実験が、興味深い前衛音楽への道を開き、「セリエリズム」を触発したことは疑いようがない。このセリエリズムは、あらゆる伝統的なルールや慣習を構造的な音列に置き換え、その音列にのっとって全体を作曲する革命的技法である。オリヴィエ・メシアンやミルトン・バビットなどの作曲家による魅力的な音楽は、この革命の産物である。

音楽という芸術形式には、群論のきわめて基本的な概念しか影響を与えなかった。しかし、群論そのものの発展は、二〇世紀の初めに止まったわけではない。それどころか、二〇〇四年八月にようやくなし遂げられた群論の証明は、ある意味では数学史上最も複雑な証明と言える。

「三十年戦争」、あるいはモンスターを手なずける

科学の研究は、しばしば最も基本的な構成要素の探求となる。物質の構造にかんして言えば、この何世紀にもわたる探求により、分子や原子、続いて陽子や中性子、さらに標準模型の素粒子（クォーク、電子、ニュートリノ、ミュー粒子、タウ粒子）が発見され、ついにはひも理論が提案されるに至った。果てしなく広がる宇宙では、今も天文学者が宇宙で最初にできた星や星団——今日《こんにち》の巨大銀河の構成要素——を探している。群論では、あらゆる群の構成要素となる単純群（自明でない正規部分群をもたない群）の分類が進められてきた。第7章で述べたように、単純リー群の分類という画期的な偉業は、ヴィルヘルム・キリングとエリー・カルタンによって一九世紀末になし遂げられた。リー群は、連続的な変換（三次元における回転など）の群で、一八七四年にソフス・リーによって定義された。まさにその性質上、リー群は無数の元《げん》をもつ（たとえば、とりうる回転角は無限にある）。それでも、どんなリー群も有限の数のパラメータを指定するだけで完全に記述できる。事実、通常SO（2）やU（1）と表記される平面上の円を回転させる群の元は、一個のパラメータ——回転角——を指定すれば完全に決定できる。そのため、この群の次元は一となる。三次元空間における球の回転群は、三個のパラメータで決定できる——回転軸を指定するふたつの角度と、回転そのものの角度だ。したがって、SO（3）と表記されるこの群は三次元になる。キリングとカルタンは、四種の無限族のリー群（従来、A_m、B_m、C_m、D_m［ただし $m=1, 2, 3,\ldots$］と呼ばれている）と五つの散在型群を発

見した。この散在型群は、どの族にも当てはまらない「一個かぎりの」孤立した群で、ふつうG_2、F_4、E_6、E_7、E_8と呼ばれ、それぞれ一四、五二、七八、一三三、二四八の次元をもつ。第7章で説明したように、単純リー群は標準模型で重要な役割を果たしており、ひも理論でも必須のツールになると見られている。

　有限単純群［訳注：元《げん》の数が有限ということ］の分類は、リー群の分類に比べるとはるかに手強いことがわかった。一九世紀末までに、六種の無限族［訳注：族に含まれる群の数が無限］と五個の散在型（例外型）有限単純群が明らかにされていた。無限族のうちのひとつは、ほかでもないあのガロアが五次方程式の非可解性に取り組んでいたときに定義された[37]。集合の偶置換には、もとの順序からの逆転が偶数個あるのに対し、奇置換では奇数個の逆転になることを思い出してほしい（第6章）。たとえば1324は、逆転が一個だけ（3が2の前にある）なので1234の奇置換にあたるが、4321は偶置換になる。逆転が六個あるのを確かめられるはずだ。n個の対象にかんする置換の集合が$n!$個の元《げん》をもつ群になることは、すでに第6章で説明した。じっさい、ケーリーの定理は、すべての群はなんらかの置換群と同じ構造をもつと定めている。どんな数の対象にかんする偶置換の集合も、群——置換群の部分群——になる。これは簡単にわかる。偶数個の逆転をもつ置換に続けてまた偶置換をおこなっても、逆転の総数は明らかに偶数で、これは閉包を意味しているのだ。偶置換の群は「交代群」と呼ばれている。ガロアは、四個を超える元《げん》の置換によって得られる交代群がすべて単純群であることを示した。まさにこの性質を使って、ガロアは五次方程式が公式で解けないことを証明したのである。

　単純群で、一九世紀末までに数学者に知られていた二番めの族は、音階のところで目にしたタイプだ。0から11までの数が、12を法とする加算にかんして群を形成するように、任意のnについて、0から$n-1$までの数はnを法とする加算にかんして群を形成する。このタイプの群は「巡回群」と呼ばれ、素数を元《げん》とする巡回群は単純群である。有限単純群の残り四種の族は、多くの点で、それに対応するリー群の族と同じである。一九五五年、フランスの数学者クロード・シュヴァレー（一九〇九～八四）が単純群の新しい族を発見した。実際には、散在型リー群が有限単純群の族の源であることを見出したのだ。最終的に一八族の単純群が突き止められた。

散在型単純群の話[38]は、フランスの数学者エミール・レオナール・マシュー（一八三五～九〇）から始まる〔訳注：本来の発音ではマチューだが、日本で一般的な数学的表記と統一を図るためにここでは合わせる〕。一八六〇年から一八七三年にかけて、マシューは有限幾何学を研究するうちに、のちに自分の名がつくことになる散在型単純群を五個発見した。最小の群には七九二〇個、最大の群には二億四四八二万三〇四〇個の元が含まれる。それからまる一世紀経って、一九六五年にユーゴスラヴィア（当時）の数学者ズヴォニミル・ヤンコが、次の散在型単純群を発見する。これを含めた複数の単純群の存在は、実際に「発見される」前から予言されていた。SU（3）対称性がオメガ・マイナス粒子の存在を予言したように、ヤンコは、ある性質をもつ単純群が存在するなら、その元《げん》の数は必ず一七万五五六〇になることを証明してみせた。ヤンコの研究は膨大な量の計算によってようやく実を結び、今ではJ_1と呼ばれている単純群を作り出した。ヤンコの発見は、一世紀に及ぶ冬眠状態を終わらせるとともに、発見の一〇年の始まりとなった。一九六五年から一九七五年にかけて、散在型単純群が二一個も作り出され、全部で二六個となったのだ（有限単純群にはこのほかに一八の族がある）。二六個のうち、最大のものは通常「モンスター」と呼ばれ、なんと

808,017,424,794,512,875,886,459,904,961,710,757,005,754,368,000,000,000

個もの元をもつ！　素数が大好きな人のために、この数が次の式に等しいことも示しておこう。

$$2^{46}\times 3^{20}\times 5^{9}\times 7^{6}\times 11^{2}\times 13^{3}\times 17\times 19\times 23\times 29\times 31\times 41\times 47\times 59\times 71$$

モンスターは、一九七三年にドイツの数学者ベルント・フィッシャーとアメリカのロバート・グリースによって別々に存在が予言され、一九八〇年にグリースによって作り出された。フィッシャーはこれ以外に四個の散在型群を発見し、ヤンコもオーストリアとドイツで合わせて四個発見している。イギリスではジョン・コンウェイがさらに三個発見した。

このあとなし遂げられる、数学史上有数の壮大かつ困難な企《くわだ》てにとっては、一八の族と二六の散在型単純群とを特定したことも、あくまで出発点にすぎなかった。この企ての目指すところは明白だった。この分類があらゆる有限単純群の可能性を網羅している事実を、はっきり証明することだ。言い換えると、どの有限単純群も、一八の族のいずれかに属するか、二六の散在型群のいずれかであると証明することになる。この途方もない企ての中心人物となったダニエル・ゴーレンシュタインは、のちにこれを「三十年戦争」と呼んでいる。分類への取り組みの多くが、一九五〇〜八〇年の三〇年間に実《み》を結んだからである。

ダニエル・ゴーレンシュタイン(39)（一九二三〜九二）はボストンで育ち、ハーヴァード大学で学び、学部生のころに有限群に興味をもった。第二次世界大戦中は、戦争遂行の一助として軍人に数学を教えた。戦後はハーヴァードの大学院に戻り、一九五〇年に博士号を取得している。それから数年は、主に代数幾何学の分野を研究したが、一九五七年に有限群に立ち返り、一九六〇〜六一年の年度に有限単純群の分類に取りかかった。

二一個の散在型単純群が新たに発見されたことに加え、ほかのふたつの出来事が、分類問題に対する総攻撃の態勢を整えた。ひとつは、ドイツ系アメリカ人で数学者のリチャード・ブラウアー(一九〇一〜七七)が、一九五四年にアムステルダムでおこなった講演である。この大きなインパクトを与えた講演で、ブラウアーは、対象となる群に性質の似た単純群がもつ小さな「核」の識別を利用する分類方法を提案した。ブラウアーのアイデアは、任意の群が既知の単純群のひとつと同じであるかどうかを確認する最初の手掛かりとして、こうした核を使おうとするものだった。

分類の三十年戦争に欠かせない要素のふたつめは、シカゴ大学の数学者ウォルター・フェイトとジョン・トンプソンが一九六三年に証明した重要な定理である。この定理は、どんな(巡回群ではない)有限単純群も必ず偶数個の元をもつ、と約言できる。この命題が正しいことは、イギリスの数学者ウィリアム・バーンサイド(一八五二〜一九二七)が一九〇六年にすでに予想しており、「バーンサイド予想」として知られていたが、一九六三年に発表されたフェイトとトンプソンによる証明は、《パシフィック・ジャーナル・オブ・マセマティクス》誌を一号まるごと(二五五ページ)埋め尽くした。反響は大変なものだった。証明に導入された発想も手法も、以後の分類への取り組みの土台になった。ゴーレンシュタインは一九八九年にこう述べている。[40]「奇数位数《いすう》の定理[フェイト-トンプソンの定理は、奇数個の元をもつ有限群は可解であるとも言い換えられる]が大きな弾《はず》みとなって、有限群理論への関心が呼び覚まされました。それから一五年にわたって、分類問題の証明で重要な役割を果たすことになる若き有能な数学者が、数多くこの領域に引き寄せられたのです」。ブラウアーの洞察とフェイト-トンプソンの定理を武器に、ゴーレンシュタインは一九七二年、分類問題の証明の完了へ向けた一六段階の大胆な計画をまとめた。そして、二〇世紀末までには証明し終わるだろうという慎重な楽観論を表明している。

一〇〇人ほどの数学者が関わり、約五〇〇本の論文として専門誌に掲載された証明は、延べ一万五〇〇〇ページにも及んだ。このことを考えると、ゴーレンシュタインが初めに予想した証明完了までの期間が長すぎたとはとても思えない。じっさい、証明に率先して挑んだひとり、オハイオ州立大学の数学者ロン・ソロモンは、「一九七二年の時点で、二〇世紀中に分類を完全に終えられると思う人は、一流の群論学者でゴーレンシュタイン以外にだれもいなかった」と一九九五年に書いている。しかし、数学ではよくあることだが、ひとりの人間の力で状況は一変する。分類の定理にかんして言えば、その人間はカリフォルニア工科大学の数学者マイケル・アッシュバッハーだった。矢継《やつ》ぎ早《ばや》の攻撃で大きな障害をいくつも打ち砕き、証明の大部分に道をつけたのである。ゴーレンシュタインはこう語る。

分類の証明に多大な貢献をした群論学者はたくさんいます。しかし、単純群の様相が決定的に変わったのは、一九七〇年代の初頭にアッシュバッハーがこの問題に手をつけてからです。彼は、完全な分類の定理をひたすら追求するという仕事で主導的な役割をすぐに引き受けると、証明が完了するまでの一〇年間、「チーム」全体を引っ張ることになりました。

だれもが驚いたことに、証明は早くも一九八三年には終わったように思われた。それでも、証明がとんでもなく長いので、ゴーレンシュタインとソロモンともうひとりの数学者リチャード・ライオンズは、一九八二年、もっと簡単明瞭な証明の考案を目指す修正プロジェクトを共同で立ち上げた。その後の数年間で、もとの証明にいくつか重大な欠陥が見つかる。最後の欠陥は、二〇〇四年八月、アッシュバッハーとイリノイ大学の数学者スティーヴン・スミスが二巻に及ぶ著作をものしてようやくふさがれた。[41] ゴーレンシュタイン－ライオンズ－ソロモンの修正プロジェクトも順調に進んでおり、すでに六冊の専門書が刊行されているか印刷中だ。とはいっても、この途方もない取り組みの完了までには、少なくともあと五年はかかるだろう。

近年における有限群の研究は、位相幾何学（トポロジー）からグラフ理論まで、数学のさまざまな分野と密接に関わっている。場の量子論にも、まだ十分に探られていない関連があるのではないかとも言われている。

群の概念を導入し、有限単純群の最初の族を作り出したガロアは、どの方程式が公式で解け、どれが解けないかを明らかにするという、ささやかな目標を念頭に置いていた。そんな地味な発端から結果的に生まれたものを目にしたら、彼は狂喜したにちがいない。ロン・ソロモンは「三十年戦争」の結果を見事にこう説明している。「単純群の研究の真っ盛りに飛び出した数学的成果の数々は、有限群の構造への驚くべき洞察をもたらし、数学の世界に存在する実に魅力的なものをいくつも明らかにしてくれた」

9　ロマンチックな天才へのレクイエム

古代のバビロン以来、地上に現れた何千、何万もの数学者のなかで、とりわけ大きな影響を与えたのはだれだろう？　数学者で著作家のクリフォード・ピックオーバーは、まさにこの質問をする非公式の調査をおこない、読んで楽しい数学書『ワンダーズ・オブ・ナンバーズ』（上野元美訳、主婦の友社）で上位一〇人の名を挙げている[1]。エヴァリスト・ガロア、この悩み苦しんだロマンチストは二〇歳で世を去ったにもかかわらず、その大数学者のリストに載っている（第八位）。創造性に優れた人は、ほかの人とどこが違うのだろう？　またどうしたら、あふれんばかりの創造性をこんなに若いころに発揮できるのだろう？　こうした疑問に的確に答えられれば、多くの心理学者や生物学者や教育者、さらには企業からも大いにありがたがられるのは間違いない。だが私には答えられないので、代わりにこの問題に対する現在の考え方をいくつか簡単に紹介し、それがガロアに当てはまるのか、当てはまるとすればどのように当てはまるのかを検証することにしよう。

まずはっきりしておきたいのは、並外れた創造性というのが、文化的影響の大きな作用——有意義な変化をもたらす考えや行為——を意味することである。明らかにこれに相当しそうな例には、ジグムント・フロイトによる精神分析学の創始、ニュートンによる運動法則の定式化などがある。

シカゴ大学の心理学者ミハイ・チクセントミハイは、創造性はその本質からして単なる頭のなかの現象にとどまらないという示唆に富んだ指摘をしている。(2) なんらかの考えや成果を「創造的」と言うためには、既存の基準や標準と比べる必要がある。たとえば、アインシュタインの一般相対性理論が歴史を通じて最高に創造的な理論のひとつだとはっきり言えるのは、宇宙にかんするほかのすべての物理学理論と対比させたうえでのことなのだ。それゆえ、創造性には少なくとも三つの要素が絡《から》んでいる。創造する人、創造的行為がなされる分野（数学やその一領域、音楽、文学など）、そして監視役や判定人の役割を果たすその分野の関係者（ほかの数学者、美術館の学芸員、文学作品の読者、批評家など）である。ガロアはどんな基準で見てもびっくりするほど創造的だ。この若者のアイデアは、数学をがらりと変えた。彼が打ち立てた新しい分野——群《ぐん》論——は、純粋数学をはるかに越えて、視覚芸術、音楽、物理学、そのほか対称性が見つかるあらゆる領域をカバーしていった。

先述のように、創造性がどのようにして発揮されるのかに関心を寄せているのは、認知科学者や神経学者や教育者だけではない。大企業は、従業員の創造性を伸ばし、イノベーションを実現する手だてを見つけようと躍起《やっき》になっている。セミナー、合宿研修、ブレインストーミング、特別講座など、次なるビル・ゲイツを生み出すための研鑽に、毎年何億ドルもの金が費やされているのだ。しかし、それで創造性の源泉が見つかるのだろうか？ あるいは、創造的なアイデアは、おおまかに関係のある分野から掠《かす》め取った断片的な知識からたまたまひらめくものにすぎないのだろうか？

創造性の秘訣

イギリスの詩人オーウェン・メレディス（エドワード・ロバート・ブルワー＝リットン〔リットン伯爵〕のペンネーム）は、かつてこんなことを言った。「天才はなすべきことをする能力、才能はできることをする能力」[3]。この引用の面白さは、「天才」と「才能」というふたつの言葉を並べて対比している点にある。どちらも創造性と重なるところがあるが、混同してはならない。過去何世紀ものあいだに、才能ある画家や発明家はたくさんいたが、創造性という点でレオナルド・ダ・ヴィンチにかなう人は（いたとしても）ほとんどいない。一方、創造的である――すなわちパラダイム・シフトをもたらす――ためには、必ずしも天才である必要はない。じっさい、IQ（知能指数）がある程度（おそらく一二〇ぐらい）以上であれば、知能と創造性にはっきりした相関がないことは、多くの研究から明らかになっている[4]。言い換えると、真に創造的であるには、ある程度以上の知能が要《い》りそうだが、IQ一二〇の人よりIQ一七〇の人のほうが創造性が高いという保証はまったくない。創造性をうまく「説明」できない主な理由のひとつとして、ある程度の創造性はだれにでもあるという事実が挙げられる。瓶《びん》のふたが開かないときに、手が滑らないようにタオルで握ったとすれば、創造的な解決策を思いついたことになる。子どもが友だちの電話番号を手の甲に書いたとしたら、その子はとっさの必要性に創造的に対応している。要するに、だれでも頭を使えば、創造性を発揮しているのである。

もうひとつ忘れてならないのが、創造性の発露を異なる分野で比較するのは難しいということだ。ハーヴァード大学で認知と教育を研究しているハワード・ガードナーはこう述べている[5]。「ある分野の創造的な大発見が、ほかの分野の大発見であっさりつぶされることはない。アインシュタインの思考過程と科学的成果はフロイトのものとは別物であり、エリオット［詩人のT・S・エリオット］やガンジーのものとはさらに違う。創造性を十把ひとからげに扱うのは空論もいいところだ」。このような注意が喚起されているにもかかわらず、研究者（ガードナー自身も含めて）はしばしば、創造性の高い人に共通する特性を突き止めることに重点を置いて、創造性の根底にあるものをつかもうと腐心してきた。大多数に共通する性質が、優れた創造性の源《みなもと》である可能性が高いと期待されたのである。検討された性質は、脳の生理学的特徴、性格特性、さまざまな認知特性（たとえば、かけ離れたものを結びつける能力）、社会的環境（家族や親友などの身近な環境と、人種や政体などの広域的な環境の両方）などだ。こうして考え出された創造性の各種モデルがどのぐらい有効なのかについては、科学的手法にもとづく簡単な実験で、少なくとも感触をつかむことはできる。ここで科学的手法とは、観察した事実の一群をモデルで説明する体系的なアプローチのことである。この理想化されたプロセスは、帰納《きのう》、演繹《えんえき》、検証という三つの言葉にまとめられる。もっとわかりやすく言うなら、科学的方法では、まず実験や観察で得た事実を集める。そして集めた事実をもとに、モデルやシナリオ、またときには完成された理論を組み立てる。最後に、新たな実験や観察をおこなったり、モデル自体の構築には利用しなかった新事実を集めたりして、モデルや理論を検証する。

このような単純な形の一般的方針に従って、創造的な人間がもつ性格特性としてある程度見解の一致した「雛型《ひながた》」に、ガロアがどの程度当てはまるかを調べられる。ただし、この「雛型」の作成にガロア自身が利用されていないことが条件だが、これは簡単にクリアできた。創造性の研究者たちが挙げた人物のなかに、ガロアの名前は見当たらなかったからである。(6) ここで断っておきたいが、「雛型」と鍵括弧《かぎかっこ》でくくったのには至極《しごく》もっともな理由がある。本当はそんな「雛型」など存在しないのだ！　画家としての創造性に優れた遺伝的素質をもつ人がいたとしても、それなりの訓練を受けず、美術界になんらかのつてがなければ、その人が名を馳《は》せる可能性は低い。しかも、創造的な人間は、たとえ同じ分野であっても、みな似ているわけではない。チクセントミハイも言うように、「ミケランジェロはあまり女好きでなかったが、ピカソはいつでも女を求めていた」のである。また第3章で見たとおり、カルダーノは仕事にも遊びにも派手に精を出したが、まったく同じ数学の問題に貢献したダル・フェロは地味で内向的だった。それでも、ボストン大学の心理学者エレン・ウィナーは天才児についてこう書いている。「創造的な人間の部類に確実に［傍点は筆者］入るには、一般IQや特定分野の能力が高いよりも（神童のレベルであっても）、ある種の性格特性をもつほうがはるかに重要なことがわかった。創造的な人間とは、がむしゃらで集中力が高く、支配欲も強く、リスクを厭《いと》わぬ一匹狼なのである」。性格特性が本当に創造性に直接かかわる要因となるのかどうかについては、まだ研究で明らかになっていないが、なんらかの特性が創造的なプロセスと密接にかかわっていることはほぼ間違いない。ではそれはどんな特性なのか？　心理学者のジョン・デイシーとキャスリーン・レノンが重視しているのは、あいまいさの許容――ルールがはっきりしない、ガイドラインがない、あるいは通常の支援体制（両親、学校、地域社会など）が崩壊しているといった状況でも、考えたり、行動したり、気にせずにいられたりする能力――である。(7)確かに、ルールのないところで活動する能力がなければ、ピカソがキュビスムを生み出すことはできなかっただろうし、ガロアが群論を思いつくこともなかっただろう。あいまいさの許容は、創造性の必要条件なのである。

心理学者のチクセントミハイは、これとやや関係する、みずから「複雑性」と呼ぶ性質に注目している。「複雑性」とは、ふつうは両極端に見えるような気質を併《あわ》せもてることを指す。たとえば、たいていの人は、「反逆的」と「非常に規律正しい」とのあいだのどこかに当てはまる。ところが非常に創造性の高い人は、ちょっとしたきっかけで、その両極端を行ったり来たりする。チクセントミハイは、芸術や文科・理科の学問から実業界や政界に至る幅広い分野で、創造性の高い多数の人を取材した。そしてこの取材をもとに、複雑性の一〇項目――見たところ正反対だが、創造的な人間は両方もつことの多い一〇組の特性――をリストにまとめている。(8)

1 静かにじっとしているかと思うと、突然衝動的な行動を取る。
2 頭は切れるが、ひどく世間知らず。
3 責任感が非常に強い態度と無責任な態度とのあいだで大きく振れる。
4 しっかりした現実感覚と豊かな想像力を併せもつ。
5 内向的な時期と外交的な時期が交互に訪れる。
6 謙虚でありながら、高慢なところもある。
7 精神面で両性具有――典型的な男女の役割モデルにはっきり合致しない。
8 専門分野の知識や歴史に対して反抗し因習を打ち破る一方、尊重もする。
9 自分の仕事に対し、情熱的でありながら客観的でもある。
10 喜びと高揚感に混じって、苦しみやつらさも感じる。

興味深いことに、心理学者のエレン・ウィナーは、天才児が通常、極端に偏《かたよ》った性格しか示さないことを見出した――彼らは集中力があって、衝動に駆られ、内向的なのである[9]。ただし、天才児はまだ知識を吸収する段階であって、創造的な段階にはないという点は留意すべきだろう。大多数の天才児が大人になるととりわけ創造的というわけではなくなる事実は、複雑性の素質をもつ神童がほんのわずかしかいないことを（なにより）反映しているのかもしれない。

チクセントミハイのリストは、そう言われればそんな気もするという程度だが、ガロアには驚くほどよく当てはまる。ガロアには、いろいろな意味で矛盾と複雑さが凝縮されている。彼が五月二五日にオーギュスト・シュヴァリエに出した手紙を見てみよう。「人がもてる最大の幸福の泉をひと月で枯らしてしまったら、どうやって自分を慰めればいいのだろう？」これほど大きな気分の変化が想像できるだろうか？　あるいはまた、ラスパイユが獄中から出した手紙の一通を読んでみよう。ガロアの行動は、冷静さと暴発のあいだを行き来している。

ある日彼は、考え込んだまま、白昼夢でも見ているかのように監獄の中庭を歩きまわっていた。地上にかろうじて肉体をとどめ、考えることによってのみ生き長らえている男のような青白い顔だった。

ごろつきどもが大声でからかった。「おい、おまえはまだ二〇歳《はたち》らしいが、まるでじじいだな！　酒も飲めねえんだろう？　飲むのが怖いんじゃねえのか？」すると彼は、ずんずん歩いていって危ない連中の前に立ち、ひと瓶を一気に飲み干すと、空《から》になった瓶をいじめた奴に投げつけた。

頭は切れるがひどく世間知らず、現実的だが想像力に富む、数学や数学者に対して反抗しながら尊敬もする、こうした性質の取り合わせは、まさにガロアを語るために考え出されたかのようだ。エコール・ポリテクニークの入試での出来事や、通《かよ》った学校の校長との辛辣なやりとり、数学界への被害妄想的な対応、官憲との対決といった彼の振る舞いは、こうとしか言い表せないのではなかろうか？

精神面で両性具有——大変繊細で「女性的」な反面、果敢で攻撃的なところもある——も、ガロアが明らかにもっていた性質だ。彼が監獄から叔母のセレスト＝マリー・ギナールに書いた手紙を見てみよう。

叔母様、あなたが病気になり寝たきりだと聞きました。僕がどんなに悲しんでいるか、お伝えしなくてはと思います。叔母様に会う楽しみを奪われてしまっているる今、この思いは募《つの》るばかりです。僕は自分の部屋に閉じ込められ、だれにも会いに行くことができないからです。ご親切にも僕にプレゼントを送れないかと考えてくださり、ありがとうございました。墓場にいるときに、この世を思い出させてくれるものを受け取るのは、このうえない喜びです。僕が監獄を出るときには、叔母様も元気になっているようお祈りします。出たら真っ先に伺《うかが》います。

図 105

　この人物と、ソフィー・ジェルマンが友人で同僚のグリエール・ルモ・リブリ・カルッチ・ダッラ・ソンマヤに送った手紙で次のように書いている人物が同じだとは、とても信じられない。「家に戻ると、彼「ガロア」はいつもの侮辱的な言動を続けました。それがどんなものかは、あなたもアカデミーでの素晴らしい講義のあとで味わいましたね。かわいそうにその女性「ガロアの母」は、息子が生活できるだけのものを残して家から逃げ出してしまったのです」

　デイシーとレノンは、「あいまいさの許容」に役立ち、創造性を高める働きもする性質として、自分たちが考えるものをもういくつか突き止めている。そのひとつである「触発の自由」は、いわゆる型破りな考え方をする能力のことである。創造性で一番肝心なのは、一般の思いこみを打ち破り、既存の発想から抜け出す能力と言っていい。このような「触発の自由」が求められる簡単な例を示そう。図105のような長さの等しい六本のマッチ棒を使ってちょうど四つの三角形を作り、どの三角形のどの辺の長さも同じになるようにするという問題だ。解くためには発想の転換が必要な点に注意して、あなたもちょっと考えてみよう。答えがわからなくてもがっかりすることはない。大半の人が難儀《なんぎ》しているからだ。正解は付録10に載せておく。どの方程式が公式で解けるのかを示したガロアの証明（第6章）は、型破りな考え方の実例だろう。代数方程式にかんする問題を解くために、彼は数学にまったく新しい分野を生み出したのだから。

多くの創造性の高い人（とくに男性）に共通していそうな特徴がもうひとつあり、やはりこれもガロアに当てはまる――早くに父親を亡《な》くしていることだ。じっさいチクセントミハイは、取材した一〇〇人近い創造的な人物について、男性では一〇人中三人も、女性では一〇人中二人の割合で、中学生になる前に親を亡くしていることを明らかにしている。

なぜ父親を亡くすと創造性を触発することになるのだろう？　父親を失った若者に、人生は負担とチャンスが入り交じった複雑なカードを配る。一方では、亡くなった父親がかけていたと思う期待に応えなければならないという大きな心理的負担がある。他方、一から自分を作りあげる大きなチャンスがあるのだ。フランスの哲学者ジャン＝ポール・サルトル（一九〇五～八〇）は、自伝『言葉』［邦訳は澤田直訳、人文書院がある］でこう述べている。[10]「ジャン・バティスト［サルトルの父］の死は、私の人生の大事件だった。それは母を束縛に追い込み、私を自由にした。……父が生きていたら、私は体ごとのしかかられ、押しつぶされてしまっただろう。幸運なことに彼は若くして死んだ」。もちろんこれは、あまりにもひねくれた見方だ。創造的な人のなかには、ひょっとしたらアーベルやガロアも含め、父親の死をきっかけに独立し自分の好きなものを究《きわ》めていった者もいるかもしれないが、ほかの多くの人は、家族の支援を受けて成功を収めている。たとえば、父子ともにノーベル賞を受賞したケースがある。ニールス・ボーアは一九二二年に物理学賞を受賞し、息子のオーゲ・ボーアも一九七五年に受賞している。圧巻なのは、ウィリアム・ヘンリー・ブラッグと息子のウィリアム・ローレンス・ブラッグの場合だ。この父子のチームは、一九一五年に物理学賞を共同受賞した。そのとき息子はまだ二五歳だった。

ガロアは、群論という素晴らしく独創的な成果のすべてを二一歳以前になし遂げた。アーベルの才能が数学界を驚嘆させたのは、この貧しい数学者が二七歳になる前だった。これは驚くべきことなのか？　いや、それほどでもない。創造性が飛び抜けて高い数学者や詩人や作曲家のなかには、驚くほど若いときに代表的な仕事を完成させた人がいる。一方、画家や小説家や哲学者の創作期間は長く、年をとってから絶頂期を迎える人も多い。音楽評論家で小説家のマーシャ・ダヴェンポート（一九〇三〜九六）は、この現実を見事に言い表した。「偉大な詩人はみな若くして死ぬ。小説は中年のなせるわざである。そしてエッセイは老年のなせるわざだ」

二〇〇四年のアーベル賞受賞者サー・マイケル・アティヤに、なぜ数学者は若いころに大変な慧眼《けいがん》を示すのだろうかと訊いてみた。すると彼はこう即答した。

数学では、頭の回転が速ければ、すぐに最先端の研究の「最前線」に到達できる。ほかの分野だと、まず分厚い本を何冊も読まなければならない場合もあるだろう。それに、同じ分野に長く居つづけると、ほかの人と同じように考える癖がついてしまう。新参者のうちなら、周りの人の考えに無理にあわせることもない。若ければ若いほど、真に独創的な人になれる可能性が高いのだ。

心理学者のハワード・ガードナーは、片方に数学者と科学者、もう片方に芸術家を置いて、同じような対比をおこなっている。

ここで、科学や数学における創造との決定的な違いに留意する必要がある。科学・数学の分野の人は、若いうちに成果を上げはじめ、多くの革新的業績をなし遂げることもある。その反面、芸術とは異なり、これらの分野はきわめて創造性が高い人の発見による進歩や蓄積が速く、若いころにこしらえられたツールは、やがて時代遅れで役に立たなくなるおそれがある。

数学で創造的な人は、ガードナーが「一〇年ルール」と呼ぶものに従わない場合が多いという点で、ほかの科学で創造的な人ともえてして異なる。このルールは、創造性の高い人は自分の分野の仕事を一〇年やってから画期的な成果を出す場合が多いというものである。アーベルやガロアが大胆にも五次方程式に取り組んだのは、まだ高校生のときだった！　そしてその可《か》解性《かいせい》について最終的な答えを出したのは、一〇年ルールよりもはるかに早く、二〇代初めかもっと前だった。

ガロアの性格には、創造性に対する現在の見方に当てはまる要素がもうひとつある。偏執症の症状が強く出ている点だ。凡人に迫害され苦しめられていると絶えず妄想していたのが、常軌を逸していたことは確かである。天才を精神異常と結びつけることは、過去に何度もあった。すでに古代のローマで、哲学者セネカは「偉大な天才で狂気じみたところのない者はいない」と書いている。一八九五年には精神科医のW・L・バブコックが、『病気の遺伝と天才がもつ狂気の素質について』[11]と題した論文で、「早世《そうせい》の傾向と同様、天才は、劣った遺伝的素質が示す特性である」と主張している。最近の研究では、もっと確かな根拠によって、創造性と精神病理との一般的な結びつきが裏付けられている。たとえば心理学者のアーノルド・ラドウィグは、一〇〇〇人を超える創造的な人間の生涯を調べ、著名な科学者の約二八パーセントが少なくとも何らかの精神障害を経験していることを見出した。(12)傑出した詩人では、この割合はなんと八七パーセントに上昇する。さらに心理学者のドナルド・マッキノンは、カリフォルニア大学バークリー校の旧パーソナリティ評価研究所にいた当時、多数の創造性の高い数学者と建築家と作家を対象に、大がかりな計量心理学的評価を実施した。この結果、創造性の高い人はおしなべて、統合失調症、鬱《うつ》病、偏執症などの各種感情障害を示す項目の点数が高いことがわかった。(13)これと似た多くの研究も総合すると、カリフォルニア大学デイヴィス校の心理学者ディーン・キース・サイモントンが言うように、「天才と狂気の結びつきは単なる俗説にとどまらないのではないか」と結論できる。ただし、障害の程度が、ガロアの場合のように創造的な人間を衰弱させるほど高いことはめったにない。ガロアなどの多くの創造的な天才も、精神障害を抑えられるほど強い自我などの精神力は持ち合わせていた。それでも、創造的な人間の多くは、ファウストと悪魔がしたような契約を結ばざるをえなくなる。イギリスの随筆家サー・マックス・ビアボーム(一八七二〜一九五六)は、この現象を目《ま》の当たりにした経験を次のように表現している。(14)「神から与えられたものに対し、何らかの肉体的・精神的な苦痛や欠陥という形で対価を支払わずにすんだ天才は、私の知るかぎりひとりもいない」

創造的天才の特徴がこれほど見事にガロアに当てはまることがわかってくると、彼の脳にも何かほかとは異なる特別な点があるのではないかと疑ってみたくなる。

ふたつの脳の話

アルベルト・アインシュタインは、一九五五年四月一八日、ニュージャージー州のプリンストン病院で亡くなった。解剖をおこなった病理学者トマス・S・ハーヴェイは、偉大な科学者の脳を取り出して二四〇個に切り分け、セロイジンというプラスチックのような物質を使って組織を固めた。

エヴァリスト・ガロアは、一八三二年五月三一日、パリのコシャン病院で亡くなった。病理学者はガロアの頭蓋骨を開け、脳を徹底的に調べた。ガロアが腹部を撃たれ、腹膜炎で死んだことからすると、実に意外な話である。検死報告書の半分以上を脳のことが占めている。

アインシュタインの脳が瓶に入れられてハーヴェイの家で保管されていたことは、二〇年以上ものあいだ、アインシュタインの遺族も含め、だれも知らなかった。[15] 一九七八年、当時《ニュージャージー・マンスリー》誌の記者だったスティーヴン・レヴィは、ハーヴェイがカンザス州ウィチタで暮らしていることを突き止めた。記者との長い会話の末、ハーヴェイはアインシュタインの脳をもっていることを認めた。そして「コスタ・サイダー」というラベルの貼られた箱から、広口瓶を二個取り出したのだ。科学に革命をもたらした脳は、その瓶に入っていた。

その後、ハーヴェイは三組のチームに脳の一部の検査を認めた。これにより、まずカリフォルニア大学バークリー校の解剖学者マリアン・ダイアモンドらが、一九八五年、アインシュタインの脳にかんする論文を発表した。彼女らは、アインシュタインの脳の一部で、グリア細胞（ニューロン〔神経細胞〕を助け、保護する細胞）に対するニューロンの割合が、一一個の通常の脳と比べて低いことを見出した。[16] そこで、ニューロン一個あたりのグリア細胞の数が多いということは、アインシュタインの脳が通常の脳より活発に働いていた――より多くのエネルギーを必要としていた――ことを示すのではないかと結論したわけだが、この解釈にはのちにほかの研究者から疑問が投げかけられている。[17]

二番めの論文は、アラバマ大学バーミンガム校のブリット・アンダーソンによって一九九六年に公表された。アンダーソンとハーヴェイは、アインシュタインの脳が平均より軽い（平均が一四〇〇グラムなのに対し一二三〇グラムしかなかった）にもかかわらず、一定領域あたりのニューロンの数が多いことを示している。[18] 最後に一九九九年、マクマスター大学の神経心理学者サンドラ・ウィテルソンらは、アインシュタインの天才的頭脳の鍵を握っていそうなものを発見した。[19] 数学的推論に使うと考えられている頭頂葉下部の領域が、通常より一五パーセント広かったのだ。おまけに、その領域で溝が部分的に消失していることもわかった。この溝がないために、ニューロン間で効率の良い情報伝達ができた可能性がある、とウィテルソンらは主張している。この研究結果は、興味深いものの、決定的なものとは見なせなかった。ウィテルソンの研究では、対照群（実験群と比較するための集団）の脳は三五個あったが、実験群（実験の対象となる集団）の脳は一個――アインシュタインの脳――しかなかったからである。

アインシュタインの脳の残った部分は、結局ハーヴェイによって最後の安息の地――プリンストン病院の病理学部門――へ移された。そもそもなぜアインシュタインの脳を持ち出したのかと問われて（アインシュタインの遺体は火葬されている）、ハーヴェイは、後世のためにこの貴重な灰白質を救い出す義務を感じたと説明している。

一方、ガロアの解剖報告書は次のように書かれている。[20]

頭皮を剝ぐと頭蓋が現れ、乳児のときに前頭骨となったふたつの部分が、鈍角をなして接合しているのがわかる。この骨の厚みは、最大でも五分の一インチ（約五ミリメートル）。前頭骨が頭頂骨と縫合している端部に、その縫合に沿って、深く、滑らかで、弧を描く凹《くぼ》みがある。ふたつの頭頂骨の隆起はよく発達しており、互いにかなり離れている。この部分の発達は、後頭骨に比べて顕著……

頭蓋を切開すると、前頭洞の内壁同士は非常に近く、残っている間隙《かんげき》は五分の一インチもない。頭蓋の天井の中央部に、前記隆起に対応するふたつの凹みがある……

大脳は重く、脳回《のうかい》は広い。脳溝は深く、とくに側面で顕著。頭蓋の空洞に一致する脳の隆起が見られ、各前葉の前にひとつ、顔面上部の上にふたつある。脳の組織はおおむね軟らかい。脳室は狭く、漿液《しょうえき》はない。脳下垂体は大きく、粟粒《ぞくりゅう》結核結節が見られる。小脳は小さい[21]。大脳と小脳を合わせた重量は三ポンド二オンスより八分の一オンス少ない（約一五二七グラム）。

この病理学者は、死因が明らかなガロアの脳をなぜこれほど徹底的に調べたのだろう？　報告書の冒頭の一文が手がかりになるかもしれない。「若き優秀な数学者エヴァリスト・ガロア（二一歳）は、何よりもその旺盛な想像力で知られていたが、二五歩の距離から撃たれた弾丸による急性腹膜炎のため、一二時間後に死亡した」。思うに、この病理学者は、ハーヴェイがアインシュタインの脳を持ち出したのと同じ好奇心に駆られたのではなかろうか。ガロアを数学者として評判が高く、旺盛きわまりない想像力の持ち主だと知っていて、そうした特質の出どころをつかむ手がかりを求めて、脳を調べる義務を感じたのだ。アインシュタインの場合と同様、この解剖から「決定的な証拠」は見つからなかった。それでも、やりがいのある解剖だったにちがいない。数学と政治の両面において、革命的なロマンチシズムの中心にいた人間の心を解き明かそうとする目標があったのだから。

割り切れない

ほかの多くの科学と違って、数学のアイデアは恒久的な価値をもつ。アリストテレスの宇宙観は歴史上の考えとしては面白いが、それ以上のものではない。一方、ユークリッドの『原論』に書かれている定理は、紀元前三〇〇年のころと変わらず、今でも正しく成り立ち、不朽《ふきゅう》である。これは数学が停滞しているというわけではない。むしろ逆だ。新世代の望遠鏡が、これまでの近隣の宇宙での知見《ちけん》を必ずしも無効にはせずにわれわれの視野を広げてくれるように、数学は、既存の知識を土台に新たな知識を積み上げ、つねに未知なる展望を開きつづける。見方は変わるかもしれないが、真実は変わっていないのである。数学者で著作家のイアン・スチュアートは、このことを見事に表現している。[22]

「実は、数学には、あとで変更される結果を表す言葉がある。それを『誤り』と言うのだ」

ガロアの理論は、素晴らしくはあったが、ゼロから生まれたわけではない。この理論は、はるか古代のバビロンにまで起源をたどれる問題を扱っていた。だが、ガロアが端緒《たんしょ》を開いた革命は、それまで無関係だったさまざまな領域をひとつにまとめた。まるでカンブリア爆発——地球上の生物がカンブリア紀に爆発的に多様化したこと——のように、群論という抽象概念は、無数の真理に通じる窓を開いた。自然法則と音楽のように遠く離れた分野が、突然、不思議にもつながった。ばらばらだった対称性が、奇跡のようにひとつに融合したのである。

ウェブデザイナーのブレンダ・C・モンドラゴンは「ノイローゼの詩人たち」という魅惑的なウェブサイトを運営している。[23]彼女は、イギリスのロマン派詩人パーシー・ビッシュ・シェリー（一七九二～一八二二）について、説明の一行めにこう書いている。「革命の精神と自由思想の力は、パーシー・シェリーが人生で最も情熱を傾けた対象だった」。この言葉は、ガロアを言い表すのにもそのまま使えそうだ。ガロアがあの運命の決闘へ出かけるときに机に残していった手稿の一枚には、数学の殴り書きに混じって革命思想が書き込まれている（図106）。関数を解析した二行のあとに「indivisible（割り切れない）」という単語があるが、これは一見数学的な意味のように思える。ところが、この言葉に続くのは、「unité; indivisibilité de la république（統一——共和国の不可分性）」と「Liberté,

図 106

égalité, fraternité ou la mort（自由、平等、博愛、あるいは死）」という革命のスローガンだ。この共和主義宣言のあとには、全体が一連の考えであるかのように、数学の解析が再開する。明らかに、ガロアの頭のなかでは、統一と不可分性という概念が、数学にも革命の精神にも区別なく使われていた。事実、群論はまさにそれをなし遂げたのである――見たところ無関係な幅広い分野の根底にあるパターンを統一し不可分にしたという意味で。

ガロアの走り書きのなかで、目を引く語句があとふたつある。ひとつは「Pas l'ombre」だが、これが「pas l'ombre d'un doute（疑いの余地なし）」という語句を指しているのはほぼ間違いない。ここでもガロアは、自分の数学の証明と共和主義の理想がともに正しいという確信を抱いたのだろう。そしてふたつめの語句、「une femme（ひとりの女性）」は、まもなく早過ぎる死をもたらすまったくささいな事情を、悲しくも思い起こさせる。

インドの有名な詩人ラビンドラナート・タゴール（一八六一～一九四一）は「死は明かりが消えることではない。夜明けが来たからランプを消そうとしているのだ」と書いている。[24] これはまさしくガロアに対して当てはまる。彼の洞察は、数学に新しい時代の夜明けを告げた。ガロアは、真に不滅の人だけが加わる会員制クラブに仲間入りしたのである。

その後、ガロアの悲劇的な物語と不条理な死に心動かされたあまたの若い数学者は、彼の残した途方もない遺産に慰めを見出した。彼らはこれに喜びを覚えたおかげで、ガロアの時代より数十年前にゲーテの傑作『若きウェルテルの悩み』を読んだ多感な若者たちと同じ運命をたどらずに済んだのである。ゲーテの繊細な主人公が陥った愛の苦悩は、広く人々の心の琴線《きんせん》に触れた。この物語が及ぼした影響はとても強く、ヨーロッパ全土で若者の自殺が相次いだほどだ。これほど熱い心は、はるかに冷めた今の世の中からはとうになくなってしまったと考える人もいるかもしれない。だが、ダイアナ妃の死によって世界にあれほどの悲しみがあふれ出たのは、ロマンチシズムがまだ死んでいないことの証左《しょうさ》だ。ガロアの物語は、今なお悲しみと感化をわれわれに与えつづけ、彼の研究の精神は現代数学に広く浸透している。肉体の滅びやすさと思想の持続性との対比を表現した言葉として、私には次のようなエミリー・ディキンソンの詩の一節を超えるものは見つからない。(25)

死は魂と軀《むくろ》の対話
「壊れてなくなるのだ」と死が言う
魂は答える
「いいえ、私はちがうと思います」

訳者あとがき

本書は、Mario Livio 著、*The Equation That Couldn't Be Solved: How Mathematical Genius Discovered the Language of Symmetry* (Simon & Schuster, 2005) の全訳である。前作『黄金比はすべてを美しくするか？』で黄金比の神秘に批判的な視点で迫った著者が、今度は副題にある Symmetry すなわち「対称性」を切り口に、黄金比同様、数学のみならず物理学や芸術、さらには人為の及ばぬ自然界と、まさに縦横無尽に語ったアクロバティックな快著だ。

ところでまず、本書のテーマである対称性について少し触れておきたい。日本語で対称性というと、二等辺三角形が左右対称だとか、球が中心対称だとか、数学的な意味がまず思い浮かぶ。また物理学では、「視点を変えたりなんらかの操作をしたりしても見かけや性質が変わらないこと」を意味する。だが英語の symmetry は、こうした純粋に学術的な意味を越えて、もとのギリシャ語が示す「均整」という審美的な意味にまで広がりをもつ言葉だ。

そのようなわけで、著者の探求は審美性に踏み込み、美術や音楽のほか、動物や人間の配偶者選択、ひいては宇宙の根本原理にまで及ぶ。そしてそれらをひとまとめに扱う道具として、対称性の言語たる「群《ぐん》論」が紹介されるわけである。この一般にあまりなじみのない数学理論は、実は対称性とは一見関係のなさそうな「方程式論」から生まれた。$x^2+5x-3=0$ などといった二次方程式を解くのに、係数を使った公式があることは中学あたりで学んだはずだ。x^3、x^4の項を加えた三次、四次の方程式も、複雑だがやはり係数を使った一般的な公式で解ける。しかし五次方程式になると、そのような一般的な公式が存在しない。$ax^5+bx^4+cx^3+dx^2+ex+f=0$（ただし$a$は0でない）という一般形の解は、$a$から$f$を使った公式では表せないのだ。このことを最初に証明したのがノルウェーの数学者ニルス・ヘンリック・アーベルで、本書ではその不遇な短い生涯がつまびらかにされ、感傷的に語られる。さらにその証明から一歩先へ進み、方程式が公式で解けるための条件まで明らかにしたのが、やはり不遇な生涯を生き急いだフランスのエヴァリスト・ガロアで、彼はそのために「群論」というまったく新しい数学理論を編み出した。本書では、彼の生涯についてもアーベルと同じくまるごと一章割いて語り、そのうえ二〇歳の若さで命を落とした有名な決闘の謎にも迫る。

前作でもそうだったが、著者のマニアックなまでの徹底した調査ぶりにはまったくもって舌を巻くばかりだ。アーベルの生涯を調べたあげく、ついには自分で生家まで訪ねたり、ガロアの数々の伝記や解剖報告書を細かく読み解いて、決闘の相手について自分なりの説を打ち立てたりするくだりを読むと、著者の本業が宇宙物理学者であることもすっかり忘れそうになる。ガロアについては、「はじめに」にもあるとおり、著者は高校生のころから惹かれていたらしいから、そこまでしたくなるのも当然かもしれない。訳者自身、やはり学生時代に「決闘で死ぬ前の朝に論文を書き上げ、その余白に『時間がない！』という走り書きが残っている」という話を知り、数学にもそんなに熱いドラマがあるのかと興奮した覚えはある。

膨大な調査にもとづくさまざまな対称性の検証もさることながら、本書は「群論」という難解な数学を取り扱った肩の凝らない読み物としても出色だ。著者自身、このテーマを一般向けに語った本がないことも執筆の動機だったとインターネットのホームページで述べている（興味のある方のため、ホームページアドレスはhttp://www.mariolivio.com/）。じっさい本書では、結婚相手を決めるのに群論を利用する方法を紹介するなど、読者の興味を引く小粋な工夫も見られる。同じホームページには、『黄金比はすべてを美しくするか？』

ではひとつの数についてさまざまな考察をしたが、本書はもっとテーマを広げて世界の根本原理に取り組んだとも書かれている。実を言うと、著者はすでに次作も手がけているらしく、仮題とおおまかな内容を伝え聞いたかぎりでは、どうもさらに壮大なテーマに挑み、根本的な問題に肉薄するもののように感じられる。ぜひこちらにも期待したい。

最後にひとつ指摘しておきたい点がある。付録10に答えが載っている問題についてなので、これから本書を読む方はまず三五七ページの問題を解いてから以下読み進めていただきたい。

ちょっと考えてみたところ、平面で次の図のような答えを思いついた。三角形をふたつ作り、互いに頂点が相手の底辺の中点に当たるようにするのだ。これでも一応四つの小さな正三角形ができる。ただ本文に「ちょうど四つの三角形」とあるのをそれ以外に図形があってはならないと解釈すれば、図では中央に菱形ができるから不正解となるのかもしれない。多くの方も気づく答えだと思うので、念のためここに触れておいた。

本書の翻訳にあたっては、寺町朋子さんと高梨立夫さんにご協力いただいた。実に丁寧なお仕事をしてくださったことに対し、記してお礼を申し上げる。また、もろもろの事情で刊行直前にかなり厳しいスケジュールとなったにもかかわらず、細やかな気配りと的確な指摘をいただいた早川書房編集部の伊藤浩氏と、校正担当の石飛是須氏にも感謝の意を表したい。

二〇〇六年一二月

斉藤隆央

なぜこの方程式《ほうていしき》は解《と》けないか？
天才数学者が見出した「シンメトリー」の秘密
2007年1月20日　初版印刷
2007年1月31日　初版発行

＊

著　者　マリオ・リヴィオ
訳　者　斉《さい》　藤《とう》　隆《たか》　央《お》
発行者　早　川　　浩

＊

印刷所　中央精版印刷株式会社
製本所　中央精版印刷株式会社

＊

発行所　株式会社　早川書房
東京都千代田区神田多町2－2
電話　03-3252-3111（大代表）
振替　00160-3-47799
http://www.hayakawa-online.co.jp
定価はカバーに表示してあります
ISBN978-4-15-208790-4　C0041
Printed and bound in Japan
乱丁・落丁本は小社制作部宛お送り下さい。
送料小社負担にてお取りかえいたします。

付録1　トランプパズル

39ページで紹介したトランプ・パズルの答えを示そう。このゲームで目指すのは、ジャック、クイーン、キング、エースを方陣に並べ、縦、横、対角線上に同じマークも同じ文字もだぶらないようにすることだ。

付録2　連立1次方程式の解法

78ページには、次のような古代バビロニアの連立方程式が登場した。

$$\frac{1}{4}y+x=7$$
$$x+y=10$$

以下、この連立方程式の解法を簡単に説明しよう。比較的素直な解法は、一方の方程式から1個の未知数を表す式を取り出し、それをもう一方の方程式に代入するというものだ。すると、1個の未知数しかないひとつの方程式になる。上の連立方程式では、ふたつめの方程式の両辺からyを引くと、次のように変形される。

$$x=10-y$$

これをひとつめの式のxに代入すると、こんな式が得られる。

$$\frac{1}{4}y+10-y=7$$

それから左辺の y をまとめると、

$$-\frac{3}{4}y+10=7$$

さらに両辺から10を引いて、

$$-\frac{4}{3}y=-3$$

両辺に（$-\frac{4}{3}$）を掛けると、

$$y=4$$

そこで、この y の値を上記の $x=10-y$ に代入すれば、$x=6$ が得られる。よって答えは、長さ=6、幅=4 となる。

付録3　ディオファントスの解法

『算術』第1巻の問題28（87ページで触れた）に対する、ディオファントスの解法を紹介しよう。

問題は、和および平方の和がそれぞれ与えられた数になるような、ふたつの数を求めるというものだ。和が20で平方の和が208だとしよう。ディオファントスは未知数をxとyで表さず、和が20になることを利用して$10+x$と$10-x$で表している。すると、平方の和について彼が得た方程式はこうなる。

$$(10+x)^2+(10-x)^2=208$$

ここで、

$$(10+x)^2=(10+x)(10+x)=100+20x+x^2$$
$$(10-x)^2=(10-x)(10-x)=100-20x+x^2$$

だから、上記の方程式は次のようになる。

$$200+2x^2=208$$

両辺から200を引くと、$2x^2=8$
この両辺を2で割ると、$x^2=4$
正の平方根の値をとると、$x=2$
よって、求めるべきふたつの数は、12と8である。

付録4　ディオファントス方程式

次の方程式（87ページ）について、整数（1, 2, 3,...）の解を求める。

$$29x+4=8y$$

両辺から4を引くと、次の式が得られる。

$$29x=8y-4$$

右辺のふたつの項を公約数4でくくると、次のようになる。

$$29x=4(2y-1)$$

xは整数でなければならないので、左辺は29で割り切れる。すると右辺も29で割り切れることになる。だが29は素数（1かその数自身でしか割り切れない整数）なので、$2y-1$ が29で割り切れなければならない。たとえば、

$2y-1=29$ なら、$x=4$（上記の式を満たすために）

$2y-1=29$ の両辺に1を加えてから2で割ると、$y=15$ となる。したがって、ひとつの解は、$x=4$、$y=15$ である。［訳注：$2y-1$ が29の奇数倍ならよく、$x=12$、$y=44$ などの解もある］

付録5　タルターリャの詩と公式

タルターリャは、3種類の3次方程式の解法を詩にしている（本文では98ページ）。以下は、ロン・G・キートリーによる英訳にもとづく。

立方と未知数を足すと
ある整数に等しい場合、
まず、その整数分だけ差のあるふたつの数がある。
そしてふたつの数の積は、いつでも
未知数［訳注：ここでは x の項の係数を指す］の3分の1の立方に等しくなる。
それらふたつの数の立方根をとって、
しかるべく差し引く。そうすれば、
未知数の本体［訳注：つまり x そのもの］が得られる。確実に！
2番めの場合は、
一方に立方だけがあり、
他方にほかの項がまとまっている。
その場合のふたつの数は、
飛ぶ鳥のごとくすばやく掛け合わせると、
これまた未知数［訳注：ここも x の項の係数］の3分の1の立方という
あっさりした積が得られる。
ふたつの数の立方根をとり、それらを足し合わせれば、
なんと目的の未知数が簡単に得られる。
3番めの場合の計算は、
2番めの方法で解ける。なぜならそれは、
本質的に2番めと同じだからだ！
これらのことを私は——そう、もたつかずに——
この時代の1534年に見出した。
アドリア海の岸辺を囲む町で、
立派な証明を用意して。

3次方程式が次のような形だったとしよう。

$$x^3+px=q$$

たとえば $x^3+6x=20$ のように、ここで p と q は任意の数である。この場合、ダル・フェロ、タルターリャ、カルダーノによる解の公式は、ちょっと怯《ひる》んでしまいそうな形で与えられる。

$$x=\sqrt[3]{\frac{q}{2}+\sqrt{\frac{p^3}{27}+\frac{q^2}{4}}}+\sqrt[3]{\frac{q}{2}-\sqrt{\frac{p^3}{27}+\frac{q^2}{4}}}$$

上記の例から $p=6$、$q=20$ を代入すると、正の解 $x=2$ が得られる。

一方、ボンベリが考察した次の式を調べてみよう（本文では114ページ）。

$$x^3-15x=4$$

この式では、$p=-15$、$q=4$ である。これらの値を先ほどの公式に代入すると、こうなることがすぐに確かめられる。

$$x=\sqrt[3]{2+\sqrt{-121}}+\sqrt[3]{2-\sqrt{-121}}$$

この場合、計算の途中で負の数－121の平方根が出てくる。それでもちょっと調べると、$x=4$ がこの方程式の解であることがわかる。ボンベリはこの方程式を巧妙な手法によって解くことができたが、負の数の平方根を扱う一般的な問題は、複素数を取り入れないと解けない。

ボンベリの手法は次のとおりだ。まず、$\sqrt[3]{2+\sqrt{-121}}=2+c\sqrt{-1}$ と書き換えた。ここで c の値を求めなければならない。式の両辺を3乗すると、

$$2+\sqrt{-121}=\left(2+c\sqrt{-1}\right)^3$$

となる。121の平方根は11なので、左辺は $2+11\sqrt{-1}$ に等しい。右辺は、次のような恒等式で展開できる。

$$(a+b)^3=a^3+3a^2b+3ab^2+b^3$$

よって、$8+12c\sqrt{-1}-6c^2-c^3\sqrt{-1}$ となる。

左辺と右辺を等号で結んで項を整理すると、次式が得られる。

$$2+11\sqrt{-1}=\left(8-6c^2\right)+\left(12c-c^3\right)\sqrt{-1}$$

調べてみると、この式は $c=1$ で成り立つ。これをボンベリの立てた式に代入すると、

$$\sqrt[3]{2+\sqrt{-121}}=2+\sqrt{-1}$$

となる。同じような代入で、ボンベリは

$$\sqrt[3]{2-\sqrt{-121}}=2-\sqrt{-1}$$

となることを見つけている。これらふたつの式を x の公式に代入して、ボンベリはこんな解を得ている。

$$x=2+\sqrt{-1}+2-\sqrt{-1}=4$$

付録6 アドリアーン・ファン・ローメンの挑戦

ファン・ローメンが提示した方程式は次のとおり（本文では115ページ）。

$$\begin{aligned}
&x^{45}-45x^{43}+945x^{41}-12300x^{39}+111150x^{37}\\
&\quad -740459x^{35}+3764565x^{33}\\
&\quad -14945040x^{31}+469557800x^{29}-117679100x^{27}\\
&\quad +236030652x^{25}-378658800x^{23}+483841800x^{21}\\
&\quad -488494125x^{19}+384942375x^{17}-232676280x^{15}\\
&\quad +105306075x^{13}-34512074x^{11}+7811375x^{9}\\
&\quad -1138500x^{7}+95634x^{5}-3795x^{3}+45x=C
\end{aligned}$$

ここで C は定数である。具体的には、ファン・ローメンは C が

$$C=\sqrt{\frac{7}{4}-\sqrt{\frac{5}{16}}-\sqrt{\frac{15}{8}-\sqrt{\frac{45}{64}}}}$$

の場合の解を求めよと挑んだ。

ヴィエトは、$n\alpha$（nは任意の整数で、αはある角度）に対する正弦（サイン）と余弦（コサイン）を求める公式を知っており、その知識を応用できた。上記の方程式の左辺が、$2\sin 45\alpha$ を $2\sin\alpha$ によって表した式であることに気づいたのだ。したがって、単に $2\sin 45\alpha=C$ となるようなαの値を求めれば、ファン・ローメンの方程式の解は $x=2\sin\alpha$ として与えられる。

付録7　2次方程式の解の性質

最も一般的な2次方程式はこんな形をしている（本文では118ページ）。

$$ax^2+bx+c=0 \quad (a\neq 0)$$

両辺を a で割ると、

$$x^2+\frac{b}{a}x+\frac{c}{a}=0$$

一方、この方程式のふたつの解を x_1、x_2 とすると、方程式はこうも書ける。

$$(x-x_1)(x-x_2)=0$$

$x=x_1$ または $x=x_2$ のときに、左辺の積は0になるからだ。式を展開すると次のようになる。

$$x^2-(x_1+x_2)x+x_1x_2=0$$

この式と前の形とを比べれば、解は次の関係を満たさなければならないことがわかる。

$$x_1+x_2=-\frac{b}{a}$$

$$x_1x_2=\frac{c}{a}$$

では、次の式を見てみよう。

$$\frac{1}{2}\left[(x_1+x_2)\pm\sqrt{(x_1+x_2)^2-4x_1x_2}\,\right]$$

ところで、

$$(x_1+x_2)^2=x_1^2+2x_1x_2+x_2^2$$
$$(x_1-x_2)^2=x_1^2-2x_1x_2+x_2^2$$

なので、

$$\pm\sqrt{(x_1+x_2)^2-4x_1x_2}=\pm(x_1-x_2)$$

と言える。よって、

$$\frac{1}{2}\left[(x_1+x_2)\pm\sqrt{(x_1+x_2)^2-4x_1x_2}\right]=\frac{1}{2}\left[(x_1+x_2)\pm(x_1-x_2)\right]$$

となり、結局x_1（「＋」を選んだとき）とx_2（「－」を選んだとき）が得られる。

付録8　ガロアの家系図

エヴァリストの父方については、エヴァリストの祖父から始まる以下の系譜しか見出せなかった。

ジャック・オリヴィエ・ガロア（エヴァリストの祖父）
1742年、オゾウエール・ル・ヴルジ（セーヌ＝エ＝マルヌ県）生まれ
マリー＝ジャンヌ・ドフォルジュ（エヴァリストの祖母）と結婚
1806年5月12日、ブール・ラ・レーヌで死去

エヴァリストの祖父母は6人の子をもうけた。

マリー・アンヌ・オリヴィエ・ガロア
1768年11月3日生まれ
ジョゼフ・マルタン・ブロンドロと結婚

マリー・アントワネット・ガロア
1770年10月20日生まれ
ドニ・フランソワ・ル・ゲイと結婚

テオドール・ミシェル・ガロア
1774年3月14日生まれ
ヴィクトワール・アントワネット・グリヴェと結婚

ニコラ＝ガブリエル・ガロア（エヴァリストの父）
1775年12月3日生まれ
アデライード・マリー・ドマント（エヴァリストの母）と結婚
1829年7月2日に死去

マリア・ポーリーヌ・ガロア
1778年9月7日生まれ
アンドレ・ロベール・イヤールと結婚

ジャック・アントワーヌ・ラファエル・ガロア
1781年生まれ

Auffray (2004) はもうひとりの息子――ジャン・バティスト・オリヴィエ――を挙げているが、ブール・ラ・レーヌの戸籍簿にその名前は見当たらなかった。Auffray

はまた、下からふたつめに挙げた娘のミドルネームをアポリーヌ（ポーリーヌではなく）と綴っている。

ニコラ＝ガブリエル・ガロアとアデライード・マリー・ドマントには3人の子どもがいた。

ナタリー・テオドール・ガロア
1808年12月26日生まれ
ブノワ・シャントロと結婚

エヴァリスト・ガロア
1811年10月25日生まれ
1832年5月31日に死去

アルフレッド・ガロア
1814年12月18日生まれ
ポーリーヌ・シャントロと結婚

続く世代は以下のとおり。

ナタリー（1808 - ）	エヴァリスト（1811 - 32）	アルフレッド（1814 - ）
｜		｜
ポーリーヌ（1833 - 1901） ギナール・フェリックスと結婚		エリザベス（1843 - 55）
｜		
ナタリー（ - 1877）		

エヴァリストの母方の直系の系譜は以下のとおり。

ミシェル・ド・マント
バルブ・ド・クリクブーフと結婚
｜
ピエール・ド・マント（1590 - 1670）
アンヌ・ブレアールと結婚
子は10人。うち10人めからの家系は次のとおり。
｜
フランソワ・ドマント（1645 - 1711）
マルグリット・ド・グラシーと結婚
子は14人。うち13人めからの家系は次のとおり。
｜

ミシェル・ドマント（1692－1766）
アンヌ・マルグリット・レクレールと結婚
子は14人。うち6人めからの家系は次のとおり。

｜

フランソワ・ドマント（1723－90）
マリー＝マドレーヌ・マルタンと結婚。
子は2人。娘は幼くして死去。

｜

トマ・フランソワ・ドマント（1752－1823）
マリー・テレーズ・エリザベス・デュランと結婚

アデライード・マリー・ドマント（1788－1872）	アントワーヌ＝マリー・ドマント（1789－1856）	セレスト＝マリー・ドマント（1804－60）
エヴァリストの母	アンヌ・ドラポルトと結婚	エティエンヌ＝シャルル・ギナールと結婚
ニコラ＝ガブリエル・ガロアと結婚 ジャン・フランソワ・ルワイエと再婚	子は7人	子は7人

アントワーヌ＝マリー・ドマントとセレスト＝マリー・ドマントに続く家系の詳しい情報もあるが、ガロアには直接関係ないので、ここでは紹介しない。

付録9 15パズル

サミュエル・ロイドが出題した15パズル（本文219ページ）における最初の配置は、

1	2	3	4
5	6	7	8
9	10	11	12
13	15	14	

である。これは、44回の手順で次の配置に変えられる。

	1	2	3
4	5	6	7
8	9	10	11
12	13	14	15

以下に並べた数字は、空所へ動かすタイルの数字を（順に）示したものだ。14, 11, 12, 8, 7, 6, 10, 12, 8, 7, 4, 3, 6, 4, 7, 14, 11, 15, 13, 9, 12, 8, 4, 10, 8, 4, 14, 11, 15, 13, 9, 12, 4, 8, 5, 4, 8, 9, 13, 14, 10, 6, 2, 1

付録10　マッチ棒の問題の答え

長さの等しい6本のマッチ棒（図105）を使って、全部の辺の長さが等しい4つの三角形を作るという問題。ただふつうに考えると、2次元で（机の上にマッチを置いて）問題を解こうとすることになるが、それだと答えはない。答えは、3次元で（下図のように）四面体を作るという、「型破りな」ものだ。こうすると、必然的にすべての辺の長さが等しい4つの三角形ができる。

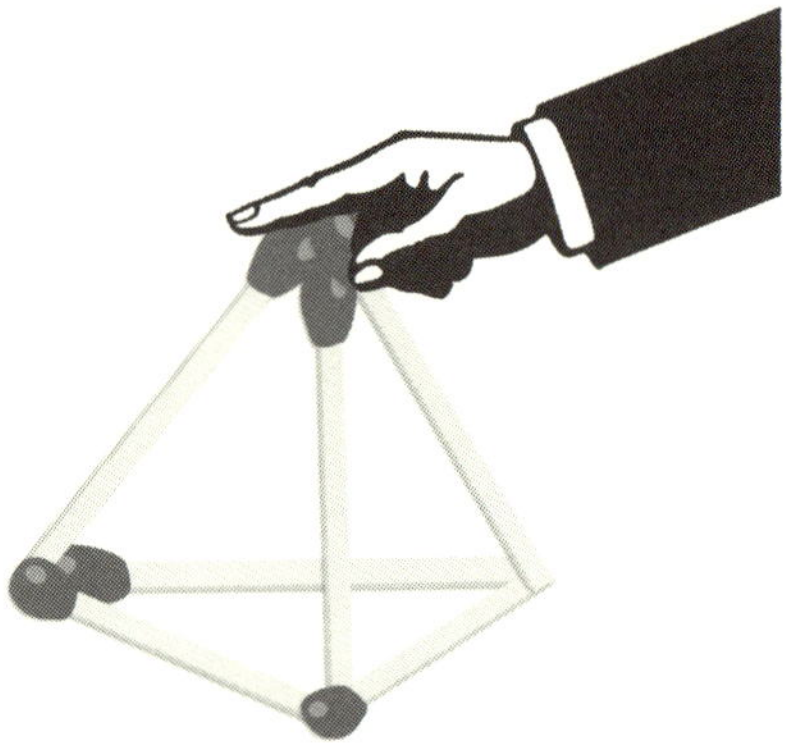

原 注

1 対称性

対称性全般にかんする一般書としては、Stewart 2001 と Stewart and Golubitsky 1992 の2冊が素晴らしい。物理学における対称性については、Zee 1986 を推薦したい。科学における対称性についてもう少し専門的なものでは、Rosen 1995 と Icke 1995 が挙げられる。化学における対称性については、Heilbronner and Dunitz 1993 がうまく書かれている。さまざまな文化における対称性については、Washburn and Crowe 1998 が秀逸だ。Evans 1975 では、西洋の装飾品における対称性を検討している。対称性にかんして、より専門的な論考を集めた貴重な文献に、Hargittai 1986 と Hargittai 1989 がある。科学と芸術における対称性を広範囲にわたって専門的に論じているのが Shubnikov and Koptsick 1974 だ。Walser 2000 には多くの例が載っている。最後に、Weyl 1952 は現在も参考文献として第一級の地位を保っている。

1 Loftus 2001; Wood, Nezworski, Lilienfeld, and Garb 2003.

2 Gombrich 1995.

3 Nagy 1995; *Oxford English Dictionary* 1978.

4 Vitruvius ca. 27 BC; Osborne 1952.

5 これについて明快に書かれているのは次のふたつだ。Rosen 1975 と Stewart and Golubitsky 1992.

6 Shubnikov and Koptsik 1974.

7 Bergerson 1973; Gardner 1979.

8 Fayen 1977.

9 Skaletsky et al. 2003; Willard 2003; Rozen et al. 2003; Pagán Westphal 2003.

10 優れた議論が次の文献に見られる。Weyl 1952; Gardner 1990; Gregory 1997; Corballis and Beale 1976.

11 「上院議員」と呼ばれたクラーク・クランダルの記述が Gardner 1990 に見られる。

12 Kurzweil 1999 には優れた議論が展開されている。

13 Emerson 1847.

14 Kepler 1966.

15 たとえば次の文献で論じられている。Weyl 1952; Boardman, O'Connor, and Young 1973.

16 Whistler 1890.

17 Bell 1997.

18 Osborne 1952, 1986.

19 Szilagyi and Baird 1977.

20 Wilson 1945; O'Connor and Robertson 2001b.

21 Birkhoff 1933.

22 Wolfram 2002 に記述がある。

23 エッシャーの作品にかんする素晴らしい解説は、Schattschneider 2004.

24 モリスの人生と作品にかんする優れた書籍として、たとえば次の3つがある。Parry 1996; MacCarthy 1995; Menz 2003.

25 Hares-Stryker 1997.

26 Shubnikov and Koptsik 1974.

27 Wilson 1986.

28 これについては以下のようにさまざまな文献がある。Hyatt King 1944; Tovey 1957; Mozart 1966; Hyatt King 1976; Putz 1995.

29 バッハの人生、音楽、さらに数学とのつながりについては、次の文献に詳しく書かれている。Schweitzer 1967; Altschuler 1994; Wolff 2001; Wilson 1986; Smith 1996.

30 たとえば次の文献に記述がある。Washburn and Crowe 1988.

31 一般的な説明は Peterson 2000; Gardner 1959 を参照。専門的なものでは Ball and Coxeter 1974 がある。

32 J. Rosen 1995; Boardman, O'Connor, and Young 1973.

33 Lamb 1823.

34 Fabricand 1989.

35 赤の数に賭けるとしよう。すると平均では、38回賭けて、勝つと期待できるのは18回だ。残りの20回は負けである。賭け金が毎回1ドルなら、ゲームが38回終わった時点で2ドルの負けが見込める（勝ちが18回に対して負けが20回だから）。すなわち正味の収支は、38ドルの賭け金に対して2ドルの損失となるため、損失の見込み（何度もゲームをする場合の1ドル賭けるごとの損失）は、2/38 ドル、すなわち 5.3 セントとなる。

36 Mezrich 2002; Fabricand 1989.

37 簡潔な説明は、Gamow 1959 にある。

38 Rosen 1975; Loeb 1971.

39 この引用は次の文献の序文に見られる。MacGillavry 1976.

2 目で見る対称性

1 Brown et al. 2003

2 Julesz 1960; Brindley 1970; Pinker 1997; Goldstein 2002; Wheatstone 1838.

3 ケプラーの著書 *Astronomiae Pars Optica*（1604 年刊行）と *Dioptrice*（1611 年刊行）は彼の *Collected Works* に収録されている。Caspar and Hammer 1937 を参照のこと。

4 Bowers 2001.

5 ゲシュタルト心理学の原理が書かれている文献には次のようなものがある。Wertheimer 1912; Palmer 1999; Goldstein 2002; Barry 1997.

6 Garner 1974; Palmer 1991.

7　Leeuwenberg 1971; Buffart and Leeuwenberg 1981; van der Helm and Leeuwenberg 1991.
8　『アモス書』3章3節。
9　Palmer 1999 によくまとめられている。
10　Wilde 1892.
11　Fox 1975; Howe 1980; Palmer and Hemenway 1978.
12　Freyd and Tversky 1984.
13　Paraskevopoulos 1968.
14　Tyler 2002; Tootell et al. 1998; Mendola et al. 1999.
15　詳細な記述は以下の文献に見られる。Rock 1973; Marr 1982; Corballis 1988; Tarr and Pinker 1989; Palmer 1999.
16　Mach 1914.
17　万華鏡の数学にかんする、専門的だが素晴らしい論文は、Goodman 2004.
18　Tyler 1983, 1995; N. E. Thing Enterprises 1995.
19　Huxley 1868.
20　自然法則の対称性についての一般的な議論は、Weinberg 1992; Zee 1999; Livio 2000; Greene 2004; Kane 2000; Lederman and Hill 2004 などに見つかる。
21　群論を取り上げた参考書は多数あるが、一般書の部類に入るものは比較的少ない。簡潔な説明が見られる一般書として、Stewart 1995 と Devlin 1999, 2002 を挙げておく。入門レベルで（一般書ではないが）総合的にまとめてある素晴らしい本が、Budden 1972 だ。群と対称性にかんする明快な議論は、Farmer 1996 にある。そのほか入門書としては、Gardner 1966; Maxwell 1965; McWeeny 2002 などがある。より高度な本については第6章の原注を参照。
22　引用元は Bell 1951.

3　方程式のまっただ中にいても忘れるな

1　Calaprice 2000 に引用されている。
2　Calinger 1999; van der Woerden 1983; Boyer 1991; O'Connor and Robertson 2001a; Kline 1972.
3　Gillings 1972; Calinger 1999; O'Connor and Robertson 2000a, b, c; Newman 1956.
4　Wells 1997; Gillings 1972.
5　Newman 1956.
6　van der Woerden 1983.
7　2003年6月26日の議会での発言。
8　Gandz 1940a.
9　Gandz 1940b.
10　Berriman 1956.
11　この一般向きの数学分野については、以下の文献で語られている。van der Woerden 1983; Heath 1956, 1981; Gandz 1937.
12　彼の素晴らしい数学概念の一部が、Turnbull 1993; Crossley 1987; Gow 1968; van

der Woerden 1983; Vogel 1972 で語られている。

13 Calinger 1999.

14 van der Woerden 1983.

15 フェルマーの最終定理については優れた本がいくつかある。アンドリュー・ワイルズの証明に至るまでの歴史を見事に語っているのが、Singh 1997 と Aczel 1996 である。証明の一部の要素を簡潔だが明快に記述しているのは、Devlin 1999 だ。もっと詳しく専門的な解説は、次の文献に見られる。Edwards 1996; Mozzochi 2004.

16 van der Woerden 1983; Calinger 1999.

17 van der Woerden 1985; Crossley 1987; O'Connor and Robertson 1999a.

18 Levey 1954; O'Connor and Robertson 1999b.

19 Yardley 1990; Amir-Moéz 1994.

20 van der Woerden 1985; Calinger 1999.

21 van der Woerden 1985; Calinger 1999.

22 Franci and Toti Rigatelli 1985; Taylor 1942; Livio 2002.

23 van der Woerden 1985; Cardano 1993; Bortolotti 1947; Crossley 1987; Dunham 1991; Rose 1975; Masotti 1972.

24 Bortolotti 1947.

25 al-Nadim 1871-1872; Crossley 1987.

26 Crossley 1987; Rose 1975; van der Woerden 1985; Bortolotti 1933; Di Pasquale 1957a, b, 1958; Schultz 1984; Masotti 1972.

27 一部の数学史家は――たとえばモーリッツ・カントール（1829-1920）は著書 *Lectures on the History of Mathematics* で――タルターリャがダル・フェロの公式を再発見できたことに疑いを表明しており、カントールは、タルターリャが単に公式を人づてに知っただけかもしれないと述べている。一方、グスタフ・エネストレームなどの歴史家はカントールの見解に異を唱えている。

28 カルダーノの生涯や業績にかんする詳しい記述は以下の文献に見られる。Cardano 1993; Fierz 1983; Ore 1953; Crossley 1987; van der Woerden 1985; Gliozzi 1972; Hale 1994.

29 Ore 1953.

30 Candido 1941; Di Pasquale 1957a, b, 1958; Jayawardene 1972.

31 3次方程式と4次方程式をめぐる物語は Gindikin 1988 にもよくまとまっている。

32 まず嘘にちがいないが、カルダーノはみずからのホロスコープの正しさを証明するためだけに自殺したという言い伝えもある。

33 van der Woerden 1985; Crossley 1987; Boyer 1991; Rose 1975; Pesic 2003.

34 Ritter 1895; Crossley 1987; Pesic 2003.

35 付録6に略述した三角関数による解法は正しいが、ヴィエトが実際に数分以内に解を見つけたとは信じがたい。

36 O'Connor and Robertson 2000d; Whiteside 1972.

37 O'Connor and Robertson 1997; Hofmann 1972; Ayoub 1980.

38 O'Connor and Robertson 2001a; Tignol 2001.
39 オイラーの生涯と業績を語った文献は多くある。以下に、異なる面を取り上げている文献をいろいろ挙げておく。Youschkevitch 1927a; O'Connor and Robertson 1998; Wells 1997; Boyer 1991; Bell 1937; James 2002; Ayoub 1980; Tignol 2001.
40 Youschkevitch 1972b; O'Connor and Robertson 1996a.
41 van der Woerden 1985; Ayoub 1980; Tignol 2001.
42 ここでの議論にかかわる側面を大きく取り上げている文献をいくつか紹介しておく。van der Woerden 1985; Bell 1937; James 2002; Ayoub 1980; Kiernan 1971; Nový 1973; Stubhaug 2000; Tignol 2001.
43 素晴らしい文献が数多くあるが、いくつか挙げるとしたら次のようなものだ。Fine and Rosenberger 1997; Tignol 2001; Bell 1937; Dörrie 1965; Gray 2004
44 Fehr 1902.
45 Gauss 1876.
46 Ayoub 1980.
47 最良の資料は Ayoub 1980 だ。また、次の文献にも興味深い記述がある。van der Woerden 1985; Carruccio 1972; Wussing 1984; Pesic 2003.
48 Ayoub 1980.
49 Ayoub 1980.

4 貧困に苛《さいな》まれた数学者

アーベルの伝記にはいくつか優れたものがある。比較的新しく、調査の行き届いているものが、Stubhaug 2000 だ。主要な伝記として最初のものは、Bjerknes 1880（ノルウェー語）で、1885 年には拡充されたフランス語版が出ている。Ore 1954（ノルウェー語）も素晴らしい伝記で、英語版は 1957 年に出版された。短くまとめられたものとしては、Mittag-Leffler 1904（ノルウェー語）があり、それは Mittag-Leffler 1907 としてフランス語でも出版された。そのほか、James 2002; de Pesloüan 1906; Ore 1972; Pesic 2003 もあり、情感豊かに語られているのが Bell 1937 だ。さらに、アーベル生誕 100 年と 200 年の記念出版物（100 年は Holst, Stormer, and Sylow 1902、200 年は Laudal and Piene 2004）にも記述がある。アーベル自身の論文は、Sylow and Lie 1881 で見ることができる。

1 Steiner 2001.
2 Tignol 2001.
3 Sylow and Lie 1881; Kiernan 1971; Kline 1972; Nový 1973; Gårding and Skau 1994. 専門的だがきわめて明快な証明は、M. I. Rosen 1995; Dörrie 1965 に見られる。やや一般向けで優れた説明は、Pesic 2003 にある。5次方程式については、（専門的なもので）Shurman 1997; Spearman and Williams 1994 も参照のこと。
4 Stubhaug 2000; Auffray 2004.
5 Battersby 2003; Thomas 2001.

5　ロマンチックな数学者

ガロアの伝記はいくつか出版されている。最も新しく、よく調査してあるのがAuffray 2004 だ（フランス語）。最初の優れた伝記は Dupuy 1896 である。そのほか詳細な資料に裏付けられた伝記として、Dalmas 1956; Sarton 1921; Rothman 1982a, b; Taton 1972; Toti Rigatelli 1996; Astruc 1994; Verdier 2003 が挙げられる。短い伝記や伝記的な研究としては、Chevalier 1832; Bell 1937; Davidson 1938; Barbier 1944; Kollros 1949; Malkin 1963; Hoyle 1977; James 2002 がある。小説風に脚色した伝記は、Infeld 1948; Petsinis 1998; Berloquin 1974; Mondor 1954 など。ウェブでも、Gales 2004; Bychan 2004; O'Connor and Robertson 1996b などに興味深い資料がある。

ガロアの数学論文は、次に挙げる文献を含めてさまざまな情報源に見つかる。Liouville 1846; Picard 1897; Tannery 1906, 1907, 1908; Verriest 1934, Bourgne and Azra 1962; Toti Rigatelli 1996; Verdier 2003; Auffray 2004.

1　ガロアの出生と家系図の記録は、ブール・ラ・レーヌの町役場でフィリップ・シャプランに提供してもらった。

2　Donnay 1939.

3　Bourgne and Azra 1962.

4　Terquem 1849.

5　先に挙げた方程式に対して、下記のような置換をおこなっても、解同士の関係はそのままあてはまることが証明できる。

$$\begin{pmatrix} x_1\, x_2\, x_3\, x_4 \\ x_2\, x_4\, x_1\, x_3 \end{pmatrix}$$

6　Taton 1947, 1971, 1983; Rothman 1982a, b.

7　Dupuy 1896; Bertrand 1899; Verdier 2003.

8　試験官のディネは、ガウスが 1801 年に生み出した概念のことを言っていたのかもしれない。ガウスが「指数（index）」と呼んだものは、実のところ特別な種類の累乗根を表している。この「指数」は対数のあらゆる規則に従うので、これを「算術対数」と呼べなくもない。

9　Bérard 1834; Blanc 1841-1844; Burnand 1940; Chenu 1850; Girard 1929.

10　素晴らしい記述が次の文献に見られる。De Hureaux 1993.

11　Dahan-Dalmédico 1991; Sampson 1990-1991; James 2002; O'Conner and Robertson 1996c.

12　Henry 1879.

13　Dumas 1863-1865.

14　Dalmas 1956; Verdier 2003.

15　Bertrand 1899.

16　Auffray 2004; Verdier 2003.

17　Raspail 1839.

18 De Nerval 1841, 1855.

19 Bourgne and Azra 1962.

20 Astruc 1994; Auffray 2004.

21 ガロアの伝記を書いた作家のなかには、「健康の家」をいわゆる療養所と解釈している者もいるが、当時この言葉は、人々が静養のために訪れる家、あるいは休暇を過ごすために訪れる家のことまでも意味していた。たいていこれらの家は実際になんらかの医療看護もおこなっており、心身の治療をする住み込みの医師もいた。

22 フランス学士院図書館、E・ガロアの原稿、f°59vo; Infantozzi 1968; Auffray 2004; Dalmas 1956; Astruc 1994; Toti Rigatelli 1996; Rothman 1982a, b.

23 Dupuy 1896; Bourgne and Azra 1962; Rothman 1982a, b; Toti Rigatelli 1996; Auffray 2004; Barbier 1944.

24 『ルカによる福音書』23章34節。

25 *Revue encyclopédique* 1832.

26 ガロアの伝記を初めて執筆したポール・デュピュイが、ガブリエル・ドマント（ガロアのいとこ）から伝え聞いた。ガブリエルのきょうだいであるヴィクトールは司祭だったので、ガロアが拒絶したのはおそらく彼による儀式だったのだろう。

27 パリ市民戸籍謄本、セーヌ県古文書館。

28 国立古文書館、F^{o}7. 3886。

29 ガロアの死をめぐる政治的な動きは次の文献に書かれている。Hodde 1850; Gisquet 1840-1844.

30 オフレーは、ガロアが若い友人デュシャトレ（1812年5月19日生まれ）のことを、（「すべての共和主義者たちへ」の手紙や N.L.および V.D.への手紙などで）「男」や「愛国者」とは呼ばないだろうと考えている。しかしガロアの書きぶりは、実は（フォルトリエの権威によって）相手の素性を秘密にせざるをえなかった事情と十分に合っている。

31 Astruc 1994 には、デュマのことが「しばしば高慢だ」と書かれている。

32 相手がデュシャトレだった可能性はすでに Dalmas 1956 でも提案されており、ロスマンが Rothman 1982a のあとでウェブに掲載した議論でも採用されている。しかし、トティ・リガテリは大きく違うシナリオを 1996 年に提起し、これがその後の議論では優勢となっている。相手をふたり明らかにしなければならないという重要な点に気づいたのは、Auffray 2004 だ。私の提案は、既存のすべての資料を踏まえている。

33 決闘の厳密な方法や歴史は、たとえば Baldick 1965 に書かれている。

34 シャルル・ペローが1697年に書いた物語に初めて登場した。その物語はカトリーヌ・ベルナールの物語集 *Inès de Cordoue*（1696年出版）から影響を受けている。

35 Gisquet 1840-1844.

36 このときの様子は Hugo 1862 に語られている。

37 この絵は、*Magasin Pittoresque*, vol.16, July 1848, pp.227-228 に掲載された。

38 Verdier 2003.

39 当時の新聞 *La Banlieue*, No.24, 20 June 1909 に記事がある。

40　Tannery 1909.

6　群《ぐん》

群論の発展と歴史にかんする興味深い記述として、Kiernan 1971; Tignol 2001; Nový 1973; Wussing 1984; Chandler and Magnus 1982 などがある。簡潔にまとめているのは、Kline 1972 だ。群とガロアの理論についてもっと多く（そして高度に）論じたものでは、とくに以下の本をお薦めする。Rotman 1990, 1995; Stewart 2004; Tignol 2001; Fraleigh 1989; Garling 1960; Edwards 1984. 簡潔に、だが見事に、群を科学に応用したものについては、Eddington 1956 を参照。

1　Kaplan 1990; Katz 1989.

2　似たような例が Verdier 2003 に見られる。

3　Gardner 1959b; Singh 1997.

4　Rubik, Varga, Kéri, Marx, and Vekerdy 1987.

5　Goudey 2001-2003.

6　Frey and Singmaster 1982.

7　Joyner 2002.

8　任意のふたつの元について、（群の操作による）結合の順序が影響しないような群を、「可《か》換群《かんぐん》」あるいは「アーベル群」（アーベルにちなむ）と呼ぶ。要するに、任意の元 x と y に対し $x \circ y = y \circ x$ が成り立つわけだ。たとえば、すべての整数からなる群は、通常の加法（足し算）の操作に対してアーベル群である。どの整数同士の和も、順序に関係なく等しいからだ（例：5+3=3+5=8)。227 ページの表から、3つの対象の置換による群は非アーベル群であることがわかる（例：$t_1 \circ t_2 = s_1$ だが $t_2 \circ t_1 = s_2$）。

9　ケーリーの定理の厳密な証明は、Birkhoff and Maclane 1953 や Patterson and Rutherford 1965 などを参照。

10　この証明の単純な論理的命題は、Rothman 1982b に示されている。厳密な証明は、Edwards 1984; Rotman 1990; Tignol 2001; Stewart 2004 などに見つかる。ガロアが最初に記したものは、Toti Rigatelli 1996 に転載されている。

11　一般に、高次方程式のガロア群を決定するのは簡単ではない。

12　Smith 1997; Cooper 1997. この問題は Cresswell 2003 でも論じられている。

13　『士師記』7章2節。

14　Starr 1997; Fienberg 1971; Rosenbaum 1970.

15　Diaconis, Holmes, and Montgomery 2004; Peterson 2004; Keller 1986.

16　Kline and Alder 2000.

17　Bell 1937; Crilly 1995; Forsyth 1895; Gray 1995; O'Connor and Robertson 1996d.

18　Budden 1972.

19　Fletcher 1967; Fox 1967; Verdier 2003.

20　Lévi-Strauss 1949,1958.

21　この話題は、言語学者ノーム・チョムスキーの著作で持ち出され、詳しく論じ

られている。重要な著作に、Chomsky 1966, 1968, 1975; Chomsky and Halle 1968 がある。チョムスキーの研究成果全般をざっと眺めるだけなら、Maher and Groves 1996 を参照されたい。

22　Pennisi 2004.

23　エッセイ集 Eco 2004 などを参照。

24　Angelelli 1995; Emch 1933; Pascal 1914.

25　Bonola 1955; Trudeau 1987; Gray 1979; Sommerville 1960; O'Connor and Robertson 1996a; Coxeter 1998.

26　Szénássy 1992; Mayer 1982; Bier 1992.

27　Daniels 1975; Halsted 1895; Vucinich 1962.

28　Chandrasekhar 1989; Bryan 1901.

29　一般書として面白いのは、Derbyshire 2003; Du Sautoy 2003; Sabbagh 2003. リーマンによる幾何学の研究について、もっと専門的に説明されているものは、Portnoy 1982; Zund 1983; Scholz 1992.

30　Yaglom 1988; Birkhoff and Bennett 1988; James 2002.

31　クラインの成果から生まれた対称性の一部については、Mumford, Series, and Wright 2002 に華々しく語られている。

32　Bell 1937; Edwards 1987; James 2002.

33　Bell 1937; Belhoste 1996; James 2002; Darboux 1906.

34　Klein 1884.

7　対称性は世界を支配する

対称性が自然法則において果たしている役割を論じた一般科学書は、たくさんある。最も広範な議論は、Zee 1999 の素晴らしい本でなされている。ほかに面白い本として、Icke 1995; Lederman and Hill 2004 がある。いくつかの要点を簡潔に、だが非常に明快に語ったものとしては、Weinberg 1992; Greene 1999, 2004; Penrose 2004; Kaku 1994, 2004; Gell-Mann 1994; Barrow 2003; Webb 2004 がある。

1　サー・アイザック・ニュートンに対する追悼詩文。

2　Chandrasekhar 1995; Motte 1995; Gleick 2003 を参照。

3　特殊相対性理論と一般相対性理論について一般向けの優れた説明は、たとえば下の文献に見られる。Kaku 2004; Greene 2004; Penrose 2004; Galison 2004; Davies 1977; Bodanis 2000; Wheeler 1990; Hawking and Penrose 1996; Deutsch 1997.最近の教科書では、Schwarz and Schwarz 2004 を参照。相対性理論の父本人のものには、Einstein 1953, 2001, 2004 がある。

4　Rossi and Hall 1941; Bailey et al. 1977.

5　Hafele and Keating 1972a, b.

6　アインシュタインの人となりについてよく知るうえで、素晴らしく語られたものとして、Overbye 2000; Pais 1982; Miller 2001; Frank 1949; Fölsing 1997 がある。

7　Budden 1972; Farmer 1996; Barrow 1995; Stevens 1996.

8　先に挙げた一般相対性理論にかんする一般書に加え、Stachel 1989 つまりプリンストン大学出版局の出版した不朽の書 *Collected Papers of Albert Einstein* などにあるアインシュタインの原論文は、いつでも大いに参考になる。一般相対性理論の今では古典となった教科書に、Misner, Thorne, and Wheeler 1973 もある。

9　1922年の京都での講演より。石原純がメモを取り、小野義正がそれを英訳して1932年8月の *Physics Today* に載せている。Calaprice 2000 にも引用あり。

10　Chandrasekhar 1995 を参照。

11　専門的な議論は Hill 1946 を参照。

12　Kaku 2004 に引用されている。

13　この講演は「幾何学と経験」と題されていた。Calaprice 2000 に引用あり。

14　Weinberg 1992; Feynman, Leighton, and Sands 1965 も参照のこと。量子力学全般の解説として、一般向けで優れたものは、Lindley 1996.

15　James 2002; Osen 1974; Kimberling 1972; Weyl 1935.

16　比較的簡単な証明については、Baez 2002 およびウェブサイト Wikipedia の "Noether's theorem" を参照。

17　素粒子物理学と基本的な力の理論については、一般書がいろいろある。優れたものを以下にいくつか挙げておく。Gell-Mann 1994; Barrow 1991; Davies 1984; Glashow 1988; Guth 1997; Weinberg 1992; Lederman 1993; Ferris 1997.

18　Schwarz 2002.

19　リー群についてのそこそこお手柔らかな手引きとして、Lipkin 2002; Hall 2003 を紹介する。

20　Stubhaug 2002; O'Connor and Robertson 2002.

21　Budden 1972 など。興味深いことに、その17種類のうち13種類を、スペインのグラナダにあるアルハンブラ宮殿で見つけられる: Grünbaum, Grünbaum, and Shephard 1986.

22　『出エジプト記』13章21節。

23　最近のもので一般向けに宇宙論が書かれた好著として、Rees 1997; Guth 1997; Silk 2000; Kirshner 2002; Goldsmith 2000; Chown 2002; Tyson and Goldsmith 2004 を挙げておく。そしてもちろん、Livio 2000 にも触れておかないといけない。

24　ひも理論など、重力と量子力学を結びつける可能性のある考えを、一般向けに素晴らしく語ったものとしては、Greene 1999, 2004; Smolin 2002; Kaku 1994; Davies 1995, 2001; Gribbin 1999 がある。簡単なあらましについては、Witten 2004a, b を参照。

25　いくぶん似ているか関係のある主張を、ほかの物理学者――スウェーデンのラーシュ・ブリンクや日本の米《よね》谷《や》民明《たみあき》など――も独立におこなっていた。

26　平易な説明は、Green 1986 を参照。

27　ひも理論にかんする最近の教科書に、Zweibach 2004 がある。

28　1967 年に物理学者のシドニー・コールマンとジェフリー・マンドゥラが証明。Coleman and Mandula 1967.

29　Kane 2000; Greene 1999.

30 グラスマン数にかかわる代数を「外積代数」という。

8 世界で一番対称なのはだれ？

1 進化心理学については次の本がお薦めだ。Dawkins 1986, 1989; Barkow, Cosmides, and Tooby 1992; Pinker 1994; Buss 1999. 心のモジュールという考えは、Fodor 1983 などで議論されている。その他の文献としては、Cosmides and Tooby 1987; Tooby and Cosmides 1990 が素晴らしい。Evans and Zarate 1999 には概要が大変簡潔にまとめられている。
2 Braitenberg 1984; Dennett 1988.
3 LeDoux 1996; Kalin 1993.
4 Davis 1992; Fanselow 1994.
5 Lyytinen, Brakefield, and Mappes 2003; Blest 1957.
6 Forsman and Merilaita 1999, 2003. 非対称性の検出についてもっと一般的に解説したものには、Palmer 1994; Møller and Swaddle 1997 がある。
7 Burke 1757.
8 Burns 1984.
9 性選択にかんする面白い本として、Ridley 2003; Buss 2003; Miller 2000 などがある。
10 Hamilton and Zuk 1982.
11 Møller 1992, 1994.
12 Swaddle and Cuthill 1994.
13 Zahavi 1975, 1991; Zahavi and Zahavi 1997.
14 Enquist and Arak 1994.
15 Johnstone 1994.
16 Buss 1999.
17 Aharon et al. 2001.
18 Langlois and Roggman 1990.
19 Cunningham et al. 1995.
20 たとえば Jackson 1992 と Jones 1996 で論じられている。
21 優れた論説は、Grammer et al. 2003 である。Gangestad, Thornhill, and Yeo 1994; Grammer and Thornhill 1994; Thornhill and Gangestad 1996; Thornhill and Grammer 1999 も参照。
22 Rikowski and Grammer 1999. Schaal and Porter 1991; Thornhill et al. 2003 も参照。
23 Thornhill, Gangestad, and Comer 1995.
24 Shackelford and Larsen 1997.
25 Langlois and Roggman 1990; Langlois, Roggman, and Musselman 1994; Langlois et al. 2000.
26 Perrett et al. 2002. Perrett, May, and Yoshikawa 1994 も参照。
27 Singh 1993, 1995.

28 Gleason 1990.
29 たとえばDyson 1966に説明されている。
30 ひも理論による一般向けの簡潔な説明については、Witten 2004bを参照。
31 具体的に言えば、対称性の破れの理論を最低限控えめに導入しても、まだ発見されていないヒッグズ粒子（スコットランドの物理学者ピーター・ヒッグズにちなむ）の存在が予言できる。この粒子が大型ハドロン加速器で生み出せるのではないかと期待されている。
32 サー・マイケル・アティヤは、Atiyah 1993でもこれと深く関連した話題を論じている。
33 Feynman, Leighton, and Sands 1963.
34 音楽における群については、Budden 1972に見事に記述されている。Winchel 1967; Lewin 1993も参照。音に対する人間の生理学的反応については、Maor 1994を参照。
35 Schoenberg 1969.
36 Rahn 1980などを参照。
37 最初に定義したのはコーシーだが、「単純群」という概念を初めて区別したのはガロアである。
38 一般向けの説明としては次がお薦めだ。Devlin 1999; Odifreddi 2004. もう少し専門的に書かれたものにはSolomon 1995がある。さらに数学の度合いが高くなると、Aschbacher 1994; Gorenstein 1982, 1986がある。
39 Aschbacher 1992.
40 アメリカ数学会によるスティール賞の授賞に応えて述べたもの。
41 2巻の *The Classification of Quasithin Groups* は、the American Mathematical Society による Mathematical Surveys and Monographs シリーズの volumes 111 and 112として出版されている。

9 ロマンチックな天才へのレクイエム

1 Pickover 2001.
2 Csikszentmihalyi 1996.
3 *Last Words of a Sensitive Second-Rate Poet* より。
4 Gardner 1993; Simonton 1999などで簡単に述べられている。Dartnall 2002; Ambrose, Cohen, and Tannenbaum 2003; Rothenberg and Hausman 1976も参照。創造性の研究の総説としては、Sternberg 1998がある。
5 Gardner 1993. 興味深い編著にBrockman 1993がある。
6 Miller 1996では、ポアンカレとアインシュタインの創造性についての簡潔な検討がなされている。Bloom 2002には、文学と宗教における100人の創造的人物が紹介されている。Olson 2004では、数学オリンピックに出たアメリカチームのメンバーの創造性にかんして、興味深い考察がなされている。Csikszentmihalyi 1996; Gardner 1993も参照。
7 Dacey and Lennon 1998.

8 Csikszentmihalyi 1996.

9 Winner 1996.

10 Sartre 1964.

11 Babcock 1895.

12 Ludwig 1995; Simonton 1999. この問題にかんする初期の風変わりな研究に、Lombroso 1895 がある。

13 MacKinnon 1975.

14 "No.2. The Pines" にある。

15 Steven Levy は、アインシュタインの脳を見つけた経緯を自分のウェブサイトで紹介している。この経緯は Abraham 2002 や Paterniti 2000 でも語られている。

16 Diamond et al. 1985.

17 Hines 1998.

18 Anderson and Harvey 1996.

19 Witelson, Kigar, and Harvey 1999.

20 Dupuy 1896.

21 当時のパリのポンドは今より少し重く、現在の1ポンドが 453.59 グラムであるのに対し、489.75 グラムだった。

22 Stewart 2004.

23 http://www.neuroticpoets.com/shelley.

24 たとえば、http://www.en.wikiquote.org/wiki/Death に引用されている。

25 http://www.everypoet.com/archive/index.htm/などに見つかる。

参考文献

Abel, Niels Henrik. 1902. *Mémorial publié à l'occasion du centenaire de sa naissance* (Christiania: Jacob Dybwal).

Abraham, C. 2002. *Possessing Genius: The Bizarre Odyssey of Einstein's Brain* (New York: St. Martin's Press).

Aczel, A. D. 1996. *Fermat's Last Theorem: Unlocking the Secret of an Ancient Mathematical Problem* (New York: Four Walls Eight Windows).（『天才数学者たちが挑んだ最大の難問――フェルマーの最終定理が解けるまで』吉永良正訳、早川書房〔ハヤカワ・ノンフィクション文庫〕、2003）

Aharon, I., Etcoff, N., Ariels, D., Chabris, C. F, O'Connor, E., and Breiter, H. C. 2001. "Beautiful Faces Have Variable Reward Value: fMRI and Behavioral Evidence." *Neuron*, 32(3), 537.

al-Nadim, I. 1871-72. *Kitab al-Fihrist*. J. Roediger and A. Mueller, eds. (Leipzig: FCW Vogel).

Altschuler, E. L. 1994. *Bachanalia* (Boston: Little, Brown and Company).

Ambrose, D., Cohen, L. M., and Tannenbaum, A. J., eds. 2003. *Creative Intelligence: Toward Theoric Integration* (Cresskill, NJ: Hampton Press).

Amir-Moéz, A. R. 1994. "Khayyam, Al-Biruni, Gauss, Archimedes, and Quartic Equations." *Texas Journal of Science*, 46, no. 3, 241.

Anderson, B., and Harvey, T. 1996. "Alterations in Cortical Thickness and Neuronal Density in the Frontal Cortex of Albert Einstein." *Neuroscience Letters*, 210, 161.

Angelelli, I. 1995. "Saccheri's Postulate." *Vivarium*, 33(1), 98.

Aschbacher, M. 1992. "Daniel Gorenstein (1923-1992)." *Notices of the AMS*, 39(10), 1190.

Aschbacher, M. 1994. *Sporadic Groups* (Cambridge: Cambridge University Press).

Astruc, A. 1994. *Évariste Galois* (Paris: Flammarion).

Atiyah, M. 1993. "Mathematics: Queen and Servant of the Sciences." *Proceedings of the American Philosophical Society*, 137, no. 4, 527.

Auffray, J.-P. 2004. Évariste *1811-1832, le roman d'une vie* (Lyon: Aleas).

Ayoub, R. G. 1980. "Paolo Ruffini's Contributions to the Quintic." *Archive for History of Exact Sciences*, 23, 253.

Babcock, W. L. 1895. "On the Morbid Heredity and Predisposition to Insanity of the Man of Genius." *Journal of Nervous and Mental Disease*, 20, 749.

Baez, J. 2002. http://www.math.ucr.edu/home/baez/noether.html/.

Bailey, J., et al. 1977. "Measurements of Relativistic Time Dilation for Positive and Negative Muons in a Circular Orbit." *Nature*, 268, 301.

Baldick, R. 1965. *The Duel* (London: Chapman & Hall).
Ball, W. W. R., and Coxeter, H. S. M. 1974. *Mathematical Recreations and Essays*, 12th ed. (Toronto: University of Toronto Press).
Barbier, A. 1944. Un Météore: Évariste Galois, Mathématicien 1811-1832 (manuscript in the Bourg-la-Reine collection).
Barkow, J., Cosmides, L., and Tooby, J. 1992. *The Adapted Mind: Evolutionary Psychology and the Generation of Culture* (New York: Oxford University Press).
Barrow, J. D. 1991. *Theories of Everything: The Quest for Ultimate Explanation* (Oxford: Clarendon Press).（『万物理論——究極の説明を求めて』林一訳、みすず書房、1999）
Barrow, J. D. 1995. *The Artful Universe* (Boston: Back Bay Books).（『宇宙のたくらみ』菅谷暁訳、みすず書房、2003）
Barrow, J. D. 2003. *The Constants of Nature: From Alpha to Omega—The Numbers that Encode the Deepest Secrets of the Universe* (New York: Pantheon).（『宇宙の定数』松浦俊輔訳、青土社、2005）
Barry, A. M. S. 1997. *Visual Intelligence, Perception, Image, and Manipulation in Visual Communication* (Albany: State University of New York Press).
Bartusiak, M. 2000. *Einstein's Unfinished Symphony* (Washington, D.C.: Joseph Henry Press).
Battersby, S. 2003. "Will Abel Prize for Maths Rival the Nobels?" *New Scientist*, 7 June, 12.
Belhoste, B. 1996. "Autour d'un Mémoire Inédit: La Contribution d'Hermite au Développement de la Théorie des Fonctions Elliptiques." *Revue d'Histoire des Mathématiques*, 2(1), 1.
Bell, C. 1997. "The Aesthetic Hypothesis." In *Aesthetics*, S. L. Feagin and P Maynard, eds. (Oxford: Oxford University Press), 15.
Bell, E. T. 1937. *Men of Mathematics* (New York: Simon & Schuster); reprinted in 1986.（『数学をつくった人びと』田中勇・銀林浩訳、早川書房〔ハヤカワ・ノンフィクション文庫〕、2003）
Bell, E. T. 1951. *Mathematics, Queen and Servant of Science* (New York: McGraw-Hill).（『数学は科学の女王にして奴隷』河野繁雄訳、早川書房〔ハヤカワ・ノンフィクション文庫〕、2004）
Bérard, A. S. L. 1834. *Souvenirs historiques sur la révolution de 1830* (Paris: Perrotin).
Bergeron, H. W. 1973. *Palindromes and Anagrams* (New York: Dover Publications).
Berloquin, P. 1974. *Un Souvenir d'Enfance d'Évariste Galois* (Paris: Balland).
Berriman, A. E. 1956. "The Babylonian Quadratic Equation." *The Mathematical Gazette*, XL, no. 333, 185.
Bertrand, J. 1899. "Sur 'La vie d'Évariste Galois' par Paul Dupuy" Journal des savants, July, 289.
Bier, M. 1992. "A Transylvanian Lineage." *The Mathematical Intelligencer*, 14(2), 52.

Birkhoff, G., and Bennett, M. K. 1988. "Felix Klein and His 'Erlanger Programm.'" In *History and Philosophy of Modern Mathematics* (*Minnesota Studies in the Philosophy of Science XI*), W. Aspray and P. Kitcher, eds. (Minneapolis: University of Minnesota Press), 145.

Birkhoff, G., and Mac Lane, S. 1953. *A Survey of Modern Algebra* (Basingstoke Hampshire: Collier Macmillan).（『現代代数学概論』奥川光太郎、辻吉雄訳、白水社、1967）

Birkhoff, G. D. 1933. *Aesthetic Measure* (Cambridge, MA: Harvard University Press).

Bjerknes, C. A. 1880. *Niels Henrik Abel: En skildring af hans Liv og vitenshapelige Virksomhed* (Stockholm); translated into French in 1885 as *Niels Henrik Abel: Tableau de sa vie et de son action scientifique* (Paris: Gauthier-Villars).（『わが数学者アーベル——その生涯と発見』辻雄一訳、現代数学社、1991）

Blanc, L. 1841-1844. *L'Histoire de dix ans (1830-1840)* (Paris: Paguerre).

Blest, A. D. 1957. "The function of eyespot patterns in the Lepidoptera." *Behaviour*, 11, 209.

Bloom, H. 2002. *Genius* (New York: Warner Books).

Boardman, A. D., O'Connor, D. E., and Young, P. A. 1973. *Symmetry and Its Application in Science* (New York: John Wiley & Sons).

Bodanis, D. 2000. $E=mc^2$ (New York: Walker).（『$E=mc^2$——世界一有名な方程式の「伝記」』伊藤文英・高橋知子・吉田三知世訳、早川書房、2005）

Bonola, R. 1955. *Non-Euclidean Geometry: A Critical and Historical Study of Its Development* (New York: Dover).

Bortolotti, E. 1933. *I Cartelli Di Matemàtica Disfida* (Imola: Cooperation Tip. Edit. Paolo Galeati).

Bortolotti, E. 1947. *La Storia Della Matemàtica Nella University Di Bologna* (Bologna: Nicola Zanichelli Editore).

Bourgne, R., and Azra, J. P., eds. 1962. *Écrits et mémoires mathématiques d'Évariste Galois* (Paris: Gauthier-Villars).

Bowers, B. 2001. *Sir Charles Wheatstone FRS 1802-1875* (Edison, NJ: IEE Publishing).

Boyer, C. B. 1991. *A History of Mathematics*, revised by U. C. Merzbach (New York: John Wiley & Sons).（『数学の歴史』加賀美鐵雄・浦野由有訳、朝倉書店、1983－1985）

Braitenberg, V. 1984. *Vehicles* (Cambridge, MA: MIT Press).（『模型は心を持ちうるか——人工知能・認知科学・脳生理学の焦点』加地大介訳、哲学書房、1987）

Brindley, G. S. 1970. *Physiology of the Retina and Visual Pathway* (Baltimore: Williams & Wilkins Company).

Brockman, J., ed. 1993. *Creativity* (New York: Touchstone).

Brown, T. M., Ferguson, H. C., Smith, E., Kimble, R. A., Sweigert, A. V, Renzini, A., Rich, R. M., and Vandenberg, D. A. 2003. "Evidence of a Significant Intermediate-Age Population in the M31 Halo from Main-Sequence Photometry."

The Astrophysical Journal, 592, L17.

Bryan, G. H. 1901. "Eugenio Beltrami." *Proceedings of the London Mathematical Society*, 32, 436.

Budden, F. J. 1972. *The Fascination of Groups* (Cambridge: Cambridge University Press).

Buffart, H., and Leeuwenberg, E. L. J. 1981. "Structural Information Theory." In H. G. Geissler, E. L. J. Leeuwenberg, S. Link, and V. Sarris, eds., *Modern Issues in Perception* (Berlin: Erlbaum).

Burand, R. 1943. *La vie quotidienne en France en 1830* (Paris: Hachette).

Burke, E. 1757. *A Philosophical Enquiry into the Origin of Our Ideas of the Sublime and Beautiful* (new edition published in 1998; Oxford: Oxford University Press).（『崇高と美の観念の起原』中野好之訳、みすず書房、1999）

Burns, G. 1984. *How to Live to Be 100—or More* (London: Robson Books).

Buss, D. M. 1999. *Evolutionary Psychology: The New Science of the Mind* (Needham Heights: Allyn & Bacon).

Buss, D. M. 2003. *The Evolution of Desire* (New York: Basic Books).（『女と男のだましあい——ヒトの性行動の進化』狩野秀之訳、草思社、2000）

Bychan, B. 2004. "The Evariste Galois Archive." http://www.galois-group.net/.

Calaprice, A., collector and ed. 2000. *The Expanded Quotable Einstein* (Princeton: Princeton University Press).（『増補新版 アインシュタインは語る』林一・林大訳、大月書店、2006）

Calinger, R. 1999. *A Contextual History of Mathematics* (Upper Saddle River, NJ: Prentice-Hall).

Candido, G. 1941. "La risoluzione della equazione di 4° grado." *Periodico di Matematiche*, ser. IV, vol. XXI, no. 1, 21.

Cardano, G. 1993. *Ars Magna or the Rules of Algebra*, T. R. Witmer, trans. and ed. (Mineola, NY: Dover Publications); original edition 1545.

Carruccio, E. 1972. In *Dictionary of Scientific Biography*, C. C. Gillespie, ed. (New York: Charles Scribner's Sons).

Caspar, F. H., and Hammer, F., eds. 1937. *Johannes Kepler: Gesammelte Werke* (Munich: C. H. Beck'sche Verlagsbuchhandlung).

Chandler, B., and Magnus, W. 1982. *The History of Combinatorial Group Theory: A Case Study in the History of Ideas* (New York: Springer-Verlag).

Chandrasekhar, T. R. 1989. "Non-Euclidean Geometry from Early Times to Beltram." *Indian Journal of History of Science*, 24(4), 249.

Chandrasekhar, S. 1995. *Newton's Principia for the Common Reader* (Oxford: Clarendon Press).（『チャンドラセカールの「プリンキピア」講義——一般読者のために』中村誠太郎監訳、講談社、1998）

Chenu, A. 1850. *Les Conspirateurs* (Paris: Garnier Freres).

Chevalier, A. 1832. "Nécrologie Evariste Galois." *Revue encyclopédique*, 55, 744.

Chomsky, N. 1966. *Topics in the Theory of Generative Grammar* (The Hague: Mouton).
Chomsky, N. 1968. *Language and Mind* (New York: Harcourt Brace Jovanovich).（『言語と精神』川本茂雄訳、河出書房新社、1996）
Chomsky, N. 1975. *The Logical Structure of Linguistic Theory* (New York: Plenum).
Chomsky, N., and Halle, M. 1968. *The Sound Pattern of English* (New York: Harper & Row).（『生成音韻論概説』小川直義・井上信行訳、泰文堂、1983〔原書第１部の翻訳〕）
Chown, M. 2002. *The Universe Next Door* (Oxford: Oxford University Press).（『奇想、宇宙をゆく――最先端物理12の物語』長尾力訳、春秋社、2004）
Coleman, S., and Mandula, J. 1967. "All Possible Symmetries of the S-matrix." *Physical Review*, 159, 1251.
Cooper, L. 1997. "Maths, love and men's best friend." *The Independent*, April 5.
Corballis, M. C. 1988. "Recognition of Disoriented Shapes." *Psychological Review*, 95, 115.
Corballis, M. C., and Beale, I. L. 1976. *The Psychology of Left and Right* (Hillsdale, NJ: Erlbaum).（『左と右の心理学――からだの左右と心理』白井常・鹿取廣人・河内十郎訳、紀伊國屋書店、1978）
Corballis, M. C., and Roldan, C. E. 1974. "On the Perception of Symmetrical and Repeated Patterns." *Perception and Psychophysics*, 16(1), 136-142.
Cosmides, L., and Tooby, J. 1987. "From Evolution to Behavior: Evolutionary Psychology as the Missing Link." In *The Latest on the Best: Essays on Evolution and Optimality*, J. Dupre, ed. (Cambridge, MA: MIT Press).
Coxeter, H. S. 1998. *Non-Euclidean Geometry* (Washington, DC: Mathematical Association of America).
Cresswell, C. 2003. *Mathematics and Sex* (Crows Nest NSW, Australia: Allen & Unwin).
Crilly, T. 1995. "A Victorian Mathematician: Arthur Cayley (1821-1895)." *Mathematical Gazette*, 79, 259.
Crossley, J. N. 1987. *The Emergence of Number* (Singapore: World Scientific).
Csikszentmihalyi, M. 1996. *Creativity* (New York: HarperCollins).
Cunningham, M. R., Roberts, A. R., Wu, C.-H., Barbeis, A. P., and Druen, P. B. 1995. "Their Ideas of Beauty Are, on the Whole, the Same as Ours: Consistency and Variability in the Cross-Cultural Perception of Female Attractiveness." *Journal of Personality and Social Psychology*, 68, 261.
Dacey, J. S., and Lennon, K. H. 1998. *Understanding Creativity* (San Francisco: Jossey-Bass Publishers).
Dahan-Dalmédico, A. 1991. "Sophie Germain." *Scientific American*, 265, 117.
Dalmas, A. 1956. *Évariste Galois, Révolutionnaire et Géomètre* (Paris: Fasquelle); reprinted in 1982 by Le Nouveau Commerce (Paris).（『青春のガロア――数学・革命・決闘』辻雄一訳、東京図書、1985）

Daniels, N. 1975. "Lobachevsky: Some Anticipations of Later Views on the Relation between Geometry and Physics." *Isis*, 66, 75.

Darboux, G. 1906. "Charles Hermite." *La Revue du Mois*, 1, 37.

Dartnall, T., ed. 2002. *Creativity, Cognition, and Knowledge* (Westport, CT: Praeger).

Davidson, G. 1938. "The Most Tragic Story in the Annals of Mathematics." *Scripta Mathematica*, 6, 95.

Davies, P. 1977. *Space and Time in the Modern Universe* (Cambridge: Cambridge University Press).（『宇宙における時間と空間』戸田盛和・田中裕訳、岩波書店、1980）

Davies, P. 1995. *About Time* (New York: Simon & Schuster).（『時間について――アインシュタインが残した謎とパラドックス』林一訳、早川書房、1997）

Davies, P. 2001. *How to Build a Time Machine* (New York: Allen Lane).（『タイムマシンをつくろう！』林一訳、草思社、2003）

Davies, P. C. W. 1984. *Superforce* (New York: Simon & Schuster).（『宇宙を創る４つの力』木口勝義訳、地人書館、1988）

Davis, M. 1992. "The role of the amygdala in fear-potentiated startle: Implications for animal models of anxiety." *Trends in Pharmacological Science*, 13, 35.

Dawkins, R. 1986. *The Blind Watchmaker* (New York: W. W. Norton).（『盲目の時計職人――自然淘汰は偶然か？』日高敏隆監修、中島康裕・遠藤彰・遠藤知二・疋田努訳、早川書房、2004〔『ブラインド・ウォッチメイカー』改題・新装版〕）

Dawkins, R. 1989. *The Selfish Gene* (Oxford: Oxford University Press).（『利己的な遺伝子』日高敏隆・岸由二・羽田節子・垂水雄二訳、2006〔原著刊行30周年記念版〕）

De Hureaux, A. D. 1993. *Delacroix* (Paris: Éditions Hazau).

De la Hodde, L. 1850. *Histoire des sociétés secrètes et du parti républicain de 1830 à 1848* (Paris: Julien et Lanier).

De Nerval, G. 1841. "Memoire d'un Parisien." *L'Artiste*, April 11.

De Nerval, G. 1855. "Mes Prisons." In *La bohème galante* (Paris: Michel Lévy).

Dennett, D. C. 1988. In *Sourcebook on the Foundations of Artificial Intelligence*, Y. Wilks and D. Partridge, eds. (Albuquerque: New Mexico University Press).

De Pesloüan, C. L. 1906. *N. H. Abel, sa vie et son oeuvre* (Paris: Gauthier-Villars).

Derbyshire, J. 2003. *Prime Obsession* (Washington, DC: Joseph Henry Press).（『素数に憑かれた人たち』松浦俊輔訳、日経BP社、2004）

Deutsch, D. 1997. *The Fabric of Reality* (New York: Allen Lane).（『世界の究極理論は存在するか――多宇宙理論から見た生命・進化・時間』林一訳、朝日新聞社、1999）

Devlin, K. 1999. *Mathematics, the New Golden Age* (New York: Columbia University Press).（『数学――新しい黄金時代』一松信監修、新美吉彦・後恵子訳、森北出版、1999）

Devlin, K. 2002. *The Millennium Problems* (New York: Basic Books).（『興奮する数学

——世界を沸かせる7つの未解決問題』山下純一訳、岩波書店、2004)
Diaconis, P, Holmes, S., and Montgomery, R. 2004. "Dynamical Bias in the Coin Toss." http://www-stat.stanford.edu/˜susan/papers/headswithJ.pdf/.
Diamond, M. C., Scheibel, A. B., Murphy, G. M. Jr., and Harvey, T. 1985. "On the Brain of a Scientist: Albert Einstein." *Experimental Neurology*, 88, 198.
Di Pasquale, L. 1957a. "La equazioni di terzo gradi nei 'Quesiti et inventioni diverse' di Niccolò Tartaglia." *Periodico di Matematiche*, ser. IV, vol. XXXV, no. 2, 79.
Di Pasquale, L. 1957b. "I cartelli di matematica disfida di Ludovico Ferrari e i controcartelli di Niccolò Tartaglia." *Periodico di Matematiche*, ser. IV, vol. XXXV, no. 5, 253.
Di Pasquale, L. 1958. "I cartelli di matematica disfida di Ludovico Ferrari e i controcartelli di Niccolò Tartaglia (continuazione e fine)." *Periodico di Matematiche*, ser. IV, vol. XXXVI, no. 3, 175.
Donnay, Maurice. 1939. *Le Lycée Louis-le-Grand* (Paris: Nouvelle Revue Française).
Dörrie, H. 1965. *100 Great Problems of Elementary Mathematics* (New York: Dover Publications).(『数学100の勝利 vol.1-3』根上生也訳、シュプリンガー・フェアラーク東京、1996)
Dumas, A. 1862-1865. *Mes mémoires* (Paris: Calman-Lévy).
Dunham, W. 1991. *Journey Through Genius* (New York: Penguin Books); first published in 1990 by John Wiley & Sons (New York).(『数学の知性——天才と定理でたどる数学史』中村由子訳、現代数学社、1998)
Dunnington, G. W. 1955. *Gauss, Titan of Science* (New York: Hafner Publishing); reprinted 2004 by The Mathematical Association of America, with additional material by J. Gray and F -E. Dohse (Washington, DC).(『ガウスの生涯——科学の王者』銀林浩・小島穀男・田中勇訳、東京図書、1992〔新装版〕)
Dupuy, P. 1896. "La Vie d'Évariste Galois." *Annales scientifiques de l'École normale supérieure*; 3rd ser., 13, 197. Reprinted as a book in 1992 by Éditions Jacques Gabay.(『ガロア——その真実の生涯』辻雄一訳、東京図書、1972)
Du Sautoy, M. 2003. *The Music of the Primes* (New York: HarperCollins).(『素数の音楽』冨永星訳、新潮社、2005)
Dyson, F. J. 1966. *Symmetry Groups in Nuclear and Particle Physics* (New York: W. A. Benjamin).
Eco, U. 2004, *On Literature*, trans. M. McLaughlin (Orlando, FL: Harcourt).
Eddington, A. S. 1956. "The Theory of Groups." In *The World of Mathematics*, J. R. Newman, ed. (New York: Simon & Schuster), 1558.
Edwards, H. M. 1984. *Galois Theory* (New York: Springer).
Edwards, H. M. 1987. "An Appreciation of Kronecker." *The Mathematical Intelligencer*, 9, 28.
Edwards, H. M. 1996. *Fermat's Last Theorem: A Genetic Introduction to Algebraic Number Theory* (Berlin: Springer-Verlag).

Einstein, A. 1953. *The Meaning of Relativity* (Princeton: Princeton University Press).（『相対論の意味』矢野健太郎訳、岩波書店、1958）

Einstein, A. 2001. *Relativity: The Special and the General Theory* (New York: Routledge).

Einstein, A. 2004. *Einstein's 1912 Manuscript on the Special Theory of Relativity* (New York: George Braziller).

Eisenman, R., and Rappaport, J. 1967. "Complexity Preference and Semantic Differential Ratings of Complexity-Simplicity and Symmetry-Asymmetry." *Psychonomic Science*, 7(4), 147-148.

Emch, A. F. 1933. *The "Legia Demonstrativa" of Girolamo Saccheri* (Cambridge, MA: Harvard).

Emerson, R. W. 1847. *Poems*. In *Ralph Waldo Emerson: Collected Poems and Translations*, P. Kaye and H. Bloom, eds. (New York: Library of America, 1994).

Enquist, M., and Arak, A. 1994. "Symmetry, Beauty and Evolution." *Nature*, 372, 169.

Evans, D., and Zarate, O. 1999. *Introducing Evolutionary Psychology* (Cambridge, England: Icon Books).（『超図説 目からウロコの進化心理学入門――人間の心は10万年前に完成していた』小林司訳、講談社、2003）

Evans, J. 1975. *Pattern* (New York: Hacker Art Books).

Fabricand, B. P. 1989. "Symmetry in Free Markets." *Computers & Mathematics with Applications*, 17, nos. 4-6, 653.

Fanselow, M. S. 1994. "Neural Organization of the Defensive Behavior System Responsible for Fear." *Psychonomic Bulletin and Review*, 1, 429.

Farmer, D. W. 1996. *Groups and Symmetry: A Guide to Discovering Mathematics* (Providence, RI: American Mathematical Society).

Fayen, G. 1977. "Ambiguities in Symmetry-Seeking: Borges and Others." In *Patterns of Symmetry*, M. Senechal and George Fleck, eds. (Amherst: University of Massachusetts Press), 104.

Fehr, H. 1902. *Intermédiaire des mathématiciens*, 9, 74.

Ferris,T. 1997. *The Whole Shebang* (New York: Simon & Schuster).

Feynman, R. P, Leighton, R. B., and Sands, M. 1963. *The Feynman Lectures on Physics*, vol. I〜III (Reading, MA: Addison-Wesley〔邦訳は『ファインマン物理 I〜V』岩波書店、1986〕).

Fienberg, S. E. 1971. "Randomization and Social Affairs: The 1970 Draft Lottery." *Science*, 171, 255.

Fierz, M. 1983. *Girolamo Cardano 1501-1576* (Boston: Birkhäuser).

Fine, B., and Rosenberger, G. 1997. *The Fundamental Theorem of Algebra* (Berlin: Springer-Verlag).（『代数学の基本定理』新妻弘・木村哲三訳、共立出版、2002）

Fletcher, D. J. 1967. "Carry On Kariera." *Mathematics Teaching*, 43, 35.

Fodor, J. 1983. *The Modularity of Mind: An Essay on Faculty Psychology* (Cambridge,

MA: MIT Press).（『精神のモジュール形式――人工知能と心の哲学』伊藤笏康・信原幸弘訳、産業図書、1985）
Fölsing, A. 1997. *Albert Einstein* (New York: Viking).
Forsman, A., and Merilaita, S. 1999. "Fearful Symmetry: Pattern Size and Asymmetry Affects Aposematic Signal Efficacy." *Evolutionary Ecology*, 13, 131.
Forsman, A., and Merilaita, S. 2003. "Fearful Symmetry? Intra-Individual Comparisons of Asymmetry in Cryptic vs. Signaling Colour Patterns in Butterflies." *Evolutionary Ecology*, 17, 491.
Forsyth, A. R. 1895. "Arthur Cayley." *Proceedings of the Royal Society of London*, 58, 1.
Fox, J. 1975. "The Use of Structural Diagnostics in Recognition." *Journal of Experimental Psychology*, 104(1), 57-67.
Fox, R. 1967. *Kinship and Marriage: An Anthropological Perspective* (Harmondsworth, England: Penguin Books).（『親族と婚姻――社会人類学入門』川中健二訳、思索社、1977）
Fraleigh, J. B. 1989. *A Fast Course in Abstract Algebra* (Reading, MA: Addison-Wesley).
Franci, R., and Toti Rigatelli, L. 1985. "Towards a History of Algebra from Leonardo of Pisa to Luca Pacioli." *Janus*, 72 (1-3), 17.
Frank, P. 1949. *Einstein: His Life and His Thoughts* (New York: Alfred A. Knopf).（『評伝アインシュタイン』矢野健太郎訳、岩波書店〔岩波現代文庫〕、2005）
Frey, A. H. Jr., and Singmaster, D. 1982. *Handbook of Cubik Math* (Hillside, NY: Enslow Publishers).
Freyd, J., and Tversky, B. 1984. "Force of Symmetry in Form Perception." *American Journal of Psychology*, 97(1), 109-126.
Gales, F. 2004. http://perso.wanadoo.fr/frederic.gales/Laviedegalois.htm/.
Galison, P. 2004. *Einstein's Clocks, Poincaré's Maps* (New York: W. W. Norton).
Gamow, G. 1959. "The Exclusion Principle." *Scientific American*, 201, no. 1, 74.
Gandz, S. 1937. "The Origin and Development of the Quadratic Equations in Babylonian, Greek and Early Arabic Algebra." *Osiris*, vol. Ⅲ, 405.
Gandz, S. 1940a. "Studies in Babylonian Mathematics Ⅲ: Isoperimetric Problems and the Origin of the Quadratic Equations." *Isis*, 32, 103; quotes Talmud, "Sotah" IV, 4.
Gandz, S. 1940b, ibid.; quotes from *Heath* 1956.
Gangestad, S. W., Thornhill, R., and Yeo, R. A. 1994. "Facial Attractiveness, Developmental Stability, and Fluctuating Asymmetry." *Ethology and Sociobiology*, 15, 73.
Gårding, L., and Skau, C. 1994. "Niels Henrik Abel and Solvable Equations." *Archive for the History of Exact Sciences*, 48, 81.
Gardner, H. 1993. *Creating Minds* (New York: Basic Books).
Gardner, K. L. 1966. *Discovering Modern Algebra* (Oxford: University Press).（『新し

い代数学の発見』遠山啓・林一訳、ダイヤモンド社、1968）

Gardner, M. 1959a. "Mathematical Games: How three modern mathematicians disproved a celebrated conjecture of Leonhard Euler." *Scientific American*, 201 (November), 181.

Gardner, M. 1959b. *Mathematical Puzzles of Sam Loyd* (New York: Dover).（『サム・ロイドのパズル百科』田中勇訳、白揚社、1965）

Gardner, M. 1979. *Mathematical Circus* (New York: Alfred A. Knopf).（『ガードナーの数学サーカス』高山宏訳、東京図書、1981）

Gardner, M. 1990. *The New Ambidextrous Universe: Symmetry and Asymmetry from Mirror Reflections to Superstrings* (New York: W. H. Freeman and Company).（『自然界における左と右（新版）』坪井忠二・藤井昭彦・小島弘訳、紀伊國屋書店、1992）

Garling, D. J. H. 1960. *A Course in Galois Theory* (Cambridge: Cambridge University Press).

Garner, W. R. 1974. *The Processing of Information and Structure* (Hillsdale, NJ: Erlbaum).

Gauss, C. F. 1876. *Collected Works*, vol. 3 (in German, published in 1969 and in 1987 by Göttingen: Vandenhoeck & Ruprecht; there are also several publications by G. Olms, Hildesheim).

Gell-Mann, M. 1994. *The Quark and the Jaguar* (San Francisco: W. H. Freeman).（『クォークとジャガー——たゆみなく進化する複雑系』野本陽代訳、草思社、1997）

Gillings, R. J. 1972. *Mathematics in the Time of the Pharaohs* (Cambridge, MA: MIT Press).

Gindikin, S. G. 1988. Tales of Physicists and Mathematicians (Boston: Birkhäuser).（『ガウスが切り開いた道』『ガリレイの17世紀——ガリレイ、ホイヘンス、パスカルの物語』の2分冊にて訳出。三浦伸夫訳、シュプリンガー・フェアラーク東京、1996）

Girard, G. 1929. *Les Trois Glorieuses* (Paris: Firmin Didot).

Gisquet, H. J. 1840-1844. *Mémoires de M. Gisquet, ancien préfet de police, écrits par lui-même* (Bruxelles: Meline et Cans).

Glashow, S. 1988. *Interactions* (New York: Time-Warner Books).（『クォークはチャーミング——ノーベル賞学者グラショウ自伝』藤井昭彦訳、紀伊國屋書店、1996）

Gleason, A. M. 1990. In *More Mathematical People*, D. J. Albers, G. L. Alexanderson, and C. Reed, eds. (Boston: Harcourt Brace Jovanovich).（『アメリカの数学者たち』好田順治訳、青土社、1993 所収）

Gleick, J. 2003. *Isaac Newton* (New York: Pantheon).（『ニュートンの海——万物の真理を求めて』大貫昌子訳、日本放送出版協会、2005）

Gliozzi, M. 1972. In *Dictionary of Scientific Biography*, C. C. Gillespie, ed. (New York: Charles Scribner's Sons).

Goldsmith, D. 2000. *The Runaway Universe: The Race to Discover the Future of the*

Cosmos (New York: Perseus Publishing).
Goldstein, E. B. 2002. *Sensation and Perception* (Pacific Grove, CA: Wadsworth).
Gombrich, E. H. 1995. *The Story of Art*, 16th edition (London: Phaidon Press Inc.).（『美術の歩み』友部直訳、美術出版社、1983〔改訂新版〕）
Goodman, R. 2004. "Alice Through Looking Glass After Looking Glass: The Mathematics of Mirrors and Kaleidoscopes." *The American Mathematical Monthly*, 111(4), 281.
Gorenstein, D. 1982. *Finite Simple Groups: An Introduction to Their Classification* (New York: Plenum Press).
Gorenstein, D. 1985. "The Enormous Theorem." *Scientific American*, 253, 104.
Gorenstein, D. 1986. "Classifying the Finite Simple Groups," *Bulletin of the American Mathematical Society*, 14, 1.
Goudey, C. 2001-2003. http://cubeland.free.fr/infos/infos.htm/.
Gow, J. 1968. *A Short History of Greek Mathematics* (New York: Chelsea Publishing Company).
Grammer, K., Fink, B., Møller, A. P, and Thornhill, R. 2003. "Darwinian Aesthetics: Sexual Selection and the Biology of Beauty." *Biological Reviews*, 78, 385.
Grammer, K., and Thornhill, R. 1994. "Human (Homo Sapiens) Facial Attractiveness and Sexual Selection: The Role of Symmetry and Averageness." *Journal of Comparative Psychology*, 108, 233.
Gray, J. 2004. *Gauss: Titan of Science* (Cambridge: Cambridge University Press).
Gray, J. J. 1979. "Non-Euclidean Geometry— A Reinterpretation." *Historia Mathematica*, 6(3), 236.
Gray, J. J. 1995. "Arthur Cayley (1821-1895)." *The Mathematical Intelligencer*, 17(4), 62.
Green, M. B. 1986. "Superstrings." *Scientific American*, 255, 48.
Greene, B. 1999. *The Elegant Universe* (New York: W. W. Norton).（『エレガントな宇宙——超ひも理論がすべてを解明する』林一・林大訳、草思社、2001）
Greene, B. 2004. *The Fabric of the Cosmos* (New York: Alfred A. Knopf).
Gregory, R. 1997. *Mirrors in Mind* (New York: W. H. Freeman).（『鏡という謎——その神話・芸術・科学』鳥居修晃・鹿取廣人・望月登志子訳、新曜社、2001）
Gribbin, J. 1999. *The Search for Superstrings, Symmetry, and the Theory of Everything* (New York: Little, Brown and Company).
Grünbaum, B., Grünbaum, Z., and Shephard, G. C. 1986. In *Symmetry*, I. Hargittai, ed. (New York: Pergamon Press), 641.
Guth, A. H. 1997. *The Inflationary Universe* (Reading, MA: Helix Books).（『なぜビッグバンは起こったか——インフレーション理論が解明した宇宙の起原』はやしはじめ・はやしまさる訳、早川書房、1999）
Hafele, J. C., and Keating, R. E. 1972a. "Around-the-World Atomic Clocks: Predicted Relativistic Time Gains." *Science*, 177, 166.

Hafele, J. C., and Keating, R. E. 1972b. "Around-the-World Atomic Clocks: Observed Relativistic Time Gains." *Science*, 177, 168.

Hale, J. 1994. *The Civilization of Europe in the Renaissance* (New York: Atheneum).

Hall, B. C. 2003. *Lie Groups, Lie Algebras, and Representations* (Berlin: Springer-Verlag).

Halsted, G. B. 1895. "Biography, Lobachevsky." *American Mathematical Monthly*, 2, 137.

Hamilton, W. D., and Zuk, M. 1982. "Heritable True Fitness and Bright Birds: A Role for Parasites?" *Science*, 218, 384.

Hares-Stryker, C., ed. 1997. *An Anthology of Pre-Raphaelite Writings* (New York: New York University Press), 284.

Hargittai, I. 1986. *Symmetry: Unifying Human Understanding* (New York: Pergamon Press).

Hargittai, I. 1989. *Symmetry 2: Unifying Human Understanding* (New York: Pergamon Press).

Hawking, S., and Penrose, R. 1996. *The Nature of Space and Time* (Princeton: Princeton University Press). (『ホーキングとペンローズが語る時空の本質――ブラックホールから量子宇宙論へ』林一訳、早川書房、1997)

Heath, T. 1956. *The Thirteen Books of Euclid's Elements* (New York: Dover Publications).

Heath, T. 1981. *A History of Greek Mathematics* (New York: Dover Publications).

Heilbronner, E., and Dunitz, J. D. 1993. *Reflections on Symmetry* (Basel: Verlag Helvetica Chimica Acta).

Henry, C. 1879. "Manuscrits de Sophie Germain." *Revue philosophique de la France et de l'étranger*, 8, 619.

Hill, E. L. 1946. "A Note on the Relativistic Problem of Uniform Rotation." *Physical Review*, 69, 488.

Hines, T.1998. "Further on Einstein's Brain." *Experimental Neurology*,150, 343.

Hodde, L. D. L. 1850. *Histoire de sociétés secrètes et du parti républicain de 1830 à 1848* (Paris: Julien, Lanier et Cie).

Hofmann, J. E. 1972. In *Dictionary of Scientific Biography*, C. C. Gillespie, ed. (New York: Charles Scribner's Sons).

Hofstadter, D. R. 1979. *Gödel, Escher, Bach: An Eternal Golden Braid* (New York: Basic Books). (『ゲーデル、エッシャー、バッハ――あるいは不思議の環』野崎昭弘・はやしはじめ・柳瀬尚紀訳、白揚社、2005〔20周年記念版〕)

Holst, E., Stormer, C., and Sylow, L., eds. 1902. Festskrift ved hundreaarsju-biloeet for Niels Henrik Abel fosdel (Christiania).

Howe, E. S. 1980. "Effects of Partial Symmetry, Exposure Time, and Backward Masking on Judged Goodness and Reproduction of Visual Patterns." *Quarterly Journal of Experimental Psychology*, 32, 27.

Hoyle, F. 1977. *Ten Faces of the Universe* (San Francisco: W. H. Freeman and Company).（『新しい宇宙観——宇宙・物質・生命』和田昭允・根本精一訳、講談社〔講談社ブルーバックス〕、1978）

Hugo, V. 1862. *Les Misérables* (Bruxelles: A. Lacroix, Verboeckhoven & Cie.), translated by C. E. Wilbour (New York: Modern Library,1902).（『レ・ミゼラブル』辻昶訳、講談社〔講談社文庫〕、1975－1976 ほか）

Huxley, T. H. 1868. "A Liberal Education." http://human-nature.com/darwin/huxley/chap2.html.

Hyatt King, A. 1944. "Mozart's Piano Music." *The Music Review*, 5, 163-191.

Hyatt King, A. 1976. *Mozart in Retrospect* (Westport, CT: Greenwood Press).

Icke, V. 1995. *The Force of Symmetry* (Cambridge: Cambridge University Press).

Infantozzi, C. A. 1968. "Sur la mort d'Evariste Galois." *Revue d'histoire des sciences*, 21, 1968.

Infeld, L. 1948. *Whom the Gods Love: The Story of Évariste Galois* (New York: Whittlesey House, McGraw-Hill).（『ガロアの生涯——神々のめでし人』市井三郎訳、日本評論社、1996）

Jackson, L. A. 1992. *Physical Appearance and Gender; Sociobiological and Sociocultural Perspectives* (Albany: State University of New York Press).

James, I. 2002. *Remarkable Mathematicians: From Euler to von Neumann* (Cambridge: Cambridge University Press).（『数学者列伝——オイラーからフォン・ノイマンまで』蟹江幸博訳、シュプリンガー・フェアラーク東京、2005）

Jayawardene, S. A. 1972. In *Dictionary of Scientific Biography*, C. C. Gillespie, ed. (New York: Charles Scribner's Sons).

Johnstone, R. A. 1994. "Female Preference for Symmetrical Males as a By-Product of Selection for Mate Recognition." *Nature*, 372, 172.

Jones, D. 1996. *Physical Attractiveness and the Theory of Sexual Selection* (Ann Arbor: University of Michigan Press).

Joyner, D. 2002. *Adventures in Group Theory: Rubik's Cube, Merlin's Machine and Other Mathematical Toys* (Baltimore: Johns Hopkins University Press).

Julesz, B. 1960. "Binocular Depth Perception of Computer-Generated Patterns." *Bell System Technical Journal*, 39, 1125.

Kaku, M. 1994. *Hyperspace* (New York: Oxford University Press).（『超空間——平行宇宙、タイムワープ、10次元の探求』稲垣省吾訳、翔泳社、1994）

Kaku, M. 2004. *Einstein's Cosmos* (New York: Atlas Books).

Kalin, N. H. 1993. "The Neurobiology of Fear." *Scientific American*, May, 94.

Kane, G. L. 2000. *Supersymmetry: Unveiling the Ultimate Laws of Nature* (New York: Perseus).（『スーパーシンメトリー——超対称性の世界』藤井昭彦訳、紀伊國屋書店、2001）

Kaplan, A. 1990. *Sefer Yetzira: The Book of Creation: In Theory and Practice* (Boston: Weiser).

Katz, V. 1989. "Historical Notes," in Fraleigh 1989.

Keiner, I. 1986. "The Evolution of Group Theory: A Brief Survey." *Mathematics Magazine*, 59(4), 195.

Keller, J. B. 1986. "The Probability of Heads." *American Mathematical Monthly*, 93, 191.

Kepler, J. 1966. *The Six-Cornered Snowflake* (Oxford: Oxford University Press; originally published in 1611).

Keyser, C. J. 1956. "The Group Concept." In *The World of Mathematics*, vol. 3, J. R. Newman, ed. (New York: Simon & Schuster; republished in 2000, Mineola, NY: Dover).

Kiernan, B. M. 1971. "The Development of Galois Theory from Lagrange to Artin." *Archive for History of Exact Sciences*, 8, 40.

Kimberling, C. 1972. "Emmy Noether." *American Mathematical Monthly*, 79, 136.

Kirshner, R. P. 2002. *The Extravagant Universe: Exploding Stars, Dark Energy and the Accelerating Cosmos* (Princeton: Princeton University Press). (『狂騒する宇宙——ダークマター、ダークエネルギー、エネルギッシュな天文学者』井川俊彦訳、共立出版、2004)

Klein, F. 1884. *Lectures on the Icosahedron and the Solution of Equations of the Fifth Degree*, G. G. Morrice, trans. Published in 1956 by Dover (New York). (『正20面体と5次方程式』関口次郎・前田博信訳、シュプリンガー・フェアラーク東京、2005)

Kline, H. M., and Alder, M. 2000. www.marco-learningsystems.com/pages/ kline/johnny/johnny-chapt7-8.html/.

Kline, M. 1972. *Mathematical Thought from Ancient to Modern Times* (New York: Oxford University Press).

Kollros, L. 1949. "Evariste Galois." *Elemente der Mathematik*, no. 7,1 (Basel: Verlag Birkhäuser).

Kurzweil, R. 1999. *The Age of Spiritual Machines* (London: Orion Business Books). (『スピリチュアル・マシーン——コンピュータに魂が宿るとき』田中三彦・田中茂彦訳、翔泳社、2001)

Lamb, C. 1823. "Essays of Elia: The Two Races of Men." In *The Norton Anthology of English Literature*, 6th edition, vol. 2 (New York: W. W. Norton). (『エリア随筆』平井正穂訳、八潮出版社、1978ほか)

Langlois, J. H., Kalakanis, L., Rubenstein, A. J., Larson, A., Hallam, M., and Smoot, M. 2000. "Maxims or Myths of Beauty? A Meta-Analytic and Theoretical Review." *Psychological Bulletin*, 126, 390.

Langlois, J. H., and Roggman, L. A. 1990. "Attractive Faces Are Only Average." *Psychological Science*, 1, 115.

Langlois, J. H., Roggman, L. A., and Musselman, L. 1994. "What Is Average and What Is Not Average About Attractive Faces?" *Psychological Science*, 5(4), 214.

Langlois, J. H., Roggman, L. A., and Reiser-Danner, L. A. 1990. "Infants' Differential Social Responses to Attractive and Unattractive Faces." *Developmental Psychology*, 26, 153.

Laudal, O. A., and Piene, R., eds. 2004. *The Legacy of Niels Henrik Abel: The Abel Bicentennial, Oslo, June 3-8, 2002* (Berlin: Springer).

Lederman, L., with Teresi, D. 1993. *The God Particle* (Boston: Houghton Mifflin).（『神がつくった究極の遺伝子』高橋健二訳、草思社、1997）

Lederman, L. M., and Hill, C. T. 2004. *Symmetry and the Beautiful Universe* (Amherst, NY: Prometheus).

LeDoux, J. E. 1996. *The Emotional Brain* (New York: Simon & Schuster).（『エモーショナル・ブレイン――情動の脳科学』松本元・川村光毅・小幡邦彦・石塚典生・湯浅茂樹訳、東京大学出版会、2003）

Leeuwenberg, E. L. J. 1971. "A Perceptual Coding Language for Visual and Auditory Patterns." *American Journal of Psychology*, 84 (3), 307.

Levey, M. 1954. "Abraham Savasorda and His Algorism: A Study in Early European Logistic." *Osiris*, 11, 50.

Lévi-Strauss, C. 1949. *The Elementary Structure of Kinship*. Republished in 1971 (Boston: Beacon Press).（『親族の基本構造』福井和美訳、青弓社、2000 など）

Lévi-Strauss, C. 1958. *Structural Anthropology*. Republished in 1974 (New York: Basic Books).（『構造人類学』荒川幾男・生松敬三・川田順造・佐々木明・田島節夫訳、みすず書房、1972）

Levy, S. "I Found Einstein's Brain." http://www.echonyc.com/˜steven/ einstein. html/.

Lewin, D. 1993. *Musical Form and Transformation: 4 Analytic Essays* (New Haven: Yale University Press).

Lindley, D. 1996. *Where Does the Weirdness Go?* (New York: Basic Books).（『量子力学の奇妙なところが思ったほど奇妙でないわけ』松浦俊輔訳、青土社、1997）

Liouville, J., ed. 1846. "Oeuvres mathématiques d'Évariste Galois." *Journal de mathématiques pures et appliquées*, 11, 381.

Lipkin, H. J. 2002. *Lie Groups for Pedestrians* (Mineola, NY: Dover Publications).

Livio, M. 2000. *The Accelerating Universe: Infinite Expansion, the Cosmological Constant, and the Beauty of the Cosmos* (New York: Wiley).

Livio, M. 2002. *The Golden Ratio: The Story of Phi, the World's Most Astonishing Number* (New York: Broadway Books).（『黄金比はすべてを美しくするか？――最も謎めいた「比率」をめぐる数学物語』斉藤隆央訳、早川書房、2005）

Loeb, A. L. 1971. *Color and Symmetry* (New York: John Wiley & Sons).

Loftus, M. J. 2001. "The Rorschach Inkblot Test." *Emory Magazine*, vol. 77, number 2.

Lombroso, C. 1895. *The Man of Genius* (London: Charles Scribner's Sons).（『天才論』辻潤訳、三陽堂書店、1916）

Ludwig, A. M. 1995. *The Price of Greatness: Resolving the Creativity and Madness Controversy* (New York: Guilford Press).

Lyytinen, A., Brakefield, P. M., and Mappes, J. 2003. "Significance of Butterfly Eyespots as an Anti-Predator Device in Ground-Based and Aerial Attacks." *Oikos*, 100, 373.

MacCarthy, F. 1995. *William Morris: A Life for Our Time* (London: Faber and Faber).

MacGillavry, C. H. 1976. *Fantasy & Symmetry: The Periodic Drawings of M. C. Escher* (New York: Harry N. Abrams).

Mach, E. 1914. *The Analysis of Sensation* (Chicago: Open Court); republished in 1959 by Dover (New York).（『感覚の分析』須藤吾之助・廣松渉訳、法政大学出版局、1971）

MacKinnon, D. W. 1975. "IPAR's Contribution to the Conceptualization and Study of Creativity," in *Perspectives in Creativity*, I. Taylor and J. W. Getzels, eds. (Chicago: Aldine Publishing).

Maher, J., and Groves, J. 1996. *Introducing Chomsky* (Cambridge, England: Icon Books).（『チョムスキー入門』芦村京訳、明石書店、2004）

Malkin, I. 1963. "On the 150th Anniversary of the Birth Date of an Immortal in Mathematics." *Scripta Mathematica*, 26, 197.

Maor, E. 1994. *e: The Story of a Number* (Princeton: Princeton University Press).（『不思議な数 e の物語』伊理由美訳、岩波書店、1999）

Marr, D. 1982. *Vision* (New York: W. H. Freeman).（『ビジョン――視覚の計算理論と脳内表現』乾敏郎・安藤広志訳、産業図書、1987）

Maxwell, E. A. 1965. *Gateway to Abstract Algebra* (Cambridge: Cambridge University Press).

Mayer, O. 1982. "János Bolyai's Life and Work," in *Proceedings of the National Colloquium on Geometry and Topology* (Napoca, Romania: Cluj-Napoca Technical University Press).

McWeeny, R. 2002. *Symmetry: An Introduction to Group Theory and Its Applications* (Mineola, NY: Dover).

Mendola, J. D., Dale, A. M., Fischel, B., Liu, A. K., and Tootell, R. B. H. 1999. "The Representation of Illusory and Real Contours in Human Cortical Visual Areas Revealed by fMRI." *Journal of Neuroscience*, 19, 8560.

Menz, C. 2003. *Morris & Co.* (Adelaide, Australia: Art Gallery of South Australia).

Mezrich, B. 2002. *Bringing Down the House* (New York: Free Press).（『ラス・ヴェガスをブッつぶせ！』真崎義博訳、アスペクト、2003）

Miller, A. I. 1996. *Insights of Genius: Imagery and Creativity in Science and Art* (New York: Copernicus).

Miller, A. I. 2001. *Einstein, Picasso* (New York: Perseus Books).（『アインシュタインとピカソ――２人の天才は時間と空間をどうとらえたのか』松浦俊輔訳、ＴＢＳブリタニカ、2002）

Miller, G. F. 2000. *The Mating Mind* (New York: Doubleday).（『恋人選びの心——性淘汰と人間性の進化』長谷川眞理子訳、岩波書店、2002）

Misner, C. W., Thorne, K. S., and Wheeler, J. A. 1973. *Gravitation* (San Francisco: W. H. Freeman).

Mittag-Leffler, G. 1904. "Niels Henrik Abel." *Ord Och Bild*, 12, 65, and 129.

Mittag-Leffler, G. 1907. "Niels Henrik Abel." *Revue du Mois* (Paris), 4, 5, and 207.

Møller, A. P. 1992. "Female Swallow Preference for Symmetrical Male Sexual Ornaments." *Nature*, 357, 238.

Møller, A. P. 1994. *Sexual Selection and the Barn Swallow* (Oxford: Oxford University Press).

Møller, A. P, and Swaddle, J. P. 1997. *Asymmetry, Developmental Stability and Evolutio*n (Oxford: Oxford University Press).

Molnar, V., and Molnar, F. 1986. "Symmetry-Making and -Breaking in Visual Art." *Computers and Mathematics with Applications*, 12B, Nos. 1-2, 291-301.

Mondor, H. 1954. "L'étrange rencontre de Nerval et de Galois." *Arts*, 7 Juillet.

Mosotti, A. 1972. In *Dictionary of Scientific Biography*, C. C. Gillespie, ed. (New York: Charles Scribner's Sons).

Motte, A. 1995, trans. *The Principia* (Amherst, NY: Prometheus Books). Newton's 1686 masterpiece was translated by Andrew Motte in 1729.（『プリンシピア——自然哲学の数学的原理』中野猿人訳、講談社、1977）

Mozart, W. A., et al. 1966. *The Letters of Mozart and His Family*, vol. 1, 2nd edition, Emily Anderson, trans. (London: Macmillan), p. 130, p. 137.

Mozzochi, C. J. 2004. *The Fermat Proof* (Victoria, Canada: Trafford Publishing).

Mumford, D., Series, C., and Wright, D. 2002. *Indra's Pearls: The Vision of Felix Klein* (Cambridge: Cambridge University Press).

N. E. Thing Enterprises. 1995. *Magic Eye Gallery: A Showing of 88 Images* (Kansas City: Andrews & McMeel).

Nagy, D. 1995. "The 2,500-Year-Old Term Symmetry in Science and Art and Its 'Missing Link' Between the Antiquity and the Modern Age." *Symmetry: Culture and Science*, 6, 18.

Newman, J. R. 1956. "The Rhind Papyrus," in *The world of Mathematics*, J. R. Newman, ed. (New York: Simon & Schuster).

Noether's theorem. http://en.wikipedia.org/wiki/Noether%27s_theorem/.

Nový, L. 1973. *Origins of Modern Algebra* (Prague: Academia).

O'Connor, J. J., and Robertson, E. F. 1996a. www-history.mcs.st-andrews.ac.uk/history/Mathematicians/Bring.html/.

O'Connor, J. J., and Robertson, E. F. 1996b. www-history.mcs.st-andrews.ac.uk/history/Mathematicians/Galois.html/.

O'Connor, J. J., and Robertson, E. F. 1996c. www-history.mcs.st-andrews.ac.uk/history/Mathematicians/Germain.html/.

O'Connor, J. J., and Robertson, E. F. 1996d. www-history.mcs.st-andrews.ac.uk/history/Mathematicians/Cayley.html/.

O'Connor, J. J., and Robertson, E. F. 1996e. www-history.mcs.st-andrews.ac.uk/HistTopics/Non-Euclidean_geometry.html/.

O'Connor, J. J., and Robertson, E. F. 1997. www-history.mcs.st-andrews.ac.uk/history/Mathematicians/Tschirnhaus.html/.

O'Connor, J. J., and Robertson, E. F. 1998. www-history.mcs.st-andrews.ac.uk/history/Mathematicians/Euler.html.

O'Connor, J. J., and Robertson, E. F. 1999a. www-history.mcs.st-andrews.ac.uk/history/Mathematicians/Al-Khwarizmi.html/.

O'Connor, J. J., and Robertson, E. F. 1999b. www-history.mcs.st-andrews.ac.uk/history/Mathematicians/Abraham.html/.

O'Connor, J. J., and Robertson, E. F. 2000a. www-history.mcs.st-andrews.ac.uk/history/HistTopics/Babylonian_mathematics.html/.

O'Connor, J. J., and Robertson, E. F. 2000b. www-history.mcs.st-andrews.ac.uk/history/HistTopics/Egyptian_mathematics.html/.

O'Connor, J. J., and Robertson, E. F. 2000c. www-history.mcs.st-andrews.ac.uk/history/HistTopics/Egyptian_papyri.html/.

O'Connor, J. J., and Robertson, E. F. 2000d. www-history.mcs.st-andrews.ac.uk/histazy/Mathematicians/Gregory.html/.

O'Connor, J. J., and Robertson, E. F. 2001a. www-history.mcs.st-andrews.ac.uk/history/Mathematicians/Bezout.html/.

O'Connor, J. J., and Robertson, E. F. 2001b. www-history.mcs.st-andrews.ac.uk/history/Mathematicians/Birkhoff.html/.

O'Connor, J. J., and Robertson, E. F. 2002. www-history.mcs.st-andrews.ac.uk/history/Mathematicians/Lie.html/.

Odifreddi, P. 2004. *The Mathematical Century: The 30 Greatest Problems of the Last 100 Years* (Princeton: Princeton University Press).

Olson, S. 2004. *Count Down* (Boston: Houghton Mifflin).

Ore, O. 1953. *Cardano, the Gambling Scholar* (Princeton: Princeton University Press).（『カルダノの生涯——悪徳数学者の栄光と悲惨』安藤洋美訳、東京図書、1978）

Ore, O. 1954. *Niels Henrik Abel: Et geni og hans Samtid* (Oslo: Gyldendal Norsk Forlag). Translated into English in 1957 as *Niels Henrik Abel: Mathematician Extraordinary* (Minneapolis: University of Minnesota Press).（『アーベルの生涯——数学に燃える青春の彷徨』辻雄一訳、東京図書、1985）

Ore, O. 1972. In *Dictionary of Scientific Biography*, C. C. Gillespie, ed. (New York: Charles Scribner's Sons).

Osborne, H. 1952. *Theory of Beauty: An Introduction to Aesthetics* (London: Routledge & Kegan Paul).

Osborne, H. 1986. "Symmetry as an Aesthetic Factor." *Computers & Mathematics with*

Applications, 12B, Nos. 1-2, 77.

Osen, L. M. 1974. *Women in Mathematics* (Cambridge, MA: MIT Press).（『数学史のなかの女性たち』吉村証子・牛島道子訳、法政大学出版局、2000）

Overbye, D. 2000. *Einstein in Love: A Scientific Romance* (New York: Viking).（『アインシュタインの恋』中島健訳、青土社、2003）

Oxford English Dictionary. 1978 (Oxford: Oxford University Press).

Pagán Westphal, S. 2003. "Decoding the Ys and Wherefores of Males." *New Scientist*, 21 June, 15.

Pais, A. 1982. *Subtle Is the Lord: The Science and the Life of Albert Einstein* (New York: Oxford University Press).（『神は老獪にして…——アインシュタインの人と学問』西島和彦監訳、金子務・岡村浩・太田忠之・中澤宣也訳、産業図書、1987）

Palmer, A. R. 1994. "Fluctuating Asymmetry Analysis: A Primer," in *Developmental Instability: Its Origins and Evolutionary Implications*, T. A. Markow, ed. (Dordrecht, The Netherlands: Kluwer), 335.

Palmer, S. E. 1991. "Goodness, Gestalt, Groups, and Garner: Local Symmetry Subgroups as a Theory of Figural Goodness," in *The Perception of Structure: Essays in Honor of Wendell R. Garner*, G. R. Lockhead and J. R. Pomerantz, eds. (Washington, DC: American Psychological Association), 23.

Palmer, S. E. 1999. *Vision Science* (Cambridge, MA: MIT Press).

Palmer, S. E., and Hemenway, K. 1978. "Orientation and Symmetry: Effects of Multiple, Rotational, and Near Symmetries." *Journal of Experimental Psychology*, 4 (4), 691-702.

Paraskevopoulos, I. 1968. "Symmetry, Recall, and Preference in Relation to Chronological Age." *Journal of Experimental Child Psychology*, 6, 254-264.

Parry, L., ed. 1996. *William Morris* (New York: Harry N. Abrams).（『ウィリアム・モリス〔決定版〕』多田稔監修、河出書房新社、1998）

Pascal, A. 1914. "Girolamo Saccheri Nella Vita e Nelle Opere." *Giornale di Matematica di Battaglini*, 52, 229.

Paterniti, M. 2000. *Driving Mr. Albert: A Trip Across America with Einstein's Brain* (New York: Dial Press).（『アインシュタインをトランクに乗せて』藤井留美訳、ソニー・マガジンズ、2004）

Patterson, E. M., and Rutherford, D. E. 1965. *Elementary Abstract Algebra* (Edinburgh: Oliver and Boyd).

Pennisi, E. 2004. "Speaking in Tongues." *Science*, 303, 1321.

Penrose, R. 2004. *The Road to Reality* (London: Jonathan Cape).

Perrett, D. I., May, K. A., and Yoshikawa, S. 1994. "Facial Shape and Judgements of Female Attractiveness." *Nature*, 368, 239.

Perrett, D. I., Penton-Voak, I. S., Little, A. C., Tiddeman, B. P., Burt, D. M., Schmidt, N., Oxley, R., and Barrett, L. 2002. "Facial Attractiveness Judgements Reflect Learning of Parental Age Characteristics." *Proceedings of the Royal Society of*

London B, 269 (1494), 873.

Pesic, P. 2003. *Abel's Proof: An Essay on the Sources and Meaning of Mathematical Unsolvability* (Cambridge, MA: The MIT Press).（『アーベルの証明——「解けない方程式」を解く』山下純一訳、日本評論社、2005）

Peterson, I. 2000. "Completing Latin Squares." *Science News Online*, 157, No. 19, http://www.sciencenews.org/20000506/mathtrek.asp.

Peterson, I. 2004. "Heads or Tails?" *Science News*, February 28.

Petsinis, T. 1988. *The French Mathematician* (New York: Walker & Company).

Picard, E., ed. 1897. *Oeuvres mathématiques d'Évariste Galois* (Reprinted in 1951, Paris: Gauthier-Villars).

Pickover, C. A. 2001. *Wonders of Numbers* (Oxford: Oxford University Press).（『ワンダーズ・オブ・ナンバーズ 数の不思議——天才数学者グーゴル博士に挑む「超難問数学」』上野元美訳、主婦の友社、2002）

Pinker, S. 1994. *The Language Instinct* (New York: Morrow).（『言語を生みだす本能』椋田直子訳、日本放送出版協会、1995）

Pinker, S. 1997. *How the Mind Works* (New York: W. W. Norton & Company).（『心の仕組み——人間関係にどう関わるか』椋田直子・山下篤子訳、日本放送出版協会、2003）

Portnoy, E. 1982. "Riemann's Contribution to Differential Geometry." *Historia Mathematica*, 9(1), 1.

Putz, J. F. 1995. "The Golden Section and the Piano Sonatas of Mozart." *Mathematics Magazine*, 68, 275-282.

Rahn, J. 1980. *Basic Atonal Theory* (New York: Schirmer Music Books).

Raspail, F. -V. 1839. *Réforme pénitentiaire: Lettres sur les prisons de Paris* (Paris: Tamisey et Champion).

Rees, M. 1997. *Before the Beginning* (Reading, MA: Helix Books).

Revue encyclopédique, t. 55, 568, Septembre 1832.

Ridley, M. 2003. *The Red Queen* (New York: Perennial); originally published in 1993 by Penguin (London).（『赤の女王——性とヒトの進化』長谷川眞理子訳、翔泳社、2000）

Rikowski, A., and Grammer, K. 1999. "Human Body Odour, Symmetry and Attractiveness." *Proceedings of the Royal Society of London B*, 266, 869.

Ritter, F. 1895. "François Viète, inventeur de l'algèbre moderne, 1540-1603. Esaai sur sa vie et son oeuvre." *Revue Occidentale Philosophique Sociale et Politique*, 10, 234; 354.

Rock, I. 1973. *Orientation and Form* (New York: Academic Press).

Rose, P. L. 1975. *The Italian Renaissance of Mathematics* (Genève: Librairie Droz).

Rosen, J. 1975. *Symmetry Discovered: Concepts and Applications in Nature and Science* (Cambridge: Cambridge University Press).（『シンメトリーを求めて』吉沢保枝訳、紀伊國屋書店、1977）

Rosen, J. 1995. *Symmetry in Science: An Introduction to the General Theory* (New York: Springer-Verlag).
Rosen, M. I. 1995. "Niels Henrik Abel and Equations of the Fifth Degree." *American Mathematical Monthly*, 102, 495.
Rosenbaum, D. E. 1970. "Statisticians Charge Draft Lottery Was Not Random." *New York Times*, Jan. 4, 1970.
Rossi, B., and Hall, D. B. 1941. "Variation of the Rite of Decay of Mesotrons with Momentum." *Physical Review*, 59, 223.
Rothenberg, A., and Hausman, C. R., eds. 1976. *The Creativity Question* (Durham: Duke University Press).
Rothman, T. 1982a. "Genius and Biographers: The Fictionalization of Évariste Galois." *The American Mathematical Monthly*, 89, 2, 84; revised at: http://godel.ph.utexas.edu/˜tonyr/galois.html/.（『ガロアの神話――現代数学のバルジ』山下純一訳編、現代数学社、1990）
Rothman, T. 1982b. "The Short Life of Évariste Galois." *Scientific American*, 246, 4, 136.
Rotman, J. 1990. *Galois Theory* (New York: Springer-Verlag).
Rotman, J. J. 1995. *An Introduction to the Theory of Groups* (New York: Springer-Verlag).
Rozen, S., Skaletsky, H., Marszalek, J. D., Minx, P. J., Cordam, H. S., Waterston, R. H., Wilson, R. K., and Page, D. C. 2003. "Abundant Gene Conversion between Arms of Palindromes in Human and Ape Y Chromosomes." *Nature*, 423, 873.
Rubik, E., Varga, T., Kéri, G., Marx, G., and Vekerdy, T. 1987. *Rubik's Cubic Compendium* (Oxford: Oxford University Press).
Sabbagh, K. 2003. *The Riemann Hypothesis: The Greatest Unsolved Problem in Mathematics* (New York: Farrar, Straus & Giroux).（『リーマン博士の大予想――数学の未解決最難問に挑む』南條郁子訳、紀伊國屋書店、2004）
Sampson, J. H. 1990-1991. "Sophie Germain and the Theory of Numbers." *Archive for History of Exact Science*, 41, 157.
Sarton, G. 1921. "Évariste Galois." *The Scientific Monthly*, 13, 363; reprinted in 1937, Osiris, 3, 241.
Sartre, J.-P. 1964. *Les Mots* (Paris: Gallimard).（『言葉』澤田直訳、人文書院、2006）
Schaal, B., and Porter, R. H. 1991. "Microsmatic Humans Revisited: The Generation and Perception of Chemical Signals." *Advances in the Study of Behavior*, 20, 474.
Schattschneider, D. 2004. *M. C. Escher: Visions of Symmetry* (New York: Harry N. Abrams).（『エッシャー・変容の芸術――シンメトリーの発見』梶川泰司訳、日経サイエンス社、1991）
Schoenberg, A. 1969. *Structural Functions of Harmony* (New York: W. W. Norton).（『和声法――和声の構造的諸機能』上田昭訳、音楽之友社、1982〔新版〕）
Scholz, E. 1992. "Riemann's Vision of a New Approach to Geometry," in 1830-1930: *A*

Century of Geometry, L. Boi, D. Flament, and J. M. Sal-anskis, eds.(Berlin: Springer-Verlag), 22.

Schultz, P. 1984. "Tartaglia, Archimedes and Cubic Equations." *Gazette Australian Mathematical Society*, 11 (4), 81.

Schwarz, C. 2002. *Tales from the Subatomic Zoo* (Staatsburg, NY: Small World Books; www.smallworldbooks.net).

Schwarz, P. M., and Schwarz, J. H. 2004. *Special Relativity: From Einstein to Strings* (Cambridge: Cambridge University Press).

Schweitzer, A. 1967. *J. S. Bach* (vol. 1) (Mineola, NY: Dover Publications).（『バッハ』浅井真男・内垣啓一・杉山好訳、白水社、1995）

Shackelford, T. K., and Larsen, R. J. 1997. "Facial Asymmetry as Indicator of Psychological, Emotional, and Physiological Distress." *Journal of Personality and Social Psychology*, 72, 456.

Shubnikov, A. V., and Koptsik, V. A. 1974. *Symmetry in Science and Art* (New York: Plenum Press).

Shurman, J. 1997. *Geometry of the Quintic* (New York: John Wiley & Sons).

Silk, J. 2000. *The Big Bang*, 3rd ed. (New York: Times Books).

Simonton, D. K. 1999. *Origins of Genius* (New York: Oxford University Press).

Singh, D. 1993. "Adaptive Significance of Female Physical Attractiveness: Role of Waist-to-Hip Ratio." *Journal of Personality and Social Psychology*, 65, 293.

Singh, D. 1995. "Female Health, Attractiveness, and Desirability for Relationships: Role of Breast Asymmetry and Waist-to-Hip Ratio." *Ethology and Sociobiology*, 16, 465.

Singh, S. 1997. *Fermat's Enigma* (New York: Anchor Books).（『フェルマーの最終定理』青木薫訳、新潮社〔新潮文庫〕、2006）

Skaletsky, H., et al. 2003. "The Male-Specific Region of the Human Y Chromosome Is a Mosaic of Discrete Sequence Classics." *Nature*, 423, 825.

Smith, D. K. 1997. "Mathematics, marriage and finding somewhere to eat." http://www.pass.maths.org.uk/issue3/marriage/index.html/.

Smith, T. A. 1996. http://jan.ucc.nau.edu/˜tas3/musoffcanons.html.

Smolin, L. 2002. *Three Roads to Quantum Gravity* (New York: Perseus Books).（『量子宇宙への３つの道』林一訳、草思社、2002）

Solomon, R. 1995. "On Finite Simple Groups and Their Classification." *Notices of the AMS*, 42 (2), 231.

Sommerville, D. Y. 1960. *Bibliography of Non-Euclidean Geometry*, 2nd ed. (New York: Chelsea).

Spearman, B. K., and Williams, K. S. 1994. "Characterization of Solvable Quintics x^5+ax+b." *American Mathematical Monthly*, 101, 986.

Stachel, J., ed. 1989. *The Collected Papers of Albert Einstein*, vols. 1 and 2 (Princeton: Princeton University Press).

Starr, N. 1997. "Nonrandom Risk: The 1970 Draft Lottery" *Journal of Statistical Education*, 5, no. 2.

Steiner, G. 2001. *Grammars of Creation* (London: Faber and Faber).

Sternberg, R. J., ed. 1998. *Handbook of Creativity* (Cambridge: Cambridge University Press).

Stevens, P. S. 1996. *Handbook of Regular Patterns* (Cambridge, MA: The MIT Press).

Stewart, I. 1995. *Concepts of Modern Mathematics* (Mineola, NY: Dover).（『現代数学の考え方——だれにもわかる新しい数学』芹沢正三訳、講談社〔講談社ブルーバックス〕、1981）

Stewart, I. 2001. *What Shape Is a Snowflake?* (New York: W. H. Freeman).

Stewart, I. 2004. *Galois Theory* (Boca Raton, FL: Chapman & Hall/CRC).（『ガロアの理論』新関章三訳、共立出版、1979）

Stewart, I., and Golubitsky, M. 1992. *Fearful Symmetry: Is God a Geometer?* (Oxford: Blackwell).（『対称性の破れが世界を創る——神は幾何学を愛したか？』須田不二夫・三村和男訳、白揚社、1995）

Stubhaug, A. 2000. *Niels Henrik Abel and His Times: Called Too Soon by Flames Afar* (Berlin: Springer). This is a translation of the 1996 Norwegian *Et foranskutt lyn, Niels Henrik Abel og hans tid* (Oslo: H. Aschehoug & Co.).（『アーベルとその時代——夭折の天才数学者の生涯』願化孝志訳、シュプリンガー・フェアラーク東京、2003）

Stubhaug, A. 2002. *The Mathematician Sophus Lie* (Berlin: Springer-Verlag).

Swaddle, J. P., and Cuthill, I. C. 1994. "Preference for Symmetric Males by Female Zebra Finches." *Nature*, 367, 165.

Sylow, L., and Lie, S., eds. 1881. *Oeuvres complètes de Niels Henrik Abel* (Christiania: Grondahl & Son); reprinted in 1965 by Johnson Reprint (New York).

Szénássy, B. 1992. *History of Mathematics in Hungary Until the 20th Century* (Berlin: Springer-Verlag).

Szilagyi, P. G., and Baird, J. C. 1977. "A Quantitative Approach to the Study of Visual Symmetry." *Perception & Psychophysics*, 22 (3), 287.

Tannery, J., ed. 1906. "Manuscrits et papiers inédits de Galois." *Bulletin des Sciences mathématiques*, 2nd ser., 30, 246, and 255.

Tannery, J., ed. 1907. "Manuscrits et papiers inédits de Galois." *Bulletin des Sciences mathématiques*, 2nd ser., 31, 275.

Tannery, J., ed. 1908. *Manuscrits de Évariste Galois* (Paris: Gauthier-Villars).

Tannery, J. 1909. "Discours Prononcé à Bourg-La-Reine." *Bulletin des Sciences mathématiques, année* 19, 1.

Tarr, M. J., and Pinker, S. 1989. "Mental Rotation and Orientation-Dependence in Shape Recognition." *Cognitive Psychology*, 21, 233.

Taton, R. 1947. "Les Relations de Galois avec les mathématiciens de son temps." *Revue d'histoire des sciences*, 1, 114.

Taton, R. 1971. "Sur les relations scientifiques d'Augustin Cauchy et d'Évariste Galois." *Revue d'histoire des sciences*, 24,123.

Taton, R. 1972. "Évariste Galois," in *Dictionary of Scientific Biography*, C. C. Gillespie, ed.(New York: Charles Scribner's Sons).

Taton, R. 1983. "Évariste Galois and His Contemporaries." *Bulletin of London Mathematical Society*, 15, 107.

Taylor, R. E. 1942. *No Royal Road* (Chapel Hill: University of North Carolina Press).

Terquem, O. 1849. "Biographie. Richard, Professeur." *Nouvelles annales de mathématiques*, 8, 448.

Thomas, R. 2001. "And the Winner Is..." *Plus*, 16 (news) http://plus.maths.org/.

Thornhill, R., and Gangestad, S. W. 1996. "The Evolution of Human Sexuality." *Trends in Ecology and Evolution*, 11, 98.

Thornhill, R., Gangestad, S. W., and Comer, R. 1995. "Human Female Orgasm and Mate Fluctuating Asymmetry." *Animal Behaviour*, 50, 1601.

Thornhill, R., Gangestad, S. W., Miller, R., Scheyd, G., Knight, J., and Franklin, M. 2003. "MHC, Symmetry, and Body Scent Attractiveness in Men and Women." *Behavioral Ecology*, 14, 668.

Thornhill, R., and Grammer, K. 1999. "The Body and Face of a Woman: One Ornament That Signals Quality?" *Evolution and Human Behavior*, 20,105.

Tignol, J. -P. 2001. *Galois' Theory of Algebraic Equations* (Singapore: World Scientific).（『代数方程式のガロアの理論』新妻弘訳、共立出版、2005）

Tooby, J., and Cosmides, L. 1990. "On the Universality of Human Nature and the Uniqueness of the Individual: The Role of Genetics and Adaptation." *Journal of Personality*, 58, 17.

Tootell, R. B. H., Mendola, J. D., Hadjikhani, N. K., Liu, A. K., and Dale, A. M. 1998. "The representation of the ipsilateral visual field in the human cerebral cortex." *Proceedings of the National Academy of Sciences*, 95, 818.

Toti Rigatelli, L. 1996. *Évariste Galois 1811-1832* (Basel: Birkhäuser Verlag).

Tovey, D. F. 1957. *The Forms of Music* (New York: Meridian Books).（『音楽の表現形式——ブリタニカからの音楽論文集』柏木俊夫訳、全音楽譜出版社、1977）

Trudeau, R. J. 1987. *The Non-Euclidean Revolution* (Boston: Birkhäuser).

Turnbull, H. W. 1993. *The Great Mathematicians* (New York: Barnes & Noble Books).

Tyler, C. W. 1983. "Sensory Processing of Binocular Disparity," in *Vergence Eye Movements: Basic and Clinical Aspects*, C. M. Schor and K. J. Ciuffreda, eds. (London: Butterworths).

Tyler, C. W. 1995. "Cyclopean Riches: Cooperativity, Neurontropy, Hysteresis, Stereoattention, Hyperglobality, and Hypercyclopean Processes in Random-Dot Stereopsis," in *Early Vision and Beyond*, T. V. Popathomas, C. Chubb, A. Gorea, and E. Kowler, eds. (Cambridge, MA: MIT Press).

Tyler, C. W., ed. 2002. *Human Symmetry Perception and Its Computational Analysis*

(Mahwah, NJ: Lawrence Erlbaum Assoc.).

Tyson, N. D. G., and Goldsmith, D. 2004. *Origins: Fourteen Billion Years of Cosmic Evolution* (New York: W. W. Norton).（『宇宙 起源をめぐる140億年の旅』水谷淳訳、早川書房、2005）

van der Helm, P. A., and Leeuwenberg, E. L. 1991. "Accessibility: A Criterion for Regularity and Hierarchy in Visual Pattern Codes." *Journal of Mathematical Psychology*, 35 (2), 151.

van der Woerden, B. L. 1983. *Geometry and Algebra in Ancient Civilizations* (Berlin: Springer-Verlag).（『ファン・デル・ヴェルデン 古代文明の数学』加藤文元・鈴木亮太郎訳、日本評論社、2006）

van der Woerden, B. L. 1985. *A History of Algebra* (Berlin: Springer-Verlag).（『代数学の歴史――アル－クワリズミからエミー・ネーターへ』加藤明史訳、現代数学社、1994）

Verdier, N. 2003. "Évariste Galois, Le Mathématicien Maudit." *Pour la Science*, no. 14, 1.

Verriest, G. 1934. *Évariste Galois et la Théorie des Équations Algébriques* (Lonvain: Chez L'Auteur).

Vitruvius. Ca.27 BC. *De Architectura*, Ⅲ, I, translated in 1914 by M. H. Morgan; reprinted 1960 by Dover Publications (New York).（『ウィトルーウィウス建築書』森田慶一訳、東海大学出版会、1979〔普及版〕）

Vogel, K. 1972. In *Dictionary of Scientific Biography*, C. C. Gillespie, ed. (New York: Charles Scribner's Sons).

Vucinich, A. 1962. "Nicolai Ivanovich Lobachevskii: The Man behind the First Non-Euclidean Geometry." *Isis*, 53, 465.

Walser, H. 2000. *Symmetry* (Washington, DC: The Mathematical Association of America).（『シンメトリー』蟹江幸博訳、日本評論社、2003）

Washburn, D. K., and Crowe, D. W. 1988. *Symmetries of Culture: Theory and Practice of Plane Pattern Analysis* (Seattle: University of Washington Press).

Webb, S. 2004. *Out of This World* (New York: Copernicus Books).（『現代物理学が描く突飛な宇宙をめぐる11章』松浦俊輔訳、青土社、2005）

Weinberg, S. 1992. *Dreams of a Final Theory* (New York: Pantheon Books).（『究極理論への夢――自然界の最終法則を求めて』小尾信彌・加藤正昭訳、ダイヤモンド社、1994）

Wells, D. 1997. *Curious and Interesting Mathematics* (London: Penguin Books).

Wertheimer, M. 1912. "Experimentelle Studien über das Sehen von Bewegung." *Zeitschrift für Psychologie*, 61, 161.

Weyl, H. 1935. "Emmy Noether." *Scripta Mathematica*, 3, 201.

Weyl, H. 1952. *Symmetry* (Princeton: Princeton University Press).（『シンメトリー』遠山啓訳、紀伊國屋書店、1970）

Wheatstone, C. 1838. "Contributions to the Physiology of Vision. Part the First. On

some remarkable, and hitherto unobserved, Phenomena of Binocular Vision." *Philosophical Transactions of the Royal Society, Part 1*, 371 (reprinted in *The Scientific Papers of Sir Charles Wheatstone*, London, 1879, p. 225).

Wheeler, J. A. 1990. *A Journey into Gravity and Spacetime* (New York: Scientific American Library).（『時間・空間・重力——相対論的世界への旅』戎崎俊一訳、東京化学同人、1993）

Whistler, J. M. 1890. "The Gentle Art of Making Enemies." *Propositions*, 2.

Whiteside, D. T. 1972. In *Dictionary of Scientific Biography*, C. C. Gillespie, ed. (New York: Charles Scribner's Sons).

Wilde, O. 1892. *Lady Windermere's Fan*, act Ⅲ.（『サロメ・ウィンダミア卿夫人の扇』西村幸次訳、新潮社〔新潮文庫〕、2005 に収録）

Willard, H. F. 2003. "Tales of the Y Chromosome." *Nature*, 423, 810.

Wilson, D. 1986. "Symmetry and Its 'Love-Hate' Role in Music." *Computers & Mathematics with Applications*, 12B, nos. 1-2, 101.

Wilson, E. B. 1945. "Obituary: George David Birkhoff." *Science* (NS), 102, 578.

Winchel, F. 1967. *Music, Sound and Sensation* (New York: Dover).

Winner, E. 1996. *Gifted Children: Myths and Realities* (New York: Basic Books).（『才能を開花させる子供たち』片山陽子訳、日本放送出版協会、1998）

Witelson, S. F, Kigar, D. L., and Harvey, T. 1999. "The Exceptional Brain of Albert Einstein." *The Lancet*, 353, 2149.

Witten, E. 2004a. "Universe on a String." In *Origin and Fate of the Universe* (special cosmology issue of *Astronomy*).

Witten, E. 2004b. "When Symmetry Breaks Down." *Nature*, 429, 507.

Wolff, C. 2001. *Johann Sebastian Bach: The Learned Musician* (New York: W. W. Norton & Company).（『ヨハン・ゼバスティアン・バッハ——学識ある音楽家』秋元里予訳、春秋社、2004）

Wolfram, S. 2002. *A New Kind of Science* (Champaign, IL: Wolfram Media), 873.

Wood, J. M., Nezworski, M. T., Lilienfeld, S. O., and Garb, H. N. 2003. *What's Wrong with the Rorschach?* (San Francisco: Jossey-Bass).（『ロールシャッハテストはまちがっている——科学からの異議』宮崎謙一訳、北大路書房、2006）

Wussing, H. 1984. *The Genesis of the Abstract Group Concept* (Cambridge, MA: The MIT Press).

Yaglom, I. M. 1988. *Felix Klein and Sophus Lie: Evolution of the Idea of Symmetry in the Nineteenth Century* (Boston: Birkhauser).

Yardley, P. D. 1990. "Graphical Solution of the Cubic Equation Developed from the Work of Omar Khayyam." *Bull. Inst. Math. Appl.*, 26, 5/6, 122.

Youschkevitch, A. P. 1972a. *Dictionary of Scientific Biography*, C. C. Gillespie, ed. (New York: Charles Scribner's Sons).

Youschkevitch, A. P. 1972b. In *Dictionary of Scientific Biography*, C. C. Gillespie, ed. (New York: Charles Scribner's Sons).

Zahavi, A. 1975. "Mate Selection: A Selection for the Handicap." *Journal of Theoretical Biology*, 53, 205.

Zahavi, A. 1991. "On the Definition of Sexual Selection, Fisher's Model, and the Evolution of Waste and of Signals in General." *Animal Behavior*, 42 (3), 501.

Zahavi, A., and Zahavi, A. 1997. *The Handicap Principle: A Missing Piece of Darwin's Puzzle* (Oxford: Oxford University Press). (『生物進化とハンディキャップ原理』大貫昌子訳、白揚社、2001)

Zee, A. 1986. *Fearful Symmetry: The Search for Beauty in Modern Physics* (New York: Macmillan Publishing Company). (『宇宙のデザイン原理——パリティ・ゲージ・クォーク』杉山滋郎・佐々木光俊・木原英逸訳、白揚社、1989)

Zund, J. D. 1983. "Some Comments on Riemann's Contributions to Differential Geometry." *Historia Mathematica*, 10 (1), 84.

Zweibach, B. 2004. *First Course in String Theory* (Cambridge: Cambridge University Press).

図版／引用出典

以下の資料について転載許諾をいただいたことに対し、著者および版元より深くお礼申し上げる。

●図版

図版 1, 3, 6-9, 12-15, 18-25, 27, 28, 30, 32, 33, 35, 74-77, 79-82, 84, 87, 89, 90, 92, 96, 98, 100-105, and the figures in appendix 1 and appendix 10: by Krista Wildt.

図版 2: Alinari/Art Resource, NY; Uffizi, Florence, Italy.

図版 4, 5, 25: by Ann Feild.

図版 10a: Courtesy Ricardo Villa-Real. From *The Alhambra and the Generalife* by Ricardo Villa-Real.

図版 10b: M. C. Escher's "Symmetry Drawing E116 (Fish)," © 2004 The M. C. Escher Company, Baarn, Holland. All Rights Reserved.

図版 11a: Morris & Company, London (1861-1940), William Morris, designer (1834-1896): *Apple Wallpaper (blue)*, London, designed 1877. Color woodcut on paper, roll 56.0 cm wide. Gift of Haslem & Whiteway Ltd. 2002, Art Gallery of South Australia, Adelaide.

図版 11b: Morris & Company, London (1861-1940), William Morris, designer (1834-1896): *St. James wallpaper [fragment]*, 1884, London, designed 1881. Color woodcut on paper, irreg. 38.5 × 17.0 cm. Gift of Scotch College, Torrens Park, Adelaide 1992, Art Gallery of South Australia, Adelaide.

図版 16: M. C. Escher's "Symmetry Drawing E97 (Dogs)," © 2004 The M. C. Escher Company, Baarn, Holland. All Rights Reserved.

図版 17: Courtesy Thomas M. Brown, NASA and ESA.

図版 29: © 2004 Magic Eye Inc./www.magiceye.com/.

図版 31: © 2005 Bridget Riley, all rights reserved.

図版 34: Photograph © The British Museum.

図版 36, 39, 40, 41, 43-46, 78, 83: "Fondo Ritratti" of the Biblioteca Speciale di Matematica "Giuseppe Peano," through the assistance of Laura Garbolino and Livia Giacardi.

図版 37, 42, 49, 58, 62, 73: Courtesy of the author.

図版 38: B.U.B., ms. 595, N, 7, c. 30 v., Biblioteca Universitaria di Bologna.

図版 47; 48, 51: Courtesy of Arild Stubhaug. From *Niels Henrik Abel and His Times: Called Too Soon by Flames Afar*, by Arild Stubhaug.

図版 50, 95: Department of Mathematics, University of Oslo, Norway, through the assistance of Yngvar Reichelt.

図版 52-56, 59, 68, 70-72: Municipality of Bourg-la-Reine, through the assistance of

Philippe Chaplain.

図版 59: Archives Nationales F17.4176.

図版 57, 61, 66, 69: Bibliothèque de l'Institut de France, with the assistance of Norbert Verdier.

図版 60: Réunion des Musées Nationaux/Art Resource, NY; Louvre, Paris, France.

図版 63: © Photothèque des musées de la ville de Paris/Cliché: Andreani. Musée Carnavalet.

図版 64: Bibl. Historique de la ville de Paris, with the assistance of Norbert Verdier.

図版 65, 106: Archives de l'Académie des sciences, with the assistance of Norbert Verdier.

図版 67: Cent ans d'assistance publique à Paris, with the assistance of Norbert Verdier.

図版 85, 88, 93, 94: Private collection of Dr. Elliott Hinkes. "Celestial Harmony: Four Visions of the Universe," an exhibition at the Milton S. Eisenhower Library, Johns Hopkins University, April 26-May 30, 2004.

図版 86: Derby Museums and Art Gallery.

図版 97: By John Bedke.

図版 99: Adapted with permission from Forsman & Merilaita 1999.

●引用

付録5: Tartaglia's verses, reprinted with permission from Ron G. Keightley.

付録8: The Galois family tree, from the Municipality of Bourg-la-Reine, through the assistance of Philippe Chaplain.

The poem "Chromodynamics": Reprinted with permission from Cindy Schwarz.